“十二五”普通高等教育本科国家级规划教材
浙江省普通高校“十三五”新形态教材

Microcontroller and Interface Technology

微机原理与接口技术

（第二版）

王晓萍◎编著

ZHEJIANG UNIVERSITY PRESS
浙江大学出版社
·杭州·

图书在版编目（CIP）数据

微机原理与接口技术 / 王晓萍编著. —2版. —杭州：浙江大学出版社，2022.4(2024.7重印)
ISBN 978-7-308-21919-8

Ⅰ.①微… Ⅱ.①王… Ⅲ.①微型计算机—理论—高等学校—教材 ②微型计算机—接口技术—高等学校—教材 Ⅳ.①TP36

中国版本图书馆CIP数据核字(2021)第218486号

微机原理与接口技术(第二版)
王晓萍　编著

策划编辑　徐　霞(xuxia@zju.edu.cn)
责任编辑　徐　霞
责任校对　王元新
封面设计　续设计
出版发行　浙江大学出版社
(杭州市天目山路148号　邮政编码310007)
(网址:http://www.zjupress.com)
排　　版　杭州青翊图文设计有限公司
印　　刷　杭州杭新印务有限公司
开　　本　787mm×1092mm　1/16
印　　张　22.75
字　　数　540千
版 印 次　2022年4月第2版　2024年7月第3次印刷
书　　号　ISBN 978-7-308-21919-8
定　　价　59.00元

浙江大学出版社市场运营中心联系方式:0571-88925591;http://zjdxcbs.tmall.com

序

微控制器技术的迅猛发展与广泛应用对人类社会产生了巨大影响,因此微控制器技术、微机接口技术和微机系统设计已成为电子信息类、机电控制类、仪器仪表类以及大部分工科专业学生必须具备的专业知识体系中的重要内容,微控制器应用能力也成为衡量这些专业大学生业务素质与能力的标志之一。

浙江大学王晓萍教授结合国家级一流本科课程“微机原理与接口技术”的建设、课程教学的改革与实践,以及微控制器技术的发展,对第一版教材进行了内容上的增删,增加了 STC15 系列增强型微控制器的相关内容,并运用二维码方式提供了大量的课程相关数字教学资源。纵观全书,具有以下明显特点。

具有学科内容上的系统性、先进性。 全书主要结合 8051 微控制器讲述微控制器原理、微机接口技术和微机系统设计。注重将经典技术与先进技术相结合,如对于微控制器系统的程序设计,同时介绍了汇编语言、C51 及两种程序设计方法,大部分实例给出了两种语言设计的程序;对于串行接口与通信技术,介绍了 UART 以及 I^2C、SPI、1-Wire 等串行扩展总线;对于人机接口技术,不仅介绍键盘和 LED 数码管显示技术,同时介绍了 LCD 显示技术。本次修订增加了增强型 8051 微控制器的内容,引入了新技术、新方法、新应用,为学生设计实用的微机系统打下坚实的理论基础。

具有组织结构上的科学性、严谨性。 全书以 8051 微控制器为核心,硬件从微控制器原理、内部功能模块到串行总线与接口、人机接口、模拟接口、数字接口等技术与应用,再到系统可靠性设计和应用系统设计案例,软件从指令系统、汇编程序设计到 C51 与程序设计,从原理到技术再到系统,循序渐进、逐步深广,符合学科规律、工程规律。在表述上,先介绍不依赖于具体 MCU 的基本概念、基本原理和基本结构,再引入经典/增强型 8051 微控制器的具体实现和应用,符合认知规律、教学规律。

具有原理概念上的清晰性、准确性。 本书涉及的基本概念、原理多,教学难点也多,为了帮助学生更好地理解、掌握这些概念原理,全书在着力深入浅出地把它们讲准、讲清的基础上,还采取了一些其他办法,如:精心设计/选编近百个例题,引导学生从问题出发思考分析、触类旁通;引入/制作较多的图表与文字阐述相互配合、相互补充,达到一目了然、相得益彰的目的;对于器件引脚、寄存器名称和指令符号等所有第一次出现的英文缩写,均提供了英文全称,并在教材最后以附录形式汇总给出，以帮助学生理解、记忆。

具有教学方法上的启迪性、参考性。本书独特设计的第0章“课程概述”，介绍了教材内容的有机组成和各章节的作用，以及开展课程教学的理论和实践教学内容设计。此外，从讲授方法改革、学习方法改革、考试方法改革，硬件与软件相结合、理论与实践相结合、课堂内外及线上线下相结合、课程知识教学与课程思政教学相结合等方面，提出了具体的教学方法、教学策略建议。这对于课程任课教师的具体教学实施具有直接的参考价值。

具有丰富的数字化拓展资源。全书根据新形态教材特点进行修订，新增丰富的知识点讲解视频、重难点 flash 演示动画以及章节课件等电子资源。与教材匹配的两门 MOOC 课程（微控制器原理、微控制器接口及应用）每年均开课1～2次，能满足学生从自主学习到交互学习的多重需要，拓展了教材的深度和广度。

正因为本书具有上述特点，所以它对相应课程的教学具有较好的适用性。因此，本书对于高等院校相关专业开展微机类课程教学来说，不失为一本值得选用的好教材或好参考书，适于本科生、研究生和相关领域工程技术人员学习和参考。

2021年8月

前　言

以 Intel 公司 MCS-51 微控制器内核为架构的 8051 微控制器，在庞大的 8 位微控制器家族中具有典型性、代表性，也是很多公司推出的增强型、扩展型 8051 系列微控制器的基础。通过学习掌握一种典型微控制器的原理与应用，帮助学生打下坚实基础，使他们能够触类旁通地迅速学习并掌握其他系列微控制器，是课程教学和教材编写的主要目标。《微机原理与接口技术》第一版是首批"十二五"普通高等教育本科国家级规划教材，于 2015 年 1 月出版。随后几年，作者还出版了与之配套的《微机原理与接口技术习题与解析》(2017 年 9 月)、《微机原理与系统设计实验教程与案例分析》(2019 年 8 月)。这系列教材汇聚了作者 20 多年来开展微机类课程建设、教学改革和实验实践创新的内容和成果，已被许多高校作为微机类课程的教学用书。作者负责的"微机原理与接口技术"课程是 2010 年国家级精品课程、2013 年国家级精品资源共享课程，2020 年被认定为首批国家级一流本科课程。

随着微电子和计算机技术的迅猛发展，微控制器和相关器件日新月异。近年来 STC 宏晶科技(南通国芯微电子有限公司)以传统 8051 微控制器为内核，开发出了许多功能强大的增强型 8051 微控制器，成为目前高校师生使用最多的微控制器之一。为适应电子信息类、机电控制类、仪器仪表类等专业人才培养的要求，在第二版教材修订过程中，作者在精简第一版内容的同时增加了新技术、新内容。希望以传统 MCS-51 为基础，传授基本的微机原理知识，通过增强型 8051 微控制器的引入，使学生能以共性带动对个性的认识，以个性加深对共性的理解，并使学生具有学习其他类型微控制器与嵌入式系统的能力。

第二版教材沿用了第一版教材的体系结构，分为微控制器原理、微机接口技术和微机系统设计三大部分，循序渐进地介绍了微控制器的工作原理、组成结构和功能模块、多种接口技术及系统可靠性设计和微机系统设计实例。

第 0 章为课程概述，首先介绍教材内容的组成结构和体系，并对各章节内容的作用作了说明；然后介绍课程教学目标、教学内容设计和教学方法设计，其中教学内容设计又包括理论教学内容设计、实践教学内容设计；教学方法设计又包括教学方法和教学策略，教学方法包括"教授方法改革、学习方法改革、考试方法改革"，教学策略包括"硬件与软件相结合、理论与实践相结合、课堂内外及线上线下相结合、课程知识教学与课程思政教学相结合"。

第 1～6 章为微控制器原理部分，重点介绍 8051 微控制器的硬件结构、指令系统与汇编程序设计、C51 与程序设计，以及微控制器的中断系统、定时器/计数器、UART 串行接口等。在中断系统、定时器、串行接口等章节，新增了 STC15 系列微控制器相应的内部资源，并阐述其主要特点和应用优势。通过该部分内容的学习应掌握微控制器的工作原理与体系结构。这是微机系统设计的基础。

第 7～10 章为微机接口技术部分，包括目前常用的串行总线技术、人机接口技术、模拟接口技术和数字接口技术。删除了第一版教材中已较少使用的部分接口技术和器件，如并行模拟接口技术、键盘显示管理芯片等。同时围绕 STC15 系列微控制器新增的接口技术，介绍了 SPI 接口、片内 A/D 转换器和 PCA 模块等内容，为学生设计高阶型微机系统提供相关理论基础。通过该部分内容的学习应掌握多种外围功能器件与微控制器的接口形式和编程方法。这是系统设计的手段。

第 11～12 章为微机系统设计部分，提供了微机系统的可靠性设计技术与微机系统设计的实例分析。同时以二维码形式增加学生创作的部分优秀微控制器系统作品的演示录像。通过该部分内容的学习应掌握微控制器系统的设计方法和具体路径，使微控制器系统的设计从纯功能性设计推进到综合品质设计。这是系统设计的根本。

第二版教材为新形态教材。经过多年来课程的不断改革和优化，重新整合和设计的教学资源更符合学生的学习特点，中国大学 MOOC 平台上开设的“微控制器原理”与“微控制器接口及应用”适合各高校开展 SPOC 教学。课程重难点讲解的 Flash 展示、教学视频、教学课件等教学资源，以二维码形式分布在教材的各个章节，读者可以方便地随时扫描观看。

第一版教材由王晓萍教授主编，并负责全书内容的完善和审定等工作。王立强副教授参与了第 4、7、12 章的编写，刘玉玲副教授参与了第 3、5 章的编写，梁宜勇副教授参与了第 2、10 章的编写。

第二版教材由王晓萍教授主编、修订；蔡佩君老师提供了 STC 微控制器的相关内容，并负责了部分内容的审核工作。教材附录 6 中的“优秀课程设计作品”（二维码）选自浙江大学光电科学与工程学院“微机原理与接口技术”课程多届学生的课程设计视频。本书在编写过程中也参考并借鉴了一些文献资料，在此一并表示衷心感谢。

尽管本书经历一次修订，但书中错漏之处在所难免，敬请广大读者批评指正。

作　者

2022 年春于浙大求是园

目 录

第二部分　微机接口技术

第三部分 微机系统设计

第 0 章

课程概述

0.1 教材内容

全书内容从体系上分为微控制器原理、接口技术和系统设计三大部分，循序渐进地介绍了微控制器的工作原理与组成结构、微控制器功能模块、接口技术与系统设计。

0.1.1 微控制器原理

在第 1 章介绍微控制器的发展历史、典型结构及性能与发展趋势后，围绕微控制器典型结构中的各个模块介绍微控制器原理，其内容与章节组成如图 0-1 所示。第 2 章介绍 8051 微控制器的硬件结构，包括 CPU、存储器（ROM/RAM）和 I/O 接口等；第 5 章介绍 8051 微控制器的中断系统；第 6 章介绍 8051 MCU 的定时器/计数器；第 7 章的第一部分介绍 8051 MCU 的 UART。因为微控制器的工作过程是基于硬件平台的执行程序的过程，所以微控制器的正常工作，需要硬件和软件的共同支持。运行不同的程序可以实现不同的功能，因此，第 3 章和第 4 章分别介绍 8051 指令系统与汇编程序设计，以及 C51 与程序设计。

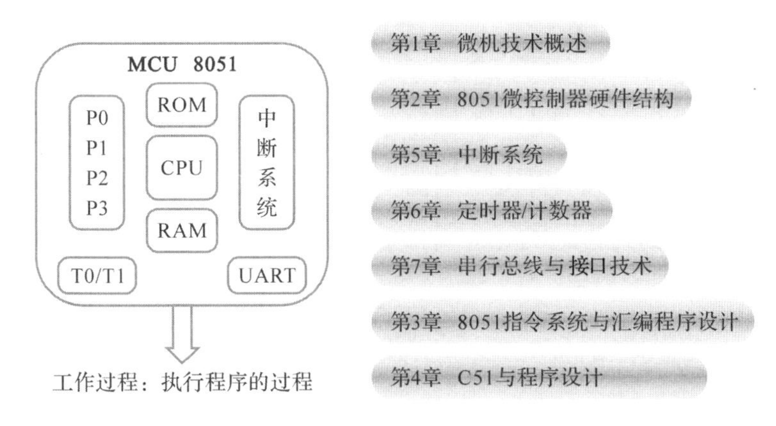

图 0-1 “微控制器原理”章节组成

0.1.2 接口技术

在学习“微控制器原理”的基础上，将学习 MCU 连接外设的接口技术，从而能进行微机系统的设计。微机系统的设计原则是尽量利用微控制器的内部资源来构建最小应用系统。但是，为满足实际系统的功能需求，可能需要进行串行接口、人机交互接口、模拟接口、数字接口等的扩展，这些接口的扩展技术即为“接口技术”的内容，共四章。随着 I^2C、SPI、1-Wire等外围串行接口芯片的不断增加，通过使用口线较少的串行总线或接口，可以扩展I/O端口、外部存储器、LED/LCD 驱动器以及 ADC、DAC 等功能芯片，这是第 7 章串行总线与通信技术的第二部分内容；为实现操作者与微机系统的人机信息交互，要求微机系统连接键盘、数码管、LCD 显示屏等输入输出设备，因此需要进行人机接口的扩展，这是第 8 章人机接口技术的内容；微控制器的一个重要应用是现场智能测量与控制，要求微机系统能够测量模拟信号和不同类型的数字信号，以及能够输出模拟和数字的控制信号，因此需要进行模拟接口和数字接口的扩展，这是第 9 章模拟接口技术和第 10 章数字接口技术的内容。

0.1.3 系统设计

通过“微控制器原理”和“接口技术”的学习，即可以进行微机应用系统的设计。但是，一个实用的微机应用系统，不仅要实现预期的功能要求，还应在整个设计过程的各个环节充分考虑系统的可靠性，即要进行系统的可靠性设计，这是第 11 章的内容；对于一个实际微机系统的设计，通常包括系统总体设计和功能分析，硬件设计和软件设计以及系统调试等环节。因此需要采用规范的设计过程，运用结构化设计方法，合理划分功能模块分步进行设计开发和调试，第 12 章用实例说明微机系统的开发过程。

因此，“微控制器原理”“接口技术”和“系统设计”三大部分，完整地涵盖了从 8051 MCU 原理到系统设计的所有内容。“接口技术”和“系统设计”的章节组成如图 0-2 所示。

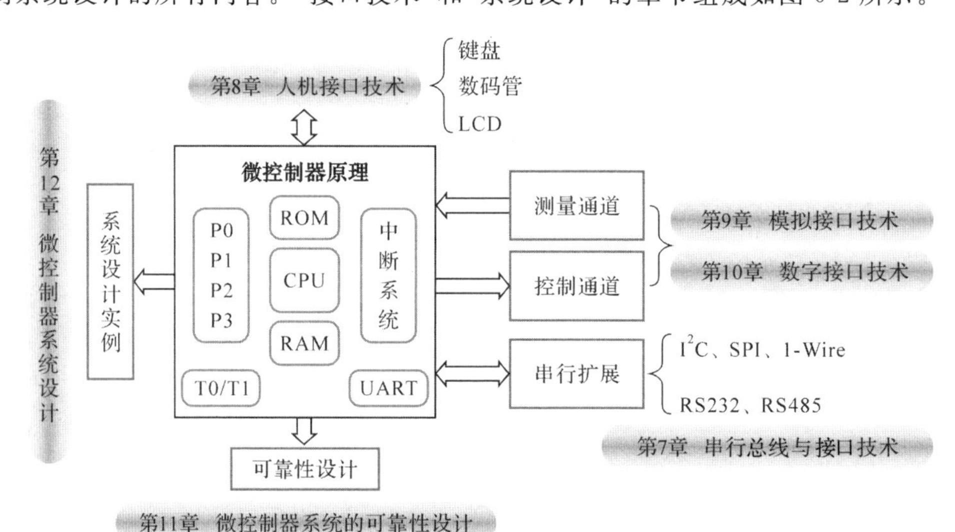

图 0-2 教材内容组成结构

0.2　课程教学设计

0.2.1　课程教学目标

基于“微机原理与接口技术”课程内容实践性、应用性强的特点，依据“理论指导实践、实践强化理论”的指导思想，通过课程教与学的改革和协同，实现知识构建、能力培养、价值塑造的课程教学目标。

1. 知识构建

通过理论教学，使学生系统掌握微控制器的工作原理、组成结构和功能模块，汇编和C51程序设计方法，以及主要接口技术与应用；使他们具有构建微控制器系统的理论知识和基本能力，能够利用微控制器技术、硬件与软件相结合解决本专业相关实际问题。通过实验教学，使学生进一步理解、巩固课程知识，学会微控制器程序的设计和调试方法，以及定时器、中断系统、UART串行口以及多种接口技术的实际应用方法，使他们具备设计开发微控制器系统的能力，同时提高实践能力和创新意识。

2. 能力培养

通过“多个相结合”的教学策略，以及“教法、学法、考法”相结合的课程改革，提高学生的“学习、实践、创新、挑战”等综合能力。

3. 价值塑造

通过思政元素的多元融入、思政教育的过程贯通，结合认真的教、严谨的学、求实的考、务真的实验，帮助学生塑造正确的世界观、人生观、价值观，培养知行合一、勇担重任的专业人才。

0.2.2　教学内容设计

1. 理论教学内容设计

按照本教材全部内容，把教学内容从体系上分为微控制器原理、接口技术和系统设计三大部分，共12个教学模块(教材的章)，每个模块包含若干个教学单元(教材的节)，每个教学单元又包含若干主要内容。

根据不同专业学科对微控制器技术的不同教学要求及课程课时设置，进行教学内容和教学活动安排。表0-1给出的48理论学时的教学安排建议供参考，由于教材内容较多，教学学时编排上比较紧凑，且标有下划线部分没有计入48学时中；有些内容可以安排学生自学后，教师进行概况性总结介绍并通过课堂测试等来检验自主学习效果；各高校也可根据实际教学需要，选择相关模块、教学单元及内容来重新构建各自课程的教学内容。

表0-1　教学安排建议

教学模块	教学单元	主要内容	推荐学时
课程概况	课程概况	课程概况：教学目标与要求，主要教学内容与安排，实验教学要求和安排，教学资源、教学方法、多元考核方式和成绩构成方法等介绍	1

续表

教学模块	教学单元	主要内容	推荐学时
第 1 章 微机技术概论	微型计算机概述	微机技术的两大分支；微型计算机的发展历程、体系结构与组成	2
	嵌入式系统与微控制器	微处理器、嵌入式系统与微控制器等概念，微控制器与体系结构，以及发展与应用	
	微控制器性能与发展趋势	微控制器的性能指标和发展趋势	
第 2 章 8051 微控制器硬件结构	微控制器的典型结构	微控制器的典型组成结构和功能模块，包括 CPU 系统、CPU 外围单元、基本功能单元、外围扩展单元和内部总线，以及 MCU 的结构特点与运行管理	0.5
	8051 微控制器结构与引脚	经典 8051 微控制器内部结构、功能模块以及引脚与功能	1.0
	微控制器的工作原理	CPU 的结构和组成（运算器、控制器），微控制器的工作过程（执行指令的过程）	1.0
	存储器配置和地址空间	8051 微控制器的存储器配置；内部 RAM 配置以及工作寄存器区、位寻址区等	2.0
	特殊功能寄存器 SFR	8051 MCU 中 SFR 的配置与分布，SFR 的位寻址空间，A、B、PSW、SP、DPTR 等 SFR 的功能与应用	2.5
	I/O 端口结构与应用特性	4 个 I/O 端口 P0～P3 的内部结构、端口功能以及应用特性（准双向口的输入）	1.0
	时钟、复位和 MCU 工作方式	时钟电路与时序概念（时钟周期、状态周期、机器周期、指令周期），复位与复位状态，以及 MCU 的几种工作方式	0.5
	8051 微控制器的技术发展	内部资源扩展的主要内容，增强型 8051 微控制器 STC15 系列 MCU 简介	0.5
第 3 章 8051 指令系统与汇编程序设计	指令系统基础	指令系统概述（指令分类，指令格式，指令中常用的符号），7 种寻址方式及寻址空间	1.5
	指令系统介绍	五大功能指令介绍：数据传送类指令 29 条，算术运算类指令 24 条，逻辑运算类指令 24 条，控制转移类指令 17 条，位操作类指令 17 条	3.0
	典型指令的应用	查表指令，堆栈及指令，十进制调整指令，相对转移指令的应用	2.0
	汇编语言与伪指令	编程语言，汇编程序中的伪指令	0.5
	汇编程序设计	汇编程序结构，子程序设计，汇编程序阅读和汇编程序设计举例	2.0

续表

教学模块	教学单元	主要内容	推荐学时
第4章 C51与程序设计	C51的特点	C51的结构特点，C51的编程特点（C51与51汇编的区别、C51与标准C的区别、C51编程的优缺点）	0.5
	C51编程基础	数据类型，变量与存储器类型，数组、指针、函数及预处理命令	1.5
	C51程序结构	顺序结构，选择结构（if，if…else，switch-case），循环结构（while，do-while，for）	1.0
	C51程序设计	C51的编程风格，C51程序设计举例，模块化程序设计	1.0
第5章 中断系统	中断系统概述	中断与作用，中断系统的功能	0.5
	8051微控制器的中断系统	中断系统的结构，中断的控制	1.0
	中断处理过程	中断响应的自主操作过程，中断响应条件和过程，响应时间，响应中断与调用子程序的异同	1.0
	中断程序设计	中断初始化，中断服务程序设计，C51中断函数，中断程序设计举例	1.0
	STC15W4K系列MCU的中断系统	中断系统结构，中断相关SFR	2.0
第6章 定时器/计数器	定时器/计数器概述	定时器/计数器的原理与功能	0.5
	8051微控制器的定时器/计数器	定时器/计数器T0、T1的结构、控制（相关SFR），T0、T1的工作方式，初始化	2.0
	定时器/计数器的应用	定时方式的应用，计数方式的应用，定时间隔的实现，实时时钟的实现	1.0
	STC15W4K系列MCU的定时器/计数器	STC15W4K系列MCU的T0、T1、T2、T3、T4的结构、功能以及应用	2.0
第7章 串行总线与接口技术	总线与串行通信概述	总线的概念和分类，异步通信与同步通信，通信协议与校验方式	1.0
	8051微控制器的UART	UART组成结构和相关SFR，UART的工作方式，UART的波特率，UART的应用	3.0
	STC15系列MCU的UART	串行口1～串行口4，相关SFR，波特率设置	2.0
	I²C串行总线	I²C总线概述，I²C总线的操作与编程	2.0
	SPI串行接口	SPI串行接口原理，STC15W4K系列MCU的SPI及相关SFR	2.0
	1-Wire总线	1-Wire总线概述，1-Wire总线操作方式，1-Wire总线应用实例	2.0

续表

教学模块	教学单元	主要内容	推荐学时
第8章 人机接口技术	键盘接口技术	键盘基础知识，独立式/矩阵式键盘接口与程序设计	2.0
	LED显示接口技术	LED显示原理，段码式LED显示技术（数码管静态显示、动态显示），点阵式LED显示技术	2.0
	液晶显示接口技术	LCD显示原理，LCD控制器ST7920，ST7920控制的12864液晶显示器，LCD的程序设计	3.0
第9章 模拟接口技术	模拟输入输出通道	模拟输入输出通道结构，A/D转换器与特性，D/A转换器与特性	1.0
	A/D转换器及应用	STC15W4K系列MCU的ADC结构、SFR，A/D转换器的应用（数据采集系统）	1.0
	D/A转换器及应用	MCU片内DAC结构、SFR与工作方式，D/A转换器的应用（波形发生器）	1.0
第10章 数字接口技术	数字信号调理技术	光电隔离技术、电平转换技术	0.5
	数字量测量技术	脉冲信号接口形式，脉冲信号测量技术（高频测频法、低频测周法）	1.0
	数字量输出技术	功率驱动技术，步进电机驱动技术、直流电机驱动技术	1.5
	STC15系列MCU的CCP/PCA/PWM模块	CCP/PCA/PWM模块的结构、相关SFR、工作模式，以及典型应用	3.0
第11章 微控制器系统的可靠性设计	可靠性与干扰	基本概念，干扰的耦合与抑制方法，干扰的引入途径	1.0
	硬件可靠性设计	元器件选择，电源抗干扰，低功耗设计，输入输出的硬件可靠性	0.5
	软件可靠性设计	输入输出的软件可靠性，程序设计的可靠性，数字滤波技术	1.5
第12章 微控制器系统设计	设计过程	总体设计，硬件设计步骤，软件设计步骤，仿真调试与文档编制	1.0
	设计实例	以网络式LED照明控制系统为例，介绍设计要求，总体设计，硬件设计，软件设计	2.0

2. 实践教学内容设计

“微机原理与接口技术”是实践性和应用性很强的课程。实践教学是课堂教学的补充、延伸和深化。在实践环节设计上需要考虑实践深度，一方面通过层次化的课程实验提高大部分学生的实践和应用能力，另一方面通过较为复杂的系统设计项目，增加课程挑战度，为学有余力的学生提供探究和创新机会。

对于面向众多学生的课程实验内容，这里提供16～20学时的基本实验内容建议。

- 4个软件实验。软件实验内容体现汇编语言程序设计与C51程序设计并重的微机软件开发特点，内容包括存储器操作、数据查表、算术运算、控制转移等（课内4学时）。要求学生结合课内4学时及课外时间训练汇编语言和C51的程序设计能力，这是开展硬件实验的基础。

· 4 个硬件实验。内容涵盖 MCU 中断、定时器/计数器、人机接口、串行通信、模数转换、数模转换等技术(课内 16 学时)。要求能够运用微控制器的基本模块实现硬件实验的功能，并学会应用程序的设计和调试方法。每个实验均由基础型、设计型、综合探究型的实验内容，多层次、递进式的实验设计，兼顾了各层次学生的学习需求并适应微控制器与接口技术及外围功能器件日新月异的发展需求。

对于面向学有余力学生的课程项目设计内容，可以综合“光机电算”等技术，为学生提供不同应用领域的微机系统设计选题，让学生自由选择感兴趣的项目开展自主性、研究性学习，进一步提高和增强实践和创新能力。

具体实验内容及课程设计项目题库请参考《微机原理与系统设计实验教程和案例分析》(王晓萍主编，浙江大学出版社 2019 年版)。

0.2.3　教学方法设计

1. 教学方法

在课程教学的实施过程中，各位老师为提高教学效果都会采用行之有效的教学方法。这里主要介绍浙江大学“微机原理与接口技术”课程组采用的一些教学方法。我们一直来注重探索和运用有利于学生自主性、研究性学习的启发式、开放式、互动式教学方法；重视教学信息化手段的有效运用，建设功能丰富的课程网络平台和相关 MOOC 课程，并以此为辅助开展线上线下混合式教学；开展基于线上学习、小组研讨/准备并上台展示的“翻转课堂”；开展过程化考核、多元化评价的课程考核和成绩评定方式等。通过教师的“教授方法”、课程的“考核方法”改革，促进学生的“学习方法”转变。

· 教授方法改革。采用启发式、互动式的教学方法，如知识难点和硬件功能模块工作过程的 flash 动态演示、实验分析与录像、丰富的课程资源；把学生完成的优秀课程设计作为案例，加强理论联系实际，扩展学生的知识面，激发学习兴趣；结合翻转课堂，要求学生对部分内容开展“自学－消化－备课”，并在课堂上讲解展示，提高学习能力。

· 学习方法改革。建设功能丰富、信息全面的课程网站，建设两门 MOOC 课程“微控制器原理”与“微控制器接口及应用”(已上线中国 MOOC 课程平台)，利用教学信息化技术和线上线下混合式教学，促进学生开展自主性、探究性学习；设置必做的递进式实验，提高学生分析解决问题能力，加强学用结合和学以致用；通过选做的综合探究型实验和课程设计项目等高阶性、挑战性学习内容，挖掘优秀学生的潜能。

· 考试方法改革。对“平时＋实验＋考试”的考核形式进一步细化，减少期末考试成绩比重，构建多元化的课程评价体系。课程成绩包含平时成绩(到课情况、作业、课程参与度)、线上成绩(自学情况、网上测试)、实验成绩(过程检查、实验报告、实验操作考)、考试成绩(随堂考、期中考、期末考)等，实现了从结果评价向结果和过程相结合的评价。这种过程化的评价方式，杜绝了部分学生“临时抱佛脚”的应试心态，促使学生认真对待每个教学环节，脚踏实地地学习和掌握课程知识。

2. 教学策略

在课程教学过程中运用恰当的教学策略对于提高学生的课程学习兴趣与热情，激发他们敢于实践、勇于创新的积极性，促进他们运用多种方法和途径认真学习、努力掌握课程知识，积极理论联系实际、开展探究性实践，以及实现“知识传授、能力培养、价值塑造”的课程教学目标具有重要积极作用。这里主要介绍浙江大学“微机原理与接口技术”课程组采用的一些教学策略，主要包括硬件与软件相结合、理论与实践相结合、课堂内外与线上线下相结合、课程知识教学与课程思政教育相结合等。

• 硬件与软件相结合。微机工作过程的本质上是以硬件为基础执行程序即运行软件的过程，所以课程教学要硬件与软件相结合，重视培养学生以微控制器技术为核心、从硬件与软件有效结合上思考分析和解决问题的能力。

• 理论与实践相结合。作为实践性很强的课程，教学中要切实贯彻理论与实践紧密结合的原则。注重理论联系实际的课堂教学，结合课程知识的实际应用案例，体现知识的实践性和应用性；强化实践教学环节在课程教学中的地位，改革实践教学，设计递进式、层次化以及趣味性的实验内容，构建基础型、设计型、综合探究型实验项目；加大实验成绩比重，并细化和过程化实验考核，如实验准入测试（加强实验预习），实验过程观察、实验结果质询以及实验操作考试等。

• 课堂内外及线上线下相结合。线上自学（预习和复习）、课堂教学、课后作业、实践教学是课程教学中各有侧重又紧密联系的几个环节。运用课程数字资源以及相应的 MOOC 课程，布置自学自测任务，引导和促进学生开展自主学习；课外作业是课堂教学的外延和补充，实践教学是理论教学的延伸和深化。线上线下、课内课外、理论实践等教学和学习要求的融合，是当代大学教学的主要路径。

• 课程知识教学与课程思政教学相结合。①围绕微控制器的组成、原理和应用，结合飞速发展的集成电路技术，提炼课程知识体系中蕴含的思政价值和精神内涵，挖掘课程思政元素，使学生在获取知识的同时，得到人格的滋养与涵育，帮助学生塑造正确的世界观、人生观、价值观。②针对关键知识点讨论相关技术的发展历程、瓶颈问题及我国科学家追求真理、持之以恒、勇攀科学高峰的先进事迹，培养学生崇尚科学、敢于挑战、勇于创新的科学态度和脚踏实地、坚韧不拔的工匠精神。例如：将微控制器芯片的发展、重要应用与华为、中兴等芯片危机联系起来，使学生深切感受到科学技术是第一生产力，要肩负科技兴国的历史使命；将程序设计的结构化、规范性与软件小 bug 可能带来的严重灾害相关联，让学生深切领会认真严谨态度、求真务实精神的重要性；将串行通信技术与 5G、工业互联网的国家“新基建”联系起来，增强学生攻坚克难、勇攀高峰的决心和信心。使学生在学习课程知识的过程中感受正能量，实现专业课程“构建知识、提高能力、提升素质、塑造价值”的育才育人功能。

第一部分

微控制器原理

第1章

微机技术概论

随着微型计算机技术的发展和应用的日趋广泛，出现了通用微型计算机和专用嵌入式计算机(嵌入式系统)的两大发展分支。而微控制器作为最典型的嵌入式计算机，它的出现是近代计算机技术的里程碑事件。微控制器的起源可追溯到1971年世界上第一块微控制器芯片Intel 4004，它将中央处理器(CPU)、存储器(ROM和RAM)、输入输出(I/O)接口等组成微型计算机的部件集成在一个半导体芯片上，因此也称为单片微型计算机(简称单片机)。微控制器经过数十年的发展和演变，在结构特点和性能指标上取得了多元化的发展，也派生了多种类型、功能丰富的增强型微控制器。

本章主要介绍微型计算机技术的两大分支及发展，通用微型计算机的体系结构和组成，嵌入式系统及其特点，微控制器与体系结构，以及微控制器的性能与发展趋势。

1.1 微型计算机概述

二维码1-0：
计算机基础知识

1946年，美国宾夕法尼亚大学研制了人类历史上真正意义的第一台电子计算机ENIAC(electronic numerical integrator and computer，电子数字积分器和计算器)，这是20世纪最先进的科学技术发明之一。在此后的70多年间，计算机的发展可谓日新月异，给人类社会带来了翻天覆地的变化，使人类社会进入到一个崭新的科学技术和信息革命时代。

二维码1-1：
微型计算机概述

20世纪90年代始，随着电子集成技术和半导体工艺技术的发展，计算机从功能单一、体积较大向着微型化、网络化、智能化等方向发展。同时，根据不同领域的应用需求，逐渐出现了通用微型计算机和嵌入式系统这两大分支，分别形成了高速、海量数值分析处理和嵌入式智能化实时测控的两条发展道路。

1.1.1 微机技术的两大分支

1. 通用微型计算机(general microcomputer)

20世纪70年代初，微处理器的诞生，使电子计算机迅速进入微型计算机时代。与早期的电子计算机相比，微型计算机突出了小型化、廉价型、高可靠的特点，由于其可广泛应用于科技、国防、工业、农业以及日常生活等各个领域，而被称为“通用微型计算机”；其特征是具有独立形态、功能通用，典型代表是大家熟知的PC机。

2. 专用微型计算机(special-purpose computer)

在通用微型计算机技术迅速发展的同时,为使其既能够满足工业测控、仪器仪表、航空航天、国防军工等领域的专门功能需求,又能够嵌入到实际应用系统中,实现对象体系的实时测控、快速处理等智能化功能,派生了专用微型计算机的发展分支。其特征是面向对象和专门应用,能嵌入到对象体系中,实现对象体系小型化、智能化,因此也称为嵌入式微型计算机系统(简称嵌入式系统)。

3. 两大分支的发展

通用微型计算机的主要用途是科学计算、数值分析、图像处理、模拟仿真、人工智能、多媒体和网络通信等,其发展动力和方向是满足人类无止境的高速、海量数据和图像处理等的需求。在巨大需求的推动下,其核心部件中央处理器的位数和运行速度不断刷新,硬件资源不断强大;通用操作系统和各类软件不断完善,使微型计算机迅速应用于社会的各个领域和方方面面,成为现代社会必不可少的工具。

专用微型计算机也即嵌入式系统以满足嵌入到对象体系中,实现对象体系的智能化为目的,其发展动力和方向是满足各领域不断增长的实时测控和各种嵌入式应用需求。同样,在巨大需求的推动下,嵌入式系统的性能不断提升,如增强实时测量、控制以及响应外部事件的能力,提高运算处理能力和速度,降低功耗和成本,减小体积,优化和完善开发环境等等。

1.1.2 通用微型计算机

1. 微型计算机的诞生

1946 年,美国宾夕法尼亚大学研制了第一台电子计算机 ENIAC,该计算机长 30.5m、宽 1m,占地面积 170m^2;重 30t,有 30 个操作台、17840 支电子管、6000 多个开关,造价 48.7 万美元;每秒运行 5000 次加法或 400 次乘法的性能,已是继电器计算机的 1000 倍、手工计算的 20 万倍。该计算机 2 分钟能够计算完成的一道算术题,人们为此付出的准备时间却要 2 天。但这个造价高、性能低,犹如庞然大物的计算机是电子计算机零的突破,由此开启了电子计算机快速的发展道路。

电子计算机的问世,最重要的奠基人是英国科学家艾兰·图灵(Alan Turing)和美籍匈牙利科学家冯·诺依曼(von Neumann)。图灵的贡献是建立了图灵机的理论模型,奠定了人工智能的基础。而冯·诺依曼则首先提出了计算机体系结构的设想。从 ENIAC 到先进的计算机采用的都是冯·诺依曼体系结构。所以冯·诺依曼是当之无愧的数字计算机之父。

二维码 1-2:ENIAC 与冯·诺依曼

2. 冯·诺依曼的计算机体系结构

①计算机的运算应采用二进制。二进制的运算电路简单、实现方便、体积小、可靠性高。

②采用"存储程序"的思想。将程序转换为二进制代码存放在存储器中,由计算机自动从存储器取出并执行,即让程序指挥计算机自动完成各种工作。不同的程序解决不同的问题,实现了计算机通用计算的功能。

③计算机的硬件组成。计算机的硬件被划分为五大部分：运算器、控制器、存储器、输入设备和输出设备。现在通常分为三个部分：CPU、存储器、I/O 接口。

3. 通用微型计算机的组成

通用微型计算机包括硬件和软件，其组成结构如图 1-1 所示。硬件又包括主机和外设，主要由中央处理器（CPU）、存储器、输入输出接口和多种外部设备组成。中央处理器是运行软件和对信息进行运算处理的部件；存储器用于存储程序、数据和文件，常由快速的主存储器（内存）和相对慢速的海量存储器（硬盘等）组成；输入输出接口用于连接多种输入和输出外部设备，如显示器、键盘、鼠标等等。

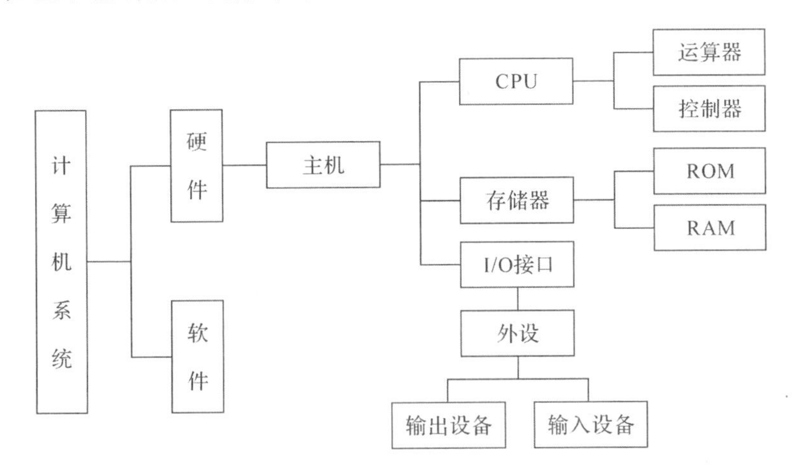

图 1-1　通用微型计算机的组成结构

软件主要包括操作系统和应用程序等。操作系统实施对计算机硬件资源的管理、分配和控制；应用程序由用户根据需要安装，如 office 软件、网络软件、安全软件等。

4. 微型计算机的发展

半导体工艺、集成电路技术和软件技术的迅速发展，以及人类无止境增长的各种应用需求，推动着微机技术的飞速发展。使得 70 多年来微型计算机的性价比提高了千万倍，运行速度越来越快、存储容量越来越大、硬件资源越来越多、软件性能越来越强，而价格却是原来的万分之几。目前，微型计算机产品更新换代的周期为 1 年左右。

1.2　嵌入式系统与微控制器

二维码 1-3：嵌入式系统与微控制器

随着微机技术的迅速发展，各领域对微型计算机的嵌入式应用来实现仪器设备、测控对象的智能化提出了迫切要求。考虑到大多数对象系统如电子仪器、家用电器、工业控制单元等的体积和成本，不能指望用通用微型计算机做嵌入式应用。因此，基于嵌入式应用的单片微型计算机迅速走上了独立的发展道路。

1.2.1 微处理器与嵌入式系统

1. 微处理器

微处理器(micro processor,MP或μP)是一种可编程的特殊超大规模集成电路,其主要功能是完成读取指令、解析指令、执行指令操作,以及与存储器、I/O端口、各功能模块交换信息、完成数据运算和处理等。微处理器也称为中央处理器(central processing unit,CPU),是微型计算机的核心部件。

2. 嵌入式系统

嵌入式系统(embedded system)是把微型计算机的主要组成部件,如CPU、存储器(ROM/RAM)、输入输出(I/O)接口等集成在一块芯片上,即将微型计算机芯片化。为满足不同对象体系的实际应用需求,派生出了32位嵌入式系统和8位嵌入式系统(也称为单片机,single chip microcomputer,SCMP)。

目前通常意义上的嵌入式系统,是指具有32位CPU的单片微型计算机,其需要使用小型、用户可裁剪的操作系统(如Linux、WinCE、μcDOS等),常用的有ARM(advanced RISC machine,是一个32位RISC处理器架构)、PowerPC(performance optimized with enhanced RISC,具有RISC架构的CPU)等。其中,ARM是目前世界上应用最多的32位嵌入式系统,具有强大的运算处理能力,以及低成本、高性能、低耗电等特点,大量应用于消费性电子产品,如硬盘驱动器、智能手机、数字电视和机顶盒以及平板电脑等,还在测试仪器、医疗设备、航空航天、军事装备甚至超级计算机上得到应用。

3. 嵌入式系统的特点

尽管嵌入式计算机的发展可谓"日新月异",但无论怎样发展变化,嵌入式系统总是具有"内含计算机""嵌入到对象体系"和"满足对象智能化控制要求"的技术特点。因此,可以将嵌入式系统定义为:"嵌入到对象体系中的专用计算机系统"。其具有3个基本特点:"嵌入性""计算机"与"专用性"。

①"嵌入性"是指将微型计算机嵌入到对象体系中,实现对象体系的智能测量与控制。

②"计算机"是指单片形态的微型计算机,是对象系统智能化的根本保证。随着嵌入式微型计算机向SoC(system on chip)发展,片内的基本单元、外围电路、功能模块、控制单元日益增多,功能越来越强大。

③"专用性"是指在满足测控要求及环境条件下,软硬件的可裁剪性和可因需设置功能,从而构成满足嵌入对象实际需求的专用微型计算机。

1.2.2 微控制器与体系结构

1. 微控制器

微控制器通常是指面向测控领域应用的8位单片微型计算机,由于其应用的测控目的,因此国际上通行称为"微控制器"(microcontroller unit,MCU)。MCU集成了CPU、存储器(ROM、RAM)、输入输出(I/O)接口、中断系统、定时器/计数器、串行接口、时钟和复位电路等功能部件,并且不断添加为实现测控要求的外围电路,如满足模拟信号采集的A/D转换器、满足控制要求的高速I/O接口、输出模拟信号的D/A转换器、脉宽调制电路

(PWM),以及满足外部通信、电路扩展需要的串行通信总线和串行接口等。

8位微控制器是使用最广泛的嵌入式系统,其不需要操作系统。使用最广泛的8位微控制器之一是以美国Intel公司8051为内核的多种型号的增强型8051 MCU。此外,非8051构架的微控制器也具有重要地位,如美国Microchip公司的PIC系列微控制器,其突出特点是体积小、功耗低,采用精简指令集,抗干扰性好,可靠性高;Atmel公司的AVR系列微控制器种类多,品种全,受支持面广;美国德州仪器(TI)的MSP430系列以低功耗闻名,多用于电池供电的医疗电子产品及便携式仪器仪表中。

由于"微控制器"(MCU)已成为国际上单片机界公认的、最终统一的名词,因此,本书一律采用微控制器这一说法。对于以微控制器为核心设计的应用系统,称之为微控制器系统或微机系统。

2. 两种存储结构

存储器是微型计算机、嵌入式系统和微控制器的重要组成部分,不同类型微机采用的存储结构与容量不尽相同,但存储器的用途是相同的,即用于存放程序和数据。常用的有哈佛与普林斯顿两种存储结构。

(1)哈佛(Harvard)结构

哈佛结构是一种将程序存储和数据存储分为2个寻址空间的存储器结构,如图1-2所示。程序和数据分开存储,可以使指令和数据有不同的数据宽度,如Microchip公司的PIC16芯片的程序指令是14位宽度,而数据是8位宽度。采用哈佛结构的微处理器,通常具有较高的执行效率,是微控制器常用的存储结构。如ARM系列嵌入式系统、8051系列微控制器均采用哈佛结构。

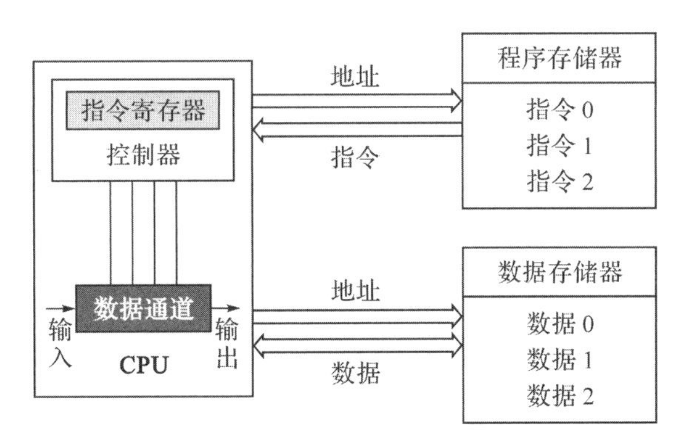

图1-2　哈佛存储结构

(2)普林斯顿(Princeton)结构

普林斯顿结构也称冯·诺依曼结构,是一种将程序存储器ROM和数据存储器RAM合并在同一个寻址空间中的存储器结构,如图1-3所示。

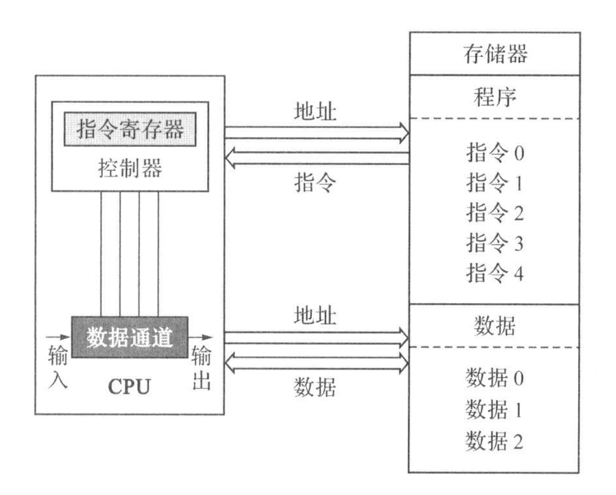

图 1-3　冯・诺依曼存储结构

这种存储结构的指令和数据具有相同的宽度，如 8086 系列微处理器的指令和数据都是 16 位的。其 ROM 和 RAM 在同一存储空间中，即 ROM 和 RAM 地址指向同一个存储器的不同物理位置。这是通用微型计算机常用的存储结构。

3. 两种指令集处理器

在微控制器的发展过程中，按照指令集的不同，出现了两种指令集处理器：复杂指令集计算机（complex instruction set computer，CISC）和精简指令集计算机（reduced instruction set computer，RISC）。

CISC 和 RISC 是目前设计制造微处理器的两种典型技术，虽然它们都试图在体系结构、操作运行、软件硬件、编译和运行时间等诸多因素中做出某种平衡，以求达到高效的目的，但由于两种处理器的设计理念和方法不同，在很多方面存在较大差异。20 世纪 90 年代之前的 CPU 基本采用 CISC 架构，而此后的 CPU 则采用 RISC 架构居多。

（1）CISC 体系结构

CISC 的设计理念是要用最少的指令来完成所需的计算、控制任务，即要尽量简化软件设计。因此 CISC 处理器的寻址方式多、指令丰富，一条指令往往可以完成一串动作，且有专用指令来完成特定的功能（如算术/逻辑运算指令、控制转移指令等）。因此 CISC 微处理器对于科学计算及复杂操作的程序设计相对容易，编程和处理特殊任务的效率较高，并且对汇编程序编译器的开发十分有利。

指令采用字节形式的代码表示，指令复杂程度不同，其所占有的字节数也不同（即指令长度不同）。指令的操作过程相对复杂，通常一条指令包含若干个操作步骤，需要若干个机器周期或时钟周期才能执行完毕，导致 CPU 运行效率低。

CISC 架构的微控制器，其复杂指令系统带来了复杂的操作进程、代码结构和不同字节数，为了支持指令的操作，这种架构的 CPU 硬件结构复杂、面积大、功耗大，对工艺要求高。

（2）RISC 体系结构

RISC 的设计理念是尽可能简化指令系统，提高程序运行效率，使大部分常用指令能在高速时钟下运行，以满足微控制器测量与控制的实时性要求。

按照精简的原则，将 CISC 架构中的指令，采用简单操作与复杂操作分工。只保留经常使用的单周期指令,并尽量简化其操作过程,使它们简单高效;对不常用的复杂指令功能,则通过精简指令的组合来完成。RISC结构是将所有的指令统一成相同的代码长度(即定长指令),因此具有较高的代码效率。RISC结构精简的单周期、定长代码及占用一个ROM单元的指令体系,形成了归一化的指令操作进程。若将每条指令归一化为取指、译码、操作、回授4个进程,则可实现4条指令相差一个进程的并行操作,即实现"取指—执行"的流水线操作方式,因此大大提高了执行速度。如RISC架构的AVR系列微控制器,每条指令单机器周期为4个时钟周期,实现4条指令并行流水操作后,每个时钟周期可完成1条指令的操作,从而获得最佳的效率。

RISC构架中的指令代码短、种类少、格式规范,并且采用流水线技术,因此其硬件结构简单、布局紧凑,在同样的工艺水平下能够生产出功能更强大的CPU。但在实现特殊或复杂功能时,汇编语言程序设计难度增大,编程效率较低,并且一般需要较大的内存空间。另外,对于编译器的设计也有更高的要求。

1.2.3 微控制器的发展与应用

1.微控制器的发展历程

微控制器的发展,可分为以下三个阶段。

(1)第一阶段:单芯片化探索阶段

该阶段主要探索如何将微型计算机的主要部件集成在单芯片上,从4位逻辑器件发展到8位MCU。典型代表是Intel公司的MCS-48系列单片机,这是单片机诞生的年代。

随后,Intel公司推出了典型的MCS-51单片机系列,并通过不断完善结构体系、增强微操作和位控制功能、丰富片内资源等,奠定了它在这一阶段的领先地位。Intel公司被认为是微控制器的首创公司,其产品曾经在世界微控制器市场占有一半以上的份额,而成为单片机的典型代表。在这一阶段,Motorola公司的M68系列和Zilog公司的Z8系列也占据了一定的市场份额。

(2)第二阶段:向微控制器发展阶段

这一阶段主要是扩展为满足测控系统要求的各种外围电路与接口电路,突出智能化控制能力。Intel公司将8051单片机内核授权给世界许多著名IC制造厂商,如Philips、Atmel、ADI、Sygnal等;这些公司基于8051内核,结合各自优势在芯片中集成了很多外围电路、增强了许多功能,推出了多种各具特色、性能优越的单片机,这类单片机通称为8051微控制器。

在技术上,从并行总线扩展方式向串行总线扩展方式转变,出现了满足串行外围扩展的串行总线与接口,如I^2C、SPI、Microwire等;同时,出现了多核MCU,即将多个CPU集成到一个MCU中;也出现了具有较高性能的16位微控制器。

(3)第三阶段:全面发展阶段

由于很多半导体和电气厂商都开始参与到微控制器的研制和生产中,微控制器出现了快速全面发展的局面。显著的特点是flash存储器(flash memory,闪速存储器,简称闪存)的普遍应用以及低功耗技术的发展,逐渐出现了高速、低功耗、强运算能力、多功能集成的各类微控制器,以及功能全面、能够满足各种需求的形形色色的片上系统(system on chip,

SoC)。SoC 就是寻求应用系统在芯片上的最大化解决方案，随着微电子技术、IC 设计、EDA 工具的发展，基于 SoC 的微控制器将会得到更快的发展。

2. 微控制器的应用领域

微控制器的应用非常广泛，日常生活中人们使用和接触的电子类产品都应用了微控制器。如通信设备、电子玩具、掌上电脑以及鼠标等电脑配件中都配有 1～2 个 MCU；汽车上配备有几十到上百个 MCU，复杂的工业控制系统甚至可能有数百个 MCU 在同时工作。微控制器的数量远超过通用微型计算机，呈现出了无时不有、无处不有的态势。

微控制器的主要应用领域包括：智能仪器仪表、智能传感器、工业自动化测控、各种机器人、计算机网络与通信设备、日常生活与家用电器、办公自动化和娱乐设施、汽车与航空航天等。

1.3 微控制器的性能与发展趋势

二维码 1-4：微控制器的性能与发展趋势

随着集成电路技术和半导体工艺的发展，微控制器的性能不断得到提升，并且正朝着多品种、高性能、低功耗、低价格、小体积的方向发展。

1.3.1 微控制器的性能指标

微控制器的性能指标，主要包括以下几个方面。

①CPU 主频。是指 CPU 内核工作的时钟频率(CPU clock speed)，该指标反映了 CPU 的运行速度。通常用单位时间执行指令数(如 MIPS，百万条指令/秒)来表示 CPU 的运行速度。

②CPU 字长。是指 CPU 一次能并行处理的二进制位数，也是内部数据总线的位数，字长总是 8 的整数倍。内部数据总线为 8 位的 CPU 为 8 位 CPU，32 位 CPU 就是具有 32 条数据总线，能够并行处理 32 位的二进制数据。

③位处理器。反映了微控制器的位处理能力，即控制性能。

④指令系统。是 CPU 能够识别的指令编码，主要是指令数量。

⑤存储容量。反映了 MCU 芯片内部的 ROM、RAM 容量，及其寻址空间。

⑥I/O 接口。是指片内并行接口的数量，以及接口的特性。

⑦基本功能模块。是指 MCU 的中断系统、定时器/计数器、串行接口(如 UART、I^2C、SPI)等的功能和特性。

⑧外围功能单元。是指 MCU 集成的外围功能单元及性能，如 ADC、DAC、PWM 等。

此外，还有工作电压、功耗等。

1.3.2 微控制器的发展趋势

通用微型计算机的应用特点，决定了与其连接的都是一些通用外部设备，如打印机、键盘、显示器等。早期，这些外部设备都有专用的接口，近年来，已被通用的 USB 接口替代。

与通用微型计算机相比，微控制器的嵌入式应用特性，主要表现为外部设备的特殊性和专用性，如功率输出接口、LCD驱动接口、模拟输入接口、串行接口等。因此，微控制器必须有专门设计的、丰富的、能满足嵌入对象具体应用和环境要求的外围接口电路。另外，低功耗、小体积、高性能、低价格、混合信号集成化以及调试开发的便利等，也是微控制器的发展趋势。

1. I/O接口性能的增强

(1)I/O接口的串行扩展

早期，通常采用并行方式进行I/O接口的扩展，来解决MCU系统需要外接较多外设(如按键、数码管等)而本身I/O接口不足的问题；如今，由于大量串行外围器件(如存储器、A/D、D/A、LCD驱动器等)的产生，以及串行总线传输速度的提高，使得微控制器系统的串行扩展成为主流。串行扩展方式可大大节省微控制器的引脚，简化应用系统的结构。目前最通用的串行扩展总线有I^2C总线、SPI串行接口和1-Wire总线，片上功能最大化+串行外围扩展，是微机系统的发展方向。

(2)I/O接口的电路特性扩展

为了满足MCU接口引脚与外部设备的适应性连接(即提供外设需要的接口电气特性)，许多I/O接口都提供了可编程选择的电路结构形式。根据需要可将I/O接口设置为推挽方式、开漏输出、弱上拉等。

(3)I/O接口的驱动增强

为了简化外围电路设计，适应一般显示器件(如LED)与功率器件(如步进电机)的直接驱动要求，许多微控制器I/O接口的驱动能力已达到几十毫安，成为功率I/O接口，以满足外部电路的功率控制要求。

(4)专用I/O接口的增加

为满足不同领域的特殊应用，派生了许多专用型微控制器，它们具有专用的I/O接口。如传感器接口、通信网络接口、人机交互接口，以及满足控制工业对象的电气接口等。

2. 强大的功能发展

(1)低功耗管理

几乎所有的微控制器都有待机、掉电等多种低功耗运行方式。增强型微控制器还具有功耗的可控性，使MCU可以工作在功耗精细管理状态；如有些MCU的时钟频率可编程选择，在不需要高速运行时，可通过降低时钟频率来减小功耗。低功耗还可以提高系统的可靠性和抗干扰能力。

(2)宽工作电压范围

目前，一般微控制器的工作电压范围是3.3～5.5V，有的产品已可采用1.8～6V。更宽的工作电压范围有利于微控制器长时间在省电模式下工作，这对于开发电池供电的便携式产品非常有益。

(3)高性能化

高性能化是指进一步提高CPU的性能，提高指令执行速度和系统可靠性。近年来，微控制器开始由复杂指令集计算机(CISC)向精简指令集计算机(RISC)发展，RISC能够实现的流水线技术，大幅度提高了运行速度，并增强了位处理、中断、复位和定时控制等功能。

(4)小体积、低价格

为满足微控制器的嵌入式要求,通过提高集成度、改变封装、芯片引脚的复用以及根据应用需求筛选内部资源做成专用微控制器等,使其体积更小,价格更低。有些微控制器甚至把时钟、复位等电路集成到片内,进一步提高了 MCU 的性价比,为应用提供便利。

(5)混合信号集成化

混合信号,即数字—模拟相结合的集成技术,是微控制器内部资源增加的发展方向。随着集成度的不断提高,可以把众多的外围器件集成在片内,如模数转换器、数模转换器、脉宽调制器、监视定时器以及一些专用电路等。

(6)ISP 及基于 ISP 的开发环境

闪存的出现和发展,推动了在系统可编程 ISP(in system programmable)技术的发展。它的作用是在 PC 机集成开发环境(如 Keil C51)的支持下,在 PC 机上直接对微控制器目标系统进行仿真调试,并在调试正确后进行在线下载,即将目标代码直接传输并烧录到 MCU 的闪存中。

习题与思考题

1. 简述微机技术发展的两大分支和主要发展方向。
2. 简述微型计算机系统与嵌入式系统的主要应用。
3. 何为微处理器、嵌入式系统?嵌入式系统有哪些特点?
4. 微型计算机有哪两种存储结构?各有什么特点?
5. 什么是 CISC?什么是 RISC?各有什么特点?
6. 简述微控制器的发展历程和应用领域。
7. 微控制器有哪些主要性能指标?
8. 简述微控制器的发展趋势。

本章总结

二维码 1-5:
第 1 章总结

- 微机技术概论
  - 微型计算机概述
    - 微机技术的两大分支
      - 通用微型计算机:独立形态、功能通用的微型机,典型代表:个人计算机(PC机)
      - 嵌入式系统:既能满足仪器仪表等应用需求,又能够嵌入到实际对象体系中,实现对象体系智能化测控的专用微型机
      - 两大分支的发展
        - 通用微型计算机:发展动力是满足高速、海量运算和处理的需求
        - 嵌入式系统:发展动力是满足实时测控和各种嵌入式应用需求
    - 通用微型计算机
      - 组成:硬件和软件两部分,冯·诺依曼的计算机体系结构
      - 发展:性价比提高,运行速度快、存储容量大、硬件资源多、软件性能强
  - 嵌入式系统与微控制器
    - 微处理器与嵌入式系统
      - 微处理器:即中央处理器CPU,是微型计算机的核心部件
      - 嵌入式系统:把微型计算机的主要部件集成在一块芯片上,将微型计算机芯片化
      - 嵌入式系统的类型:32位微处理器(如ARM);8位微控制器(单片机)
      - 嵌入式系统的特点:“嵌入性”“专用性”与“计算机”
    - 微控制器与体系结构
      - 微控制器:面向测控领域应用的8位单片微型计算机,是使用最为广泛的嵌入式系统。如不同型号增强型8051 MCU
      - 两种存储结构
        - 哈佛结构:程序存储和数据存储分为2个寻址空间,具有较高的执行效率;微控制器常用的存储方式
        - 冯·诺依曼结构:程序和数据存储器合并在一个寻址空间,指令和数据宽度相同;通用计算机常用的存储方式
      - 两种指令处理器
        - 复杂指令体系(CISC):寻址方式多、指令丰富,编程效率较高;指令执行速度慢,CPU硬件结构复杂
        - 精简指令体系(RISC):单周期、定长代码,可并行执行指令,速度快;CPU硬件结构简单;但编程效率低
    - 微控制器的发展与应用
      - 微控制器的发展:单芯片化的探索向微控制器和片上系统(SoC)发展,分为三个阶段
      - 微控制器的应用:智能仪器仪表、集成智能传感器、工业自动化测控、日常生活与家用电器等
  - 微控制器的性能与发展趋势
    - 性能指标:CPU主频(运行速度)、CPU字长、位处理器、指令系统、存储容量、I/O端口、基本功能模块、外围功能单元
    - 发展趋势
      - I/O接口性能的增强:I/O接口的串行扩展、电路特性扩展、驱动能力增强和专用I/O接口增加
      - 强大的功能发展:低功耗、小体积、低价格、宽工作电压范围、高性能化、混合信号集成化、ISP及开发环境

第2章 8051微控制器硬件结构

美国 Intel 公司自推出 MCS-51 微控制器后，就对其内核采取了开放授权的策略，这使得众多厂家积极研发兼容 MCS-51 内核的 8051 系列微控制器，由此衍生了不同厂家生产的型号繁多的增强型 8051 微控制器。但它们具有基本相同的硬件结构和工作原理，并且支持相同的指令集，这使得我们可以通过对经典 8051 微控制器的讨论，来深入学习、理解8位微控制器的体系结构。

本章首先介绍微控制器的典型结构，包括 CPU、CPU 外围单元、基本功能单元和外围扩展单元等；然后以经典 8051 微控制器为例，介绍其组成结构、工作原理、存储器组织以及 I/O 接口、时钟与复位、工作方式等硬件构架。最后，介绍微控制器技术的发展以及目前使用广泛的 STC15 系列增强型 MCU 的组成、工作模式和 I/O 接口。

2.1 微控制器的典型结构

二维码 2-1：微控制器的典型结构

微控制器是一个单芯片形态、嵌入式应用、面对测控对象的专用微型计算机系统。典型微控制器的基本组成结构如图 2-1 所示，由 CPU 系统、CPU 外围单元、基本功能单元和外围扩展单元等组成，它们通过内部总线连接并进行信息交互。

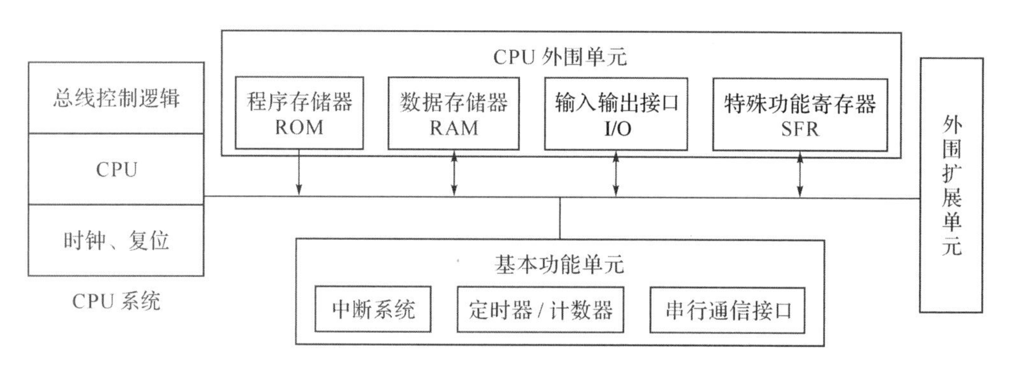

图 2-1 典型微控制器的基本组成结构

CPU 系统、CPU 外围单元、基本功能单元组成微控制器的最小系统(基核)；在微控制器最小系统基础上，增加不同的外围扩展电路则形成了同一兼容体系下形形色色的衍生系列产品。

2.1.1 CPU系统

CPU系统包含CPU、时钟系统、复位电路和总线控制逻辑。

①CPU。微控制器中的CPU与通用CPU不同，是按照面向测控对象、嵌入式应用和单芯片结构要求专门设计的，要保证有突出的控制功能。

②时钟系统。不仅要满足CPU及片内各单元电路对时钟的要求，同时要满足功耗管理对时钟系统的可控要求。

③复位电路。能满足上电复位、信号控制复位的最简电路要求。

④总线控制逻辑。要满足CPU对内部总线和外部总线的控制。内部总线控制要实现片内各单元电路的协调操作，外部总线控制用于微控制器外部扩展时的操作管理。

2.1.2 CPU外围单元

CPU外围单元是与CPU运行直接相关的单元电路，包括程序存储器(ROM)、数据存储器(RAM)、输入输出(I/O)接口和特殊功能寄存器(SFR)。

1. 程序存储器(ROM)

程序存储器也称为只读存储器(read-only memory，ROM)，掉电后信息不会丢失，用于固化微控制器的程序代码、表格、常数及字库等。

传统的ROM包括：可编程ROM，即PROM(programmable ROM)；可一次编程ROM，即OTPROM(one time programmable ROM)；可擦除可编程ROM，即EPROM(erasable programmable ROM)；可电擦除可编程ROM，即EEPROM(electrically-erasable programmable ROM)；等等。但这些程序存储器已很少使用。

目前微控制器中的程序存储器均采用flash ROM，称为快擦写存储器或闪存，能够使用几十万次到百万次；具有集成度高、容量大、成本低、寿命长、使用方便等特点。采用工作电源即可实现芯片擦除和程序写入，因此可实现微控制器的“在系统编程”和“在使用编程”。

2. 数据存储器(RAM)

数据存储器也称为随机存取存储器(random-access memory，RAM)，断电后存储的信息将丢失，一般用来存放采集的数据和中间结果等。微型计算机系统中均采用静态随机存取存储器SRAM(static RAM)，其具有访问速度快、存取简单的优点。

目前，flash RAM也得到了应用，它具有掉电后信息不会丢失，又可以运用指令随机读取和写入(写入时间为10ms)的特点，因此常用于保存系统参数如灵敏度、报警限等。

3. 输入输出(I/O)接口

输入输出接口(input/output interface)包括输入接口和输出接口，是微控制器与外部设备交换信息和传输数据的重要通道，所有外部输入输出设备(如数码管、按键、步进电机等)均要通过I/O接口才能与微控制器连接。

微控制器的I/O接口通过芯片的引脚引出。为了减少引脚数量，微控制器的I/O接口大多有分时复用功能。例如，一个8位的I/O引脚，既可以作为特定功能的引脚(如中断输入、PWM输出等)，又可以作为普通I/O引脚。

4. 特殊功能寄存器(SFR)

特殊功能寄存器(special function register,SFR)的详细内容见 2.1.4。

2.1.3 其他功能单元与内部总线

1. 基本功能单元

基本功能单元是满足微控制器测控功能要求的基本电路,包括定时器/计数器、中断系统、串行通信接口等。CPU 系统、CPU 外围单元和基本功能单元,通过内部总线构成微控制器的基核。

2. 外围扩展单元

外围扩展单元是为满足不同嵌入式应用需求而添加的扩展电路,如满足数据采集要求而扩展的模数转换器 ADC、满足伺服驱动控制的脉冲宽度调制(PWM)电路和满足程序可靠运行的监视定时器 WDT 等。通常,每个系列微控制器都有自己的基核,如在 MCS-51 基核上扩展不同的外围单元,则衍生出与 8051 微控制器兼容的多种型号、多种功能的 8051 系列微控制器。

3. 内部总线

内部总线(bus)或称片内总线,是从任意一个源点到任意一个终点的一组传输信息的公共通道,是计算机或微控制器内部 CPU 与各功能模块之间传送信息的公共通道。根据功能不同,总线可以划分为数据总线 DB(data bus)、地址总线 AB(address bus)和控制总线 CB(control bus)三类,分别用来传输数据、地址和控制信号。

(1)数据总线

数据总线 DB 是双向的,用于传送数据,实现 CPU 与存储器、I/O 接口、各功能模块之间的信息交互,其方向取决于是读操作还是写操作。数据总线的位数就是 CPU 的字长,是微控制器的重要指标。对于 8 位、16 位、32 位和 64 位的 CPU,它们的数据线是 8 条、16 条、32 条和 64 条,其计算性能随着数据总线位数的增加而增强。

(2)地址总线

地址总线 AB 是单向的,由 CPU 发出地址信息,用来访问存储器和 I/O 接口。地址总线的位数决定了 CPU 可直接寻址的存贮空间的大小,若地址总线为 16 位,则其最大可寻址空间为 2^{16}=64K 字节=64K byte=64KB;若地址总线为 20 位,则其可寻址空间为 2^{20}=1M byte=1MB;若地址总线为 n 位,则其寻址空间为 2^n 字节(1 字节=1byte=8 位二进制=8bit)。

(3)控制总线

控制总线 CB 用来传送控制信号或时序信号。控制总线是单向的,有的是 CPU 输出,如读/写信号、时钟信号等;有的是外设传送给 CPU 的,如中断请求信号、复位信号等。每个信号都有自己的功能,控制着微控制器有序工作。

CPU 系统+CPU 外围单元+基本功能单元+内部总线→微控制器最小系统(基核)

微控制器基核+外围外展单元→多种型号、多种功能的微控制器

2.1.4　MCU 的结构特点与运行管理

1. 结构特点

与通用计算机系统相比，微控制器有许多重要特点。

①突出控制功能的指令系统。具有大量单字节指令，运行速度快、操作效率高；丰富的位操作指令，满足位寻址、位操作的控制要求。

②内部 RAM 的通用寄存器形式。通用寄存器和 SFR 都设置在内部 RAM，CPU 可直接存取，操作方便、速度快。

③结构功能满足嵌入式应用。微控制器具有简单、方便的时钟和复位电路，丰富的内部基本功能单元和外围扩展单元，以及大量可编程可用于测控的多功能复用 I/O 接口。

2. 运行管理模式

特殊功能寄存器（SFR），也称“专用寄存器”，是管理与控制微控制器内部各功能模块运行的寄存器。微控制器采用的管理模式是 MCS-51 奠定的特殊功能寄存器（SFR）管理模式。

（1）SFR 的归一化管理模式

SFR 本质上是微控制器中所有可编程功能模块的一种集中映射管理机构（寄存器集合），MCU 内部的每个功能模块均需要一个或多个 SFR 进行管理。微控制器的 SFR 管理模式，是将对 MCU 内部各功能模块的操作归一化为对 SFR 的操作，通过对这些 SFR 的编程就可灵活运用各功能模块。

（2）SFR 的设置与操作

将 MCU 内部各功能模块的 SFR 集中设置到 SFR 寄存器区，形成统一规范的操作管理方式。通过对 SFR 的编程，来实现内部功能模块的方式设置、启动运行和状态查询等。

（3）SFR 的形式

SFR 包括方式寄存器、控制寄存器、状态寄存器、数据寄存器等，如 8051 MCU 中定时器/计数器的 TMOD、TCON、TH*i*、TL*i* 等。有些内部功能模块，会将方式设置、控制操作、状态标志定义在一个 SFR 的不同位。

> 不同内核、不同型号的微控制器，具有内部组成结构、基本功能模块等的相似性，并在此基础上进行片内资源的扩展（包括速度扩展、CPU 外围扩展、基本功能单元扩展和外围单元扩展）。本教材以应用广泛、容易快速掌握的 8051 MCU 为例进行剖析介绍，对于学习其他内核 MCU 以及嵌入式系统，都可以起到触类旁通作用。

2.2　8051 微控制器结构与引脚

二维码 2-2：8051 MCU 结构与引脚

以 Intel 公司 MCS-51 微控制器为内核的各种系列型号的 8051 系列 MCU，尽管功能各有差异，但它们具有相同的 CPU 内核和指令集。本节介绍 8051 微控制器的基本内核结构和经典 8051 MCU 引脚。

2.2.1 内部结构与功能模块

1. 内部结构

经典 8051 微控制器的硬件组成结构如图 2-2 所示。采用的是 CPU 加上 CPU 外围单元、基本功能单元的微控制器典型结构模式，CPU 与各功能模块通过内部三总线相连接，进行信息交互。内部功能模块包括 ROM、RAM、SFR、4 个 I/O 接口、中断系统、2 个 16 位定时器/计数器和 1 个异步串行通信接口。

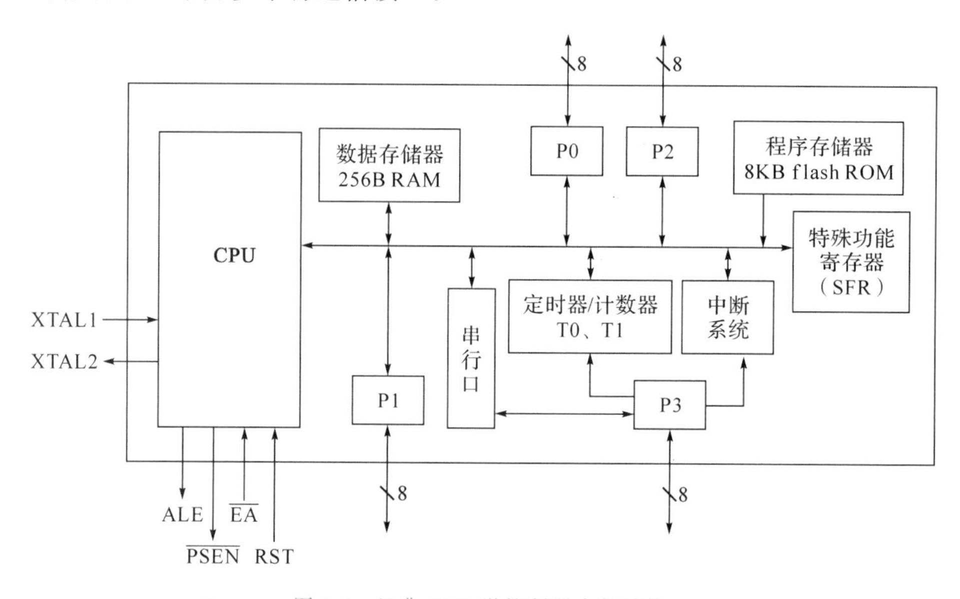

图 2-2 经典 8051 微控制器内部结构

2. 功能模块

①8 位中央处理器(CPU)。是微控制器的核心，包括运算器和控制器两大部分，主要完成运算和控制功能。

②内部数据存储器(内部 RAM)。典型 8051 MCU 的内部 RAM 为 256B，地址为 00H～FFH。

③外部数据存储器(外部 RAM)。8051 MCU 可以通过数据总线和地址总线扩展外部 RAM，最大扩展容量为 64KB，地址范围为 0000H～FFFFH。[目前较多 8051 MCU 芯片内集成了一定容量的外部 RAM(XRAM)，省却了应用系统的外扩；另外也可以采用串行扩展的方式。因此并行扩展方式已几乎不用]

④内部程序存储器(内部 ROM)。8051 MCU 集成有 8～64KB 不等的 ROM，且几乎均采用 flash ROM。

⑤特殊功能寄存器(SFR)。用于管理和控制内部功能模块工作的寄存器，即内部各功能模块的控制、状态和数据寄存器，共有 21 个。这些 SFR 分布在地址为 80H～FFH 的专用寄存器空间。

⑥4 个 8 位并行 I/O 接口。P0 口、P1 口、P2 口、P3 口，除作为通用输入输出接口，大多有第二功能。用于通用 I/O 接口时，4 个端口均为准双向口。

⑦中断系统。具有 5 个中断源，2 个中断优先权。

⑧定时器/计数器。2 个 16 位的定时器/计数器，具有 4 种工作方式。

⑨串行口。1 个全双工的通用异步接收发送设备 UART(universal asynchronous receiver/transmitter)，具有 4 种工作方式。

⑩布尔(位)处理器。具有较强的位寻址、位处理能力。

⑪时钟电路。通过外接石英晶体振荡器和微调电容，产生微控制器工作需要的时钟脉冲。

⑫指令系统。有 5 大功能，共 111 条指令。采用的是复杂指令集计算机(CISC)体系。

2.2.2 引脚与功能

典型 8051 MCU 有 40 条引脚，可分为 4 组：电源引脚、时钟引脚、控制引脚、I/O 引脚。

1. 电源引脚(2 条)：V_{CC}、V_{SS}(GND)

①V_{CC}：电源端，接工作电压。

②V_{SS}：接地端，接电源参考地。

2. 时钟引脚(2 条)：XTAL1(external crystal oscillator)、XTAL2

①XTAL1：接外部晶振一端，是内部时钟电路反相放大器的输入端。

②XTAL2：接外部晶振另一端，是内部时钟电路反相放大器的输出端，从该引脚可输出频率为晶振频率的时钟信号。

XTAL1 和 XTAL2 两个引脚除连接外部石英晶体外，还要连接外部起振电容。

3. 控制引脚(4 条)：RST、ALE、$\overline{\text{EA}}$、$\overline{\text{PSEN}}$

①RST(reset)：复位信号输入端，高电平有效。在该引脚施加两个机器周期及以上的高电平，微控制器即进入复位状态；当此引脚为低电平时，微控制器为工作状态，执行程序。

②ALE(address latch enable)：低 8 位地址锁存允许信号输出端，有效时输出一个高脉冲。

③$\overline{\text{EA}}$(external access enable)：内部、外部 ROM 选择信号输入端，低电平有效。

④$\overline{\text{PSEN}}$(program strobe enable)：外部 ROM 选通信号输出端，低电平有效。

ALE 在外扩存储器时，用于锁存低 8 位地址总线，$\overline{\text{EA}}$、$\overline{\text{PSEN}}$在访问外部 ROM 时使用。由于增强型 8051 MCU 均集成了大容量的 ROM，不需要 ROM 外扩，因此这 3 条控制信号已不用。

4. I/O 引脚(32 条)

8051 MCU 有 4 个 8 位的准双向 I/O 接口，共有 32 条 I/O 口线。其引脚标记、名称和功能，列于表 2-1 中。

表 2-1 I/O 接口的引脚标记、名称和功能

<table>
<tr><th>引脚标记</th><th>引脚和功能</th></tr>
<tr><td>P0.0～P0.7</td><td>P0 口:开漏结构的准双向口。第一功能是准双向 I/O 接口,做输出口使用时,需要外接上拉电阻;第二功能是分时复用的 8 位数据线(D7～D0)和低 8 位地址线(A7～A0),在扩展外部存储器时使用</td></tr>
<tr><td>P1.0～P1.7</td><td>P1 口:带内部上拉电阻的准双向口,无第二功能</td></tr>
<tr><td>P2.0～P2.7</td><td>P2 口:带内部上拉电阻的准双向口。第一功能是准双向 I/O 接口;第二功能是高 8 位地址线(A15～A8),在扩展外部存储器时使用</td></tr>
<tr><td>P3.0～P3.7</td><td>P3 口:带内部上拉电阻的准双向口。第一功能是准双向 I/O 接口;第二功能定义如下:
<table>
<tr><th>口 线</th><th>第二功能</th><th>英文注释</th></tr>
<tr><td>P3.0</td><td>RXD(串行口输入)</td><td>receive external data</td></tr>
<tr><td>P3.1</td><td>TXD(串行口输出)</td><td>transmitted external data</td></tr>
<tr><td>P3.2</td><td>$\overline{INT0}$(外部中断 0 输入)</td><td>interrupt 0</td></tr>
<tr><td>P3.3</td><td>$\overline{INT1}$(外部中断 1 输入)</td><td>interrupt 1</td></tr>
<tr><td>P3.4</td><td>T0(定时器 0 计数输入)</td><td>timer 0</td></tr>
<tr><td>P3.5</td><td>T1 (定时器 1 计数输入)</td><td>timer 1</td></tr>
<tr><td>P3.6</td><td>$\overline{WR}$(外部 RAM“写”选通)</td><td>write</td></tr>
<tr><td>P3.7</td><td>$\overline{RD}$(外部 RAM“读”选通)</td><td>read</td></tr>
</table>
</td></tr>
</table>

早期的微控制器由于内部存储器容量不足而需要外扩,因此需要运用 I/O 接口的第二功能作为数据总线 DB 和地址总线 AB。随着微控制器内部 ROM、RAM 存储容量的增加,以及串行扩展技术的大量运用,微控制器并行扩展的需求日趋衰弱,许多 MCU 已不提供并行扩展总线,因此,本书也不作此方面内容的介绍。

2.3 微控制器的工作原理

二维码 2-3:微控制器的工作原理

对微控制器使用者来说,并不需要详细了解其内部结构的具体线路,但需要清楚理解微控制器的工作原理和过程。微型计算机和微控制器的工作过程就是执行程序的过程,执行不同的程序就完成不同的任务、实现不同的功能。

2.3.1 CPU 的结构与组成

CPU 由控制器和运算器两大部分组成,其组成结构如图 2-3 所示。

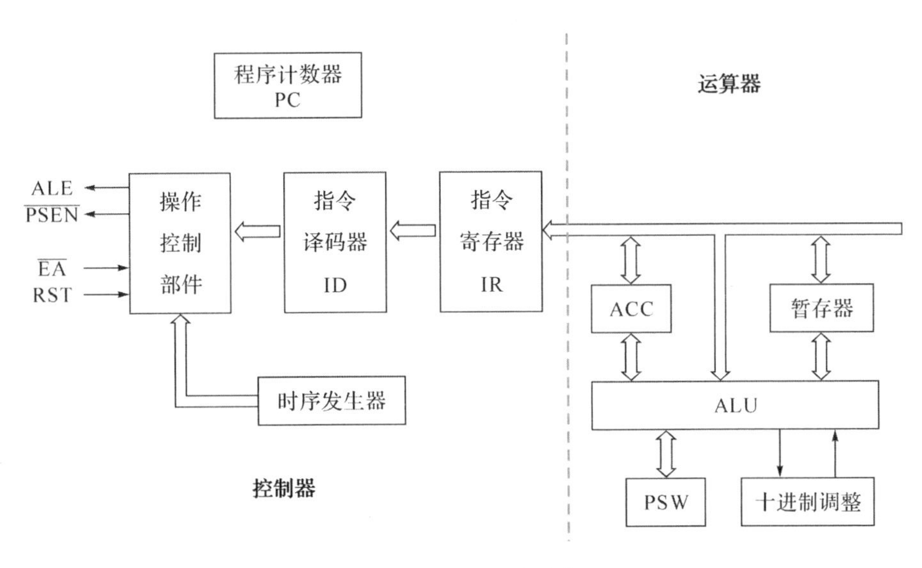

图 2-3 CPU 组成结构

1. 控制器

控制器是统一指挥和管理 MCU 工作的部件，相当于 CPU 的大脑中枢。其功能是从 ROM 中逐条读取指令，进行指令译码，并通过操作控制部件，在规定的时刻发出执行指令操作所需的控制信号，使各部分按照一定的节拍协调工作，实现指令规定的功能。

控制器由指令部件、时序部件和操作控制部件三部分组成。

(1)指令部件

指令部件是能对指令进行分析、处理并产生控制信号的逻辑部件，也是控制器的核心，由 16 位程序计数器 PC(program counter)、指令寄存器 IR(instruction register)、指令译码器 ID(instruction decode)等组成。

①程序计数器 PC：16 位专用寄存器，由高 8 位 PCH 和低 8 位 PCL 组成。用于存放下一条要执行指令的 ROM 地址，寻址范围为 2^{16} 即 64KB。

②指令寄存器 IR：8 位寄存器，存放当前指令的操作码，等待译码。

③指令译码器 ID：对当前指令的操作码进行译码，就是解析指令的功能，并通过控制电路产生执行该指令所需要的各种控制信号，使 CPU 完成该指令规定的操作。

(2)时序部件

时序部件由一个时钟电路和一组计数分频器组成，用于产生操作控制部件所需的时序信号。通过外部引脚连接的晶振为时钟电路提供振荡源，时钟电路输出的信号频率即为外接晶振的频率。该时钟信号是 CPU 工作的时钟基准，其周期称为振荡周期或时钟周期。这个时钟基准经过分频，产生微控制器工作所需的状态周期、机器周期等信号。

(3)操作控制部件

操作控制部件为指令译码器的输出配上节拍脉冲，形成执行指令需要的操作控制序列信号，以完成指令规定的操作。

2. 运算器

运算器是对数据进行算术运算和逻辑操作的执行部件，其核心任务是数据的处理和加工。8051 MCU 中，除 8 位运算器和处理电路外，还有布尔(位)处理器，因此其具有强大的位处理能力。

运算器由算术逻辑部件 ALU(arithmetic logic unit)、位处理器、累加器 A(accumulator)、暂存寄存器、程序状态字寄存器 PSW(program status word)和 BCD 码运算调整电路等组成。

①算术逻辑部件 ALU。ALU 是对数据进行算术运算和逻辑操作的执行部件，由加法器和其他逻辑电路(移位电路和判断电路等)组成。在控制信号的作用下，能完成算术加、减、乘、除和逻辑与、或、异或等运算以及循环移位操作等功能。运算结果的状态保存在程序状态字寄存器(PSW)的相应标志位。

②位处理器(布尔处理器)。能直接对位进行操作处理，如位的置位、清零、取反、传送等操作。位处理器中功能最强、使用最频繁的位是 PSW 中的进位标志位 Cy，也称其为位累加器。

③暂存寄存器。用于暂存将进入运算器的数据，它不能访问。设置暂存器的目的是暂时存放某些中间过程产生的信息，以避免破坏通用寄存器的内容。

④A、PSW 等寄存器将在 2.4.4 中介绍。

2.3.2 微控制器的工作过程

微控制器的工作过程本质上是执行程序的过程。用户编写的程序要预先存放在 ROM 中，微控制器的工作过程就是从 ROM 中逐条取出指令并执行的过程。

1. 程序与指令

程序是为实现某个功能而编写的一系列指令的有序集合。而指令是微控制器指挥各功能部件工作的指示和命令。微控制器使用者熟悉的指令用助记符进行表示，而微控制器能识别的是指令的机器码，是一组二进制数。对于微控制器的指令类别、数量、助记符、机器代码等，因其使用的内核不同而不同，是由内核设计者规定的。采用 8051 内核的 MCU，其指令系统都是相同的。

一条指令包括两部分内容：

①操作码，指明指令的功能(即做什么操作)；

②操作数，指明指令执行的数据或数据存放的地址(即操作对象)。

2. 指令样例

助记符		机器码(16 进制)		机器码(二进制)	
①ADD	A,#68H	24	68	00100100	01101000
②MOV	A,#15H	74	15	01110100	00010101
③SETB	P1.0	D2	90	11010010	10010000

助记符是微控制器指令的符号，是有助于使用者学习和掌握的一种汇编指令符号。机器码是存放在 ROM 中，将由 CPU 执行的目标程序。(相关内容见第 3 章)

第 1 条指令的操作码是 24H，操作数是 68H。指令执行的操作是将累加器 A 的内容与立即数 68H 相加，并把结果放回 A 中。即(A)←(A)＋68。

第 2 条指令的操作码是 74H，操作数是 15H。指令执行的操作是将立即数 15H 赋给累加器 A，执行后 A 中的内容为 15H。即(A)←15H。

第 3 条指令的操作码是 D2H，操作数是 90H。指令执行的操作是将 P1 口的 D0 位即 P1.0 置为 1，执行后 P1.0 引脚变为高电平。即 P1.0←1。

3. 指令执行过程

每条指令的执行可分为三个步骤，即读取指令、分析指令和执行指令。

①读取指令(取指)。根据程序计数器 PC 中的值，从 ROM 中读出当前指令的操作码，送到指令寄存器 IR。

②分析指令(译码)。将指令寄存器 IR 中的操作码送入指令译码器进行译码，分析该指令要求进行什么操作、操作数在哪里等。

③执行指令(执行)。根据译码结果取出操作数，由控制逻辑电路发出完成这条指令需要的一系列时序和控制信号，完成指令规定的操作。

4. 指令执行过程实例

下面通过一条指令的执行过程，简要说明微控制器的工作过程。设要执行的指令为“MOV　A，#15H”，其功能是要把立即数 15H 送到累加器 A，指令的机器码是“74H，15H”(74H 是操作码，15H 是操作数)。假设这条指令存放在内部 ROM 的 0000H 和 0001H 单元中。8051 MCU 复位后，程序计数器 PC 中的值为 0000H，即指向 ROM 的 0000H 单元，表示 CPU 从该单元读取指令执行。

二维码 2-4：指令“MOV　A，#15H”执行过程

微控制器在工作前，必须要把程序(完成一定功能的指令序列)存放在 ROM 中。微控制器上电后，即从 ROM 的 0000H 单元开始逐条取出指令，执行程序。

2.4　存储器配置与地址空间

二维码 2-5：存储器配置与地址空间

8051 MCU 的存储器采用哈佛(Harvard)结构，即 ROM 和 RAM 是分开寻址的。由于 8051 MCU 有 16 条地址线，所以可以分别配置 64KB 的 ROM 和 64KB 的 RAM。

2.4.1　存储器配置

8051 MCU 的存储器配置和地址空间如图 2-4 所示。存储空间包括内部 ROM(8～64KB)、内部 RAM(256B)和外部 RAM(XRAM 可扩展到 64KB)。

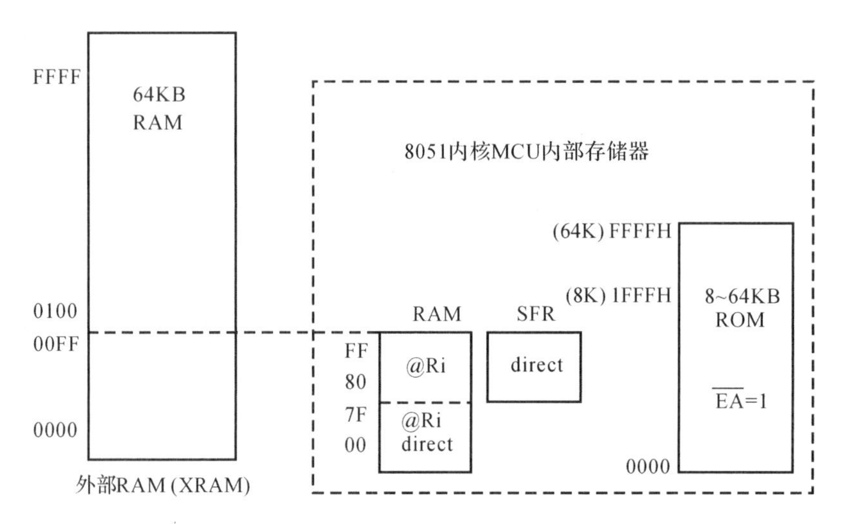

图 2-4 8051 MCU 的存储器结构与地址空间

1. 程序存储器 ROM 空间

(1)空间与地址

程序存储器用于存放应用程序和数据表格，以及掉电后不希望丢失的信息。8051 MCU 内部有 8～64KB ROM，地址范围为：0000H～(1FFFH－FFFFH)。

(2)ROM 中的专用单元

8051 MCU 的 ROM 中有一些特殊单元，被规定为特定的程序入口地址，一个复位入口以及与中断个数相对应的中断入口，表 2-2 给出了经典 8051 MCU 的复位入口和 5 个中断源入口。所谓入口，是指程序一旦满足条件，PC 指针的值自动变为这些入口地址，CPU 即自动转向这些单元读取指令、执行程序。(对于更多中断源的 MCU，它们的中断入口地址按同样规则设置)

表 2-2 8051 MCU 的复位和中断地址向量

名 称	入口地址	意 义
复位	0000H	系统复位后，(PC)＝0000H
外部中断 0	0003H	外部中断 0 响应时，程序转向 0003H
计时器 T0 溢出	000BH	T0 中断响应时，程序转向 000BH
外部中断 1	0013H	外部中断 1 响应时，程序转向 0013H
计时器 T1 溢出	001BH	T1 中断响应时，程序转向 001BH
串行口中断	0023H	串行口中断响应时，程序转向 0023H

从表 2-2 可见，6 个特殊地址之间只有 3 个或 8 个存储单元的间隔，因此通常在复位入口和各中断服务程序的入口，存放一条无条件转移指令，将 CPU 引向相关程序真正的存放区执行程序(详见指令和中断相关章节内容)。

2. 数据存储器 RAM 空间

数据存储器一般用于存放实时采集的数据、计算的中间结果和键入数据，以及作为通信和显示缓冲区等。8051 MCU 的数据存储器有内部和外部两个空间，内部具有 256B 的通用 RAM(00H～FFH)，外部可以扩展 64KB 的 RAM(0000H～FFFFH)。目前增强型 8051 MCU 在内部集成了一定容量(如 4096B)的 XRAM，因此通常不需要外扩 RAM。

2.4.2　内部 RAM 与功能

内部 RAM 有 256B，其中低 128B(00H～7FH)是基本数据存储器，可采用直接寻址(direct)、寄存器间接寻址(@Ri)、位寻址等多种寻址方式；高 128B(80H～FFH)是扩展数据存储器，只能采用寄存器间接寻址(@Ri)方式。为与特殊功能寄存器 SFR 空间相区别，内部 RAM 称为通用 RAM。

1. 内部 RAM 的配置

内部 RAM 可分为工作寄存器区、位寻址区和用户 RAM 区(包括堆栈)，如图 2-5 所示。

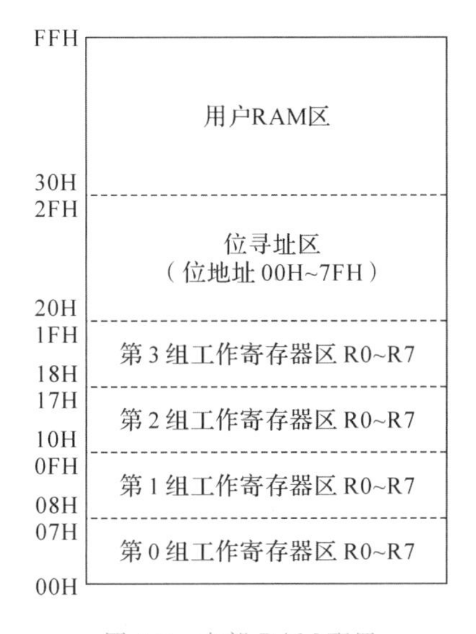

图 2-5　内部 RAM 配置

2. 工作寄存器区

工作寄存器区位于内部 RAM 的 00H～1FH 单元，共 32 字节，分为 4 个组，每个组的 8 个单元分别定义为 8 个工作寄存器 R0～R7。

工作寄存器第 0 组是地址为 00H～07H 的 8 个单元，分别对应 R0～R7；

工作寄存器第 1 组是地址为 08H～0FH 的 8 个单元，分别对应 R0～R7；

工作寄存器第 2 组是地址为 10H～17H 的 8 个单元，分别对应 R0～R7；

工作寄存器第 3 组是地址为 18H～1FH 的 8 个单元，分别对应 R0～R7。

对于 4 个工作寄存器组，任何时刻只能选择其中一组使用，被选中的一组称为当前工作寄存器组，上电复位后，默认选择第 0 组。当前工作寄存器组可通过设置程序状态字 PSW 中的 RS1、RS0 进行选择，因此 RS1、RS0 被称为工作寄存器组选择位。表 2-3 为工作寄存器组选择和各组寄存器的地址。

表 2-3 工作寄存器组与寄存器地址

组 别	RS1	RS0	R0	R1	R2	R3	R4	R5	R6	R7
第 0 组	0	0	00H	01H	02H	03H	04H	05H	06H	07H
第 1 组	0	1	08H	09H	0AH	0BH	0CH	0DH	0EH	0FH
第 2 组	1	0	10H	11H	12H	13H	14H	15H	16H	17H
第 3 组	1	1	18H	19H	1AH	1BH	1CH	1DH	1EH	1FH

CPU 复位后，RS0、RS1 均为 0，即默认当前工作寄存器组为第 0 组，此时 R0 就是 00H 单元，R1 就是 01H 单元，以此类推。如需选用第 1 组，则应将 RS0 置为 1，此时 R0 就是 08H 单元，R1 就是 09H 单元，以此类推。如果程序中不需要使用 4 组，则其余工作寄存器区可作为一般 RAM 使用。

工作寄存器区是寄存器寻址区域，对该区域操作的指令数量多，且均为单周期指令，执行速度快。

3. 位寻址区

内部 RAM 的 20H～2FH 单元是位寻址区，16 个单元共 128 位，位地址为 00H～7FH。对于位寻址空间，MCU 可用位操作指令对其进行访问。位寻址能力是 MCU 用于控制的重要特征。128 个位地址和 16 个字节地址的关系见表 2-4。这 16 个存储单元既可字节寻址，又可位寻址。

表 2-4 字节地址和位地址的关系

字节地址	MSB← 位地址 →LSB							
	D7	D6	D5	D4	D3	D2	D1	D0
2FH	7FH	7EH	7DH	7CH	7BH	7AH	79H	78H
2EH	77H	76H	75H	74H	73H	72H	71H	70H
2DH	6FH	6EH	6DH	6CH	6BH	6AH	69H	68H
2CH	67H	66H	65H	64H	63H	62H	61H	60H
2BH	5FH	5EH	5DH	5CH	5BH	5AH	59H	58H
2AH	57H	56H	55H	54H	53H	52H	51H	50H
29H	4FH	4EH	4DH	4CH	4BH	4AH	49H	48H
28H	47H	46H	45H	44H	43H	42H	41H	40H
27H	3FH	3EH	3DH	3CH	3BH	3AH	39H	38H
26H	37H	36H	35H	34H	33H	32H	31H	30H
25H	2FH	2EH	2DH	2CH	2BH	2AH	29H	28H
24H	27H	26H	25H	24H	23H	22H	21H	20H
23H	1FH	1EH	1DH	1CH	1BH	1AH	19H	18H

续表

字节地址	MSB ← 位地址 → LSB							
	D7	D6	D5	D4	D3	D2	D1	D0
22H	17H	16H	15H	14H	13H	12H	11H	10H
21H	0FH	0EH	0DH	0CH	0BH	0AH	09H	08H
20H	07H	06H	05H	04H	03H	02H	01H	00H

4. 用户 RAM 区

内部 RAM 的 30H～FFH 空间，以及没有使用的工作寄存器区和位寻址区，均可作为用户 RAM 区，通常用作数据缓冲区和堆栈区。

数据缓冲区用来存放各种用户数据，如 A/D 转换结果、扫描得到的键值、参数设定值、数据处理结果、显示或通信缓冲区等等。

堆栈区是一种具有特殊用途的存储区域，其作用是用于暂存数据和地址；在子程序和中断服务程序中，用于保护断点和保护现场。8051 微控制器的堆栈区必须开辟在内部通用 RAM 中。

2.5　特殊功能寄存器 SFR

二维码 2-6：特殊功能寄存器 SFR

特殊功能寄存器 SFR 主要用于内部功能模块（如定时器/计数器、串行口、中断系统等）的管理和控制，用来存放功能模块的控制命令、状态和数据。用户通过对 SFR 的编程，即可方便地管理和运用微控制器中的功能部件。

2.5.1　8051 MCU 的 SFR 设置

1. SFR 的定义与分布

8051 MCU 有 21 个 8 位的特殊功能寄存器 SFR，它们离散分布在专用寄存器 80H～FFH 的空间中，其余未定义的单元，访问无效。除程序计数器 PC 指针和 R0～R7 工作寄存器外，其余所有的寄存器都属 SFR。

有些 SFR 可以位寻址，能位寻址的单元一定能字节寻址。21 个 SFR 的符号、地址、名称和作用、位寻址功能见表 2-5。

表 2-5　特殊功能寄存器的名称和地址

序　号	符　号	地　址	名称和作用		位寻址
1	B	F0H	称为 B 的一个寄存器（在乘、除指令中用）		√
2	A	E0H	accumulator	累加器	√
3	PSW	D0H	program status word	程序状态字	√

续表

序　号	符　号	地　址	名称和作用		位寻址
4	IP	B8H	interrupt priority	中断优先级控制寄存器	√
5	P3	B0H	port 3	并行口 P3	√
6	IE	A8H	interrupt enable	中断允许控制寄存器	√
7	P2	A0H	port 2	并行口 P2	√
8	SBUF	99H	serial data buffer	串行口数据寄存器	
9	SCON	98H	serial control	串行口控制寄存器	√
10	P1	90H	port 1	并行口 P1	√
11	TH1	8DH	timer 1 high byte	定时器 1 高 8 位	
12	TH0	8CH	timer 0 high byte	定时器 0 高 8 位	
13	TL1	8BH	timer 1 low byte	定时器 1 低 8 位	
14	TL0	8AH	timer 0 low byte	定时器 0 低 8 位	
15	TMOD	89H	timer mode	定时器/计数器方式寄存器	
16	TCON	88H	timer control	定时器/计数器控制寄存器	√
17	PCON	87H	power control	电源控制寄存器	
18	DPH	83H	data pointer high byte	数据指针 DPTR 高 8 位	
19	DPL	82H	data pointer low byte	数据指针 DPTR 低 8 位	
20	SP	81H	stack pointer	堆栈指针	
21	P0	80H	port 0	并行口 P0	√

2. SFR 的位寻址空间

在 21 个 SFR 中，字节地址的低位为 0H 或 8H 的 11 个 SFR，既可字节寻址，也可位寻址。它们的符号、寄存器名称、位地址与位名称、字节地址的对应关系见表 2-6。由表 2-6 可见，P0 口的字节地址是 80H，每个位有位地址，从低到高分别为 80H，81H，…，87H，符号地址为 P0.0，P0.1，…，P0.7；定时器控制寄存器 TCON 的字节地址是 88H，从低到高各位的位地址分别为 88H，89H，…，8FH，各位均有符号地址。在 11 个 SFR 的共 88 个 bit 中，有 5 个 bit 没有定义，所以 SFR 区域，共有 83 位的位寻址空间。

通用 RAM 中的位寻址区(128 位)和 SFR 中的位寻址区(83 位)，构成了 8051 MCU 的位寻址空间(共 211 位)。

表 2-6　特殊功能寄存器(SFR)的位地址

符号	寄存器名	位符号地址和物理地址								字节地址
		D7	D6	D5	D4	D3	D2	D1	D0	
B	B 寄存器	F7H	F6H	F5H	F4H	F3H	F2H	F1H	F0H	F0H
		B.7	B.6	B.5	B.4	B.3	B.2	B.1	B.0	
ACC	累加器	E7H	E6H	E5H	E4H	E3H	E2H	E1H	E0H	E0H
		ACC.7	ACC.6	ACC.5	ACC.4	ACC.3	ACC.2	ACC.1	ACC.0	
PSW	程序状态字	D7H	D6H	D5H	D4H	D3H	D2H	D1H	D0H	D0H
		Cy	AC	F0	RS1	RS0	OV	F1	P	
IP	中断优先级寄存器	BFH	BEH	BDH	BCH	BBH	BAH	B9H	B8H	B8H
		—	—	—	PS	PT1	PX1	PT0	PX0	
P3	P3 口	B7H	B6H	B5H	B4H	B3H	B2H	B1H	B0H	B0H
		P3.7	P3.6	P3.5	P3.4	P3.3	P3.2	P3.1	P3.0	
IE	中断允许寄存器	AFH	AEH	ADH	ACH	ABH	AAH	A9H	A8H	A8H
		EA	—	—	ES	ET1	EX1	ET0	EX0	
P2	P2 口	A7H	A6H	A5H	A4H	A3H	A2H	A1H	A0H	A0H
		P2.7	P2.6	P2.5	P2.4	P2.3	P2.2	P2.1	P2.0	
SCON	串行口控制寄存器	9FH	9EH	9EH	9CH	9BH	9AH	99H	98H	98H
		SM0	SM1	SM2	REN	TB8	RB8	TI	RI	
P1	P1 口	97H	96H	95H	94H	93H	92H	91H	90H	90H
		P1.7	P1.6	P1.5	P1.4	P1.3	P1.2	P1.1	P1.0	
TCON	定时器控制寄存器	8FH	8EH	8DH	8CH	8BH	8AH	89H	88H	88H
		TF1	TR1	TF0	TR0	IE1	IT1	IE0	IT0	
P0	P0 口	87H	86H	85H	84H	83H	82H	81H	80H	80H
		P0.7	P0.6	P0.5	P0.4	P0.3	P0.2	P0.1	P0.0	

3. 程序计数器 PC

PC 是一个 16 位的专用寄存器，用于存放下一条要执行的指令地址，因此也称为程序指针，其寻址范围为 0～64KB。复位后 PC 的内容为 0000H，即指向 ROM 的 0000H 单元，表示 CPU 将从 0000H 取指令执行程序。PC 的内容是下一条要执行指令的地址，因此 PC

指针指向哪里，程序就执行到哪里。PC不属于特殊功能寄存器，因此不占用SFR地址空间，是不可寻址的。在程序中不能直接访问，不能用指令对其进行赋值，但可以通过程序控制转移类指令间接赋值。如无条件转移、条件转移、子程序调用等指令能够改变PC指针的值，从而实现程序的循环、分支和调用等程序流程方式。

2.5.2 8051 MCU的SFR介绍

1. 累加器A(accumulator)

累加器A(或ACC)是MCU中使用最频繁的一个8位SFR，其字节地址为E0H，可以位寻址，位地址分别为E0H～E7H，如下所示：

位地址	E7	E6	E5	E4	E3	E2	E1	E0
位符号	ACC.7	ACC.6	ACC.5	ACC.4	ACC.3	ACC.2	ACC.1	ACC.0

2. B寄存器

B寄存器是一个8位SFR，在乘法和除法指令中，B用来存放一个乘数或被除数，其他时候可以作为一般寄存器使用。B寄存器的字节地址为F0H，可以位寻址，位地址分别为F0H～F7H。

3. 程序状态字寄存器PSW(program status word)

PSW是一个8位寄存器，用于存放程序执行过程中反映出的状态信息，如运算过程中有没有产生进位或借位、带符号数运算有没有溢出等，供程序查询和判别之用。其字节地址为D0H，可以位寻址，位地址分别为D0H～D7H，如下所示：

位地址	D7	D6	D5	D4	D3	D2	D1	D0
位符号	Cy	AC	F0	RS1	RS0	OV	F1	P
英文注释	carry	assistant carry	flag 0	register bank selector bit 1	register bank selector bit 0	overflow	flag 1	parity flag

在PSW的8个位中，其中4位是标志位(奇偶标志位P、溢出标志位OV、辅助进位标志位AC及进位标志位Cy)，由CPU根据指令执行结果置1或清0。另4位是控制位(F0、F1、RS1、RS0)，可用指令设置为0或1；其中，RS1和RS0用于选择当前工作寄存器组；F1、F0没有给出定义，由用户使用。

4位标志位(C、AC、P、OV)的具体含义说明如下：

①进位标志位C或Cy。表示在进行无符号数加、减法运算时，最高位是否发生进位或借位。若最高位(D7)发生进位或借位，则C置为1，否则清为0。

②辅助进位标志位AC。在进行加法或减法运算时，若低半字节向高半字节(即D3向D4)发生进位或借位，则AC置为1，否则清为0。AC标志在十进制调整指令“DA A”中要用到。

③奇偶标志位P。表示累加器A中“1”的个数是奇数个还是偶数个。若A中有奇数个“1”，则P=1；若有偶数个“1”，则P=0。凡是改变累加器A中内容的指令均影响该标志位。该标志位在串行通信的奇偶校验中要用到。

④溢出标志位OV。表示在进行带符号数的加、减运算时，是否发生溢出。当运算结果溢出(即超出了累加器A所能表示的带符号数的范围-128～+127)时，OV置为1；当运算结果没有溢出时，OV清为0。

8位无符号数的表示范围为0～255；8位带符号数的表示范围为-128～+127。

判断OV标志的两种方法：

· 方法1。当位6向位7有进位(借位)，而位7不向Cy进位(借位)时；或位6不向位7进位(借位)，而位7向Cy进位(借位)时；OV=1，表示带符号数运算结果溢出，结果错误。当位6、位7均向或均不向位7、Cy进位(借位)时，OV=0，表示带符号数运算没有溢出，结果正确。

另一表述方法为：若以C*i*表示位*i*向位*i*+1的进位或借位，当发生进位或借位时，C*i*=1；否则，C*i*=0。即OV=C6 ⊕ C7，其中⊕表示异或。

· 方法2。当加法或减法的运算结果超出-128～+127时，OV=1；否则，OV=0。如两个正数相加，结果变成负数；或两个负数相加，结果变成正数；均表示发生了溢出。

【例2-1】 两个正数相加(57H+79H=87+121=209)，结果超过了+127，A中的和变成了负数，表示产生了溢出，结果错误，这时OV=1。同样，根据C6=1、C7=0，判断OV=C6 ⊕ C7=1，发生溢出，结果错误。

【例2-2】 两个负数相加(88H+97H=(-120)+(-105)=-225)，结果小于-128，A中的和变成了正数，表示产生了溢出，这时OV=1。同样，根据C6=0、C7=1，判断OV=C6 ⊕ C7=1，发生溢出、结果错误。

```
              0 1 0 1 0 1 1 1(+87)                 1 0 0 0 1 0 0 0(-120)
      +)      0 1 1 1 1 0 0 1(+121)        +)      1 0 0 1 0 1 1 1(-105)
  ---------------------------------------  ---------------------------------------
  Cy=0   1 1 0 1 0 0 0 0(结果为负)         Cy=1   0 0 0 1 1 1 1 1(结果为正)
       C6=1,C7=0→OV=1                           C6=0,C7=1→OV=1
```

【例2-3】 求86H+68H的值，并判断各标志位。

```
       1 0 0 0 0 1 1 0
  +)   0 1 1 0 1 0 0 0
  ----------------------
       1 1 1 0 1 1 1 0
```

若当作无符号数：86H+68H=134+104=238=EEH，结果未超出255，所以C=0。

若当作带符号数：86H+68H=(-122)+(+104)=-18=EEH，结果未超出-128，所以OV=0；或根据D6、D7均未向其高位进位，故OV=0。

在累加过程中，D3未向D4进位，所以AC=0；运算结果A中“1”的个数为偶数个，所以P=0。

因此，各标志位为：C=0，AC=0，OV=0，P=0。

【例 2-4】 求 9AH+8DH 的值，并判断各标志位。

```
      10011010
+)    10001101
--------------
     100100111
```

若当作无符号数：9AH+8DH=154+141=295=127H，结果超出了 255，所以 C=1。

若当作带符号数：9AH+8DH=(-101)+(-114)=-215，结果超出了-128，所以 OV=1；或根据 D6=0、D7=1，判断 OV=1；也即两个负数相加，结果 A 中内容(27H)为正，表示溢出，即 OV=1。

低半字节向高半字节进位，故 AC=1；运算结果 A 中有 4 个“1”，故 P=0。

因此，各标志位为：C=1，AC=1，OV=1，P=0。

4. 堆栈指针 SP(stack pointer)

堆栈是被定义为特殊用途的一个内部 RAM 空间，主要用来临时存放地址和数据。如子程序和中断程序中用来保护断点地址和保护现场。

8051 MCU 的堆栈区必须开辟在内部通用 RAM 中。堆栈指针 SP 是存放堆栈栈顶地址的一个 8 位寄存器，因此 SP 的内容随着栈顶的改变而变化，即总是指向堆栈的顶部。SP 的地址为 81H，MCU 复位后 SP 内容为 07H。(关于堆栈及其使用，详见 3.3.2)

5. 数据指针 DPTR(data pointer)

数据指针 DPTR 是一个 16 位的 SFR，其功能是外部 RAM(地址范围 0000H～FFFFH)的地址指针，是存放外部 RAM 地址的 16 位寄存器。DPTR 由两个 8 位寄存器组成，高 8 位 DPH 的地址为 83H，低 8 位 DPL 的地址为 82H。

6. P0～P3 端口寄存器

P0、P1、P2、P3 是内部 4 个 I/O 端口的锁存器，均可以位寻址。P0 口(P0.7～P0.0)，锁存器地址为 80H，位地址为 80H～87H；P1 口(P1.7～P1.0)，锁存器地址为 90H，位地址为 90H～97H；P2 口(P2.7～P2.0)，锁存器地址为 A0H，位地址为 A0H～A7H；P3 口(P3.7～P3.0)，锁存器地址为 B0H，位地址为 B0H～B7H。

对于端口的操作实际上是对这些寄存器的操作；位地址即为引脚地址，即端口引脚与端口寄存器的位具有一一映射关系。

7. 其他特殊功能寄存器

其他 SFR 如 SBUF、IP、IE、TMOD、TCON、SCON、PCON 等，将在后续相关章节中予以介绍。

微控制器复位后，除 SP 为 07H、P0～P3 为 FFH 外，其余均为 0。

2.6 I/O 端口结构与应用特性

二维码 2-7：I/O 端口结构与应用特性

8051 微控制器内部带有 4 个 8 位的并行 I/O 端口 P0～P3，它们对应的 4 个端口输出锁存器，即为 SFR 的 P0、P1、P2 和 P3。4 个 I/O 端口除可按字节输入/输出外，均可按位操作，方便实现位控功能。

2.6.1　P0～P3 端口结构与功能

1. 端口的内部结构

P0～P3 端口的每一位均由一个输出锁存 D 触发器、输出驱动电路组成。P0 端口的输出驱动电路由两个场效应管 T1、T2 组成，作 I/O 接口使用时，内部控制 T1 截止，此时输出电路漏极开路，即为高阻态；所以作 I/O 接口使用时，需要外接上拉电阻，才能实现高、低电平的输出。P1～P3 端口的输出驱动电路均由一个场效应管 T2 和一个内部上拉电阻 R_P 组成。

P0～P3 端口的每一位均有两个三态的数据输入缓冲器 BUF1 和 BUF2，分别用于读锁存器数据和读引脚的输入缓冲。P0～P3 端口的位电路结构如图 2-6 所示。

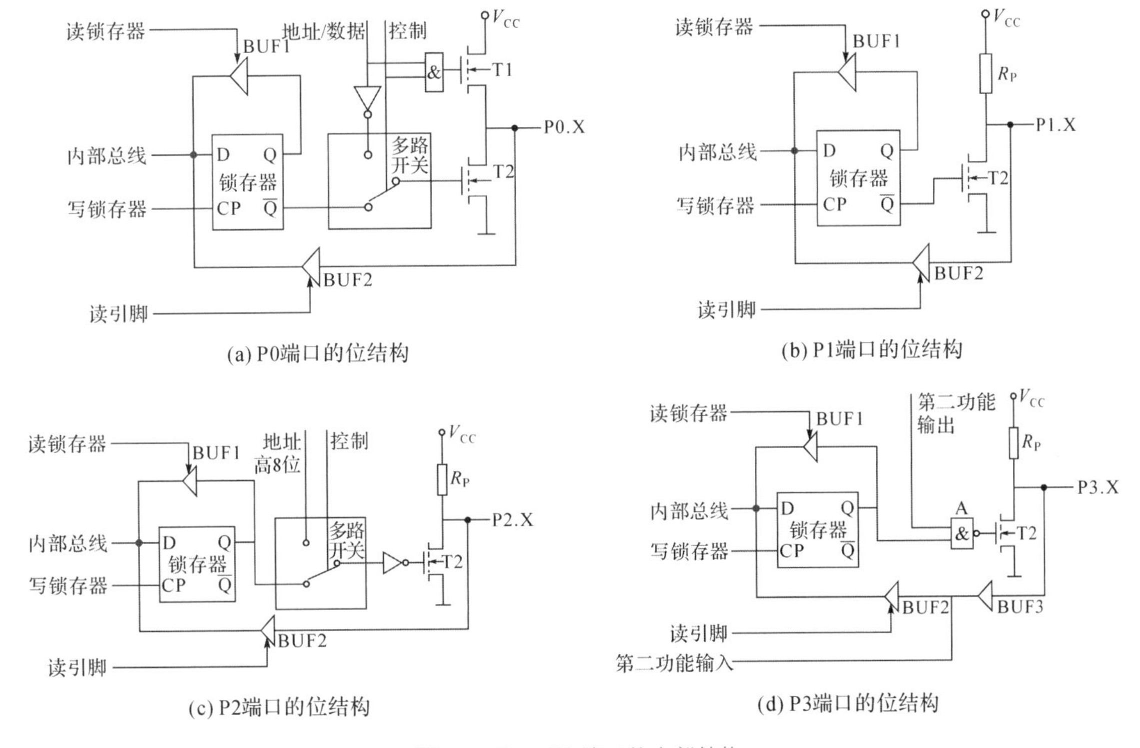

图 2-6　P0～P3 端口的内部结构

2. 端口的输入输出

以 P1.0 口为例，说明端口的输出和输入。

二维码 2-8：I/O 端口的输入/输出过程

• 输出：当 CPU 通过内部总线向端口锁存器输出 1 或 0 时，通过输出驱动电路，端口相应引脚就会输出高电平或低电平。例如，当执行"SETB　P1.0"时，内部输出 1，锁存器输出端 Q 变为 1（$\overline{Q}$端变为 0），场效应管 T2 截止，引脚输出变为高电平；当执行"CLR　P1.0"时，内部输出 0，锁存器输出端 Q 变为 0（$\overline{Q}$端变为 1），T2 导通，引脚输出变为低电平。

• 输入：即读引脚时，如果端口锁存器状态为 0，则 T2 导通，引脚被钳位在“0”状态，导致无法得到端口引脚的实际状态，这样的端口称为准双向口。因此对于准双向口，在读引脚前，首先要向锁存器输出 1，使 T2 截止，只有这样，端口引脚的高低电平状态才能通过 BUF2 输入到 MCU。

2.6.2 P0～P3 端口特点与应用特性

P0～P3 端口既有共同点，也有差异点，使用时，应根据各端口的特点正确使用。

1. 准双向 I/O 端口特性

①P0～P3 端口的第一功能都是通用 I/O 端口，但都是准双向口。在输出时，与真正双向口一样，CPU 向锁存器输出的“0”或“1”，通过输出驱动电路在引脚上表现为低电平或高电平。

②在输入时，必须先向锁存器输出 1，使得输出驱动电路中的 T2 处于截止状态，即先将端口设置为输入方式，然后再输入端口状态，即读引脚。

例如，要将 P1 端口状态读入 A 中，应执行以下两条指令：

```
MOV  P1,#0FFH          ;P1 口设置为输入方式
MOV  A,P1              ;读 P1 口引脚状态到 A
```

2. I/O 端口的应用特性

P1～P3 端口内部有上拉电阻，P0 端口在用作输出口时，要外接上拉电阻。

P0 端口的每一个引脚能驱动 8 个 LSTTL 输入端，而 P1～P3 端口可驱动 4 个 LSTTL 输入端。目前，微控制器及外围芯片已进入全盘 CMOS 化和低功耗方式，因此系统扩展等通常不必考虑 MCU I/O 端口的驱动能力。只有在 I/O 端口用作功率驱动时，如驱动可控硅、继电器、步进电机等，才要考虑其驱动能力。

2.7 时钟、复位和 MCU 工作方式

二维码 2-9：MCU 的时钟、复位和工作方式

微控制器的时钟为 CPU 和各功能模块的协调工作，提供同步信号和基本时序信号。本节主要介绍 8051 微控制器的时钟与时序，复位与复位状态，以及 MCU 的几种工作方式。

2.7.1 时钟电路与时序

1. 时钟电路

经典 8051 MCU 通过外接晶振、电容，与内部时钟电路构成时钟发生器来产生 MCU 工作需要的时钟信号，如图 2-7 所示。其中电容 C_1 和 C_2 具有起振和稳频作用，一般取值为 20～30pF，且 C_1、C_2 必须相等。

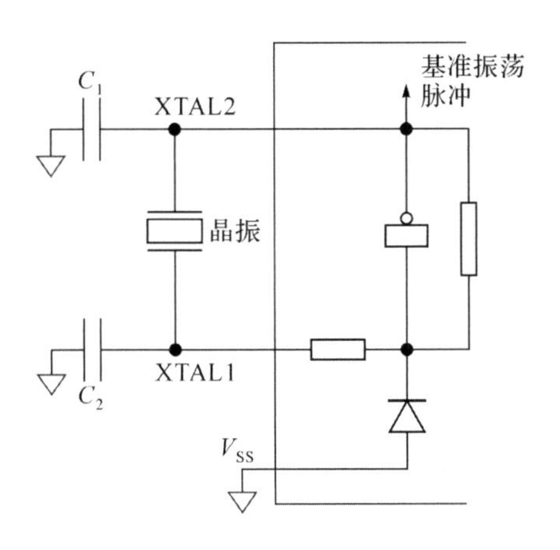

图2-7 8051 MCU时钟电路

2. 时序与工作周期

所谓时序，就是CPU在执行指令和功能模块工作时，各控制信号之间的时间顺序关系。微控制器的内部电路在时钟信号控制下，严格按时序执行指令规定的一系列操作。8051 MCU中规定了几种工作周期，即时钟周期（振荡周期）、状态周期、机器周期和指令周期。

（1）时钟周期T0

时钟周期也称为振荡周期，是外接晶振频率的倒数。它是微控制器中最基本、最小的时间单位，在一个时钟周期内，CPU仅完成一个最基本的动作。若晶振频率 f_{OSC} 为6MHz，则时钟周期为 $1/f_{OSC}$，即 $1/6\mu s$；若晶振频率 f_{OSC} 为12MHz，则时钟周期为 $1/f_{OSC}$，即 $1/12\mu s$。由于系统时钟信号控制着MCU的工作节拍，因此时钟频率越高，MCU的工作速度越快。不同型号MCU有不同的时钟频率范围，要根据芯片手册的参数进行设置，不能随意提高。

（2）状态周期S

在8051 MCU中，1个时钟周期定义为1个节拍，用P表示，连续的两个节拍P1和P2定义为一个状态周期，用S表示。

（3）机器周期 T_M

机器周期是MCU执行一个基本的硬件操作所需要的时间，如取指令、存储器读、存储器写等。8051 MCU的一个机器周期由6个状态周期（S1～S6）即12个时钟周期组成，用 T_M 表示。采用精简指令集的微控制器已经取消了“机器周期”这一时序单位，一个时钟周期就完成一个基本操作，因此程序运行速度大大提高。

时钟周期、状态周期、机器周期之间的关系，如图2-8所示。

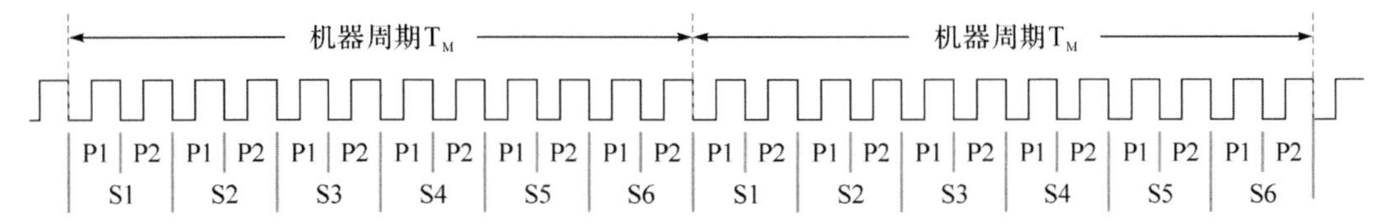

图2-8 基本时序关系

(4)指令周期

指令周期是执行一条指令所需要的时间,由若干个机器周期组成。指令不同,所需的机器周期数也不同。8051 MCU 的 111 条指令,由 3 种指令周期的指令组成,分别为单周期指令、双周期指令和四周期指令。其中,四周期指令只有乘法和除法两条,其余都是单周期和双周期指令。

2.7.2 复位与复位状态

复位是使微型计算机或微控制器退出死机或无效状态,进行初始化操作,重新开始工作的一种方式。MCU 在启动运行前要复位,其作用是使 CPU 和内部功能模块都处于一个确定的初始状态,并从这个状态开始工作。

1. 复位条件

8051 微控制器采用高电平复位。经典 8051 微控制器没有内置复位电路,需要通过外部电路在复位引脚(RST)施加 2 个机器周期以上的高电平,进行复位。现在大多 MCU 已具有内部上电/掉电复位电路,以及软件复位、时钟检测复位、内部低压检测复位、看门狗复位等自动复位功能。

2. 复位状态

8051 MCU 复位主要表现为 SFR 回复到初始化状态。复位后,MCU 的初始状态如下:

①PC 的值为 0000H,即程序指针指向 ROM 的 0000H 单元;

②堆栈指针 SP 的值为 07H,即堆栈区域为 08H 开始向上的内存单元;

③4 个 I/O 端口的锁存器输出为 FFH,为准双向 I/O 端口的输入状态;

④其余所有 SFR 的有效位均为 0。

2.7.3 微控制器的工作方式

微控制器的工作方式包括低功耗方式、程序执行方式和复位方式。

1. 低功耗工作方式

为了降低 MCU 的功耗、提高 MCU 的抗干扰能力,MCU 通常都有可程序控制的低功耗工作方式。

(1)低功耗方式的控制

8051 微控制器有两种低功耗方式,休闲 ID(idle)方式和掉电 PD(power down)方式。通过电源控制寄存器 PCON 中的 IDL 位和 PD 位进行选择。PCON 的字节地址为 87H,不可位寻址,其定义如下:

位	7	6	5	4	3	2	1	0
位符号	SMOD	—	—	—	GF1	GF0	PD	IDL
英文注释	serial mode	—	—	—	general flag 1	general flag 0	power down bit	idle mode bit

PCON 各位的作用如表 2-7 所示。

表 2-7　PCON 各位功能说明

位符号	功能说明
SMOD	波特率倍增位。在串行口工作方式 1、2 或 3 选用,SMOD=1 使波特率加倍(详见第 7 章)
GF1/GF0	用户使用标志位
PD	掉电方式选择位。若 PD=1,进入掉电工作方式
IDL	休闲方式选择位。若 IDL=1,进入休闲工作方式;如果 PD 和 IDL 同时为 1,则进入掉电工作方式

8051 MCU 休闲方式和掉电方式的时钟控制如图 2-9 所示。

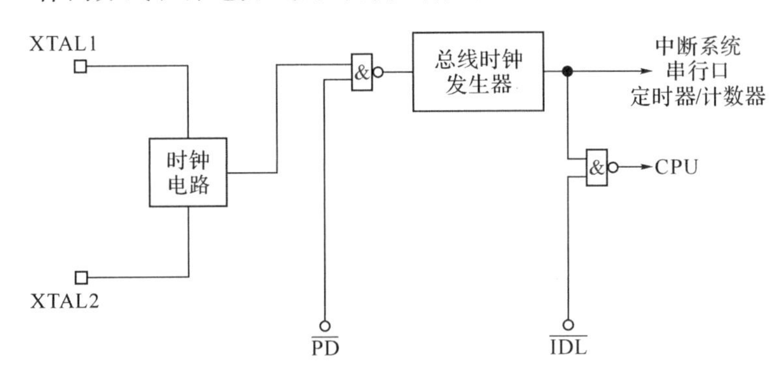

图 2-9　ID、PD 方式的时钟控制

(2)休闲方式

休闲方式的进入:将 PCON 中的 IDL 置为 1(如执行"ORL　PCON,#1"),MCU 即进入休闲方式。休闲方式时,由图 2-9 可见,内部时钟发生器正常工作,并向中断系统、串行口和定时器/计数器提供时钟信号。但关闭了 CPU 的时钟,使 CPU 停止工作,此时 MCU 功耗得到大大降低。

休闲方式的退出:复位或中断可退出休闲方式,即在休闲期间,复位或任何一个允许的中断被触发,IDL 都会被硬件清 0,从而使 MCU 退出休闲方式。退出休闲方式后,内部 RAM、SFR 的内容不变。若要再次进入休闲状态,则要重新设置 PCON,使 IDL=1。

(3)掉电方式

掉电方式的进入:将 PCON 中的 PD 位置为 1(如执行"ORL　PCON,#2"),MCU 即进入掉电方式。在掉电方式下,由图 2-9 可见,内部时钟发生器不工作,由于没有时钟使得所有功能模块停止工作,因此 MCU 功耗得到极大降低,具有最好的省电效果。

掉电方式的退出:退出掉电方式的唯一方法是复位 MCU。复位后,所有特殊功能寄存器的内容重新初始化,但内部 RAM 的数据不变。

(4)低功耗方式的功耗比较

MCU 正常运行方式、休闲方式(ID 方式)、掉电方式(PD 方式),在不同晶振频率下的功耗状况,见表 2-8。

表 2-8　8051 MCU 不同频率、不同方式下的功耗状况

运行方式	电源电压/V	电源电流/mA	时钟频率/MHz
正常运行	5	25	16
		20	12
ID 方式	5	6.5	16
		5	12
PD 方式	5	0.075	—

2. 程序执行与复位方式

程序执行方式与复位方式是微控制器的另外两种工作方式。

(1)程序执行方式

程序执行方式即运行方式，是微控制器的基本工作方式。复位后，MCU 即进入程序执行方式，从 ROM 的 0000H 单元开始逐条取指令执行程序，从而完成用户编写的程序功能。

(2)复位方式

复位是微控制器的初始化操作，复位时(RST 引脚为高电平时)微控制器不工作；复位后 MCU 中各 SFR 的内容恢复到初始值，CPU 重新开始运行程序，进入程序执行方式。

2.8　8051 微控制器的技术发展

很多集成芯片生产厂家，以 Intel 公司的 8051 CPU 为内核和基础，结合各自的技术特色，通过不同的内部资源扩展，推出了一系列各具特色、性能优异的微控制器，即增强型 8051 MCU。这些微控制器具有完全相同的指令系统。如 Silicon Labs 公司的 80C51Fxxx 系列 MCU，集成了 64K 的 flash ROM、4K 的外部 RAM(XRAM)，有 22 个中断源、7 种复位方式以及在线调试接口 JTAG；数字外设包括 8 个可编程数字 I/O 接口(其中 4 个可通过交叉开关进行端口的灵活配置)、5 个 16 位的定时器/计数器、1 个可编程计数器阵列、2 个 UART、1 个 I^2C 串行总线和 1 个 SPI 串行接口；模拟外设包括 8 通道的 12 位 DAC 和 8 位 ADC 各 1 个、2 路 12 位 DAC、2 个电压比较器，因此成为真正的芯片系统 SoC。

2.8.1　内部资源扩展

二维码 2-10：8051 MCU 的资源扩展

图 2-10 给出了 8051 MCU 内部资源扩展的示意图，其中粗线框为 8051 基核。内部资源扩展主要包括 CPU 系统扩展、CPU 外围单元扩展、基本功能单元扩展和外围单元扩展等。

1. CPU 系统扩展(速度扩展)

速度扩展包括时钟频率扩展和总线速度扩展。

时钟频率扩展是指提高时钟频率。经典 8051 MCU 的时钟频率上限是 12MHz，但目前许多型号为 16MHz、24MHz，最高可达 40MHz。

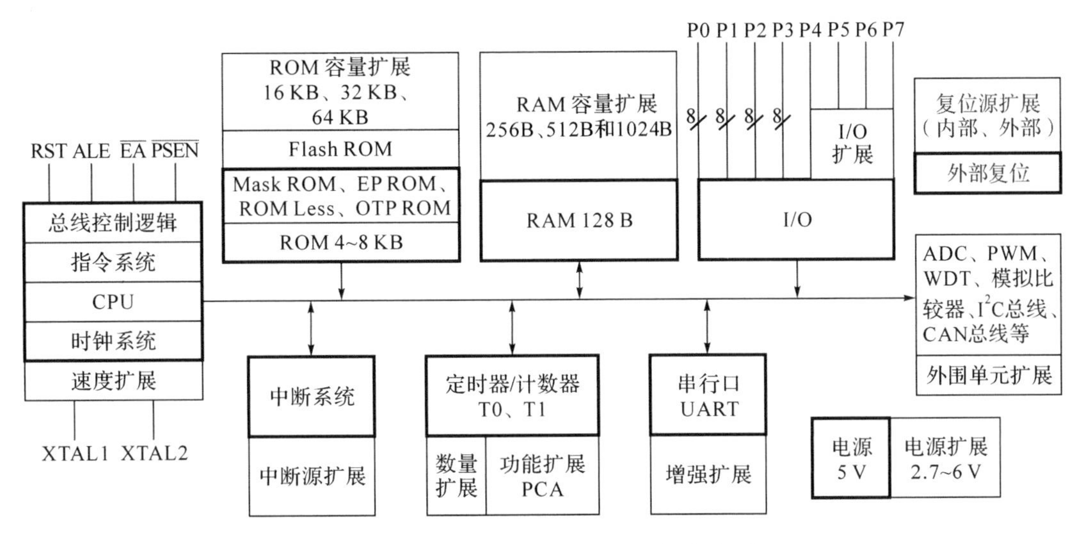

图 2-10 8051 系列 MCU 的内部资源扩展

总线速度扩展是指在时钟频率不变的情况下提高指令运行速度。经典 8051 MCU 的机器周期为时钟频率的 12 分频。目前,有些厂家的机器周期对应时钟频率的 4 分频或单时钟机器周期,大大提高了指令速度,如 80C51Fxxx 系列 MCU。

2. CPU 外围单元扩展

CPU 外围单元扩展包括 ROM 扩展、RAM 扩展和 I/O 端口扩展。

①ROM 扩展:ROM 类型采用 flash ROM,容量已扩展到了最大寻址空间 64KB。

②RAM 扩展:内部 RAM 256B,同时集成一定容量(如 1～4KB)的 XRAM。

③I/O 端口扩展:数量不断增加,最多已扩展到 8 个 8 位端口。另外,I/O 端口的电气特性和驱动能力也在不断增强,并且可自由配置使用更灵活。如 80C51Fxxx 系列 MCU 的端口可配置为推挽、开漏、弱上拉等输出方式。

图 2-11(a)是开漏输出的电路图,在开漏输出状态下,端口上所有上拉 MOS 管被关闭。当输出“0”时,输出 MOS 管 T 导通,输出端口为低电平;当输出“1”时,MOS 管 T 截止,端口呈高阻态;作为逻辑输出时,必须外接上拉电阻;开漏模式下,可实现多个端口的线“与”逻辑。

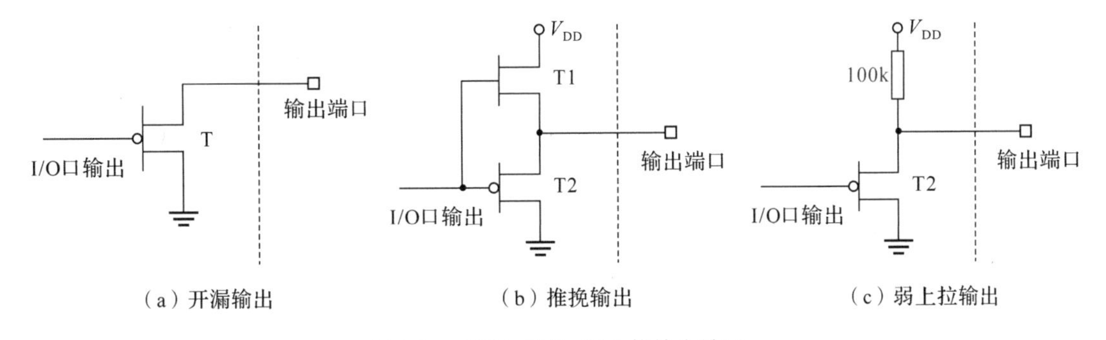

图 2-11 开漏、推挽、弱上拉输出端口

图 2-11(b)为推挽输出的电路图,当输出“0”“1”状态时,2 个 MOS 管形成推挽状态电路。当输出“0”时,MOS 管 T1 截止,T2 导通,输出端口为低电平;当输出“1”时,T2 截止,

T1 导通，输出端口直接连接到供电电源 V_{DD}，若外接一个电阻并改变该电阻，该端口就可输出不同的驱动电流。所以推挽模式一般用于需要端口输出较大驱动电流的情况。

图 2-11(c)为逻辑电平(弱上拉)输出电路图，当输出“0”时，T2 导通，输出端口为低电平；当输出“1”时，T2 截止，输出端口为高电平，输出电流为 $V_{DD}/100k$，驱动能力弱，仅表示逻辑电平状态。

3. 基本功能单元扩展

基本功能单元扩展主要指中断系统、定时器/计数器和串行口的扩展。

①中断系统扩展：主要是中断源数量的扩展。随着 8051 MCU 内部功能单元的扩展，中断源也随之增加。如 80C51Fxxx 系列 MCU 有 22 个中断源。

②定时器/计数器扩展：包括数量扩展和功能扩展。许多型号在 2 个定时器/计数器的基础上，增加了 T2 计数器，而 80C51F020 扩展到 5 个通用的 16 位定时器/计数器。功能扩展主要体现在定时器/计数器的捕获/比较功能和增加可编程计数器阵列 PCA(programmable counter array)等。

③串行口 UART 扩展：UART 串行口数量增加和功能扩展。数量增加到 2～4 个，且增加了如自动地址识别和帧错误检测等功能。

4. 外围单元扩展

外围单元扩展主要是添加了一些功能电路，例如模数转换器 ADC、数模转换器 DAC、脉冲宽度调制 PWM、看门狗定时器 WDT、I^2C 接口、CAN 总线接口、USB 接口等。

5. 电源范围扩展

经典 8051 MCU 的工作电源是 5V 或 3.3V。目前，许多型号已扩展到 1.8～6V 的宽电压工作电源。工作电源的降低，也大大降低了功耗。

6. 复位源扩展

除引脚复位外，增加了内部和外部的多种复位方式。如 80C51F020 有 7 个复位源，分别为片内 V_{DD}监视器、看门狗定时器、时钟丢失检测器、由比较器 0 提供的电压检测器、软件强制复位、CNVSTR 引脚及$\overline{RST}$引脚复位。当系统出现异常时，MCU 可选择多种复位方式，重启系统，提高应用系统的可靠性。

2.8.2 STC15 系列微控制器简介

二维码 2-11：STC15 系列 MCU 简介

STC15 系列微控制器是 STC 宏晶科技生产的单时钟/机器周期的微控制器，是高速、高可靠、低功耗、超强抗干扰的新一代 8051 微控制器。STC15 系列 MCU 的组成结构如图 2-12 所示，其在 8051 MCU 内核的基础上，扩展了多种内部功能模块。

1. STC15 系列 MCU 的资源扩展

①电源扩展。2.5～5.5V 的宽工作电压，可降低功耗、提高系统可靠性。

②速度扩展。速度比经典 8051 MCU 快 8～12 倍。内部集成高精度 R/C 时钟电路，其频率可在 5M～30MHz 范围设置，因而可省掉外接晶振。

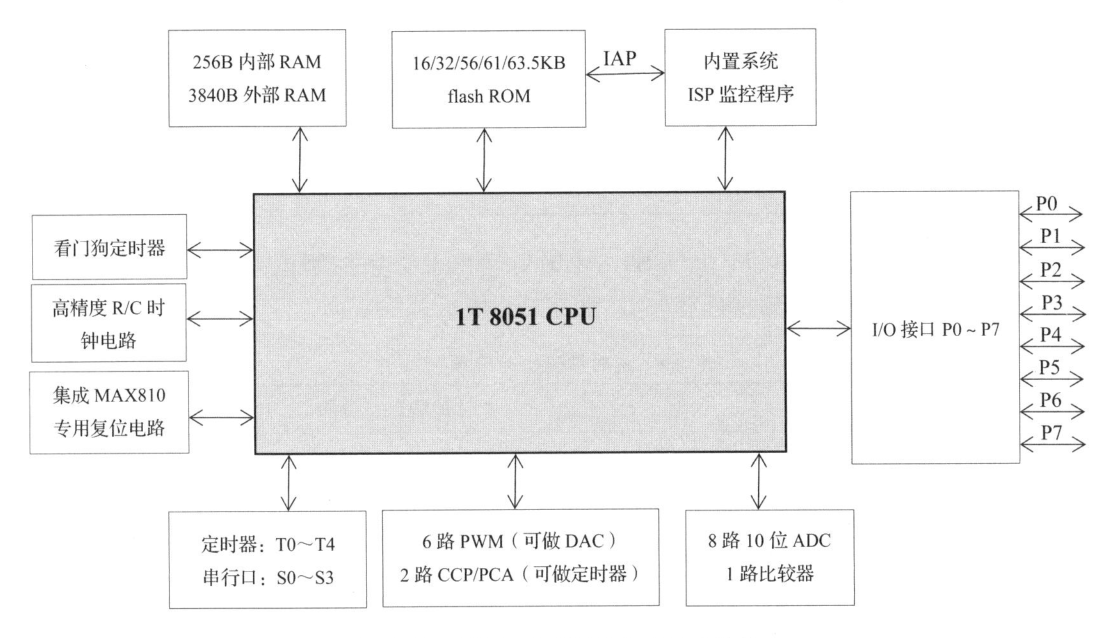

图 2-12　STC15 系列微控制器组成结构

③存储器扩展。具有 16～63.5K 字节的片内 flash ROM。片内具有 4K 字节的 SRAM，包括 256 字节通用 RAM 和内部扩展的 3840 字节 XRAM。

④I/O 口扩展。通用 I/O 口数量大大增加，部分型号扩展至 62 个 I/O 引脚。电气特性和驱动能力增强，可自由配置成 4 种模式：准双向口/弱上拉（传统 8051 MCU I/O 口）、强推挽/强上拉（通常简称推挽）、高阻输入、漏开输出。I/O 口驱动能力可达 20mA（40 个引脚以上 MCU 最大电流不超过 120mA）。

⑤基本功能单元扩展。部分型号具有 21 个中断源，扩展了 5 个通用的 16 位定时器/计数器，具有 4 个完全独立的高速异步串行通信端口 UART，增加了自动地址识别和帧错误检测功能。

⑥外围单元扩展。增加了 8 通道 10 位高速 ADC（速度可达 30 万次/秒），1 组比较器，6 通道高精度 PWM（可做 DAC）和 2 通道 CCP/PCA（可做定时器），1 个高速同步串行接口 SPI。

⑦复位方式扩展。具有 7 种复位方式：外部 RST 引脚复位、软件复位、掉电复位/上电复位、内部低压检测复位、MAX810 专用复位电路复位、看门狗复位以及程序地址非法复位。内置的高可靠复位电路，可以彻底省掉外部复位电路。

⑧具有 ISP/IAP 系统，可实现在系统可编程和在应用可编程。

STC15 系列 MCU 扩展的各功能模块将在对应的章节中介绍。本节主要介绍其时钟、复位、低功耗模式和 I/O 端口结构。

2. STC15 系列 MCU 的时钟

STC15 系列 MCU 的主时钟（MCLK），可选择内部高精度 R/C 时钟或外部输入时钟或外接晶振产生的时钟。通常选择内部时钟作为主时钟，可通过在系统编程工具（STC-ISP）进行配置。通过对时钟分频寄存器 CLK_DIV（PCON2）的编程，可对主时钟（MCLK）进行分频得到系统时钟(SYSclk),主时钟也可以对外输出。

时钟分频寄存器 CLK_DIV,字节地址为 97H

位	7	6	5	4	3	2	1	0
位符号	MCKO_S1	MCKO_S0	ADRJ	Tx_Rx	MCLKO_2	CLKS2	CLKS1	CLKS0

①位 7、位 6(MCKO_S1、MCKO_S0):主时钟输出及分频控制位。用于控制主时钟是否对外输出,以及输出时钟频率的分频数,如表 2-9 所示。

表 2-9　主时钟输出与分频选择

MCKO_S1	MCKO_S0	主时钟输出与分频
0	0	不输出主时钟
0	1	输出主时钟,输出时钟频率=MCLK　(不分频)
1	0	输出主时钟,输出时钟频率=MCLK/2　(2 分频)
1	1	输出主时钟,输出时钟频率=MCLK/4　(4 分频)

②位 3(MCLKO_2):主时钟输出引脚选择位。=0,表示选择 P5.4(MCLKO)引脚输出主时钟;=1,表示选择 P1.6(MCLKO_2)引脚输出主时钟。

③位 2～位 0(CLKS2～CLKS0):系统时钟选择位。可选择对主时钟(MCLK)进行 8 种分频后输出微控制器的系统时钟(SYSclk),提供给 CPU 以及串行口、SPI、定时器、CCP/PCA/PWM 和 A/D 转换器等模块。选择较低频率的系统时钟,能够降低系统功耗。时钟结构见图 2-13。

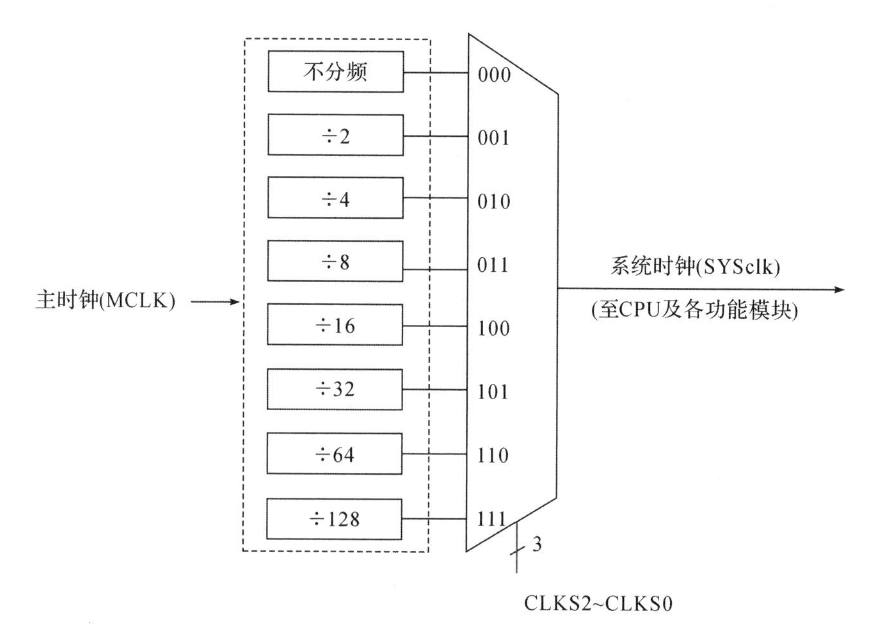

图 2-13　STC15 系列 MCU 的时钟结构

3. STC15 系列 MCU 的低功耗模式

STC15 系列 MCU 有 3 种低功耗模式,分别是空闲模式、掉电模式和低速模式。各种方式下的工作电流如表 2-10 所示。

表 2-10　MCU 工作方式与功耗

运行方式	电　流	设　置
正常工作	2.7～7mA	
空闲模式	1.8mA	通过电源控制寄存器 PCON 中的 IDL、PD 两个位，进行设置
掉电模式	<0.1μA	
低速模式	与工作时钟频率相关	利用时钟分频寄存器 CLK_DIV 对内部时钟进行分频，通过降低工作时钟频率可降低功耗

空闲模式和掉电模式与经典 8051 MCU 一样，由电源控制寄存器 PCON 中的 IDL 和 PD 进行控制。空闲模式的退出方式也与经典 8051 MCU 的空闲模式相同。经典 8051 MCU 的掉电方式只能通过复位退出，而 STC 系列 MCU 在处于掉电模式时外部中断继续工作，因此外部中断的上升沿或下降沿触发方式(5 个外部中断、CCP 中断、定时器外部引脚中断等)可以使 CPU 退出掉电模式。这里不作详细介绍，可自行查阅芯片手册。

4. STC15 系列 MCU 的 I/O 端口

STC15 系列微控制器有 8 个 I/O 端口(P0～P7)，最多有 62 个 I/O 引脚：P0.0～P0.7，P1.0～P1.7，P2.0～P2.7，P3.0～P3.7，P4.0～P4.7，P5.0～P5.5，P6.0～P6.7，P7.0～P7.7。所有 I/O 口均可通过编程配置为 4 种工作模式：准双向口、推挽/强上拉输出、漏开输出、高阻输入。上电复位后为准双向口模式(经典 8051 MCU 的端口模式)。

(1)准双向口(弱上拉)模式

准双向口模式的内部电路结构如图 2-14 所示。作输出口时：端口输出“1”，T2 截止，V_{CC}通过内部大电阻输出小电流，即驱动能力很弱(拉电流很小，约 270μA)，允许外部设备将其拉低；端口输出“0”，T2 导通，可吸收很大的电流，即驱动能力强(灌电流最大可达 20mA)。作输入口时：引脚带有一个抗干扰功能的施密特触发器，输入前要先向锁存器写“1”，使内部 T2 开路，才能读到外部正确的状态。

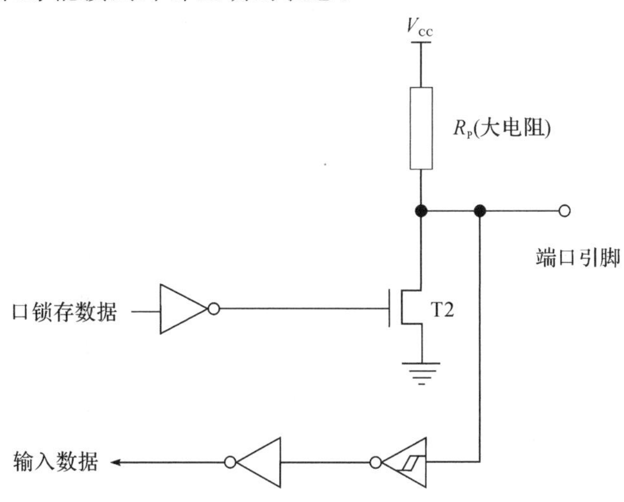

图 2-14　准双向(弱上拉)模式的内部结构

(2)推挽/强上拉模式

推挽/强上拉模式的内部电路结构如图 2-15 所示。端口输出“1”时，V_{CC}直接从引脚输出，通过外接不同阻值的电阻，可以输出不同大小的电流(最大可达 20mA)。推挽方式一般用于需要输出较大驱动电流的情况，需要外接限流电阻，以免电源短路。输出“0”和输入方式时，与准双向口模式相同。

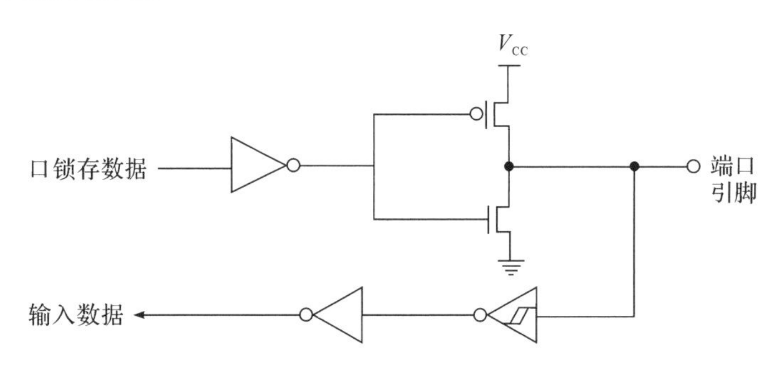

图 2-15　推挽/强上拉模式的内部电路结构

(3)漏开模式

漏开模式的内部电路结构如图 2-16 所示。端口输出“1”时，引脚呈现高阻态，要输出高电平时，需外接上拉电阻。输出“0”和输入方式时，与准双向口模式相同。

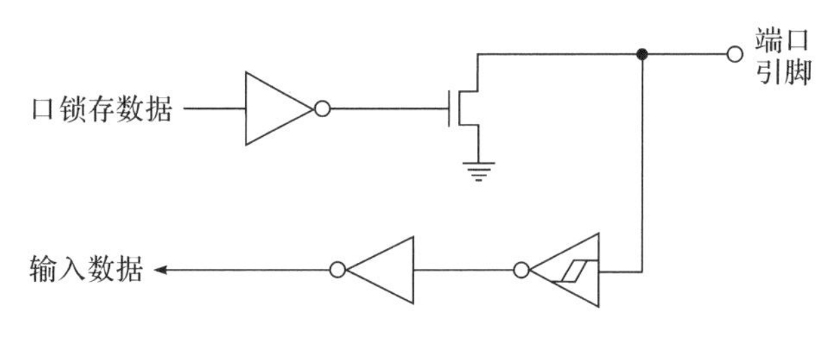

图 2-16　漏开模式的内部电路结构

(4)高阻输入模式

高阻输入模式的内部电路结构如图 2-17 所示。引脚内部配置有一个抗干扰功能的施密特触发器，电流既不能流入也不能流出。高阻输入可以认为输入电阻是无穷大的，I/O 端口对前级影响极小，而且不产生电流(不衰减)，在一定程度上增加了芯片的抗电压冲击能力。高阻输入相当于悬空，一般用于输入数据的读取。例如作为 A/D 输入引脚时，I/O 端口配置为高阻输入模式。

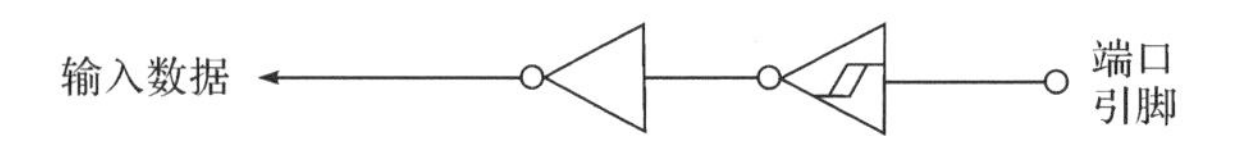

图 2-17　高阻输入模式的内部电路结构

(5)I/O 端口模式的配置

每个 I/O 端口有两个控制寄存器 PxM1、PxM0(x=0～7)，通过这两个 SFR 的相应位控制每个端口各引脚的工作模式。以 P0 的模式控制寄存器 P0M0 和 P0M1 为例说明 P0 口引脚 P0.7～P0.0 的模式配置。

P0 口模式控制寄存器 1(P0M1),字节地址为 93H

位	7	6	5	4	3	2	1	0
位符号	P0M1.7	P0M1.6	P0M1.5	P0M1.4	P0M1.3	P0M1.2	P0M1.1	P0M1.0

P0 口模式控制寄存器 0(P0M0),字节地址为 94H

位	7	6	5	4	3	2	1	0
位符号	P0M0.7	P0M0.6	P0M0.5	P0M0.4	P0M0.3	P0M0.2	P0M0.1	P0M0.0

P0 口(P0.7～P0.0)引脚的配置

P0M1[7～0]	P0M0[7～0]	P0 口 P0.7～P0.0 端口模式
0	0	准双向口模式(经典 8051 MCU 的端口模式,弱上拉)。灌电流可达 20mA,拉电流为 270μA 左右
0	1	推挽/强上拉模式。通过外接限流电阻,可输出不同大小电流,最大为 20mA
1	0	高阻输入模式。引脚呈现高阻态,电流既不能输入也不能输出
1	1	漏开模式。输出“1”时引脚呈高阻态,若要输出高电平,需外接上拉电阻
对于 0、1、3 种模式,当输出“0”时,均有较强的灌电流能力,最大可达 20mA		

例如,要将 P0.7 设置为漏开模式,P0.6 设置为推挽模式,P0.5 设置为高阻输入模式,P0.4～P0.0 设置为准双向口模式。则 P0M1、P0M0 应设置为:

```
MOV        P0M1,#10100000B
MOV        P0M0,#11000000B
```

注意:虽然每个 I/O 端口在准双向口、推挽、漏开模式时都能承受 20mA 的灌电流(需要外接限流电阻,如 1kΩ、560Ω、200Ω 等);推挽模式时能输出 20mA 的拉电流(要外接限流电阻),但整个芯片的工作电流推荐不要超过 90mA。即从 MCU V_{CC} 流入的电流不要超过 90mA,从 MCU GND 流出的电流不要超过 90mA。

STC15 系列微控制器的 I/O 端口都具有复用功能,每个端口都具有第二功能,详细请参阅芯片手册。

习题与思考题

1. 简述典型微控制器的组成结构和主要功能模块。
2. 简述微控制器的内部总线和功能。
3. 简述微控制器中特殊功能寄存器 SFR 的作用。
4. 简述 CPU 的主要组成及功能。
5. 简述微控制器的工作过程。
6. 8051 MCU 的内部 RAM 划分为哪三个部分? 各部分的作用是什么?
7. 简述 8051 MCU 的位寻址空间。

8. 程序状态字寄存器 PSW 的作用是什么？简述常用标志位的作用。
9. 简述程序存储器、堆栈和外部数据存储器使用的指针。
10. 简述 8051 MCU 四个 I/O 端口的结构特点和使用特性。
11. 8051 MCU 内部有哪些工作周期？请简述之。当晶振频率为 12MHz 时，各种周期分别是多少微秒？
12. 简述复位的作用，以及 8051 MCU 复位后的状态。
13. 简述 8051 MCU 的工作方式，以及低功耗方式的进入和退出方法。
14. 8051 MCU 内部资源的扩展，主要包括哪几方面？
15. STC 系列 MCU 的 I/O 端口有哪四种工作模式？

本章总结

二维码 2-12：
第 2 章总结

8051微控制器硬件结构

- **微控制器典型结构**
  - CPU系统：由CPU、时钟系统、复位电路和总线控制逻辑组成
  - CPU外围单元：程序存储器ROM、数据存储器RAM、输入输出I/O口、特殊功能寄存器SFR
  - 其他功能单元：基本功能单元（中断系统、定时器/计数器、串行通信接口），外围扩展单元（模数转换器、数模转换器、脉冲宽度调制、看门狗模块等），内部总线（数据总线DB、地址总线AB、控制总线CB）
  - 结构特点与运行管理：指令系统突出控制功能、内部RAM的寄存器形式；内部功能模块的SFR归一化集中管理，操作方式与可编程器件相似
- **8051微控制器结构与引脚**
  - 内部结构与功能模块：8位CPU、256B RAM、8～64KB ROM、4个8位I/O端口，中断系统（5个中断源）、串行口、2个定时器/计数器、1个UART串行接口、布尔处理器、指令系统
  - 引脚与功能：经典8051 MCU共有40条引脚：电源引脚2条，晶振引脚2条，控制引脚4条，I/O引脚32条；注意引脚功能
- **微控制器工作原理**
  - CPU的结构与组成
    - 控制器：包括指令部件、时序部件、操作控制部件，是指挥和控制微控制器执行指令的部件
    - 运算器：包括ALU、位处理器、暂存器、ACC、PSW等，是实现数据算术运算和逻辑操作的部件
  - 微控制器工作过程：就是执行程序的过程，程序是具有某个功能的指令集合；指令的执行包括读取指令、分析指令、执行指令
- **存储器配置与地址空间**
  - 存储器配置：采用哈佛结构。ROM空间：内外部统一寻址的64KB ROM，内部8～64KB ROM（0000H～（1FFFH－FFFFH））；6个特殊单元：复位入口地址和5个中断服务程序入口地址。RAM空间：256B内部RAM和可以扩展的64KB外部RAM
  - 内部RAM与功能：256B，地址00H～FFH；工作寄存器区00H～1FH、位寻址区20H～2FH、用户RAM区30H～FFH
- **特殊功能寄存器SFR**
  - 8051 MCU的SFR设置：21个SFR的定义与分布（SFR区，地址为80H～FFH）；SFR的位寻址空间；程序计数器PC
  - 8051 MCU的SFR：介绍其中的A、B、PSW、SP、DPTR、P0～P3等
- **I/O端口结构与应用特性**
  - P0～P3端口结构与功能：4个端口均采用锁存器加输出驱动方式，驱动输出有所不同；第一功能为准双向的通用I/O接口；有第二功能，但很少使用
  - 端口特点与应用特性：准双向口（输出有锁存、输入有条件）的应用特性，驱动能力有差异
- **时钟、复位和工作方式**
  - 时钟电路与时序
    - 时钟电路：引脚XTAL1、XTAL2接晶体振荡器和起振电容，为内部时钟电路提供振荡源
    - 时序与工作周期：时钟周期（振荡周期）、状态周期、机器周期、指令周期，机器周期＝6×状态周期＝12×时钟周期
  - 复位与复位状态：经典8051 MCU的引脚复位；增强型MCU的多种复位功能；复位后MCU中的SFR回复到初始值
  - MCU的工作方式
    - 低功耗方式：可选择休闲或掉电方式。休闲方式即CPU停止工作，定时器等继续工作；掉电方式即所有内部模块停止工作
    - 程序执行与复位方式：RST引脚为高电平时，为复位方式。复位后MCU从0000H执行程序，进入程序执行方式
- **8051微控制器技术的发展**
  - 内部资源扩展：保持8051基核的不变性，进行运行速度、CPU外围单元、基本功能单元、外围单元、电源范围、复位源等的扩展
  - STC15系列微控制器简介：资源扩展情况、时钟可编程、3种低功耗模式、I/O端口的4种模式及配置方法

第3章

8051 指令系统与汇编程序设计

指令是规定计算机(或微控制器)完成某种操作的指示和命令。不同的指令完成不同的功能,不同的微控制器有不同的指令系统,以 8051 为内核的 MCU 均采用相同的指令系统。根据特定任务要求,运用指令集编写的指令序列称为程序。微控制器执行不同的程序就可以完成不同的任务,实现不同的功能。针对不同的问题,应用微控制器的指令系统把解决该问题的步骤用指令有序地描述出来,这就是程序设计。8051 程序设计中常用的语言有汇编语言和 C51 高级语言。

本章介绍 8051 微控制器指令系统的寻址方式、指令系统(包括数据传送、算术运算、逻辑操作、控制转移及位操作等五大功能指令),典型指令(包括查表指令、堆栈指令、十进制调整指令、相对转移指令等)的应用,汇编语言与伪指令以及汇编语言程序设计。

3.1 指令系统基础

3.1.1 指令系统概述

二维码 3-1:指令系统概述

微控制器具有的指令集合即为该微控制器的指令系统,指令系统中的每条指令对应有不同的机器代码,是由微控制器内核设计人员确定的,相同内核的微控制器具有相同的指令系统。

1. 指令分类

8051 微控制器采用 CISC 体系结构的指令集,共有 111 条指令。

按指令的长度(指令机器码的字节数)分类,可分为单字节指令(49 条)、双字节指令(46 条)和三字节指令(16 条)。

按指令的执行时间(指令的机器周期数)分类,可分为单机器周期指令(64 条)、双机器周期指令(45 条)和四机器周期指令(2 条)。

按指令的功能分类,可分为数据传送类指令(29 条)、算术运算类指令(24 条)、逻辑运算类指令(24 条)、控制转移类指令(17 条)和位操作类指令(17 条)。

2. 指令格式

指令由操作码和操作数两部分组成。操作码用来规定指令所要完成的操作,即指令的功能;操作数是指令操作的对象。

指令的典型格式如下：

标号:助记符　　目的操作数,源操作数　　;注释

①标号。是指令的符号地址，根据需要设置。标号的第一个字符必须是字母，其余可以是符号或数字。标号与操作码之间用冒号“:”分隔。

②助记符。表示指令的功能，规定其执行的操作。助记符用英文名称或缩写表示，如 MOV 表示数据传送操作、ADD 表示算术加法操作等。

③操作数。是指令操作的对象，可以是具体数据、数据保存的地址、寄存器或标号等。对于有两个操作数的指令，左边的为目的操作数，右边的为源操作数，并用逗号“,”分隔。助记符和操作数间用若干空格分隔。

④注释。通常是对该指令在程序中作用的说明，帮助阅读、理解源程序。与指令以分号“;”分隔。

3. 指令代码

指令代码是用二进制表示的指令编码(为方便书写和阅读，通常用十六进制表示)，即指令的机器码。任何一条指令，其第 1 字节机器码必定是该指令的操作码，表示指令的功能，第 2、3 字节为操作数。对于单字节指令，其操作数隐含在操作码中。表 3-1 列举了 5 条指令对应的指令代码、指令长度和指令执行时间等信息。

表 3-1　汇编指令与指令代码

汇编指令	指令代码		指令长度	执行时间
	操作码	操作数		
MOV　A,#40H	74	40	双字节	单周期
MOV　DPTR,#2060H	90	20,60	三字节	双周期
RET	22	隐含	单字节	双周期
INC　A	04	隐含,实际为 A 的内容	单字节	单周期
DIV　AB	84	隐含,实际为 A、B 的内容	单字节	四周期

要注意，指令的长度(字节数)和执行时间(机器周期数)是两个方面的参数。字节数代表指令占用 ROM 单元的多少，有单字节、双字节和三字节指令；机器周期数代表指令执行时间的长短，有单周期、双周期和四周期。

指令的字节数和机器周期数两者没有相关性，如乘法、除法指令是单字节指令，但却需要 4 个机器周期。

4. 符号约定

在汇编指令系统中，常用一些符号来表示指令中的寄存器、存储单元和立即数等。8051 微控制器指令系统常用的符号和含义列于表 3-2。

表 3-2　8051 微控制器指令系统采用的符号与含义

符　号	符号的意义
Rn(n=0～7)	当前工作寄存器组的 8 个工作寄存器 R0～R7
Ri(i=0,1)	当前工作寄存器组中可作为寄存器间接寻址的两个寄存器:R0 和 R1
direct	内部 RAM 的 8 位地址,指内部 RAM 地址为 00H～7FH 的 128 字节和特殊功能寄存器
#data	指令中的 8 位立即数
#data16	指令中的 16 位立即数
addr16	用于 LCALL 和 LJMP 指令中的 16 位目的地址,寻址空间为 64KB ROM
addr11	用于 ACALL 和 AJMP 指令中的 11 位目的地址,目的地址必须放在与下条指令第 1 个字节同一个 2KB 的 ROM 中
rel	相对转移指令中 8 位带符号的偏移量,用于所有条件转移和 SJMP 等指令中
bit	内部 RAM 和特殊功能寄存器(SFR)中的位寻址空间的位地址
@	寄存器间接寻址或(变址+基址)寻址的前缀
/	位地址的前缀标志,表示对该位取反
(x)	某 x 寄存器或 x 存储单元中的内容。例如,(A),表示 A 中的内容;(30H),表示内部 RAM 30H 中的内容
((x))	以 x 寄存器或 x 存储单元中的内容作为地址,该地址中的内容。例如,((A)),表示以 A 中内容为内存地址,该地址单元中的内容
←	指令操作流程,将箭头右边的内容送到箭头左边的寄存器或存储单元中
∧	逻辑"与"
∨	逻辑"或"
⊕	逻辑"异或"

注:数制的符号表示为:H—十六进制数;B—二进制数;D 或缺省—十进制数。

3.1.2　寻址方式

二维码 3-2:
寻址方式

寻址方式是寻找指令的操作数或操作数所在地址的方式。一般来说,寻址方式越多,寻找指令中的操作数就越方便灵活,指令也会越丰富。8051 的指令系统有 7 种寻址方式,分别为:立即寻址、直接寻址、寄存器寻址、寄存器间接寻址、变址寻址、相对寻址和位寻址。寻址方式通常是指寻找源操作数的方式。

1. 立即寻址

指令中的操作数以立即数形式(#data8、#data16)给出。立即寻址方式的指令为双字节或三字节指令,立即寻址的寻址空间为 ROM(即操作数存放在 ROM 中)。

指令举例	指令功能	备　注
MOV　A,#30H	将 8 位立即数 30H 送给 A,执行后 A 的内容为 30H	—

续表

指令举例	指令功能	备 注
MOV DPTR,#8000H	将16位立即数送给DPTR,执行后DPTR的内容为8000H	其功能等价于分别向DPH、DPL送#80H、#00H的两条指令

2. 直接寻址

指令中给出的操作数是实际操作数的内存地址(direct),即指令给出的是存放实际操作数的内存单元。该寻址方式的指令为双字节或三字节指令,直接寻址的寻址空间(direct)是内部RAM的00H～7FH和特殊功能寄存器SFR空间。

指令举例	指令功能	备 注
MOV A,30H	把内部RAM 30H单元中的数据传送到累加器A	这里的30H是操作数所在的地址,即direct
MOV A,P1	等价于"MOV A,90H",含义是把P1口的内容读入A	用P1表达其地址90H,程序可读性强。对于SFR只能用直接寻址方式

· 立即寻址与直接寻址的比较:

指 令	机器码	指令功能	寻址方式
MOV A,#30H	74H 30H	(A)←30H	立即寻址
MOV A,30H	E5H 30H	(A)←(30H)	直接寻址

这两条均是双字节指令,操作数都是30H,但执行的操作即实际的操作数是不一样的,前者是将30H这个立即数赋给A,后者是将内存30H单元中的内容赋给A。

由于这两条指令的操作码(第1字节)不一样,因此CPU会进行不同的操作,得到指令确定的操作数。

3. 寄存器寻址

寄存器寻址以指令给出的工作寄存器R0～R7、累加器A中的内容为操作数;其寻址空间是Rn、A。该寻址方式的指令大多数为单字节指令,操作数隐含在操作码中。操作码的高5位表示指令的功能,低3位xxx(xxx=000～111)分别代表寄存器R0～R7。

指令举例	指令功能	备 注
MOV A,Rn	把Rn中的内容送到A;操作数为Rn的内容	操作码:11101 xxxB
INC Rn	将Rn的内容+1,存回Rn中;操作数为Rn的内容	操作码:00001 xxxB

4. 寄存器间接寻址

寄存器间接寻址是将指令给出的工作寄存器R*i*(R0或R1)的内容作为操作数的地址,该地址中的内容才是实际操作数。该寻址方式的寻址空间为内部RAM(00H～FFH)和外部RAM(0000H～FFFFH),可用于间接寻址的寄存器是Ri和DPTR,在寄存器前加"@"符号。该类指令均为单字节指令。

指令举例	指令功能	备　注
MOV　A,@Ri	将 Ri 的内容作为操作数的内存地址，将该内存单元中的内容送到 A 中	Ri(R0 和 R1)用于内部 RAM 间接寻址；寻址空间为内部 RAM 的 256B
INC　@Ri	将 Ri 的内容作为操作数的内存地址，将该内存单元中的内容＋1	
MOVX　A,@DPTR	将 DPTR 所指向的外部 RAM 单元中的内容送到 A 中	DPTR 用于外部 RAM 间接寻址；寻址空间为外部 RAM 的 64KB

· 寄存器寻址与寄存器间接寻址的比较：

指　令	机器码	指令功能	寻址方式
MOV　A,R0	E8H	(A)←(R0)	寄存器寻址
MOV　A,@R0	E6H	(A)←((R0))	寄存器间接寻址

这两条均是单字节指令，操作数隐含在操作码中。前者的操作数是 R0 的内容，将该内容赋给 A；后者的操作数是某个内存单元的内容（R0 的内容是操作数的地址），将这个单元的内容赋给 A。

由于这两条指令的操作码（隐含了操作数）不一样，因此会进行不同的操作，得到指令确定的操作数。

对于内部 RAM 高 128 字节和外部 RAM 只能采用寄存器间接寻址方式。访问外部 64KB RAM，用 DPTR 作为间接寻址寄存器。间接寻址的寄存器实际上是寻址空间的地址指针，其作用相当于 C 语言中的指针。

· 直接寻址和寄存器间接寻址的比较：

指　令	操作数地址	指令功能	寻址方式
MOV　A,direct	direct＝00H～7FH，寻址内存低 128 字节 direct＝80H～FFH，寻址 SFR 空间	(A)←(direct) 该指令是将 00H～FFH 单元的内容赋给 A，其中 80H～FFH 为 SFR 空间	直接寻址
MOV　A,@Ri	(Ri)＝00H～7FH，寻址内存低 128 字节 (Ri)＝80H～FFH，寻址内存高 128 字节	(A)←((Ri)) 该指令也是将 00H～FFH 单元的内容赋给 A，其中 80H～FFH 为内存的高 128 字节	寄存器间接寻址

8051 MCU 内部通用 RAM 区的地址为 00H～FFH（低 128 字节地址为 00H～7FH，高 128 字节地址为 80H～FFH）；特殊功能寄存器 SFR 区的地址为 80H～FFH。通用 RAM 高 128B 和 SFR 的地址同为 80H～FFH，称为两个存储空间存在地址重叠。

对于地址重叠的存储空间，避免存储单元访问冲突的常用方法是采用不同的寻址方式。对于地址为 00H～7FH 的内部 RAM，采用寄存器间接寻址（@Ri）和直接寻址（direct）两种方式进行访问。对于地址为 80H～FFH 的内部 RAM，只能采用寄存器间接寻址

(@Ri)进行访问;对于地址范围同为80H～FFH的特殊功能寄存器(SFR),只能采用直接寻址(direct)进行访问。

用不同的寻址方式解决通用RAM高128B和SFR这两个存储空间的地址重叠问题,避免存储单元访问的冲突。这也是解决存储空间地址重叠最常用的方法。

5. 变址寻址

变址寻址是以DPTR或PC作为基址寄存器,以A作为变址寄存器,将两个寄存器内容相加形成的16位地址作为操作数所在的ROM地址(对于前2条指令)。它们的寻址空间为程序存储器。采用变址寻址的指令只有以下3条,均为单字节指令。

```
MOVC    A,@A+DPTR    ;远程查表指令
MOVC    A,@A+PC      ;近程查表指令
JMP     @A+DPTR      ;散转指令
```

前两条是程序存储器读指令(通常称为查表指令);后一条是无条件散转指令,用于程序的分支散转。

6. 相对寻址

相对寻址是将程序相对于当前PC转移一个偏移量,跳转到目的地址的寻址方式。相关指令如“SJMP rel”“JNZ rel”“DJNZ Rn,rel”,指令的操作数为转移偏移量rel,它是补码表示的8位带符号数,范围为－128～＋127。

相对寻址的寻址空间是程序存储器,这类指令通过修改PC指针的值实现程序转移,用于程序的控制,详细介绍见3.3.4。

7. 位寻址

8051微控制器具有布尔处理器,可以对位寻址空间的各位进行位操作。位寻址是对位寻址空间进行寻址的方式。8051微控制器的位寻址空间包括通用RAM中20H～2FH这16个单元的128bit和SFR中11个可位寻址寄存器的83bit(有5个bit未定义),因此共有211bit。对于位地址在指令中有如下4种表示方法。

①直接使用位地址表示方法。如PSW的D0位,其地址为D0H。

②单元地址加位的表示方法。如PSW的D0位,因PSW的字节地址为D0H,则位0可表示为(D0H.0)。

③特殊功能寄存器符号加位的表示方法。如PSW的D0位,可表示为PSW.0。

④位名称表示方法。如PSW的D0位是P标志位,则用P表示该位。

· 位寻址(对于位)与直接寻址(对于字节)的比较:

指　令	机器码	指令功能	寻址方式
MOV C,20H	A2H 20H	(C)←(20H bit)	位寻址,位传送
MOV A,20H	E5H 20H	(A)←(20H byte)	直接寻址,字节传送

这两条指令的操作数地址都是20H,但执行的操作完全不同,前者是对位地址是20H的bit进行操作;后者是对字节地址是20H的byte进行操作。MCU通过对两条指令操作

码的译码，来区分并进行不同的操作。

通常特殊功能寄存器中的可寻址位是有符号名称和含义的，如 PSW 的位 7 为 Cy 标志位，P1 的位 0 为 P1.0。所以对于 SFR 和 SFR 中的功能位，在指令中通常使用符号名称，以增加程序的可读性。例如：

```
MOV    P0,#0FFH    等价于    MOV    80H,#0FFH    ;将 P0 口全设置为 1
SETB   P1.0        等价于    SETB   90H          ;P1.0 置 1
```

8. 寻址方式与寻址空间

不同寻址方式的操作数与寻址空间不同，8051 微控制器 7 种寻址方式的操作数、寻址空间列于表 3-3。

表 3-3　8051 MCU 的寻址方式和寻址空间

寻址方式	操作数/使用的寄存器	寻址空间
立即寻址	#data、#data16	程序存储器
直接寻址	direct	内部 RAM 低 128 字节、特殊功能寄存器
寄存器寻址	R0～R7、A	R0～R7、A
寄存器间接寻址	@R0～R1，SP(PUSH、POP)	内部 RAM 的 256 字节
	@R0～R1、@DPTR	外部 RAM
变址寻址	基址寄存器 DPTR、PC；变址寄存器 A	程序存储器
相对寻址	PC+偏移量(rel)	程序存储器
位寻址	bit、C	位寻址空间

前四种寻址方式涉及的 8 位操作数有 A、Rn、@Ri、direct、#data 这样五类(16 位操作数只有一个#data16)。其中，#data 是立即数，不能作为目的操作数(不可被赋值)；其余四类既可以作为源操作数，也可作为目的操作数。为帮助记忆，我们把这五类操作数称为 A 和“四大天王”(Rn、@Ri、direct、#data)。

3.2　指令系统介绍

8051 微控制器的指令系统共有 111 条指令，根据其功能可分为五大类，本节将分类介绍指令的助记符与功能。

3.2.1　数据传送类指令

二维码 3-3：数据传送类指令

数据传送类指令是最基本、使用频率最高的一类指令，包括数据传送、堆栈操作和数据交换等，共有 29 条。数据传送类指令除给 A 赋值会影响 P 标志外，其余标志不受影响。

数据传送类指令按功能，又可分为以下 5 组。

1. 内部 RAM 数据传送指令(16 条)

该组指令实现 8051 MCU 内部工作寄存器、存储单元、SFR 之间的数据传送，其助记符为 MOV(move)。功能是把源操作数的内容送到目的操作数，16 条指令列于下表。

助记符	目的操作数	源操作数	指令数	功　能
①以 A 为目的操作数的指令(4 条)：累加器 A 赋值指令				
MOV	A	Rn、@Ri、direct、# data (“四大天王”)	4	将源操作数的内容赋给 A
②以内存单元地址为目的操作数的指令(5 条)：内存单元赋值指令				
MOV	direct	A、Rn、@Ri、direct、# data (A 和“四大天王”)	5	将源操作数的内容赋给 direct 单元
③以工作寄存器 Rn 为目的操作数的指令(3 条)：工作寄存器赋值指令				
MOV	Rn	A、direct、# data (A 和“四大天王”除了 Rn、@Ri)	3	将源操作数的内容赋给 Rn
④以 Ri 间接寻址单元为目的操作数的指令(3 条)：Ri 间接寻址的内存单元赋值指令				
MOV	@Ri	A、direct、# data (A 和“四大天王”除了 Rn、@Ri)	3	将源操作数的内容送到 Ri 间接寻址的内部 RAM 单元中
⑤16 位数据传送指令(1 条)：DPTR 赋值指令				
MOV	DPTR	# data16	1	将 16 位立即数赋给 16 位寄存器 DPTR

分别以 A、Rn、@Ri、direct 中的其中 1 个作为目的操作数，其余 3 个和 # data 作为源操作数，给目的操作数进行赋值，就有 16 条赋值指令。但是给 direct 赋值，多了 1 条“MOV direct1，direct2”指令(即将一个单元的内容赋给另一个单元)；没有“MOV　Rn，@Ri”和“MOV　@Ri，Rn”指令(少了 2 条)；另外有 # data16 给 DPTR 赋值的指令(多了 1 条)，所以 MOV 类指令共 16 条。(没有“MOV　Rn，@Ri”和“MOV　@Ri，Rn”指令，可以认为与工作寄存器有关的操作数，互相之间不可传送)

2. 外部 RAM 数据传送指令(4 条)

该组指令实现 8051 MCU 与外部 RAM 的数据传送，共有 4 条指令。外部 RAM 只能采用寄存器间接寻址方式，间址寄存器为 Ri(i ＝0 或 1)和 DPTR。外部数据传送指令的助记符为 MOVX(move external RAM)。

指令格式	注　释	功　能
MOVX　A，@Ri	(A)←((Ri))	将 Ri 间接寻址的外部 RAM 单元中的内容送到 A 中
MOVX　A，@DPTR	(A)←((DPTR))	将 DPTR 所指向的外部 RAM 单元中的内容送到 A 中

续表

指令格式	注　释	功　能
MOVX　@Ri,A	((Ri))←(A)	将A中的内容送到Ri间接寻址的外部RAM单元中
MOVX　@DPTR,A	((DPTR))←(A)	将A中的内容送到DPTR所指向的外部RAM单元中

注:前两条是微控制器从外部RAM单元读取数据的指令;后两条是微控制器向外部RAM单元写数据的指令;外部RAM的读写操作,都要通过累加器A。

采用R0或R1作为间址寄存器,可寻址外部RAM地址为00H～FFH的256个单元;采用DPTR作为间址寄存器,则可寻址外部RAM的整个64KB空间。

3. 查表指令(2条)

这组指令的功能是从ROM中读取数据,通常是对存放在ROM中的数据表格进行读取,因此称为查表指令,其目的操作数只能是累加器A。基址寄存器为DPTR或PC,变址寄存器为A(取值00H～FFH),均为单字节指令。查表指令的助记符为MOVC(move code)。

指令格式	注　释	功　能
MOVC　A,@A+DPTR	(A)←((A)+(DPTR))	将DPTR的内容与A的内容相加,作为一个ROM单元地址,将该ROM单元中的内容送到A。DPTR内容不变
优点:可以查找存放在64K ROM中任何地址的数据表格,因此称为远程查表指令 缺点:要占用DPTR寄存器		
MOVC　A,@A+PC	(PC)←(PC)+1, (A)←((A)+(PC))	将A和当前PC值相加,形成要寻址的ROM单元地址,将该ROM单元中的内容送到A (注意:当前PC值,应为该指令的PC+1)
优点:不占用其他的SFR,不改变PC的值。根据A的内容就可查到数据 缺点:只能查找该指令以后255字节范围内的数据表格(表格存放位置和大小受限制),因此称为近程查表指令		

查表指令的具体应用见3.3.1。

4. 堆栈操作指令(2条)

这组指令采用直接寻址方式,作用是把直接寻址单元的内容保存到堆栈指针SP所指的堆栈顶部单元中,以及把SP所指堆栈顶部单元的内容送到直接寻址单元中。2条指令分别为入栈操作指令PUSH(push onto stack)和出栈操作指令POP(pop from stack)。

指令格式	注　释	功　能
PUSH　direct	(SP)←(SP)+1, ((SP))←(direct)	先修改SP指针的内容(SP内容+1),指向将使用的堆栈单元(即新的堆栈顶部),再将direct中的数据压入堆栈。入栈指令,即将数据存入堆栈的操作
POP　direct	(direct)←((SP)), (SP)←(SP)−1	先将SP所指的堆栈顶部单元的内容送到direct,再修改SP指针(SP内容−1),指向新的堆栈顶部。出栈指令,即从堆栈顶部弹出数据的操作

PUSH direct：入栈指令是先修改SP指针，使其指向新的栈顶，再进行入栈操作。

POP direct：出栈指令是先进行出栈操作，再修改SP指针，使SP指向新的栈顶。

堆栈指针SP的内容随着栈顶的改变而变化，即总是指向堆栈的顶部。

堆栈操作采用直接寻址方式，操作数要表示成直接地址而不能用寄存器名。如"PUSH R0"要写成"PUSH　00H"，"PUSH　B"要写成"PUSH　0F0H"，不然汇编程序会报错。

堆栈及操作指令详见3.3.2。

5. 数据交换指令(5条)

数据交换指令有整字节交换和半字节交换。指令的目标操作数均为A，其功能是把A中的内容与源操作数所指的数据相互交换。数据交换指令的助记符分别为XCH(exchange，字节交换)、XCHD(exchange low-order digit，低半字节交换)和SWAP(swap，A内容的低四位与高四位交换)。

指令格式	注　释	功　能
XCH　A,Rn	(A)↔(Rn)	A与Rn的内容互换
XCH　A,@Ri	(A)↔((Ri))	A与Ri间接寻址的内部RAM单元中的内容互换
XCH　A,direct	(A)↔(direct)	A与内部RAM中direct单元中的内容互换
XCHD　A,@Ri	(A)3～0↔((Ri))3～0	A的低半字节与Ri间接寻址的内部RAM单元内容的低半字节互换
SWAP　A	(A)3～0↔(A)7～4	A内容的高、低半字节互换

前3条字节交换指令，A是目的操作数，源操作数是"四大天王"除了#data。即没有"XCH　A,#data"，因为#data是一个具体数据，不能存放数据。半字节交换只有1条"XCHD　A,@Ri"，那么为什么只选了@Ri呢？

从设计角度谈一谈：如果是Rn，则其可操作空间是8个工作寄存器；如果是direct，其可操作空间是通用RAM中的00H～7FH和SFR，而SFR通常不需要这样操作。选用@Ri，其可寻址空间是全部内部RAM(00H～FFH)，以及外部RAM的00H～FFH，操作范围更大、更有用。

6. 数据传送类指令举例

【例3-1】　将外部RAM 100H单元中的内容送入外部RAM 200H单元中。

【解】　程序如下：

```
MOV     DPTR,0100H        ;(DPTR)←0100H
MOVX    A,@DPTR           ;(A)←((DPTR)),DPTR间址单元的内容读到A
MOV     DPTR,0200H        ;(DPTR)←0200H
MOVX    @DPTR,A           ;((DPTR))←(A),A的内容写到DPTR间址单元
```

【例3-2】　已知A＝5BH，R1＝10H，R2＝20H，R3＝30H，(30H)＝4FH，执行以下指令后，R1、R2、R3的结果分别是多少？

```
MOV    R1,A
MOV    R2,30H
MOV    R3,#83H
```

【解】 结果:R1=5BH,R2=4FH,R3=83H。

3.2.2 算术运算类指令

二维码 3-4:算术运算类指令

算术运算类指令包括加、减、乘、除、加 1、减 1 和 BCD 码加法调整指令,共 24 条。这类指令除加 1、减 1 指令外,都会影响标志位,即对 PSW 产生影响。

虽然 8051 MCU 的算术逻辑单元只能进行 8 位数据的运算,但结合进位标志 Cy,可进行多字节数据的运算;利用溢出标志 OV,也可以进行带符号数的运算等。

1. 不带进位加法指令(4 条)

这组指令的功能是把 A 的内容和源操作数相加,结果保存到 A 中。不带进位加法指令的助记符为 ADD(addition)。

助记符	目的操作数	源操作数	指令数	功 能
ADD	A	Rn、@Ri、direct、#data ("四大天王")	4	将源操作数与 A 的内容相加,结果保存到 A

判断各指令对标志位的影响情况,可采用如下方法:低半字节向高半字节(即 D3 向 D4)进位或借位时,半进位位 AC 置"1",否则为 0;当字节 D7 有进位或借位时,Cy 标志置"1",否则为 0。当 D6 与 D7 中一位产生进位另一位没有进位时,则 OV 置"1";当两位均产生进位或均没有进位时,则 OV 清 0。

【例 3-3】 设 A=4AH,R0=5CH,求执行指令"ADD　A,R0"后的结果。

【解】

```
     0 1 0 0 1 0 1 0
+)   0 1 0 1 1 1 0 0
--------------------
     1 0 1 0 0 1 1 0
```

结果:A6H。

在上述运算中,D3 向 D4 有进位,所以 AC=1;D7 没有进位,所以 Cy=0;D6 向 D7 有进位,而 D7 没有向 C 进位,所以 OV=1;结果中有偶数个"1",因此 P 为 0。

对于上面两个数之和:4AH+5CH=A6H=166。

看作无符号数:因为结果没有超过 8 位无符号数所能表示的最大值 255,所以 C=0;看作带符号数:因为结果超出了 8 位带符号数所能表示的最大正数+127,所以 OV=1。

标志位的意义与操作数是带符号数还是无符号数有关：

①无符号数相加时，如果 Cy 被置位，说明累加和超过了 8 位无符号数的最大值(255)，此时 OV 虽受影响但无意义。

②带符号数相加时，若溢出标志 OV 被置位，说明累加和超出了 8 位带符号数的表示范围(－128～＋127)。即出现了两个正数相加，和为负数；或两个负数相加，和为正数的错误结果。此时 Cy 虽受影响但已不需关注。

2. 带进位加法指令(4 条)

该组指令的功能是把 A 的内容与源操作数以及当前 Cy 的值相加，结果保存到 A 中。带进位加法指令的助记符为 ADDC(addition with carry)。这类指令主要用于多字节加法中。

助记符	目的操作数	源操作数	指令数	功　能
ADDC	A	Rn、@Ri、direct、#data (“四大天王”)	4	将源作数与 A 的内容相加，再加上 Cy，结果保存到 A

【例 3-4】 已知 A＝AEH，R1＝81H，Cy＝1，求执行指令“ADDC　A，R1”后的结果。

【解】

```
     1 0 1 0 1 1 1 0
     1 0 0 0 0 0 0 1
+)                 1
--------------------
   1 0 0 1 1 0 0 0 0
```

结果：A＝30H，Cy＝1，OV＝1，AC＝1，P＝0。

3. 带借位减法指令(4 条)

这组指令的功能是将 A 中的值减去源操作数(“四大天王”)以及当前 Cy 的值，结果存放到 A 中。带借位减法指令的助记符为 SUBB(subtract with borrow)。

助记符	目的操作数	源操作数	指令数	注　释
SUBB	A	Rn，@Ri，direct，#data； (“四大天王”)	4	将 A 的内容减去源操作数，再减去 Cy，结果保存到 A

减法运算只有带借位的 4 条指令。在进行减法运算前，如果不清楚标志位 Cy 的状态，则应先对 Cy 进行清 0。

【例 3-5】 已知 A＝C9H，Cy＝1，求执行指令“SUBB　A，#54H”后的结果。

【解】

```
     1 1 0 0 1 0 0 1
     0 1 0 1 0 1 0 0
-)                 1
--------------------
     0 1 1 1 0 1 0 0
```

结果：A＝74H，AC＝0，Cy＝0，OV＝1。OV＝1 说明结果发生了溢出，因为负数减正数应该为负数，而结果却为正数。

4. 乘、除指令(2 条)

1 条乘法指令实现两个 8 位数的相乘，助记符为 MUL(multiply)；1 条除法指令实现两个 8 位数的相除，助记符为 DIV(divide)。

指令格式	注　释	功　能
MUL　AB	(B)(A)←(A)×(B)	将 A 和 B 中两个 8 位无符号数相乘，16 位结果中的高 8 位存于 B 中，低 8 位存于 A 中
DIV　AB	(A)和(B)←(A)/(B)	A 中的 8 位无符号数除以 B 中的 8 位无符号数，得到的商存放在 A 中，余数存放在 B 中

使用乘法指令前，要把 2 个乘数分别赋给 A 和 B。相乘结果若大于 255，即高位 B 不为 0 时，OV 置位；否则 OV 清为 0。C 总是被清 0。

使用除法指令前，要把被除数赋给 A，除数赋给 B。除数 B 的内容为 0，运算结果不定，OV 置位，表示除法溢出；否则 OV 清为 0。C 总是被清 0。

5. 加 1 指令(5 条)

加 1 指令的功能是将指令中的操作数加 1，结果保存到操作数中。该类指令除“INC A”会对 P 产生影响外，其余均不影响标志位。加 1 指令的助记符为 INC(increment)。

助记符	目的/源操作数	指令数	功　能
INC	A、Rn、@Ri、direct (A，“四大天王”除了 # data)	4	操作数内容+1 后，再存入，如“(direct)←(direct)+1”
INC	DPTR	1	16 位操作数内容+1 后，再存入，如“(DPTR)←(DPTR)+1”

6. 减 1 指令(4 条)

这组指令的功能是把指令中的操作数减 1，其对标志位的影响与 INC 指令相同。减 1 指令的助记符为 DEC(decrement)。

助记符	目的/源操作数	指令数	功　能
DEC	A、Rn、@Ri、direct (A，“四大天王”除了 # data)	4	操作数内容－1 后，再存入如“(A) ←(A)－1”“(direct)←(direct)－1”等

无 PTR 减 1 指令。因此当需要(DPTR)－1 时，就要编写一段程序来实现。

因为 DPTR 内容是 16 位的，所以要进行双字节减 1 运算，程序如下：

```
DPTRSUB1: CLR    C
          MOV    A,DPL
          SUBB   A,#1
          MOV    DPL,A
          MOV    A,DPH
```

```
   DPH  DPL          如：  01 00
 - 00   01               - 00 01
 -----------          -----------
   DPH  DPL                00 FF
```

```
SUBB    A,#0
MOV     DPH,A
```

7. 十进制调整指令(1条)

该指令对两个压缩BCD码(一个字节存放2个BCD数)相加的结果进行十进制调整,助记符为DA(decimal adjustment),操作数只能是A。

指令格式	指令的作用
DA　A	在实际应用中需要进行BCD码加法运算。如16+17,十进制加法结果应是33,但由于计算机只能进行二进制运算,用加法指令后,微控制器会给出十六进制数的累加和2DH,因此必须对结果进行修正 8051 MCU通过十进制调整指令对运算结果进行修正,可得到正确的BCD码加法结果

十进制调整的条件和方法,以及指令的应用详见3.3.3。

8. 算术运算类指令举例

【例3-6】 编程实现双字节无符号数相加,被加数放在内部RAM的20H和21H(低字节在前),加数放在2AH和2BH,结果送回20H和21H。

【解】 程序:

```
START:   MOV    R0,#20H    ;被加数的首地址
         MOV    R1,#2AH    ;加数的首地址
         MOV    A,@R0
         ADD    A,@R1      ;低字节相加
         MOV    @R0,A      ;和的低字节保存到20H单元
         INC    R0         ;R0指向被加数的高字节
         INC    R1         ;R1指向加数的高字节
         MOV    A,@R0
         ADDC   A,@R1      ;高字节相加
         MOV    @R0,A      ;和的高字节保存到21H单元
```

程序执行之后,高字节相加后的进位状态保存在Cy中。

3.2.3 逻辑操作类指令

二维码3-5:逻辑操作类指令

逻辑操作类指令包括逻辑与、或、异或、求反、移位、清0等,共24条。该类指令不影响标志位,仅当其目的操作数为A时,对奇偶标志位P有影响。

1. 逻辑与操作指令(6条)

这组指令的作用是将目的操作数和源操作数按位进行逻辑"与"操作,结果放回目的操作数中。逻辑与指令的助记符为ANL(AND logic)。

助记符	目的操作数	源操作数	指令数	说　明
ANL	A	Rn、@Ri、direct、#data("四大天王")	4	A为目的操作数,如"(A)←(A)∧(direct)"
ANL	direct	A,#data	2	direct为目的操作数

2. 逻辑或操作指令(6 条)

这组指令的作用是将目的操作数和源操作数按位进行逻辑“或”操作，结果放回目的操作数中。逻辑或指令的助记符为 ORL(OR logic)。

助记符	目的操作数	源操作数	指令数	说　明
ORL	A	Rn、@Ri、direct、#data(“四大天王”)	4	A 为目的操作数，如“(A)←(A)∨(direct)”
ORL	direct	A、#data	2	direct 为目的操作数

3. 逻辑异或操作指令(6 条)

这组指令的作用是将目的操作数和源操作数按位进行逻辑“异或”操作，结果放回目的操作数中。逻辑异或指令的助记符为 XRL(exclusive-OR logic)。

助记符	目的操作数	目的/源操作数	指令数	说　明
XRL	A	Rn、@Ri、direct、#data(“四大天王”)	4	A 为目的操作数，如“(A)←(A)⊕(direct)”
XRL	direct	A，#data	2	direct 为目的操作数

与加法、减法指令相比，逻辑与、或、异或指令均多了 2 条以 direct 为目的操作数的指令。

4. 累加器清零和取反指令(2 条)

累加器 A 清零指令，助记符为 CLR(clear)；累加器 A 取反指令，助记符为 CPL(complement)。

指令格式	注　释	说　明
CLR　A	(A)←0	累加器 A 的内容清 0
CPL　A	(A)←($\overline{A}$)	累加器 A 的内容取反后存回

5. 循环移位指令(4 条)

移位操作指令的操作数只能是累加器 A。循环左移指令的助记符为 RL(rotate left)，循环右移指令的助记符为 RR(rotate right)，带进位位循环左移指令的助记符为 RLC(rotate left through carry)，带进位位循环右移的助记符为 RRC(rotate right through carry)。

指令格式	注　释	说　明
RL　A	A.7 ← … ← A.0	A 的内容循环左移一位，最高位循环左移到最低位
RR　A	A.7 → … → A.0	A 的内容循环右移一位，最低位循环右移到最高位
RLC　A	Cy ← A.7 ← … ← A.0	A 的内容连同 Cy 构成一个 9 位数据，循环左移一位；A. 7 移到 Cy，Cy 移到 A. 0

续表

指令格式	注 释	说 明
RRC A	Cy → A.7 → … → A.0 →（循环）	A的内容连同Cy构成一个9位数据，循环右移一位；Cy移到A.7，A.0移到Cy

6. 逻辑操作与字节状态

8051 MCU指令系统中有位操作指令，但是对于不可位寻址的内存单元来说，若要对其某些位进行清零、置位、取反等操作时，则要借助于逻辑运算指令。

(1)逻辑“与”操作的位清零

“ANL”操作具有“遇1保持，遇零则0”的逻辑特点，可用来实现位屏蔽(将某些位清零)的操作。要保留的位用1“与”(X和1相与为X)，要清除的位用0“与”(X和0相与为0)。

例如，若(A)=68H，执行“ANL A，#0FH”指令后，(A)=08H，实现了高4位清零，低4位保留。

(2)逻辑“或”操作的置位

“ORL”操作具有“遇零保持，遇1置位”的逻辑特点，可用来实现位置位(将某些位置1)的操作。要保留的位用0“或”(X和0相或为X)，要置1的位用1“或”(X和1相或为1)。

例如，若(A)=68H，执行“ORL A，#0FH”指令后，(A)=6FH，实现了高4位保留，低4位置1。

(3)逻辑“异或”操作的位求反

“XRL”操作具有“相异为1，相同为零”的逻辑特点，可用来实现位取反(将某些位取反)的操作。要保留的位用0“异或”(X和0异或为X)，要求反的位用1“异或”(X和1异或为X)。

例如，若(A)=68H，执行“XRL A，#0FH”指令后，(A)=67H，实现了高4位保留，低4位求反。

7. 逻辑操作类指令举例

【例3-7】 已知(A)=85H，(45H)=A3H，分析(A)和(45H)执行逻辑与、或、异或指令后的结果，以及对标志位的影响。

【解】 (1)逻辑与：

$$
\begin{array}{r}
10000101 \\
\wedge\quad 10100011 \\
\hline
10000001
\end{array}
$$

即执行“ANL A，45H”指令后，结果为：(A)=81H，(45H)=A3H，P=0。

(2)逻辑或：

$$
\begin{array}{r}
10000101 \\
\vee\quad 10100011 \\
\hline
10100111
\end{array}
$$

即执行“ORL A，45H”指令后，结果为：(A)=A7H，(45H)=A3H，P=1。

(3)逻辑异或:

```
   10000101
⊕  10100011
-----------
   00100110
```

即执行“XRL A,45H”指令后,结果为:(A)=26H,(45H)=A3H,P=1。

【例 3-8】 设(A)=B3H(10110011B),Cy=0,分析以下指令的执行结果。

【解】 执行“RL A”指令后,结果为:(A)=67H(01100111)。

执行“RR A”指令后,结果为:(A)=D9H(11011001)。

执行“RLC A”指令后,结果为:(A)=66H(01100110),Cy=1。

执行“RRC A”指令后,结果为:(A)=59H(01011001),Cy=1。

3.2.4 控制转移类指令

二维码 3-6:控制转移类指令

程序的顺序执行是由程序计数器(PC)自动增 1 来实现的,要改变程序的执行顺序、控制程序的流向,必须通过控制转移类指令实现,所控制的范围为 ROM 的 64KB 空间。8051 MCU 的控制转移类指令共 17 条,分为无条件转移指令、条件转移指令、子程序调用和返回指令、空操作指令等,这些指令不影响标志位。

1. 无条件转移指令(4 条)

这组指令的功能是无条件转移到指令指定的目标地址去执行程序,包括相对转移指令 SJMP(short jump)、绝对转移指令 AJMP(absolute jump)、长转移指令 LJMP(long jump)和间接转移指令(散转指令)JMP(jump indirect)。

指令格式	注 释	说 明
SJMP rel	(PC)←(PC)+2, (PC)←(PC)+rel	短跳转指令,跳转偏移量 rel 转移目的地址是当前 PC 值(该指令的下一条指令首址,即转移指令执行后的 PC 值)和 rel 之和
AJMP addr11	(PC)←(PC)+2, (PC10～0)←addr11, PC15～11 不变	绝对跳转指令,跳转范围为 2K 目的地址要与转移指令的下一条指令在同一个 2KB ROM 空间中,否则将发生转移错误。已很少使用
LJMP addr16	(PC)←addr16	长跳转指令,跳转范围为 64K 目的地址是指令给出的 addr16。在程序设计中,addr16 常用符号地址表示
JMP @A+DPTR	(PC)←(A)+(DPTR)	散转指令或间接跳转指令 目的地址是 A 与 DPTR 之和的 16 位地址,跳转范围为 64K

上述 4 条指令是无条件转移("直接飞")指令,但是飞的范围不同。

LJMP 指令是三字节指令。AJMP 是双字节指令,但 AJMP 的跳转范围受限,目前由于 ROM 容量已不成问题,所以已很少使用 AJMP。SJMP 是双字节指令,当转移范围较小时,采用该指令。

2. 条件转移指令(8 条)

条件转移指令是指满足一定条件时,程序跳过一个偏移量转向目的地址,不满足条件则程序继续顺序执行。包括:判零转移指令(2 条),助记符分别为 JZ(jump if ACC is zero)和 JNZ (jump if ACC is not zero);比较转移指令(4 条),助记符为 CJNE(compare and jump if not equal);减 1 条件转移指令(2 条),指令助记符为 DJNZ(decrement and jump if not zero)。

<table>
<tr><th>指令格式</th><th>说　明</th></tr>
<tr><td colspan="2">①判零转移指令(2 条):
通过判断 A 的内容是否为零,控制程序转移;是 2 条条件互补的转移指令</td></tr>
<tr><td>JZ　rel
(jump if ACC is zero)</td><td>(A)=0:要转移,目的地址=该指令的 PC+2+rel(2 为该指令长度),即(PC)←(PC)+2+rel
(A)≠0:不转移,程序继续顺序执行,即(PC)←(PC)+2</td></tr>
<tr><td>JNZ　rel
(jump if ACC is not zero)</td><td>(A)≠0:要转移,目的地址=该指令的 PC+2+rel(2 为该指令长度),即(PC)←(PC)+2+rel
(A)=0:不转移,程序继续顺序执行,即(PC)←(PC)+2</td></tr>
<tr><td colspan="2">②比较转移指令(4 条):CJNE(compare and jump if not equal)
指令格式:CJNE　(操作数 1),(操作数 2),rel　　;三字节指令
利用这组指令,可以判断两个 8 位数的大小,并实现程序的分支转移。具体应用见 3.3.4</td></tr>
<tr><td>CJNE　A,direct,rel</td><td rowspan="4">比较指令中两个操作数的大小,即(操作数 1)-(操作数 2),比较结果仅影响标志位 C,两个操作数的值均不变
• 比较不相等:程序转移,目的地址=该指令的 PC+3+rel,即(PC)←(PC)+3+rel;且若(操作数 1)≥(操作数 2),则 C=0;若(操作数 1)＜(操作数 2),则 C=1
• 比较相等:程序继续顺序执行,即(PC)←(PC)+3</td></tr>
<tr><td>CJNE　A,#data,rel</td></tr>
<tr><td>CJNE　Rn,#data,rel</td></tr>
<tr><td>CJNE　@Ri,#data,rel</td></tr>
<tr><td colspan="2">③循环转移指令(2 条):DJNZ(decrement and jump if not zero)
这组指令通常用于循环程序中的计数循环,作为计数循环判断的条件
减 1 不为 0,跳转到目的地址,继续执行循环程序;若已减到 0,则结束循环。具体应用见 3.3.4</td></tr>
<tr><td>DJNZ　Rn,rel</td><td rowspan="2">Rn 或 direct 的内容减 1,判别其内容是否为 0
若不为 0,程序转移,目的地址=该指令的 PC+2+rel
若为 0,不转移,程序继续顺序执行</td></tr>
<tr><td>DJNZ　direct,rel</td></tr>
</table>

上述 8 条指令是条件转移指令,满足条件才转移,所以是"需要点火的飞";转移的偏移量是指令中给出的 rel,其范围是-128~+127。

2 条 DJNZ 指令的操作数是 Rn、direct,为什么 everywhere 的 A 不在里面?因为这 2 条指令常用于循环程序中的计数控制,A 在循环程序中通常要用到,因此没有用于计数指令中。

3. 子程序调用和返回指令(4 条)

子程序的调用由调用指令来实现，2 条调用指令分别是长调用 LCALL(long subroutine call)和绝对调用 ACALL(absolute subroutine call)。

子程序和中断程序的返回由返回指令来实现，2 条返回指令是子程序返回 RET(return from subroutine)和中断程序返回 RETI(return from interrupt subroutine)。

<table>
<tr><th>指令格式</th><th>注　释</th><th>说　明</th></tr>
<tr><td>LCALL　addr16</td><td>(PC)←(PC)+3,
(SP)←(SP)+1,((SP))←(PCL)
(SP)←(SP)+1,((SP))←(PCH)
(PC)←addr16</td><td>无条件调用位于 addr16 地址的子程序</td></tr>
<tr><td colspan="3">指令执行时，CPU 自动将当前 PC 值(该指令的 PC+3，即下一条指令地址，也称为断点地址)压入堆栈保护(PCH、PCL 分两次压入，相当于自动插入两条 PUSH 指令)，然后把 addr16 送入 PC，CPU 开始执行子程序。该指令可调用存放在 64KB ROM 空间任何位置的子程序</td></tr>
<tr><td>ACALL　addr11</td><td>该指令调用的子程序的地址必须与 ACALL 下一条指令在同一个 2KB ROM 空间中(与 AJMP 指令相似)。双字节指令</td><td>由于 MCU 的 ROM 容量不再是问题，所以这条指令很少使用</td></tr>
<tr><td>RET</td><td>(PCH)←((SP)),(SP)←(SP)−1
(PCL)←((SP)),(SP)←(SP)−1</td><td>子程序返回。从堆栈顶部自动弹出断点地址送到 PC，返回子程序调用处继续原程序的执行</td></tr>
<tr><td colspan="3">该指令将子程序调用时压入堆栈的断点地址恢复到 PC，实现子程序的返回
子程序的最后一条指令必须是 RET 指令</td></tr>
<tr><td>RETI</td><td>(PCH)←((SP)),(SP)←(SP)−1
(PCL)←((SP)),(SP)←(SP)−1
清除中断“优先级状态触发器”</td><td>中断服务程序返回。从堆栈顶部自动弹出断点地址，继续原程序的执行。同时清除中断响应时，设置的“优先级状态触发器”</td></tr>
<tr><td colspan="3">中断子程序的最后一条指令，必须是 RETI 指令
需注意：RETI 与 RET 不能互换</td></tr>
</table>

上述 4 条指令执行后，程序也发生了跳转，过程中都要用到堆栈，所以是“带着 PUSH 和 POP 的飞”。调用指令自动用 PUSH 保存 PC，修改 PC 后起飞；返回指令自动用 POP 恢复 PC，PC 飞回。

4. 空操作指令(1 条)

空操作指令除了使 PC 加 1，消耗一个机器周期外，不做任何其他操作。该指令是单字节单周期指令，常在软件延时或程序可靠性设计中使用。

指令格式	注　释	说　明
NOP	no operation	空操作

5. 控制转移类指令举例

【例3-9】 已知(SP)=60H，标号地址MA为0123H，SUB子程序的地址为5060H。分析执行"LCALL　SUB"指令后，PC、SP以及堆栈顶部的内容。

```
MA:          LCALL       SUB
```

【解】

```
                         ORG         0123H
        (0123H)MA:       LCALL       SUB
        (0126H)          …           …

                         ORG         5060H
        (5060H)SUB:      …
                         …
                         RET
```

结果：(PC)=5060H，(SP)=62H，(61H)=26H，(62H)=01H。

3.2.5　位操作类指令

二维码3-7：
位操作类指令

8051 MCU有一个位处理器，可以执行多种"位"操作，进位标志C为位累加位。所有位操作均采用直接寻址方式，操作数有C、bit、$\overline{\text{bit}}$；寻址空间(即这里的bit)为8051 MCU的位寻址空间。位操作指令包括位数据传送、位状态设置、位逻辑运算和位转移等，共17条。

1. 位数据传送指令(2条)

位数据传送指令可实现位累加器(C)和其他位地址(bit)中信息的传送。

指令格式	注　释	说　明
MOV　C,bit	(Cy)←(bit)	将指令中给出的bit中的内容送到Cy
MOV　bit,C	(bit)←(Cy)	将Cy的值送到bit中

2. 位状态设置指令(6条)

该组指令包括2条清除指令、2条置位指令、2条取反指令。清除指令的助记符为CLR(clear)，置位指令的助记符为SETB(set bit)，取反指令的助记符为CPL(complement)。

助记符	操作数	注　释	说　明
CLR	C、bit	(Cy)←0；(bit)←0	将C或指定位bit清0
SETB	C、bit	(Cy)←1；(bit)←1	将C或指定位bit置1
CPL	C、bit	(Cy)←($\overline{\text{Cy}}$)；(bit)←($\overline{\text{bit}}$)	将C或指定位bit的内容求反

3. 位逻辑运算指令(4条)

位逻辑运算指令包括位逻辑"与"和位逻辑"或"。目的操作数和源操作数进行位"与"和位"或"，结果保存到C中。

操作码	目的操作数	源操作数	说　明
ANL	C	bit,$\overline{bit}$	C与bit、$\overline{bit}$进行"与"操作,结果保存在C中
ORL	C	bit,$\overline{bit}$	C与bit、$\overline{bit}$进行"或"操作,结果保存在C中位
在位逻辑运算指令中,没有"异或"指令			

4. 位转移指令(5条)

位转移指令的功能是判断C或bit的状态(1或0),若符合条件则跳过一个偏移量rel实现转移;若不符合条件则顺序执行下一条指令。C为1转移指令,助记符为JC(jump if carry is set);C不为1转移指令,助记符为JNC(jump if carry is not set);bit内容为1转移指令,助记符为JB(jump if the bit is set);bit内容不为1转移指令,助记符为JNB(jump if the bit is not set);bit内容为1转移并清除指令,助记符为JBC(jump if the bit is set and clear the bit)。

指令格式	注　释	说　明
JC　rel	Cy=1,转移,(PC)←(PC)+2+rel; 否则程序顺序执行,(PC)←(PC)+2	JC是当Cy=1时,程序转移到目的地址;否则不转移,执行下一条指令 JNC的判断条件正好相反
JNC　rel	Cy=0,转移,(PC)←(PC)+2+rel; 否则程序顺序执行,(PC)←(PC)+2	
JB　bit,rel	bit=1,转移,(PC)←(PC)+3+rel; 否则程序往下执行,(PC)←(PC)+3	这3条指令分别检测bit的状态,如果条件满足,程序转移,否则继续顺序执行 前2条指令不影响原bit的内容;第3条指令在满足条件发生转移的同时,自动将bit的内容清零
JNB　bit,rel	bit=0,转移,(PC)←(PC)+3+rel; 否则程序往下执行,(PC)←(PC)+3	
JBC　bit,rel	bit=1,转移,(PC)←(PC)+3+rel,且bit←0; 否则程序往下执行,(PC)←(PC)+3	

5. 位操作类指令举例

【例3-10】 设计程序实现P1.1和P1.2内容的互换。

【解】 程序如下:

```
MOV    C,P1.1     ;Cy←P1.1
MOV    00H,C      ;00H←Cy
MOV    C,P1.2     ;Cy←P1.2
MOV    P1.1,C     ;P1.1←Cy
MOV    C,00H      ;Cy←00H
MOV    P1.2,C     ;P1.2←Cy
```

3.3　典型指令的应用

3.3.1　查表指令

二维码3-8：查表指令应用

查表是根据已知变量在表格中查找目标值的过程，表格通常作为程序的一部分存放在ROM中。在微控制器应用系统中，经常会用到查表操作，如在LED数码管显示中查找数字的七段码，在音乐编程程序中查找不同音符的定时常数等。查表方法使得程序具有结构简单、执行速度快等优点。8051 MCU有近程查表和远程查表两条查表指令。

1. 近程查表指令：MOVC　A，@A＋PC

（1）指令格式

```
MOVC      A,@A + PC        ;(PC)←(PC) + 1,(A)← ((A) + (PC))
```

（2）指令功能

将A和当前PC值相加，形成要寻址的ROM单元地址，将该ROM单元中的内容送到A。

（3）指令说明

①基址寄存器PC是下条指令首地址，即执行完查表指令后的PC，称为当前PC；PC值是不可改变的。

②变址寄存器A是当前PC与数据表中被查数据之间的字节数（称为偏移值），其范围是0～255。

③近程查表指令只能查找存放在该指令后255字节范围内的数据表格。

2. 远程查表指令：MOVC　A，@A＋DPTR

（1）指令格式

```
MOVC      A,@A + DPTR        ;(A)←((A) + (DPTR))
```

（2）指令功能

将DPTR的内容与A的内容相加后形成一个ROM单元地址，将该ROM单元的内容送至A。DPTR内容不变。

（3）指令说明

①基址寄存器是DPTR，总是被赋值指向数据表格的首地址。

②变址寄存器A为数据表首址与被查数据之间的字节数（称为偏移值），A的范围为0～255。

③由于DPTR的范围为0000H～FFFFH，所以可以查找存放在64KB ROM中的数据表格。

【例3-11】　设R3中的值≤0FH。分别使用远程查表指令和近程查表指令，编写查找R3平方值的程序，结果存回R3中。

【分析】　制作0～F的平方表，表头符号地址为TABLE。

【解】 (1)远程查表程序：

```
            ORG     0100H
SUB1:       MOV     DPTR,#TABLE          ;DPTR指向表头
            MOV     A,R3
            MOVC    A,@A+DPTR
            MOV     R3,A
            SJMP     $                   ;原地踏步
            ORG     0150H
TABLE:      DB      00,01,04,09,16,25,36,49,64,51H,64H,121,144,0A9H,0C4H,0E1H
            END
```

(2)近程查表程序：

```
            ORG     0100H
SUB1:       MOV     A,R3
0101H       ADD     A,#REL     ;REL=3,修正值是MOVC指令执行后的PC值与表头地址的间隔
0103H       MOVC    A,@A+PC
0104H       MOV     R3,A                ;1字节
0105H       SJMP     $                  ;2字节
0107H TABLE: DB     00,01,04,09,16,25,36,49,64,51H,64H,121,144,0A9H,0C4H,0E1H
            END
```

两个程序中的“TABLE”为平方表的表头标号，它代表了数据表格在ROM中存放的起始位置。汇编时，标号地址将被赋予真实地址。

程序说明：假设R3中的值为4。

· 用远程查表指令：表格可以放在ROM的任何区域，这里为0150H。DPTR指向数据表头的符号地址TABLE，待查数据(R3)送入A(即(A)=4)，则查表指令从TABLE+4这个单元取数，取出的数据就是4的平方值16。

· 用近程查表指令：表格紧接着放在程序段后面，这里为0107H。执行MOVC指令时，(A)=4(即R3的内容)，PC为下一条指令首址(PC=0104H，即当前PC)；若不对A进行修正，则(A+PC)=0108H；将从0108H单元取数会得到01H，结果错误。

对于近程查表指令，通常需要对A进行修正，修正方法是加上一个修正值REL；REL是当前PC到表格首址的间隔字节数。本例中，间隔2条指令共3字节，所以REL=3。修正后(A)=7，则将从010BH单元取数，得到16，结果正确。

3.3.2 堆栈及指令

二维码3-9：堆栈及指令

1. 堆栈的概念

堆栈是指具有特殊用途的存储区，主要作用是暂时存放数据和地址，通常用于保护断点和现场。

2. 堆栈指针SP

SP是存放堆栈栈顶地址的一个8位特殊功能寄存器，字节地址为81H。8051 MCU的

堆栈是向上生成的，所以向堆栈保存一个数据（进栈操作），栈顶地址增1，即SP的内容+1；出栈时，栈顶地址减1，即SP的内容-1。SP总是指向堆栈的栈顶。

3. 堆栈的设置

8051 MCU的堆栈区必须开辟在内部通用RAM中。8051 MCU复位后，SP的内容为07H，即默认堆栈区是从08H开始向上的存储区。由于08H～1FH单元为工作寄存器区，20H～2FH为位寻址区，程序设计中要用到这些单元，所以通常通过对SP赋值而重新设置堆栈区域，将堆栈区设置到用户RAM区。

4. 堆栈的深度

由于子程序调用可以多级嵌套、中断可以两级嵌套，而现场保护也往往需要使用堆栈，所以一定要保证堆栈有一定的深度（即有足够的存储单元），以免造成堆栈溢出而使程序无法正常运行。也就是说，堆栈区域的设置要考虑其深度需求。

通过改变SP堆栈指针的内容，可改变堆栈区域和深度。如设置(SP)=0EFH，则堆栈从F0H开始到FFH，即堆栈深度为16字节；如设置(SP)=0DFH，则堆栈从E0H开始到FFH，堆栈深度为32字节。

如设置堆栈指针(SP)=0FFH，堆栈从哪里开始？是否可以？

另外须注意：由于堆栈的占用，会减少内部RAM的可利用单元，因此要根据系统的实际需要，合理设置堆栈的空间和深度。

5. 堆栈的两种操作方式

①指令方式：使用堆栈操作指令的进栈指令(PUSH direct)和出栈指令(POP direct)，可以将数据“压入”堆栈保存和从堆栈“弹出”数据，常用于子程序、中断服务程序中的现场保护与恢复。

②自动方式：在调用子程序或响应中断时，CPU会自动将子程序返回地址或中断断点地址压入堆栈保护；在子程序和中断服务程序返回时，CPU自动将返回地址或断点地址从堆栈弹出到PC。该操作由内部硬件自动完成。

6. 堆栈指令使用注意点

①在子程序和中断服务程序中，PUSH和POP的使用一定要成对，不然会导致子程序和中断程序无法正常返回，而使微控制器系统崩溃。

②堆栈的操作服从“先进后出”“后进先出”的原则，在子程序、中断服务程序中，用PUSH、POP保护现场和恢复现场时，要注意入栈和出栈的次序。

7. 堆栈指令应用举例

【例3-12】　主程序和子程序SUBprogram中均用到A、B寄存器，在进入子程序之前，应做好数据保护，并在返回主程序之前，恢复数据。

```
SUBprogram:   MOV     SP,#5FH
              PUSH    ACC          ;A的内容压入堆栈保护
              PUSH    0F0H         ;B的内容压入堆栈保护,B的地址为F0H
              PUSH    PSW          ;PSW的内容压入堆栈保护,保存标志位
              MOV     A,#5AH
```

```
        MOV     B,#66H
        MUL     AB
        …
        POP     PSW         ;恢复 PSW 的内容
        POP     0F0H        ;恢复 B 的内容
        POP     ACC         ;恢复 A 的内容
        RET
```

如图 3-1 所示，初始(SP)＝5FH，表示堆栈从 60H 开始，执行 3 条 PUSH 指令保护现场后，堆栈区 60H、61H、62H 分别保存了 A、B、PSW 寄存器的内容，内容分别为 30H、55H、80H。这时子程序可以使用 A、B，标志位也可能发生变化；在子程序返回前，执行 3 条 POP 指令依次从堆栈弹出 62H、61H、60H 的内容到 PSW、B、A，使得 A、B、PSW 寄存器中的内容恢复为原来的 30H、55H、80H，实现了现场的恢复，堆栈指针 SP 变回初始的 5FH。入栈的次序为 A、B、PSW，则出栈的次序应为反序 PSW、B、A。

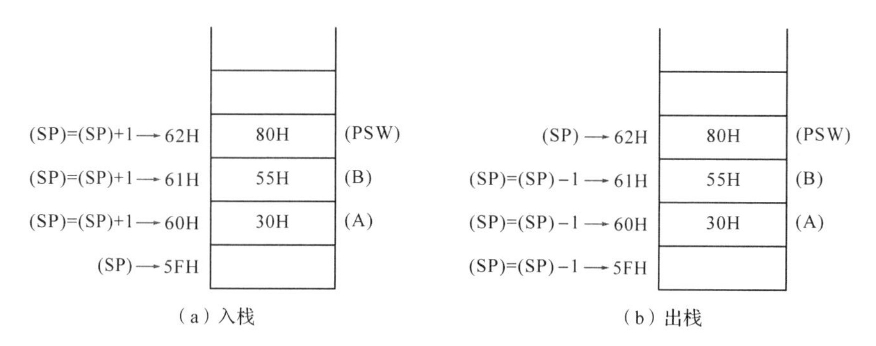

图 3-1 堆栈的入栈、出栈

【例 3-13】 执行下述指令后，问 SP、A、B 的内容分别是多少？

```
                ORG     0100H
0100H           MOV     SP,#40H
0103H           MOV     A,#30H
0105H           LCALL   0500H
0108H           ADD     A,#10H
010AH           MOV     B,A
010CH   L1:     SJMP    L1

                ORG     0500H
0500H           MOV     DPTR,#010AH
0503H           PUSH    DPL
0504H           PUSH    DPH
0505H           RET
```

【分析】 该子程序对堆栈的入栈和出栈操作没有成对，有 2 次 PUSH 操作而无 POP 操作，因此 RET 指令自动恢复的断点是 2 次 PUSH 的内容，使得执行 RET 指令后，PC 指向 010AH 而非 0108H。所以执行结果为(SP)＝42H，(A)＝30H，(B)＝30H。

这段程序告诉我们，在子程序中，对堆栈的入栈和出栈操作次数必须相同，以保证子程序能够正确返回。

3.3.3　十进制调整指令

二维码 3-10：
十进制调整指令

在实际应用中，通常要进行 BCD 码十进制加法运算。但由于计算机只会进行二进制运算，所以在 BCD 码相加后，会出现错误的结果，因此必须对其进行修正。

1. 十进制调整指令：DA　A

功能：对两个压缩 BCD 码相加的结果进行十进制调整。

2. 调整的条件和方法

①若累加和的低 4 位(A3～A0)＞9 或(AC)＝1，则低 4 位＋6 调整，即自动执行(A3～A0)←(A3～A0)＋6；

②若累加和的高 4 位(A7～A4)＞9 或(Cy)＝1，则高 4 位＋6 调整，即自动执行(A7～A4)←(A7～A4)＋6。

3. DA　A 指令应用举例

【例 3-14】　2 个单字节压缩 BCD 码相加，(A)＝(19)BCD，(R0)＝(19)BCD，试分析程序执行结果。

```
ADD        A,R0           ;(A) = 32H
DA         A
```

【解】　加法指令执行结果：

```
      0 0 0 1 1 0 0 1
 +)   0 0 0 1 1 0 0 1
 ---------------------
      0 0 1 1 0 0 1 0
```

得到：(A)＝32H，AC＝1。

DA　A 指令调整：因为 AC＝1，所以低 4 位要＋6 调整，调整后的结果为 38H，得到了 19＋19＝38 的正确的 BCD 码加法结果。

【例 3-15】　2 个单字节压缩 BCD 码相加，(A)＝(89)BCD，(R0)＝(23)BCD，试分析程序执行结果。

```
ADD        A,R0          ;(A) = ACH
DA         A
```

【解】　加法指令执行结果：

```
      1 0 0 0 1 0 0 1
 +)   0 0 1 0 0 0 1 1
 ---------------------
      1 0 1 0 1 1 0 0
```

得到：(A)＝ACH，Cy＝0，AC＝0。

DA　A 指令调整：由于低 4 位和高 4 位均大于 9，所以均要＋6 调整。

```
      10101100
+)    01100110(+66H)
---------------------
     100010010
```

调整后结果为(A)＝12BCD，Cy＝1(相加结果的百位数)，调整指令使 Cy 置 1。得到 2 个 BCD 数相加 89＋23＝112 的正确结果，百位数 1 在 Cy 中。

【例 3-16】 2 个单字节压缩 BCD 码相加，(A)＝(91)BCD，(R0)＝(91)BCD，试分析程序执行结果。

```
ADD        A,R0        ;(A) = 122H
DA         A
```

【解】 加法指令执行结果：

```
      10010001
+)    10010001
-----------------
     100100010
```

得到：(A)＝22H，Cy＝1，AC＝0。

DA　A 指令调整：因为 Cy＝1，所以高 4 位＋6 调整；因为 AC＝0，所以低 4 位不调整；调整后(A)＝82BCD，Cy＝1(相加结果的百位数)，调整指令不会将 Cy 清 0。

4. DA　A 指令使用注意点

①只能用在 ADD 和 ADDC 指令后，对两个 BCD 码相加后存放在 A 中的结果进行修正。

②两个压缩 BCD 码相加后，必须用这条指令进行调整，才能得到正确的 BCD 码累加和结果。

③相加的两个操作数必须均为 BCD 码数，调整的结果才会正确。

④DA　A 指令对 Cy 只能置位，不能清 0。例 3-15 中调整指令使 Cy 置位，例 3-16 中 Cy 保持置位状态，而不会清 0。

⑤DA　A 指令的错误使用情况：

```
• MOV       A,#0FH
  DA        A              ;没有用在加法指令后
• SUBB      A,R5
  DA        A              ;用在减法指令后
• MOV       A,#0EH
  AD        A,#28H
  DA        A              ;不是十进制数相加
```

3.3.4　相对转移指令

二维码 3-11：相对转移指令

1. 相对转移指令中偏移量的确定

8051 MCU 指令系统中有无条件相对转移指令 SJMP 和多种条件相

对转移指令。这类指令都是相对当前PC值(也即转移指令后面一条指令首址)跳过一个偏移量rel,转移到目的地址执行程序。即当前PC值加上偏移量,所得结果即为转移的目的地址。

$$\begin{aligned}转移目的地址&=转移指令下一条指令首址+rel\\&=转移指令所在地址+转移指令字节数+rel\end{aligned}\tag{3-1}$$

在实际程序设计中,通常转移的目的地址是确定的,而需要计算转移偏移量rel。计算公式如下:

$$rel=转移目的地址-(转移指令所在地址+转移指令字节数)\tag{3-2}$$

rel是一个8位带符号数的二进制补码,范围为$-128\sim+127$。rel为负数,表示以当前PC值为基点,向低地址(PC值减小)方向转移,最大可转移128字节;rel为正数,表示以当前PC值为基点,向高地址(PC值增大)方向转移,最大可转移127字节。

下面举例说明rel的计算方法。

【例3-17】 确定下段程序中,偏移量rel的值。

```
                ORG          1000H
1000H           MOV          R0,#30H        ;78H,30H
1002H           MOV          A,#00H         ;74H,00H
1004H           SJMP         POSI           ;80H,rel
                ORG          1080H
POSI:(1080H)    MOV          @R0,A
                ...
```

【解】 转移指令所在地址为1004H,转移的目的地址POSI为1080H,SJMP指令长度为2字节,所以偏移量rel=1080H－(1004H＋2)＝7AH(＋122)。偏移量为正,表示向高地址方向转移。

若目的地址POSI为10A0H,是否能正确跳转?

偏移量rel=10A0H－(1004H＋2)＝9AH(－102)。①程序要求向高地址(10A0H)转移,但计算得到的偏移量rel却是负数,程序会向低地址跳转,所以结果错误。②转移目的地址(10A0H)与当前PC值(1006H)的偏移超过了＋127,所以不能正确跳转。③超过相对转移范围时,可改用LJMP指令。

【例3-18】 确定下条原地踏步指令的偏移量。

```
2100H        HERE:        SJMP        HERE        80H,rel
```

【解】 偏移量rel=2100H－(2100H＋2)＝FEH(－2)。

偏移量为负,表示向低地址方向转移。执行这条指令后,PC值为2102H,指令要求跳回2100H,即跳回2字节,所以rel=－2。

目的地址=当前PC＋rel=2102H＋(－2H)＝2100H;实现了程序的原地踏步功能。

【例3-19】 将30H开始的16个单元内容传送到40H开始的16个单元中,请确定程序中相对转移的偏移量。

```
                ORG         2000H
2000H           MOV         R2,#10H
2002H           MOV         R0,#30H        ;源数据地址指针
2004H           MOV         R1,#40H        ;目的数据地址指针
2006H  LOOP:    MOV         A,@R0
2007H           MOV         @R1,A
2008H           INC         R0
2009H           INC         R1
200AH           DJNZ        R2,LOOP        ;DAH,rel
200CH  HERE:    SJMP        HERE
```

【解】 rel＝目的地址－(源地址＋2)＝2006H－(200AH＋2)＝－6H＝FAH。

2. 比较指令的分支转移

8051 MCU 指令系统中有 4 条比较不等转移指令(指令中的两个操作数相比较,如果不相等,则程序转移一个偏移量到目的地址),利用该类指令对进位标志 C 的影响,可以实现两个操作数大小的比较转移。若 Cy＝1,表示操作数 2 大于操作数 1;若 Cy＝0,表示操作数 1 大于操作数 2。

【例 3-20】 在某温度控制系统中,设 A 的内容是实际温度 T_s,(20H)＝温度下限值 T_{20},(30H)＝温度上限值 T_{30},如图 3-2 所示。若 $T_s > T_{30}$,程序应转降温 JW;若 $T_s < T_{20}$,程序应转升温 SW;若 $T_{30} \geqslant T_s \geqslant T_{20}$,程序应转保温 BH。

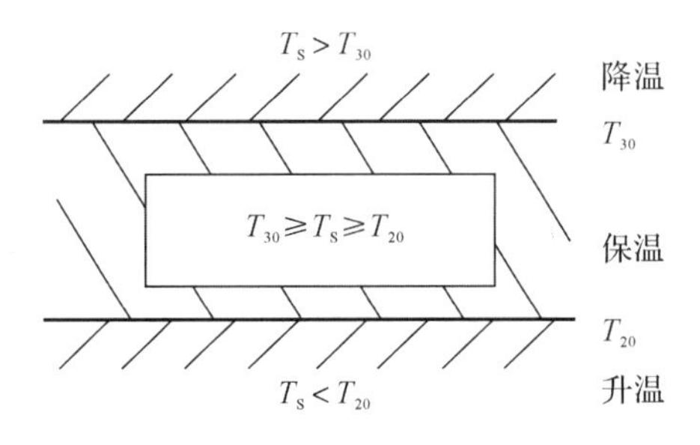

图 3-2 温度控制系统

【解】 程序如下:

```
PROG:     CJNE     A,30H,LOOP        ;实际温度 Ts 与 T30 上限比较,不相等则转移
          SJMP     BH                ;等于上限,转保温
LOOP:     JNC      JW                ;Ts＞T30,转降温;Ts＜T30,执行下条指令与下限比较
          CJNE     A,20H,LOOP1       ;实际温度与下限比较,不相等则转移
          SJMP     BH                ;等于下限,转保温
LOOP1:    JC       SW                ;小于下限,转升温;大于下限,执行下面的保温程序
BH:       …                          ;保温
JW:       …
SW:       …
```

【例 3-21】 已知内部 RAM 的 M1 和 M2 单元中各有一个无符号数。试编程比较它们的大小,大数送入 MAX 单元,小数送入 MIN 单元;若两数相等,则将位 00H 置 1。

【解】 程序如下：

```
COMPM1M2:   MOV    A,M1           ;(A)←(M1)
            CJNE   A,M2,LOOP      ;若(M1)≠(M2),则转向 LOOP
            SETB   00H            ;若(M1) = (M2),则位 00H 置 1
            SJMP   LOOP1
LOOP:       JC     LESS           ;若(Cy) = 1,表示(M1)<(M2),转向 LESS
            MOV    MAX,A          ;若(Cy) = 0,表示(M1)>(M2),(M1)送 MAX 单元
            MOV    MIN,M2         ;(M2)送 MIN 单元
            SJMP   LOOP1
LESS:       MOV    MIN,A          ;(M1)<(M2),(M1)送 MIN 单元
            MOV    MAX,M2         ;(M2)送 MAX 单元
LOOP1:      RET
```

3.4 汇编语言与伪指令

二维码3-12：汇编语言与伪指令

3.4.1 编程语言

计算机的工作过程就是执行程序的过程，程序是按照功能任务要求编写的指令的有序集合。程序设计就是按照给定的任务要求，编写出完成该任务的指令序列的过程。完成同一个任务，使用的方法或程序并不是唯一的。程序设计的质量将直接影响到计算机系统的工作效率、运行可靠性。由于计算机的配置不同，设计程序时所使用的语言也不同。用于程序设计的语言有汇编语言和高级语言。

1. 机器语言

机器语言即指令的二进制编码，是一种能被计算机直接识别和执行的语言。由于机器语言与CPU紧密相关，所以不同种类的CPU对应的机器语言也不同。用汇编语言和高级语言编写的程序，最终都要转换成机器语言表示的目标程序（可执行程序），并存储到程序存储器（ROM）中，供CPU执行。

2. 汇编语言与特点

每一种微处理器或微控制器均有各自的指令系统（指令集），这些指令通常选用能反映指令功能的英文字符（称为助记符）来表示，用助记符表示的指令称为符号语言或汇编语言，用汇编语言编写的程序称为汇编程序。

汇编语言是一种能够直接操作和控制微控制器所有硬件资源的编程语言。汇编语言具有如下特点：

①指令与机器码一一对应，每条指令时间确定，因此能准确计算出程序的执行时间，适合实时控制系统；程序效率高、占用存储空间小、运行速度快，用汇编语言能编写出最优化的程序；相对高级语言节省CPU资源和存储空间。

②汇编语言能直接管理和控制微控制器的硬件资源，有效利用微控制器的专有特性，

如访问存储器、I/O 接口，或处理中断等。

③汇编语言是“面向机器”的语言，不同种类的微控制器具有不同的指令系统，因此程序通用性差，可移植性差；编程比高级语言困难。

3. 高级语言与特点

高级语言是面向过程和问题的程序设计语言，且是独立于计算机硬件结构的通用程序设计语言，如 C、C++、FORTRAN、Python、JAVA 语言等。其中 C 语言是嵌入式系统和微控制器系统中使用最广泛的高级语言。适用于 8051 系列微控制器的 C 语言，称为 C51。高级语言具有如下特点：

①直观、易学、易懂，通用性强，不受具体微处理器/微控制器的限制，易于移植。相比于汇编语言，编程较为简单方便。

②高级语言的语句功能强，其一条语句往往相当于许多条汇编指令，因此编译程序将高级语言转换成机器语言时，生成的机器码通常比汇编语言的机器码要长。

③相比于汇编语言程序，目标代码占用的存储空间多、执行时间长，且不易精确计算程序所需空间和执行时间，故一般不适用于编写高速实时控制的程序。

在微控制器应用程序设计中，汇编语言程序是基础。在代码效率和实时性要求不太高的场合，高级语言程序设计是较好的选择。在很多情况下，也可采用高级语言与汇编语言的混合设计。

4. 目标程序的生成

用汇编语言或高级语言编写的源程序都不能被 CPU 直接识别和执行，需要将其转换成用二进制代码表示的机器程序（也称为目标程序），这一转换过程对于汇编语言程序称为“汇编”，对于高级语言程序称为“编译”。完成汇编的专用程序称为“汇编程序”，完成编译的专用程序称为“编译程序”，其过程如图 3-3 所示。

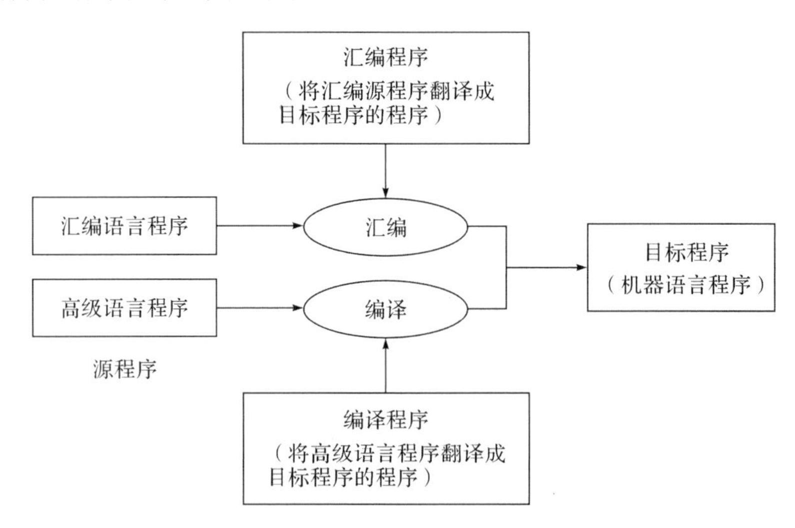

图 3-3　目标程序的生成过程

目前最常用和最流行的汇编器和编译器是 Keil μVision，是由 Keil Software 公司开发的集成开发环境 IDE（integrated development environment）。Keil μVision 提供了汇编程序和 C51 程序的完整开发方案，包含汇编器、编译器、宏汇编、连接器、库管理以及功能强大的仿真调试器等，同时支持汇编语言和C语言的程序设计与开发。

5. 汇编语言编程风格

在汇编语言程序设计时，采用清晰连贯的编程风格很重要。除了需要根据汇编指令的标准格式编写以外，还需关注以下几点。

(1)注释

注释是程序的重要组成部分，尤其对于汇编程序，由于汇编指令固有的抽象特性，更要重视注释的作用。在关键指令(如转移、调用、子程序、中断程序等)要添加注释。

注释内容用“;”与助记符指令隔离，注释内容长度不限，换行时，头部仍要“;”。

(2)标号的使用

在源程序中，多处要用到标号。如子程序和中断程序的名称，标号地址，程序中使用的常数，等等。标号名应该选取能够反映其功能的符号。例如，LOOP表示循环，process表示数据处理，display表示显示，wait表示等待，等等。

标号由不多于8个ASCII字符组成，第一个字符必须是字母，标号不能使用汇编语言已定义的符号，如助记符、寄存器名等。同一个标号在一个独立的程序中只能定义一次。

(3)子程序的使用

随着程序规模的增大，有必要采用“分而治之”的编程策略，即将大而复杂的任务划分为若干个小而简单的任务，然后把这些小任务设计成多个子程序。根据程序功能模块设计具有通用性、层次性的子程序是一种良好的编程风格，并且每个子程序要有对应的注释块，在注释块中说明子程序的出入口参数、功能等。

(4)伪指令的使用

在汇编程序设计中，应尽可能运用伪指令，除起始汇编、结束汇编这两个不可缺省外，其他如赋值、定义字节、定义字等伪指令的使用，可以增强程序的可维护性和可读性。

3.4.2　汇编程序中的伪指令

伪指令又称“汇编程序”的控制译码指令，是汇编程序在对源程序进行汇编时，需要使用的指令，如指定程序或数据存放的起始地址，给一些标号地址/内存赋值，给一些连续存放的数据确定单元以及指示汇编结束等。伪指令不产生机器码，不影响程序的执行。下面介绍8051微控制器汇编程序中常用的几个伪指令。

1. 起始汇编伪指令ORG(origin)

指令格式：

```
    ORG     nn
```

指令功能：给程序段或数据块赋值起始地址。nn是16位二进制数，代表程序或数据块在ROM中存放的起始地址。ORG指令总是出现在每段源程序或数据块的开始。

例如：

```
            ORG         0000H
MAIN:       MOV         SP,#6FH
            …
```

```
            LCALL       SUB1
            …
            ORG         1000H
SUB1：      MOV         A,＃74H
            …
```

表示主程序 MAIN 在 ROM 中的存放起始地址是 0000H；子程序 SUB1 存放的起始地址是 1000H。

在一个源程序中可以多次使用该伪指令，以规定不同程序段或数据块的起始位置，但要求所规定的地址必须从小到大，并且不允许重叠。

2. 赋值伪指令 EQU(equal)

指令格式：

```
    字符名      EQU      数据或表达式
```

指令功能：把数据或表达式赋值给字符名。

例如：

```
DATA1       EQU       22H         ;给标号 DATA1 赋值 22H
ADDR1       EQU       2000H       ;给标号 ADDR1 赋值 2000H
```

用 EQU 语句给一个字符名赋值后，在整个源程序中该字符名的值就固定不能更改了。

该语句常用于定义常量符号，有利于程序的编写、阅读和维护等。

EQU 定义的字符必须先定义后使用，因此，该定义要放在源程序开始前。

3. 定义字节伪指令 DB(define byte)

指令格式：

```
    标号：    DB      字节常数或字符串
```

指令功能：将字节常数或字符串存入标号开始的 ROM 连续存储单元中。

例如：

```
            ORG         2000H
TABLE：     DB          73H,04,100,32,00,－2,"ABC";
```

ORG 指定了 TABLE 标号的起始地址为 2000H；DB 表示定义一串字符 73H、04H、64H、20H、00H、FEH、41H、42H、43H，依次存入 TABLE 开始的 ROM 单元中。

标号表示数据串在 ROM 中的起始地址。字节常数或字符串之间用逗号“,”分隔。

4. 定义字伪指令 DW(define word)

指令格式：

```
    标号：    DW      字或字串
```

指令功能：把字或字串存入由标号开始的 ROM 存储单元中，存放时，字的高 8 位在前，低8位在后，按顺序连续存放。字串的多个字之间用逗号“，”分隔。

例如：

```
            ORG       1000H
LABLE:      DW        100H,3456H,1357H,…
```

表示从LABLE标号(1000H)开始，按顺序存入01H、00H、34H、56H、13H、57H……

DB和DW定义的数据个数不得超过80个，若数据的数目较多时，可以使用多个定义命令。通常用DB来定义数据，用DW来定义地址。

5. 位地址赋值伪指令BIT

指令格式：

```
    字符名    BIT    位地址
```

指令功能：把位地址赋值给指定的字符名。位地址可以是绝对地址，也可以是符号地址。

例如：

```
LED1        BIT        P3.1             ;将位地址P3.1赋给LED1
```

则在程序中，可用LED1代替P3.1。例如，“SETB　LED1”，表示点亮或熄灭LED，有助于程序阅读和理解。

6. 定义存储器空间伪指令DS(Define Storage)

指令格式：

```
    标号:    DS    nn
```

指令功能：表示从标号地址开始，预留出nn个ROM存储单元。

例如：

```
BASE:        DS        100H
```

表示从标号BASE开始，保留100H个ROM存储单元。

7. 结束汇编伪指令END

指令格式：

```
    END
```

指令功能：表示该程序段的汇编到此结束。当汇编程序遇到END后，就结束对源程序的汇编。因此，在汇编源程序中，要有一个END伪指令，且必须放在整个源程序的最后。

8. 伪指令的应用

```
        ORG     2100H               ;定义起始地址
BUF     DS      10H                 ;从2100H开始预留10H个存储空间
        DB      08H,42H             ;在紧接着的ROM单元，定义2个字节数据
        DW      100H,1ACH,122FH     ;再依次存放3个字
```

分析:①第1条定义了起始地址。

②第2条表示从2100H至210FH,预留16字节ROM单元。

③第3条定义了2个字节数据:(2110H)=08H,(2111H)=42H。

④第4条定义了3个字:从2112H单元开始,依次存放了01H、00H、01H、ACH、12H、2FH。

在编写汇编语言源程序时,必须严格按照汇编语言的规范书写。通常伪指令ORG和END不可缺少。

3.5 汇编程序设计

采用汇编语言进行程序设计可以直接操作微控制器的全部硬件资源,有效地利用微控制器的专有特性,因此程序代码短、执行速度快,能准确掌握程序的执行时间,适用于实时控制系统。用汇编语言编写程序的步骤大致如下。

①根据设计系统的功能需求,进行功能模块的划分,把一个大而复杂的功能划分为若干个相对独立、简单的功能模块。

②分析和确定每个模块实现的功能,并尽可能将一个功能设计为一个子程序;仔细分析每个子程序的功能与具体实现方法,确定并画出子程序的流程图。

③确定子程序名、调用条件、出入口参数等,以及程序中使用的工作寄存器、内存单元和其他硬件资源。

④按照各子程序的流程图,分别编写源程序并进行汇编、调试和运行,直至实现各子程序的预期功能。

⑤根据系统的功能需求,有机整合各子程序构成系统总程序,并进行系统总体程序的调试,直至实现系统全部功能。

3.5.1 汇编程序结构

二维码3-13:汇编程序结构

相同的功能需求可以用不同的程序予以实现,程序质量通常用程序代码长度和执行时间,程序的可靠性、逻辑性、可读性、可扩展性和可移植性等进行评价。程序设计的常用方法是结构化设计方法,其特点是能够控制程序的复杂性,使程序结构简单清晰;降低程序编写难度,使程序易读易理解,且方便调试、生成周期短及可靠性高。

根据结构化程序设计的观点,任何复杂的程序都由顺序、分支和循环三种基本结构组合而成。下面介绍这三种基本的程序结构。

1.顺序结构

顺序结构程序按照程序设计顺序,从某一条指令开始逐条顺序执行,直至某一条指令为止。它是程序设计中最基本、使用最多的结构形式,也是组成复杂程序的基础。

2. 分支结构

分支结构的主要特点是程序执行流程中需要做出各种逻辑判断,并根据判断结果选择相应的执行路径。分支程序包括单分支程序、多分支程序,如图3-4所示。图3-4(a)和图3-4(b)是单分支程序结构,图3-4(c)是多分支程序结构。

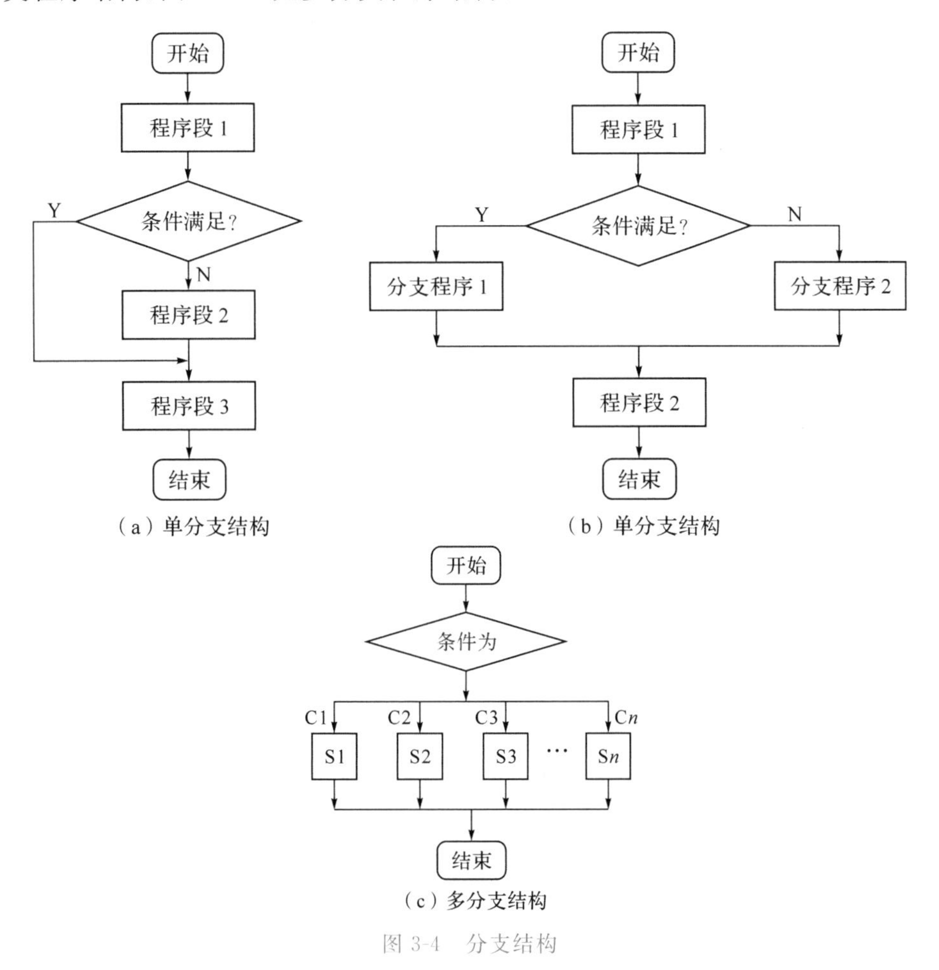

图3-4　分支结构

(1)单分支结构

通常用条件转移指令来实现程序的分支。相关指令有:条件转移指令(如JZ、JNZ、DJNZ等)和位条件转移指令(如JC、JNC、JB、JNB和JBC)。

(2)多分支结构

对于8051 MCU,可实现多分支结构的指令有:

①散转指令(JMP　@A+DPTR),根据A的内容选择对应的分支程序,可达256个分支;

②比较转移指令(4条CJNE指令),比较两个数的大小,必然存在大于、等于、小于三种情况,因此可实现三个程序分支。

分支结构程序允许嵌套,即一个程序的分支中包含另一个分支程序,从而形成多级分支程序结构。

3. 循环结构

循环结构就是在不满足结束条件时,多次循环重复执行某一程序段,直到满足条件,退出循环。

(1)循环结构组成

循环结构通常由初始化、循环体、循环控制和结束等四部分组成。

①初始化。在进入循环体前先进行初始化,设置循环控制变量(如循环次数)、起始地址等,为循环做准备。

②循环体。即循环结构程序需重复执行的部分,是循环程序的核心,其内容取决于循环体要实现的功能。

③循环控制。用于循环程序结束与否的控制,用循环变量和循环条件进行控制。在重复执行循环体的过程中,需不断修改循环变量或判断循环条件,直到符合结束条件时,才结束循环体的执行。

④结束。对循环程序执行的结果进行分析、处理和保存。

在循环程序中,初始化和结束部分都仅执行一次,而循环体和循环控制部分要执行多次。

(2)循环控制方式

有两种循环控制方式:计数控制法和条件控制法。分别通过修改循环变量或判断循环条件,实现对循环的判断和控制。

①计数控制法:在初始化中设定循环次数的初值,由循环次数决定循环体的执行次数。常用两条 DJNZ 指令中的减 1 计数器(Rn、direct)作为循环控制器,每循环一次自动减 1,直到计数器为 0 时结束循环。计数循环结构一般采用先处理后判断的流程,如图 3-5(a)所示,循环体程序至少被执行一次。

②条件控制法:通过判断循环结束条件,确定是否继续循环程序的执行,实现对循环的控制。结束条件可以是搜索到某个参数(如回车符"CR"),也可以是发生某种变化(如故障引起的电平变化)等,什么时候结束循环是不可预知的。常用比较转移指令或条件转移指

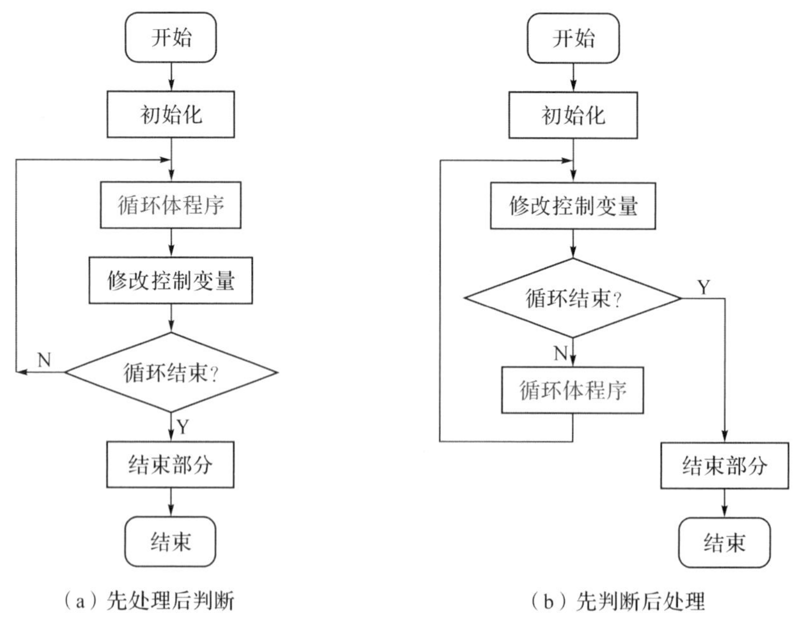

图 3-5 循环结构程序形式

令进行控制。条件循环结构采用先判断后处理的流程，如图 3-5(b)所示，循环体程序可能一次也不被执行。

(3)循环程序设计的注意点

①在进入程序之前，应合理设置循环初始值。

②循环体只能执行有限次，如果无限执行的话，则会造成死循环，应避免这种情况的发生。

③不能破坏或修改循环体，不能从循环体外直接跳转到循环体内。

④在多重循环结构中，要求嵌套是从外层向内层一层层进入，从内层向外层一层层退出的，不能在外层循环中用跳转指令直接跳转到内层循环体中。

3.5.2　子程序设计

二维码 3-14：子程序设计

子程序是指能被主程序或其他程序调用，具有独立完备功能的程序段。微控制器系统的应用程序通常包含多个子程序。子程序的运用，能够提高编程效率、实现程序模块化，也便于程序的阅读、修改、调试和继承。

1. 汇编程序的一般形式

```
          BUFIN       EQU      30H
          BUFOUT      EQU      1000H
          ADDR1       EQU      1000H
          FLAG1       BIT      00H

          ORG         0000H
          LJMP        MAIN
          ORG         0100H
MAIN:     MOV         SP,#0BFH
          LCALL       INITIAL
LOOP:     LCALL       ADSUB
          LCALL       PROCESS
          LCALL       DISPLAY
          LCALL       COMMUNICATION
          LCALL       DELAY
          SJMP        LOOP

          ORG         0300H
INITIAL:  …
          RET

ADSUB:    …
          RET
          …
```

汇编主程序的结构通常是调用一系列子程序，同时是一个无限的循环，以一定的时间间隔周期性执行一遍各子程序，结合微控制器系统的硬件电路，实现系统功能。因此需要把具有一定功能的程序段设计为子程序，供主程序调用。本例的子程序包括 INITIAL（初始化程序）、ADSUB（A/D 转换程序）、PROCESS（对 A/D 转换结果的处理程序）、DISPLAY（显示程序）、COMMUNICATION（通信程序）、DELAY（延时程序）等。

这样的设计，使得主程序看起来简洁清晰，可以说是一目了然。根据不同功能要求设计的子程序，存放在 ROM 的不同区域，分别用 ORG 进行定义。子程序名，应尽可能体现该程序的含义，以方便程序的阅读理解。

2. 子程序编写要点

①子程序第 1 条指令前必须有标号，表示该子程序的名称，也是子程序的符号地址。子程序名要尽量体现子程序的功能。

②要明确子程序的调用条件和出口状态。

- 调用条件：调用子程序需要准备的参数（如要处理的数，或存放的寄存器或内存地址等）。
- 出口状态：调用子程序后的结果（结果或存放地址等）。

③注意保护现场和恢复现场。

- 保护现场：子程序前部，将不允许被破坏的内容保护起来。
- 恢复现场：子程序返回前，将保护的内容恢复到保护前的状况。
- 要注意堆栈的“先进后出”操作规则，以保证现场保护和恢复的正确。

④要保证子程序能够正确返回。

- 子程序的最后一条指令必须是 RET 指令。
- 在子程序中，对堆栈的入栈和出栈操作次数必须相等。

⑤子程序在功能上应具有通用性和完整性。

3. 子程序的调用与嵌套

首先介绍几个术语：调用子程序的程序，称为主程序或调用程序；子程序调用指令（LCALL）的下一条指令地址，称为断点；子程序第一条指令地址，称为子程序首地址。

子程序调用过程如图 3-6 所示，LCALL 指令自动将断点地址压入堆栈保护，然后将子程序首地址赋给 PC，实现子程序的调用；子程序返回时，RET 指令将堆栈顶部的断点地址弹出到 PC，实现子程序的返回。在子程序的执行过程中，可能出现子程序调用其他子程序的情况，称为子程序嵌套调用，如图 3-7 图所示。

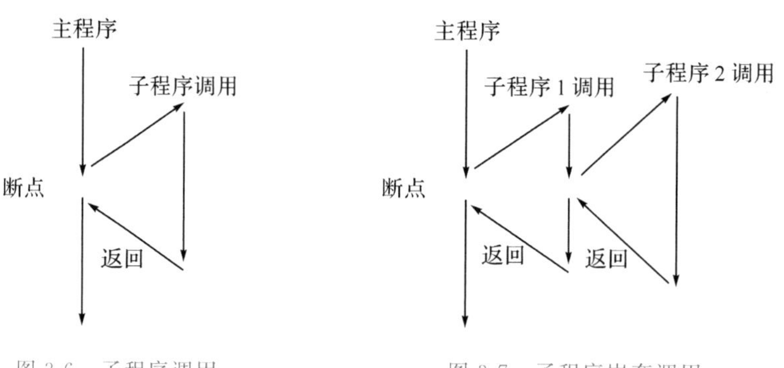

图 3-6　子程序调用　　图 3-7　子程序嵌套调用

4. 子程序的现场保护与恢复

在子程序调用和返回过程中，调用和返回指令能够自动保护和恢复调用程序的断点地址。但是对于主程序中使用、子程序也要使用的工作寄存器、特殊功能寄存器SFR和内存单元的内容，则需要编写程序来进行保护和恢复。下面介绍现场保护与恢复的三种方法。

(1)堆栈保护

利用MCU的堆栈区域保护现场，即在子程序开始处，将需要保护的内容依次入栈保存；在子程序返回前，按保护的反序出栈恢复。入栈保护内容的多少，与堆栈深度有关，要注意不能超出堆栈深度。

【例3-22】 若主程序中要使用R2，而子程序SUB1也要使用R2，因此必须要先保护、后恢复，请用堆栈进行保护。

【解】 编程如下：

```
PROG1:    MOV     R2,#04H
PRO1:     LCALL   SUB1
          DJNZ    R2,PRO1
          RET
SUB1:     PUSH    02H          ;R2的内容入栈保护
          MOV     R2,#20H      ;子程序使用R2
LOOP:     DJNZ    R2,LOOP
          POP     02H          ;出栈恢复R2的内容
          RET
```

(2)切换工作寄存器组

当需要保护较多工作寄存器(如R0～R7)的内容时，可以通过修改RS0、RS1，使主程序与子程序使用不同组别的R0～R7，实现现场保护。如主程序选用工作寄存器第0组，而子程序选用工作寄存器第1组等。这样既节省了入栈/出栈操作，又减少了堆栈空间的占用，且速度快。

【例3-23】 将例3-22的例程改为用切换工作寄存器组的方式，进行现场保护和恢复。

【解】 编程如下：

```
PROG1:    MOV     R2,#04H      ;主程序默认使用第0组的Rn
PRO1:     LCALL   SUB1
          DJNZ    R2,PRO1
          RET
SUB1:     SETB    RS0          ;选择第1组的Rn
          MOV     R2,#20H
LOOP:     DJNZ    R2,LOOP
          CLR     RS0          ;恢复使用第0组的Rn
          RET
```

(3)存储器保护

进入子程序时，将需要保护的内容暂存到内部RAM单元，返回前从暂存的内存处取出以恢复现场。

【例 3-24】 将例 3-22 的例程改为使用存储器暂存的方式保护和恢复现场。

【解】 编程如下：

```
PROG1:    MOV      R2,#04H
PRO1:     LCALL    SUB1
          DJNZ     R2,PRO1
          RET
SUB1:     MOV      30H,R2          ;R2 的内容暂存到 30H 单元
          MOV      R2,#20H         ;子程序中使用 R2
LOOP:     DJNZ     R2,LOOP
          MOV      R2,30H          ;恢复 R2 内容
          RET
```

5. 子程序设计举例

【例 3-25】 设 8051 MCU 的晶振频率为 12MHz，试编写软件定时子程序，分别实现 1ms 和 100ms 的定时。

【分析】 首先设计一个 1ms 定时子程序，而 100ms 的定时程序可以通过调用 1ms 子程序来实现。

(1)1ms 子程序：主频 12MHz，则机器周期为 $1\mu s$；1ms 子程序即延时 $1000\mu s$。

```
                                   机器周期
DL1ms:    PUSH     30H             ;2
          MOV      30H,#N          ;1
D1:       NOP                      ;1
          NOP                      ;1
          DJNZ     30H,D1          ;2
          POP      30H             ;2
          RET                      ;2
```

该程序的执行时间 $T=2+1+(1+1+2)\times N+2+2=4N+7$；($N$ 为循环次数)

根据要求定时 $1000\mu s$，即 $T=4N+7=1000\mu s$；因此 $4N=993\mu s$；取整后 $N=248=$ F8H，代入可得子程序真正延时时间为 $999\mu s$，有千分之一误差。若在 RET 前加入 NOP，即实现了准确的 1ms 延时。

(2)100ms 延时子程序：调用 100 次 1ms 子程序。

```
标  号       助记符                说  明
DL100ms:  PUSH     30H             ;保护现场
          MOV      30H,#100        ;30H 单元作为计数器，调用 100 次
D100:     LCALL    DL1             ;循环调用
          DJNZ     30H,D100
          POP      30H             ;恢复现场
          RET
```

在上述 100ms 子程序中，现场保护和恢复、循环初始化、调用和返回等都需要时间，因此存在一定误差。若要准确地进行 100ms 定时，可通过减少 1ms 定时长度等方式来实现。

也可以用双重循环编写一个50ms的子程序，则100ms定时只需调用2次50ms子程序。有了这些基本定时子程序，就可方便地编写出定时1s以及更长时间的定时程序。更准确的延时，可利用MCU中的定时器/计数器来实现。

【例3-26】 用程序实现 $c=a^2+b^2$。设 a、b 均小于10，a 存放在31H单元，b 存放在32H单元，并将 c 存入33H单元。

【分析】 因要两次用到求平方值，所以在程序中把求平方设计为一个子程序。

【解】 编程如下：

```
ORG     200H
MOV     SP,#0DFH      ;设置堆栈指针
MOV     A,31H         ;取 a 值
LCALL   SQR           ;调用子程序,求 a²
MOV     R1,A          ;a² 暂存 R1
MOV     A,32H         ;取 b 值
LCALL   SQR           ;调用子程序,求 b²
ADD     A,R1          ;求 a² + b²
MOV     33H,A         ;存入 33H
SJMP    $
```

子程序SQR：

```
;*******************************************
;功能:求平方值(查表法),平方值≤255
;入口:A 存放欲求平方的数
;出口:A 存放平方值
;*******************************************
SQR:    INC     A
        MOVC    A,@A+PC
        RET
TAB:    DB      0,1,4,9,16,25,36,49,64,81,100,121,144,169,225
        END
```

二维码3-15：汇编程序阅读

3.5.3 汇编程序设计举例

【例3-27】 已知变量 x 存放于VAR单元，试编程按照下式给 y 赋值，并将结果存入FUNC单元。

$$y=\begin{cases}x+1 & (x>10)\\0 & (5\leqslant x\leqslant 10)\\x-1 & (x<5)\end{cases}$$

二维码3-16：汇编程序设计举例

【分析】 要根据 x 的大小给 y 赋值，在判断 $x<5$ 和 $x>10$ 时，采用CJNE和JC以及CJNE和JNC指令实现程序分支，用R0暂存 y 的值。程序流程如图3-8所示，属多分支结构程序。

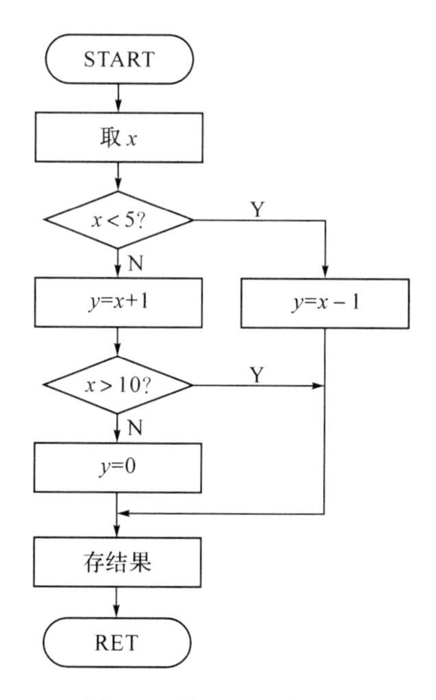

图 3-8　例 3-27 程序流程

【解】　编程如下：

```
            x       EQU     30H
            y       EQU     31H
            ORG     1000H
START:      MOV     A,x             ;取 x
            CJNE    A,#5,NEXT1      ;与 5 比较
NEXT1:      JC      NEXT2           ;x<5,则转 NEXT2
            MOV     R0,A            ;x≥5,再比较
            INC     R0              ;设 x>10,y = x + 1
            CJNE    A,#11,NEXT3     ;x 与 11 比较
NEXT3:      JNC     NEXT4           ;x>10,则转到 NEXT4
            MOV     R0,#0           ;5≤x≤10,y = 0
            SJMP    NEXT4
NEXT2:      MOV     R0,A
            DEC     R0              ;x<5,y = x − 1
NEXT4:      MOV     y,R0            ;存结果
            RET
            END
```

【例 3-28】　在外部 RAM BLOCK 单元开始有一组带符号数的数据块，数据块长度存放在内存 LEN 单元中。试统计其中正数、负数和零的个数，并分别存入内存 PCOUNT、MCOUNT 和 ZCOUNT 单元中。程序流程如图 3-9 所示。

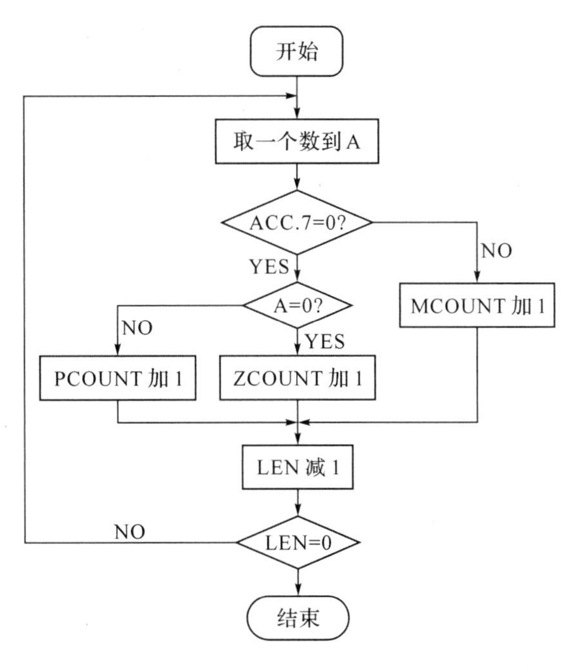

图3-9　例3-28程序流程

【分析】　依次逐一取出每个数，首先判断该数为正数、负数还是0。若为正数，则PCOUNT单元加1；若为负数，则MCOUNT单元加1；若为零，则ZCOUNT单元加1。

【解】　首先介绍判断一个数据是正数、负数和0的方法。

方法1：先判是否为0，再根据最高位是0或1，判正负。

```
        MOVX    A,@DPTR
        JZ      ZERO                ;为0,转移到ZERO
        JB      ACC.7,NEG           ;负,转移到NEG
POS:    …                           ;正数的处理
        RET
ZERO:   …                           ;0的处理
        RET
NEG:    …                           ;负数的处理
        RET
```

方法2：先判是否为0，然后与80H比较判正负。小于80H(即00H～7FH)为正数，反之为负数。

```
        MOVX    A,@DPTR
        JZ      ZERO                ;为0,转移到ZERO
        CJNE    A,#80H,NEXT
NEXT:   JNC     NEG                 ;大于80H,为负,转移到NEG
POS:    …                           ;正数的处理
        RET
NEG:    …                           ;负数的处理
        RET
```

```
ZERO:       ...                        ;0 的处理
            RET
```

程序如下：

```
            BLOCK   EQU   2000H        ;定义数据块首址
            LEN     EQU   30H          ;定义长度计数单元
            PCOUNT  EQU   31H          ;正计数单元
            MCOUNT  EQU   32H          ;负计数单元
            ZCOUNT  EQU   33H          ;零计数单元
            ORG     0200H
START:      MOV     DPTR,#BLOCK        ;地址指针指向数据块首址
            MOV     PCOUNT,#0
            MOV     MCOUNT,#0          ;计数单元清 0
            MOV     ZCOUNT,#0
LOOP:       MOVX    A,@DPTR            ;取一个数
            JZ      ZERO               ;若(A) = 0,转 ZERO
            JB      ACC.7,MCON         ;若 ACC.7 = 1,转负数个数 + 1
            INC     PCOUNT             ;正数个数加 1
            SJMP    NEXT
MCON:       INC     MCOUNT             ;负数个数加 1
            SJMP    NEXT
ZERO:       INC     ZCOUNT             ;零的个数加 1
NEXT:       INC     DPTR               ;修正地址指针,指向下一个单元
            DJNZ    LEN,LOOP           ;未完继续
            SJMP    $                  ;判断结束
            END
```

【例 3-29】 把内存中起始地址为 BUFIN 的数据串,传送到外部以 BUFOUT 为首址的区域,直到发现“$”的 ASCII 码(24H)为止,数据串的长度 LEN 存放在内存 20H 中。

【分析】 本例中,循环控制条件有 2 个。首先是找到“$”的 ASCII 码结束循环,属条件控制,也是主循环结构;其次是计数循环控制,即若找不到“$”的 ASCII 码,则由数据串的长度控制循环结束。

【解】 程序如下：

```
            BUFIN   EQU   30H
            BUFOUT  EQU   1000H
            ORG     0100H
START:      MOV     R0,#BUFIN          ;内部 RAM 首址
            MOV     DPTR,#BUFOUT       ;外部 RAM 首址
LOOP:       MOV     A,@R0
            CJNE    A,#24H,LOOP2       ;判是否为"$"("$"表示 $ 的 ASCII 码)
            SJMP    LOOP1              ;是"$",则结束
LOOP2:      MOVX    @DPTR,A            ;不是"$",继续传送
```

```
          INC     R0
          INC     DPTR
          DJNZ    20H,LOOP           ;数据串未查完,继续
LOOP1:    RET
```

【例3-30】 已知内部RAM从BLOCK单元开始有一个无符号数的数据块,其块长度在LEN单元,试编程求出数据块中的最大值,并存入MAX单元。

【分析】 先定义一个最大值存储单元MAX,并将其内容清0;从数据块中逐一取出数据,与MAX比较;若新取出的数据大,则将该数据存入MAX单元,作为新的最大值,否则不修改MAX中内容;逐个比较,直到整个数据块比较完毕。用R0作为数据块的地址指针。

【解】 编程如下:

```
          MAX     EQU  20H
          LEN     EQU  21H
          BLOCK   EQU  30H
          ORG     2000H
          MOV     MAX,#00H           ;MAX单元清0
          MOV     R0,#BLOCK          ;R0指向数据块的首地址
LOOP:     MOV     A,@R0              ;取出一个数据到A
          CLR     C                  ;Cy清0
          SUBB    A,MAX              ;(A)和(MAX)的数据相减,比大小
          JC      NEXT               ;若(A)≤(MAX),比较下一个
          MOV     MAX,@R0            ;若(A)>(MAX),则大的数送MAX单元
NEXT:     INC     R0                 ;指向下一数据
          DJNZ    LEN,LOOP           ;未比较完毕,继续
          RET
          END
```

习题与思考题

1. 8051微控制器有哪些寻址方式?给出每种寻址方式使用的变量和寻址空间。
2. 简述MOV、MOVX、MOVC指令的访问空间以及寻址方式。
3. 内部RAM高128字节和特殊功能寄存器具有相同的地址范围(均为80H~FFH),如何解决地址重叠问题?
4. 简述两条查表指令的含义和使用方法。
5. 简述“DA A”指令的作用,以及使用注意点。
6. 如何确定相对转移指令中的偏移量和转移的目的地址?
7. 简述8051 MCU汇编程序中的伪指令及其功能。
8. 简述循环结构程序的组成部分,及各部分的作用。
9. 简述两种循环控制方式及特点。
10. 子程序为什么要进行保护现场和恢复现场?简述保护和恢复的三种方法。

11. 编写程序，查找在内部 RAM 的 20H～50H 存储块中内容为 00H 的单元个数，并将这个数存入 51H 单元中。
12. 若有两个无符号数 x、y 分别存放在内部 RAM 的 50H、51H 单元中，试编写程序实现 $10x+y$，结果送入 52H、53H 两个单元。

本章总结

二维码 3-17：
第 3 章总结

- 8051指令系统与汇编程序设计
  - 指令系统基础
    - 指令系统概述：指令三种分类，指令格式、指令代码和符号约定
    - 寻址方式
      - 立即寻址：指令中直接给出操作数，即操作数为指令中的立即数
      - 直接寻址：指令中给出操作数的存储地址，寻址空间是内部RAM低128字节和SFR空间
      - 寄存器寻址：将指令中指定的工作寄存器(R0～R7、A)的内容作为操作数
      - 寄存器间接寻址：寄存器的内容作为操作数的存放地址，地址中的内容才是操作数
      - 变址寻址：以DPTR或PC作为基址寄存器，以A作为变址寄存器，将两寄存器的内容相加形成操作数的实际地址
      - 相对寻址：以PC的内容为基址，加上指令中给出的操作数(通常以rel表示，作为偏移量)构成程序转移的目的地址
      - 位寻址：在指令中直接给出位操作数的地址
      - 寻址方式与寻址空间：了解不同寻址方式的寄存器和寻址空间。内部RAM的00H～7FH，可采用直接寻址和寄存器间接寻址；内部RAM的80H～FFH与SFR(地址同为80H～FFH)存在地址重叠，通过不同的寻址方式解决。内部RAM的80H～FFH只能用寄存器间接寻址，SFR只能用直接寻址
  - 指令系统
    - 数据传送类指令：把源操作数传送到目的操作数，包括MOV(16条)、MOVC(2条)、MOVX(4条)、堆栈操作(2条)和数据交换(5条)
    - 算术运算类指令：加法(8条)、减法(4条)、乘(1条)、除(1条)、加1(5条)、减1(4条)和BCD码调整(1条)
    - 逻辑操作类指令：与(6条)、或(6条)、异或(6条)、求反(1条)、清0(1条)、带C和不带C的A内容循环左右移位(4条)
    - 控制转移类指令：控制程序的流向；无条件转移(4条)、有条件转移(8条)、子程序调用和返回(4条)、空操作(1条)
    - 位操作类指令：以C作为累加位，执行“位”操作，包括位传送(2条)、位设置(6条)、位逻辑(4条)、位转移类(5条)
  - 典型指令的应用
    - 查表指令：两条查表指令的特点、查找范围，以及编程举例
    - 堆栈及指令：堆栈的概念、设置，两种操作方式，堆栈的深度，使用注意点(成对使用、先进后出)，堆栈指令的应用
    - 十进制调整指令：对A中的BCD码相加结果进行调整，只能用于加法指令之后；十进制调整方法，应用举例
    - 相对转移指令
      - 偏移量确定方法：rel=目的地址－(转移指令所在地址＋转移指令字节数)
      - 比较指令的分支转移：4条比较转移指令，常用于比较数据大小、查找关键字符等
  - 汇编语言与伪指令
    - 编程语言：机器语言、汇编语言与特点、高级语言与特点，目标程序的生成，汇编语言编程风格
    - 伪指令：7条常用伪指令的格式、功能和使用，END和ORG不可缺少
  - 汇编程序设计
    - 汇编程序的结构化
      - 顺序结构：按照指令程序设计的顺序，依次执行程序
      - 分支结构：程序执行流程中需要做出各种逻辑判断，并根据判断结果选择合适的执行路径
      - 循环结构：初始化、循环体、循环控制和结束四个部分；循环控制的方法：计数控制法和条件控制法
    - 子程序设计：子程序的一般形式；子程序编写要点；子程序的调用与嵌套；子程序现场保护与恢复的三种方法：堆栈、切换的工作寄存器组、内存单元；子程序设计举例
    - 汇编程序设计举例：列举了若干个汇编程序设计的实例

第4章

C51 与程序设计

汇编语言虽然具有执行效率高、目标代码短等优点，但其可读性和可移植性差、编程效率低、维护不方便，不利于比较庞大、复杂微控制器系统的程序设计。C51 是适用于 8051 微控制器编程的 C 语言，其针对 8051 微控制器的硬件特点，在标准 C 语言基础上做了一定的扩展。C51 程序设计具有结构化、模块化强等优点，便于程序的编写、阅读、维护和移植。

本章介绍 C51 的特点，C51 编程基础包括数据类型、变量与存储器类型、数组、指针、函数及预处理命令，C51 程序结构包括顺序结构、选择结构、循环结构及其应用，C51 程序设计以及模块化程序设计举例。

4.1 C51 的特点

二维码 4-1：C51 的特点

对于比较复杂的微控制器系统，运用 C51 编写监控程序是更为理想的选择。许多读者已经熟悉标准的 C 语言，但是 C51 语言与 C 语言仍有一些区别。本节将从 C51 的结构特点出发，介绍其与汇编语言和标准 C 语言的区别。

4.1.1 C51 的结构特点

①程序构成。与标准 C 程序相同，C51 程序由若干个函数构成，函数是 C51 的基本模块。

②main 函数。一个 C51 源程序必须有一个 main 函数，其他函数则根据需要添加。main 函数是 C51 程序的入口，不管 main 函数放在何处，程序总是从 main 函数开始执行，执行到 main 函数结束而结束。

③函数构成。除了 main 函数，C51 还有两大类函数，一是库函数，二是用户自定义函数。

· 库函数是 C51 在库文件中已经定义的函数，如果用户程序中要用到某个或某些库函数，那么在程序前部要对包含这些库函数的头文件进行声明，也就是要用 include 预处理命令进行相关头文件包含。声明后，在用户程序中就可直接调用这些库函数了。

· 用户自定义函数是用户根据需要自己编写、自己调用，能实现特定功能的函数。

④函数调用。

· main 函数：可调用其他函数。

· 其他函数：main 之外的函数。可互相调用，但不能调用 main 函数。

4.1.2 C51的编程特点

1. C51与汇编的区别

用汇编语言编写程序时必须考虑微控制器的存储器结构，包括内部RAM的分配、堆栈区域和深度的配置，要了解跳转指令的偏移量，子程序和中断服务程序需要进行现场保护和恢复等。

用C51编写程序时，则不用像汇编语言那样必须具体组织、分配存储器资源，不必考虑和配置堆栈区，不用进行中断函数中ACC、B、DPTR、PSW等SFR的现场保护和恢复等。但同样注重对8051 MCU资源的理解，对数据类型和变量的定义必须要与8051 MCU的存储结构相关联，否则编译器不能正确地映射定位。C51编程时，运用的算法要精简，不要对系统构成过重的负担，因为MCU的资源相对PC机来说是很匮乏的。尽量不要浮点运算，可用无符号型数据的就不要用带符号型数据，尽量避免多字节的乘除运算，多使用移位运算等。

C51与汇编的主要区别点列于表4-1。

表4-1 C51与汇编的区别

对比项	汇编编程	C51编程
指令集	汇编语言，如8051 MCU有111条，需要理解掌握	C51是高级语言，简单、易学易懂；代码容易编写，源代码可读性强，编程效率高
存储器结构	需要分配内部RAM的具体应用，如参数存放单元、缓冲区、堆栈区和深度等	通常不需要考虑，由编译器分配和管理
物理地址	程序和数据在ROM、RAM的存放物理地址要明确，不能重叠、出错	不用考虑
转移指令	要了解转移指令的转移范围，是否在允许转移地址范围内等	不用考虑
子程序(函数)	需要软件进行现场保护和恢复	直接调用
中断服务程序(中断函数)	中断程序要存放到相应的中断入口地址开始处	只要在中断函数中写出中断号
库函数	无	有一些库函数，只要包含相关头文件，就可以直接调用
速度与效率	程序运行速度相对较快，目标程序(机器码)相对较短，效率高	C51编程简单，但目标程序相对较长，速度和效率比汇编要低

2. C51与标准C的区别

C51的语法规定、程序结构及程序设计方法与标准C语言相同，但C51程序在以下几个方面与标准C程序有所区别。

①数据类型。C51除了支持标准C的数据类型，还增加了几种8051 MCU扩展的数据类型，如bit、sbit以及sfr、sfr16。

②存储器类型。表示变量的存储器空间。C51在变量声明时，可通过相应的关键字来

明确变量在8051 MCU中的存储器空间。也可由编译器中的存储模式来确定变量默认的存储器类型。

③指针。除具有与C相同的通用指针外,C51扩展了特殊指针。

④函数。增加了专门的中断服务函数。

⑤预处理命令。预处理命令是供C51编译器编译使用的命令,常用的有宏定义、文件包含、条件编译等。

3. C51编程的优缺点

综合C51编程的特点及其与汇编语言编程的区别,C51编程的优缺点总结如下。

(1)优点

①编程者无须对8051 MCU硬件结构以及编译操作的细节有特别全面的了解。

②代码容易编写,尤其体现在编写较大规模的复杂程序时。

③C语言程序更接近于人类语言,源代码可读性强,编程效率高。

④更便于程序的模块化设计,以及程序的移植和传承。

(2)缺点

①通常情况下,编译后产生的程序代码比汇编程序代码长。

②由于MCU硬件资源的分配和使用是由编译器自动完成的,因此无法了解硬件资源的具体配置情况,如堆栈区域的设置等。

③削弱了编程者的直接硬件控制能力。

4.2 C51编程基础

本节主要介绍C51的数据类型、变量和存储器类型,C51的数组与指针,C51的函数以及常用的预处理命令。

二维码4-2:C51编程基础(1)

4.2.1 数据类型

1. C51支持的数据类型

表4-2给出了C51支持的标准C语言的基本数据类型和C51扩展的数据类型。扩展的数据类型包括bit、sbit、sfr和sfr16。

表4-2 C51编译器支持的数据类型

数据类型	说 明	位 数	字节数	值 域
[signed] char	带符号字符型	8	1	−128～+127
unsigned char	无符号字符型	8	1	0～255
[signed] int	带符号整型	16	2	−32768～+32767
unsigned int	无符号整型	16	2	0～65535
[signed] long	带符号长整型	32	4	−2147483648～+2147483647

续表

数据类型	说　明	位　数	字节数	值　域
unsigned long	无符号长整型	32	4	0～4294967295
float	浮点型	32	4	±1.175494E－38～±3.402823E＋38
bit	位型	1		0～1
sbit	SFR 中的功能位	1		0～1
sfr	8 位特殊功能寄存器	8	1	0～255
sfr16	16 位特殊功能寄存器	16	2	0～65535

注：方括号“[]”包含的项为可缺省项。

2. C51 扩展的数据类型

(1)bit

bit 用于定义位于 8051 微控制器通用 RAM 中可位寻址空间的位变量，并给该位变量进行赋值。例如，下面的语句是声明一个位变量 flag 并且初始化为 0。

```
bit         flag = 0;
```

bit 数据类型的限制：

· 不能用于定义指针变量，例如：

```
bit          * ptr;                  //非法
```

· 不能用于定义数组，例如：

```
bit         NumArray[5];             //非法
```

(2)sbit

sbit 用于定义 8051 微控制器 SFR 中可位寻址的特殊功能位，并给出该位的位地址。例如：

```
sbit      P10 = 0x90;            //定义位变量 P10 为 90H,即 P1.0 引脚
sbit      INT0 = 0xB2;           //定义位变量INT0为 B2H,即 P3.2 引脚
sbit      Cy = 0xD7;             //定义 Cy 为 D7H,也就是 PSW 的最高位
```

注意：赋值运算符(＝)在 bit 和 sbit 声明语句中的区别。在声明 sbit 数据类型变量时，“＝”表示 sbit 变量的地址；而在声明 bit 数据类型变量时，“＝”表示 bit 变量的初始值。

(3)sfr

sfr 用于定义 8 位 SFR 的地址。例如：

```
sfr      IE = 0xA8;              //定义 IE 的地址为 A8H
sfr      P0 = 0x80;              //定义 P0 的地址为 80H
sfr      PSW = 0xD0;             //定义 PSW 的地址为 D0H
```

(4)sfr16

sfr16 用于定义 16 位 SFR 的地址。例如：

```
sfr16      DPTR = 0x82;              //定义一个 16 位特殊功能寄存器 DPTR,并给出该 16 位 SFR 的低
                                     //字节地址 82H
```

sfr16 的定义,要求 16 位 SFR 的低字节和高字节连续存储,在定义中出现的是低字节地址,如 DPTR 的 DPH 地址为 83H,DPL 地址为 82H。

对于 8051 MCU 中的 sbit、sfr、sfr16 的地址,在头文件 reg51. h、reg52. h 中进行了定义,所以用户只要在程序前部,用 include 包含这些头文件,在程序中就可以应用,而不需要再进行定义。

4.2.2 变量与存储器类型

1. 变量定义

格式:

数据类型 [存储器类型] 变量名

变量包含两个属性:一是数据类型,指变量的数据类型;二是存储器类型,明确变量存放的存储空间,这个属性可以缺省([ ]中的内容为可缺省项),如缺省,则表示这个变量的存储器类型由 C51 编译器决定。

2. C51 的存储器类型

存储器类型就是变量存放的存储器空间。存储器空间有三个区域,分别为 ROM、内部 RAM 和外部 RAM。存储器类型在变量中用关键字声明,存储器类型、关键字和存储空间如表 4-3 所示。

表 4-3 存储器类型、关键字与存储空间

存储器类型	关键字	存储空间
程序存储器	code	程序存储器(ROM)空间 64KB
内部数据存储器	data	直接寻址的内部 RAM 空间 128B(00H～7FH),访问速度最快
	idata	间接寻址的内部 RAM 空间 256B(00H～FFH)
	bdata	可位寻址的内部 RAM 空间 16B(20H～2FH),位空间 128bit(00H～7FH)
外部数据存储器	xdata	外部 RAM 空间 64KB
	pdata	分页的外部 RAM 256B/页

(1)程序存储器

程序存储器 ROM 是存放程序代码(code)的存储区,关键字为 code。8051 MCU 的最大 ROM 空间是 64KB。

(2)内部数据存储器

8051 MCU 有 256B 的内部 RAM,该存储区可分为 3 个不同的存储器类型:data、idata 和 bdata。

①data 数据类型。关键字为 data,存储空间是可直接寻址的低 128 字节,寻址范围为 00H～7FH;该存储器类型的访问速度最快。

②idata 数据类型。关键字为 idata,存储空间是可间接寻址的全部 256 字节,寻址范围为 00H～FFH;访问速度比直接寻址慢一些。

③bdata 数据类型。关键字为 bdata,存储空间是内部 RAM 中可位寻址空间,位地址范围为 00H～7FH。

(3)外部数据存储器

外部数据存储器的读/写需要通过一个 16 位 SFR(DPTR)作为数据指针加载一个地址来间接访问。因此,访问外部 RAM 比访问内部 RAM 慢。C 编译器提供了两种不同的存储器类型来访问外部 RAM:xdata 和 pdata。

xdata 的存储空间是通过"MOVX　@DPTR"访问的外部 RAM(64KB);pdata 的存储空间是通过"MOVX　@Ri"访问的分页寻址的外部 RAM(256B/页)。

由于访问内部 RAM 比较快,所以应该把频繁使用的变量放置在内部 RAM 中;另外,现在已很少扩展外部 RAM,所以这两种存储器类型已很少使用。

3. 变量定义举例(见表 4-4)

表 4-4　变量定义实例

变量定义	描　述
char code text[]="enter password";	定义一个一维数组变量 text,并存入 enter password 字符串;数据类型是 char,存储器类型是 code,表示该数组存放在 ROM 中
char data var1;	定义变量 var1;数据类型为 char,存储器类型为 data
bit bdata flags;	定义一个位变量 flags;数据类型为 bit,存储器类型为 bdata
int idata x,y,z;	均定义 3 个变量 x、y、z,数据类型均为 int;第一个声明了存储器类型,第二个没有声明(缺省了)
int x,y,z;	
unsigned char xdata array[100];	均定义一个一维数组 array[100],数据类型均为 char;第一个声明了存储器类型,第二个没有声明(缺省了)
unsigned char array[100];	

对于没有声明存储器类型的变量,表示其存储器类型由 C51 编译器的存储器模式决定。编译器的存储模式有 small、compact 及 large 三种。

4. 存储模式

表 4-5 列出了 C51 的三种存储模式。

表 4-5　C51 的存储模式

存储模式	描　述
small	默认将变量存放到内部 RAM 的低 128 字节空间(data)
compact	默认将变量存放到外部 RAM 的某一页 256 字节中(pdata),具体哪一页由 P2 口指定
large	默认将变量存放到外部 RAM 的 64KB 空间(xdata)

①small 存储模式。默认所有缺省变量的存储器类型为 data。优点是访问速度快，缺点是空间有限，适用于小程序。

②compact 存储模式。默认所有缺省变量的存储器类型为 pdata。优点是空间较 small 模式为宽裕，速度较 small 模式慢，较 large 模式要快。

③large 存储模式。默认所有缺省变量的存储器类型为 xdata。优点是空间大，可存变量多，缺点是速度较慢、生成的代码长。

5. 存储器类型定义的注意点

①data 区空间小，所以通常将频繁使用或对运算速度要求很高的变量定义在 data 区，比如 for 循环中的计数值。

②data 区最好存放局部变量。因为局部变量的空间是可以覆盖的(某个函数的局部变量空间在退出该函数时就释放，可由其他函数的局部变量覆盖)，可以提高内存利用率。

③程序中使用的位标志变量，应定义到 bdata 中，从而降低内存占用空间。

④不频繁使用和对运算速度要求不高的变量，可放到 idata 或 xdata 区。

⑤如果想节省 data 空间，可选择 large 存储模式，使得未定义存储器类型的变量全部定义到 xdata 区。

⑥最好的方法是对所有变量都指定存储器类型，这样可以有效利用内部和外部 RAM。

对于没有扩展外部 RAM 的微控制器系统，所有变量都要定义在内部 RAM 中；编译器也要选择 small 存储模式。

4.2.3 数 组

C51 的数组与标准 C 相同，要求数组中各元素的数据类型必须相同、元素的个数必须固定，数组中的元素按顺序存放，按下标存取。一维数组有一个下标，二维数组有两个下标，更多维的数组在 C51 中很少见，故不做介绍。

数组在 C51 程序中有广泛的应用，但其包含较多的元素、占用较多存储空间，而微控制器资源有限，所以在 C51 中，应将数据表格或常量，如段码、字型码、时间常数等数组的存储器类型定义为 code；而对于需要修改的数组，如串行口收发数据缓冲区、显示数据缓冲区等数组的存储器类型定义为 data 或 idata。

1. 一维数值

C51 数组的定义相比标准 C 增加了存储器类型选项，格式如下：

数据类型　[存储器类型]　数组名　[常量表达式]；

其中，数据类型：是指数组中各个元素的数据类型。存储器类型：可缺省，定义数组存放的存储器空间；若缺省，表示该数组的存储器类型由编译器决定。常量表达式：表示该数组的长度，必须要有方括号“[]”，而且其中不能含有变量。例如：

```
unsigned char data student_score[10];      //在 RAM 的 data 空间定义一个一维数组 student_score;
                                           //这里未给数组元素赋值，因此给出了数组元素的个数
```

```
unsigned char code SEG_TAB [] = {0x3f,0x06,0x5b,0x4f,0x66,0x6d,0x7d,0x07,0x7f,0x6f};
                                          //在 ROM 空间定义一个一维数组 SEG_TAB,这里给出了数
                                          //组的所有元素,所以可以不给出元素个数
```

2. 二维数组

定义格式如下：

数据类型　[存储器类型]　数组名　[常量表达式 1][常量表达式 2];

其中,常量表达式 1 为行数,常量表达式 2 为列数。

例如：

```
int xdata a[3][4];        //定义了一个 3 行 4 列的整型数组 a,存储器空间为 xdata
```

在定义数组的同时可以对数组进行赋值,对数组的赋值可采用分行赋值或按元素顺序赋值。例如,在 ROM 区,定义一个 2 行 5 列的字符型两维数组：

```
unsigned char code LED[2][5] = {{0xa0,0xa1,0xa2,0xa3,0xa4},{0xa5,0xa6,0xa7,0xa8,0xa9}};
unsigned char code LED[2][5] = {0xa0,0xa1,0xa2,0xa3,0xa4,0xa5,0xa6,0xa7,0xa8,0xa9};
```

第 1 种定义的元素是按行顺序赋值,共 2 行各 5 个元素;第 2 种定义是按元素顺序赋值,前 5 个赋给第一行,后 5 个赋给第二行。

4.2.4　指　针

二维码 4-3:
C51 编程基础(2)

在汇编程序中,常用 R0、R1 和 DPTR 作为地址指针,然后用寄存器间接寻址方式访问 R0、R1 和 DPTR 指针所指的存储单元。C51 中的指针与间接寻址寄存器(Ri/DPTR)所起的作用相同。

指针是一种比较特殊的变量类型,普通变量可以直接存储数据,而指针变量存储的是数据的地址,因此使用指针变量存取数据前,首先要给指针赋值,即指针要指向数据的存储地址。指针变量通常直接称为指针。

C51 编译器提供两种不同的指针类型:通用指针和特殊指针。特殊指针是 C51 特有的。

1. 通用指针(generic pointer)

通用指针的定义和标准 C 语言中指针的定义一样,格式如下：

数据类型　*[指针变量存储器类型]　指针变量

其中,数据类型:是指该指针所指变量的数据类型。星号“*”:表示是指针变量。指针变量存储器类型:可缺省,是指针变量本身的存储器类型(指针存放的空间);若缺省,则表示该指针变量的存储器类型由编译模式决定。通用指针定义举例如表 4-6 所示。

表 4-6　通用指针定义举例

通用指针定义	说　明
char *s;	定义指针 s,指向字符型变量;指针的存储器类型缺省

续表

通用指针定义	说　明
int * numptr;	定义指针 numptr,指向整型变量;指针的存储器类型缺省
long * state;	定义指针 state,指向长整型变量;指针的存储器类型缺省
int * data numptr;	定义指针 numptr,指向整型变量;指针的存储器类型为 data,表示指针变量存放在内部 RAM 的低 128 字节中
long * idata varptr;	定义指针 varptr,指向长整型变量;指针的存储器类型为 idata,表示指针变量存放在内部 RAM 的 256 字节中

2. 特殊指针(memory-specific pointer)

格式:

数据类型　　变量存储器类型　　*[指针变量存储器类型]　　指针变量

与通用指针相比,特殊指针包含了变量存储器类型,用来表示该指针所指变量的存储器类型。其他与通用指针相同。特殊指针定义举例如表 4-7 所示。

表 4-7　特殊指针定义举例

特殊指针定义	说　明
char data * str;	指针 str,指向 data 的字符型变量;指针的存储器类型缺省
long code * powtab;	指针 powtab,指向 code 的长整型变量;指针的存储器类型缺省
char data * xdata str;	指针 str,指向 data 的字符型变量,指针 str 存放在 xdata 空间
int xdata * data numtab;	指针 numtab,指向 xdata 空间的整型变量;指针 numtab 存放在 data 空间

3. 两种指针的比较

①通用指针可以访问所有类型的变量,即可以不用考虑变量存储在哪个空间。使用方便,因此许多库函数都使用通用指针。

②通用指针的存放需要 3 个字节,第 1 个字节表示指针所指变量的存储器类型,第 2 个字节是指针的高字节,第 3 字节是指针的低字节。而特殊指针,由于变量的存储器类型在编译时已经确定,因此不再需要保存;定义在 idata、data、bdata 和 pdata 的特殊指针变量只要 1 个字节;指向 code 和 xdata 的特殊指针变量要 2 个字节保存,因此特殊指针占用字节少。

③特殊指针比通用指针效率高、速度快。在执行速度优先考虑的情况下,应尽可能使用特殊指针。

4. 指针的应用

指针要先定义并给其赋值(使指针指向变量的存储器地址),然后才能使用指针访问变量的存储区。常用的两个单目运算符是 & 和 *:单目运算符 &,是将变量的地址赋给指针;单目运算符 *,是给指针所指的变量(存储单元)赋值。

表 4-8　指针变量定义举例

定　义	说　明
例 1:定义一个普通指针变量 ptr0,指向存放在 data 区的变量 x,并给该指针赋变量 x 的首址	
int * ptr0;	定义 ptr0 为一个普通指针
int data x;	定义 x 为 data 区的一个整型变量
ptr0=&x;	取变量 x 的地址赋给指针 ptr0,即 ptr0 作为 x 变量的指针,指向其存放地址
例 2:定义一个特殊指针 ptr1,指向 data 区的字符型数组 a,并给数组的第 1 个元素赋值	
char data * ptr1;	定义 ptr1 为特殊指针,指向 data 区的字符型变量
char data a[5];	定义 a 为 data 区字符型的数组,数组元素个数为 5
ptr1 = &a[0];	将数组 a 的首地址赋给指针 ptr1,即 ptr1 作为数组 a 的指针
* ptr1 = 0x55;	给指针 ptr1 所指的变量赋值,即给数组 a 的第一个元素赋值;等价于 a[0]=0x55

使用存储器特殊指针可以直接访问存储器,其方法是先定义指针,给指针赋地址值,然后使用指针访问存储器。例如:

```
unsigned char xdata * xpt;              //定义特殊指针 xpt
xpt = 0x1000;                           //指针指向外部 RAM 0x1000 单元
 * xpt = 0xAA;                          //给 0x1000 单元赋值 0xAA
xpt + + ;                               //指针指向下一单元 0x1001
 * xpt = 0x55;
```

【例 4-1】　编写程序,将 8051 MCU 外部 RAM 地址从 0x1000 开始的 10 个字节数据,传送到内部 RAM 地址从 0x20 开始的 10 个单元中。

【解】　程序如下:

```
unsigned char data i, * dpt;            //定义 data 区的字符型变量 i 和指向该区的指针 dpt
unsinged char xdata * xpt;              //定义指向 xdata 区的字符型指针变量 xpt
{
    dpt = 0x20;                         //给指针赋地址
    xpt = 0x1000;
    for(i = 0;i<10;i + + )
       * (dpt + i) = * (xpt + i);       //将外部 RAM 数据存入内部 RAM 中,循环 10 次
}
```

4.2.5　函　数

在汇编程序设计中,我们学习了子程序设计。同样,在 C51 中也有子程序的概念,但它不称为子程序,而称为函数。

1. 函数的定义

C51 的函数除返回值类型、函数形参外,还包含是否是中断函数、可重入函数、选择工作寄存器组等选项。

定义格式：

```
[return_type] funcname([args]) [存储器模式] [reentrant] [interrupt m] [using n]
```

其中，return_type 是函数返回值类型，如果缺省则默认为整型，可用“void”类型表示没有返回值；funcname 是函数名；args 是函数的参数表(形参)；存储器模式，分为 small、compact、large 三种模式，指对于未声明存储器类型的变量、函数参数等，由编译器的存储模式决定；reentrant 表示函数是可递归或可重入的；interrupt m 说明该函数是一个中断函数，m 表示中断号；using n 用来指定该函数所使用的工作寄存器组，n 为组号，如果缺省，表示该函数与调用函数为同一工作寄存器组；所有方括号“[]”项均为可缺省项。

例如，求两数之和的函数：

```
int sum(int a,int b)
{
    return a + b;
}
```

该函数名为 sum，2 个输入参数的数据类型均为整型，函数的返回值也是整型。用大括号将整个函数体括起来，函数的返回值是 2 个输入参数之和。在本例中缺省了 4 个选择项(存储器模式、reentrant、interrupt 和 using)，表示存储器类型由编译器决定，该函数不是递归函数，也不是中断服务函数，该函数的工作寄存器组与调用函数相同。

2. 中断函数

C51 处理中断的方法是在中断发生时，自动调用相应的中断函数，执行完毕后，自动返回主函数或调用函数。

定义格式：

```
[void]    中断函数名()interrupt m    [using n]
```

其中，中断函数名前的[void]，表示中断函数没有返回值；interrupt 是中断函数的关键字，用来表示中断函数；m 为中断号，C51 编译器最多可支持 32 个中断，因此 m 的取值范围为 0～31；using n，用于指定中断函数使用的工作寄存器组，n＝0～3 分别表示选择第 0～3 组，缺省时，表示中断函数与调用函数采用相同的工作寄存器组。

关于 C51 编译器对中断的处理，以及中断函数的使用等，将在第 5 章(中断系统)中详细介绍。

3. C51 库函数

C51 具有比较丰富可直接调用的库函数，运用库函数可简化应用程序，使其结构清晰，易于调试和维护。C51 的库函数分为本征库函数(intrinsic routines)和非本征库函数(non-intrinsic routines)。

(1)本征库函数

C51 提供的本征库函数在编译时能够直接将固定的代码插入当前行，具有代码量小、效率高等特点。C51 的本征库函数共 9 个，定义在头文件 intrins. h 中，如表 4-9 所示，注意每个函数名的前后都有下划线。

表 4-9　C51 本征库函数与说明

函数名	简要说明
crol,_cror_	将 char 型变量循环向左(右)移动指定位数后返回
irol,_iror_	将 int 型变量循环向左(右)移动指定位数后返回
lrol,_lrorv	将 long 型变量循环向左(右)移动指定位数后返回
nop	相当于插入 NOP
testbit	相当于 JBC bit,测试该位变量并跳转同时清 0
chkfloat	测试并返回浮点数状态

程序中要用到本征库函数时,在源程序前部必须用 include 包含头文件 intrins. h,即 #include <intrins. h>。

(2)非本征库函数

有很多重要的非本征库函数定义在 6 类头文件中。使用时,在程序前部用 include 包含相应的头文件。C51 头文件及其说明列于表 4-10。

表 4-10　C51 重要库函数与说明

序　号	头文件	说　明
1	reg51. h、reg52. h	分别包括了 8051 MCU、8052 MCU 的 SFR 及功能位的定义,一般程序都必须包括该头文件
2	absacc. h	定义绝对存储器访问的宏,以确定各存储空间的绝对地址
3	stdlib. h	包括数据类型转换和存储器分配函数
4	string. h	包含字符串和缓存操作函数,定义了 NULL 常数
5	stdio. h	包含流输入/输出的原型函数,定义了 EOF 常数
6	math. h	包含数学计算库函数

最常用的头文件为:reg51. h、reg52. h 和 math. h。

reg51. h、reg52. h 分别定义了 8051 MCU 和 8052 MCU 中的特殊功能寄存器 SFR 和功能位 sbit,如 PSW、P0～P3 等,C、OV、P1. 0～P1. 7 等;包含该头文件后,这些寄存器和功能位就可以直接使用。

math. h 定义了常用的数学运算,如求绝对值、求方根、求正弦和余弦等的函数。包含该头文件后,用户在应用程序中就可以直接调用其内部的函数。

对于这些头文件的具体内容,可以查询有关资料学习了解。

4.2.6　预处理命令

预处理命令与汇编程序的伪指令相似,是提供给 C51 编译器使用的命令,通常集中放在程序的开始处。编译器在对整个程序进行编译之前，首先对程序中的编译控制行进行预处理，然后再将预处理的结果与整个C语言源程序一起进行编译，以产生目标代码。预处理命令由符号“#”开头。

1. 宏定义

(1)不带参数的宏定义

不带参数的宏定义又称符号常量定义，其作用是用一个标识符来代表一个字符串或常数。格式：

```
#define    标识符    字符串/常数
```

例如：

```
#define  PI  3.141592              //定义 PI 代表 3.141592 这个数值
#define  uchar  unsinged  char     //用 uchar 代替 unsigned char 字符串
#define  LCD_DATA  P3              //用 LCD_DATA 表示 P3，表示液晶数据线用 P3 口连接；既有利于
                                   //程序阅读，又指示了硬件的连接方式
```

(2)带参数的宏定义

带参数的宏定义与符号常量定义的差别在于，对源程序中出现的宏符号名不仅进行字符串替换，而且还能进行参数替换。格式：

```
#define    宏符号名(参数表)  表达式
```

其中，参数表中的参数是形参，在程序中用实际参数进行替换。

例如：

```
#define CUBE(x) (x) * (x) * (x)              //CUBE(x)是 x 的立方
#define S(r) PI * r * r                      //S(r)表示半径为 r 的圆的面积
#define MAX(a,b) (((a)>(b))? (a):(b))        //MAX(a,b)表示 a、b 中的较大值
```

运用符号常量宏定义，用一些有意义的标识符代替常数或字符串，既提高了程序的可读性，又方便了数值的修改和更新。运用带参数的宏定义，可以省去在程序中重复书写相同的程序段，实现程序的简化。

2. 文件包含

文件包含是指一个程序将另一个指定文件(或程序)的全部内容包含进来，于是该程序就可直接调用这个文件所包含的函数。格式：

```
#include <文件名>  或  #include "文件名"
```

例如：

```
#include  <intrins.h>       //将 C51 编译器提供的包含本征库函数的头文件 intrins.h 包含到
                            //本程序中
#include  <reg51.h>         //将 reg51.h 文件包含到本程序中，这样程序就可以直接使用 8051
                            //MCU 中的 SFR 和功能位，而不需要进行定义
```

两种文件包含形式的差异：#include <文件名>，用于包含C51编译器提供的标准头

文件；#include“文件名”，用于包含用户自己编写的头文件。

在进行较大规模程序设计时，文件包含命令十分有用。为适应模块化编程的需要，可把微控制器系统的总程序分为多个应用程序，分别由多人负责编程调试，最后用 #include 命令将它们应用到总程序中。

3. 条件编译

一般情况下，对 C51 程序进行编译时，所有的程序行都参加编译。但是有时希望只对其中一部分内容在满足一定条件时才进行编译，这就是条件编译。下面给出 Keil C51 编译器常用的三种条件编译格式。

(1)条件编译格式 1

```
#ifdef 标识符
    程序段 1;
#else
    程序段 2;
#endif
```

如果标识符已经被定义(if define)，则程序段 1 参加编译，否则程序段 2 参加编译。

(2)条件编译格式 2

```
#ifndef 标识符
    程序段 1;
#else
    程序段 2;
#endif
```

该命令与格式 1 只在第一行上不同，作用正好相反，即如果标识符未被定义(if no define)，则程序段 1 参加编译，否则程序段 2 参加编译。

(3)条件编译格式 3

```
#if 常量表达式 1
    程序段 1;
#elif  常量表达式 2
    程序段 2;
...
#else
    程序段 n
#endif
```

如果常量表达式 1 成立，则程序段 1 参加编译，然后将控制传递给匹配的 #endif 命令，结束本次条件编译。否则，程序段 1 不参加编译，而将控制传递给下面一个 #elif 命令，对常量表达式 2 进行判断。如此进行，直到遇到 #else 或 #endif 命令为止。

4.3 C51 程序结构

二维码 4-4:C51 程序结构

一般的程序都是由顺序、选择、循环三种结构形式组成的。C 语言中有表达式语句和控制语句,用于编写程序的功能和控制程序的流程,以实现具有顺序、分支和循环等结构的复杂程序。下面分别介绍这三种基本结构及其控制语句。

4.3.1 顺序结构

顺序结构就是按照程序编写的语句顺序执行的程序结构,每条语句顺序执行一次。通常采用 C 语言中最基本的表达式语句。

1. 表达式语句

表达式语句之间用";"分隔,在表达式前面根据需要设置标号,其格式为:

```
标号:    表达式;
```

例如:

```
x = 8;y = 7;
z = (x + y)/a;
i + +;
;
```

仅有一个分号";"的语句称为空语句,其在语法上是一个语句,但不进行任何操作。

2. 复合语句

复合语句由若干条表达式语句组成,用一个大括号"{ }"组合在一起形成一个功能块。复合语句的一般形式为:

```
{
    局部变量定义
        语句 1;
        语句 2;
        …
        语句 n;
}
```

复合语句中的各条单语句依次顺序执行,在语法上等价于一条单语句,在函数中常常使用。复合语句中除可执行的单语句外,还可以有变量定义语句;在复合语句内定义的变量是该复合语句的局部变量,仅在该复合语句中有效。

3. 返回语句

返回语句用于终止函数的执行,并控制程序返回到主函数或调用函数处。返回语句有两种形式。

```
return(表达式);
return;
```

带有表达式的 return 语句,要计算表达式的值,并将该值作为函数的返回值。不带表达式的 return 语句,表示返回时,函数值不确定。一个函数内部可以含有多个 return,但程序仅执行其中一个 return 而返回调用函数。函数内部也可以没有 return,此时程序执行到最后一个“}”处时,就自动返回。

【例 4-2】　求两个整数的差,并返回其差值。

【解】　程序如下:

```
/*************子函数 sub:求两个整数的差值*******************/
int sub(int u,int v)              //函数返回值是整型,被减数、减数两个形参也是整型
{
  int temp;                       //定义一个局部变量 temp
  temp = u - v;                   //求 u - v,并把差值赋给 temp
  return(temp);                   //差值作为函数的返回值
}
/*******************主函数 main**********************/
void main()
{
  int result,a = 150,b = 35;      //定义 3 个整型变量 result,a,b,并给 a,b 赋值
  result = sub(a,b);              //调用 sub 函数,并将返回值(差值)赋给 result
}
```

4.3.2　选择结构

C 语言中,有 if 和 switch 条件判断语句,用来实现程序的选择结构。

1. if 语句

通常 if 语句用于条件选择的简单分支结构。if 语句有三种基本形式:

(1)if 语句第一种形式

格式为:

```
    if(条件表达式)
          {程序段}
```

如果条件表达式成立(满足条件),则执行程序段;否则跳过该程序段执行后面的程序。例如:

```
if(a = = b)
      printf("a = b");
```

如果 a 与 b 相等,则打印“a＝b”;否则,跳过这条语句。

(2)if 语句第二种形式

格式为:

```
if(条件表达式)
      {程序段 1}
else
      {程序段 2}
```

如果条件表达式成立，则执行程序段 1；否则执行程序段 2。

【例 4-3】 在 a、b 两数中，求较大者并赋给 c。

【解】 程序如下：

```
if(a>b)
      c = a;                    //若 a>b,则把 a 赋给 c
else
      c = b;                    //不然,把 b 赋给 c
```

(3)if 语句第三种形式

格式为：

```
if(条件表达式 1)
    {程序段 A}
else if(条件表达式 2)
    {程序段 B}
else if(条件表达式 3)
    {程序段 C}
else {程序段 D}
```

若条件表达式 1 成立，则执行程序段 A；若条件表达式 1 不成立，而条件表达式 2 成立，则执行程序段 B；若条件表达式 1、2 不成立，而条件表达式 3 成立，则执行程序段 C；若条件表达式 1、2、3 均不成立，则执行程序段 D。在这种选择结构中，注意 else 与前面最靠近它的 if 配对。

【例 4-4】 已知变量 x，试编程按照下式给 y 赋值。(题目要求与第 3 章例 3-27 相同)

$$y=\begin{cases}x+1 & (x>10)\\ 0 & (5\leqslant x\leqslant 10)\\ x-1 & (x<5)\end{cases}$$

【解】 程序如下：

```
#include<reg51.h>
main()
{
    char x = 3,y;               //定义变量 x,y,并给 x 赋值 3
    if (x<5)
        y = x - 1;              //若 x<5,令 y = x - 1
    else if (x>10)
        y = x + 1;              //若 x>10,令 y = x + 1
    else
        y = 0;                  //否则,令 y = 0
}
```

【例4-5】 有一组带符号数的数据块，数据块长度为len。试统计该数据块中正数、负数和零的个数，并分别存入变量pcount、mcount和zcount。（题目要求与第3章例3-28相同）

【解】 程序如下：

```
main()
{
  char i,len = 10;                          //定义变量 i 和 len,并给数据块长度变量 len 赋值
  int a[10] = {1, - 1,0,7,5, - 5, - 8,0, - 4,8};  //定义一个一维数组,并赋值
  char pcount = 0,mcount = 0,zcount = 0;
                                            //定义存放正数、负数、零的个数的三个变量,并清 0
  for(i = 0;i<len;i + + )                   //for 循环;循环次数为数据块的长度
  {
    if(a[i]<0)                              //取一个数据,判断是否是负数
      mcount + + ;                          //若是负数,则 mcount + 1
    else  if(a[i] = = 0)                    //判断是否为 0
      zcount + + ;                          //若是 0,则 zcount + 1
    else
      pcount + + ;                          //若都不是,则 pcount + 1
  }
}
```

2. switch-case语句

switch-case语句适用于多选一的多路分支结构，当需要进行多重选择时，采用该语句能使程序变得更为简洁。格式为：

```
switch(条件表达式)
{
    case  条件值 1:                          //如果条件表达式的值 = 条件值 1,则执行程序段 1
          程序段 1;
          break;                            //执行完毕,用 break 退出
    case  条件值 2:                          //如果条件表达式的值 = 条件值 2,则执行程序段 2
          程序段 2;
          break;                            //执行完毕,用 break 退出
          …                                 //可以有多个 case
    default:
          程序段 n;                          //如果与上面的条件值都不相等,则执行程序段 n
          break;                            //执行完毕,用 break 退出
}
```

使用switch-case语句时的注意点：

- switch条件表达式的结果必须为整数或字符，并且不能重复。
- case之后的条件必须是数据常数，条件值必须各不相同。
- switch是将其条件表达式的值与各case后的条件值比较，如果相等，则执行该case

后的程序段，如果与所有 case 的条件值都不等，则执行 default 后的程序段。

· 每一个 case 的程序段后，一定要有 break 指令跳出 switch 循环。default 的程序段后也要有 break 指令跳出 switch 循环。

【例 4-6】 根据 temp 的值执行相应的函数。

【解】 程序如下：

```
switch (temp)
{
    case 1:do_ack();                //如果 temp = 1,执行 do_ack()函数
          break;
    case 2:do_cack();               //如果 temp = 2,执行 do_cack()函数
          break;
    case 3:do_mnack();              //如果 temp = 3,执行 do_mnack()函数
          break;
    default:                        //都不等,则执行 default 后的程序,这里为空
          break;
}
```

4.3.3 循环结构

C 语言有 while、do-while 及 for 三种形式的循环执行语句，以实现程序的循环结构。

1. while 循环语句

格式为：

```
while(条件表达式)
      {程序段}                //循环体程序
```

若条件表达式成立，则执行循环内的程序段；然后跳回继续判断条件表达式，如此反复，直到条件表达式不再成立为止。while 是先判断后执行的语句，使用时要避免条件永远成立而造成死循环。

【例 4-7】 用 while 语句求 1 到 100 的和。

【解】 程序如下：

```
main()
{
    int i = 1,sum = 0;              //定义两个整型变量 i,sum,并赋初值
    while(i<101)                    //如果 i<101,则进行循环体内的累加
    {
        sum = sum + i;              //累加和 sum 加上一个新的数
        i + + ;                     //递增累加数
    }                               //一直到 i = 101,条件不再成立,退出循环
}
```

【例4-8】 把起始地址为bufin、长度为len的数据串,传送到以bufout为首址的存储区,直到发现"$"的ASCII码(24H)为止。(题目要求与第3章例3-29相同)

【解】 程序如下:

```
main()
{
  char len = 10;                                   //定义并初始化数据串长度
  char bufin[10] = {a,b,c,1,3, $ ,9,A,B,C };       //设置一个数组,这里长度为10
  char bufout[10] = {} ;                           //定义一个目的数据的数组
  char i = 0;                                      //定义变量i,并清0;用于记录传送数据的个数
  while(i<len)                                     //若i<len则要继续
    {
      if(bufin[i]!  = 24H)                         //若数组元素不是24H,则要传送
        {
           bufout[i] = bufin[i];                   //传送数组的元素
           i + + ;                                 //元素个数 + 1,继续
        }
      else                                         //若数组元素为24H
         break;                                    //结束传送,退出程序
    }                                              //若数组中没有24H,则传送len个元素后结束程序
}
```

2. do-while构成的循环语句

格式为:

```
do {程序段}
   while(条件表达式)
```

do-while语句先执行程序段,再测试条件表达式是否成立。若成立,则继续执行并测试,如此反复,直到条件表达式不再成立为止。因此不论条件表达式的结果是什么,do-while结构中的程序段至少被执行一次。同样要避免条件永远成立而造成死循环。

【例4-9】 用do-while语句求1到100的和。

【解】 程序如下:

```
main( )
{
    int i = 1,sum = 0;                    //定义两个整型变量i,sum,并赋初值
    do
    {
        sum = sum + i;                    //累加和sum加上一个数
        i + + ;
    }
  while(i<101);                           //如果i<101,继续do,即继续累加
}
```

【例 4-10】 用 do-while 语句编写延时程序。

【解】 程序如下：

```
void delay()
{
  int x = 20000;                          //定义循环次数变量 x,初值设为 20000
  do
  {
    x = x - 1;                            //2μs
  }
  while(x);                               //x 不为 0,就继续循环
}
```

C51 程序执行时间的准确计算比较困难，可以用编译器进行大致的测试。对于定时时间精度要求不是很高的情况，已经足够。

当晶振频率为 12MHz 时，一个机器周期为 1μs。以上 do-while 循环语句经 C51 编译后，是用 DJNZ 指令完成的。故该程序的延时时间约为 $T=2\times20000\mu s=40ms$。

3. for 循环语句

格式为：

```
for(表达式 1;表达式 2;表达式 3)
        {程序段}
```

表达式 1：通常设定为初始值。

表达式 2：通常是条件表达式。如果条件成立，执行程序段；否则，终止循环。

表达式 3：通常是步长表达式。程序段执行后，回到这里做调整，然后再到表达式 2 做判断。

【例 4-11】 用 for 语句求 1 到 100 的和。

【解】 程序如下：

```
main()
{
    int i,sum = 0;          //定义两个整型变量 i,sum,并给 sum 赋初值
    for(i = 1;i<101;i + + ) //i 从 1 开始,条件表达式 2 是 i<101,条件成立则继续累加;然后
                            //i + 1,继续判断和累加,直到 i 变为 101,条件不再满足,结束循环
        sum = sum + i;
}
```

【例 4-12】 用 for 语句编写一个延时 1s 的函数。

【解】 程序如下：

```
void delay 1s()
{
    unsigned int i,j;
```

```
    for (i=1000;i>0;i--)
      for(j=110;j>0;j--);
}
```

这里用了 for 语句的两层嵌套。第一个 for 后面没有分号，那么编译器默认第二个 for 语句就是第一个 for 语句的内部语句，而第二个 for 语句后有分号，表示该 for 语句内容为空。程序在执行时，第一个 for 语句中的 i 每减一次，第二个 for 语句便执行 110 次，因此上面这段程序相当于共执行了 1000×110 次 for 语句。

经测试，内层 for 循环的延时时间约为 1ms，因此这个程序的延时时间约为 1s。

【例 4-13】 已知内部 RAM 有一个无符号数的数据块，其长度为 len，试编程求出数据块中的最大值，并存入变量 max 单元。（题目要求与第 3 章例 3-30 相同）

【解】 程序如下：

```
main()
{
    unsigned char max=0,j=0;          //定义变量 max 和 j,并清 0
    char len=15;                      //定义数据长度变量 len,设置初值
    unsigned char a[len];             //定义数组 a 存放 len 个元素
    for(j=0;j<len;j++)                //定义数组 a 的元素,分别设置为 0,1,…,14
        {
            a[j]=j;                   //给 a 数组赋值
        }
    max=a[0];                         //先把 a 数组的第一个元素赋给最大值变量 max
    for (j=0;j<len;j++)               //用 for 循环,在 len 个数据中找最大值
        {
            if(max<a[j])  max=a[j];   //如果新的元素>max,则将该元素赋给 max 循环
                                      //结束后,max 中保存的是数组中的最大值
        }
    while(1);
}
```

4.4　C51 程序设计

二维码 4-5：
C51 程序设计

C51 程序设计就是用 C51 语言把所要解决问题的步骤描述出来，生成 C51 源程序文件，经编译器编译生成微控制器可执行的机器代码，调试后将符合设计目标的机器代码固化到微控制器的 ROM 中。

4.4.1　C51 的编程风格

良好的编程风格对于编写高质量、高效率、高可靠，以及可读性强、维护性好的程序是非常重要的。

1. 注释

注释用于解释代码的目的、功能，详细的注释有助于程序的阅读理解。C51 程序的注释方法与标准 C 相同，有两种方式：对于逐行的代码注释，用“//”表示注释部分；对于有多行的较长注释，通常将注释放在“/ * ”和“ * /”符号之间。还有整齐的对齐和缩进，也是编程应遵循的良好习惯。

2. define 的使用

在程序中运用 define 可以用一个简单的符号名来替换一个很长的字符串；或使用有一定意义的标识符，来定义常数，既方便常数的修改，也提高了程序的可读性。

例如：

```
#define uint unsigned int
#define LCD_com1 0x60              //定义一个 LCD 的命令
#define PI 3.141592                //定义 π 常数
```

根据以上定义，在后续程序中，可以用 uint 代替 unsigned int 来定义变量；用 LCD_com1 表示 LCD 液晶的一个控制命令；用 PI 定义 π 常数，也就是 PI 代表常数 3.141592。

3. 命名规则

C51 程序对变量或函数的命名并没有特殊规定，但命名最好具有一定的实际意义。以下是命名的一些基本规则或习惯。

(1)常量的命名

常量全部要用大写字母。当具有实际意义的常量命名含有多个单词时，中间一般用下划线分开。可以用 const 或 # define 来定义常量。例如：

```
const int NUM = 100;                      //定义一个整型常量 NUM，并赋值
const unsigned int MAX_LENGTH = 1000;     //定义一个无符号的整型常量，并赋值
#define False 0x0;                        //用宏定义语句定义 False 为 0
```

(2)变量的命名

变量名采用小写字母开头的单词组合，当有多个单词时用下划线隔开，而且除第一个单词外的其他单词首字母大写；全局变量一般以“g_”来开头。例如：

```
bit flag                        //定义一个位变量
char max_Value;                 //定义一个 char 型变量
unsigned int g_Counter;         //定义一个无符号整型全局变量
```

(3)函数的命名

函数名一般首字母大写，若包括多个单词，通常每个单词的首字母都大写。例如：

```
bit TransmitData(char data);      //这个函数的返回值是位，形参是 char 型数据
void ShowValue(char * pData);     //这个函数没有返回值，形参是 char 型指针变量 pdata
```

4. 程序结构

主程序必须是无限循环程序，可用 while(1)、do while(1)或 for 语句实现。C51 程序的一般结构形式为：开始部分是文件包含、宏定义、常数定义、全局变量定义和自定义函数声

明等。然后是函数部分，main函数可在其他函数体之前或之后；若main函数在其他函数之前，则需要在程序的开头部分（main函数前）对这些函数进行声明。

典型的程序结构如下：

```
文件包含：          #include <reg51.h>              //可用多个#include，包含库函数的头文件，
                                                   //也可包含用户自定义的".h"文件
宏定义：            #define uchar unsigned char    //可用多个#define
常数定义：          #define PI 3.141592
全局变量：          char g_Idnum;                  //定义全局变量
                    int g_Score;
自定义函数声明：    char function1();
                    int function2(int x,int y);
主函数：            void main()
                    {
                      char temp;                   //定义一个局部变量
                      temp = function1();          //调用自定义函数，返回值赋给局部变量temp
                      g_Score = function2(29,30);  //调用自定义函数，返回值赋给全局变量g_Score
                      while(1);
                    }
自定义函数：        char function1()               //自定义函数有char型返回值
                    {
                      ...                          //函数体
                    }
                    int function2(int x,int y)     //自定义函数有int型形参和返回值
                    {
                      ...                          //函数体
                    }
```

4.4.2　C51程序设计举例

用C51语言编写微控制器系统的应用程序，能降低程序的复杂性，提高编程效率，增强程序的可读性和可移植性。

【例4-14】　设计从P1.0输出周期为10ms方波的程序。

【分析】　通过P1.0周期性输出高、低电平，其中高电平5ms、低电平5ms即可实现周期为10ms的方波输出。本例中的定时通过软件循环实现。

【解】　程序如下：

```
#define uint unsinged int              //宏定义
#include <reg51.h>                     //头文件包含
void del_n_ms(uint n)                  //延时n(ms)函数，n为形参
{
  uint i,j;
```

```
    for(i = n;i>0;i - - )                    //外循环次数 n,为延时函数的参数,表示延时的 1ms
                                               个数
        for(j = 110;j>0;j - - );             //内循环,循环计数 j,延时时间约为 1ms
}
void main()                                  //主函数
{
    while(1)                                 //无限循环下面语句
    {
        P10 = ! P10;                         //P1.0 取反
        del_n_ms(5);                         //调用延时函数,参数 n = 5,表示延时 5ms
    }
}
```

【例 4-15】 设计一个实验电路,用 8051 MCU 的 P1 口连接 8 个发光二极管(LED),要求这 8 个 LED 依次点亮并不断循环("走马灯")。

【分析】 设计的电路如图 4-1 所示。P1 口的 8 条口线分别连接 8 个 LED,并分别通过一个限流电阻接到+5V 电源。根据此电路的连接,当口线输出"0"时,LED 有电流流过,被点亮;输出"1"时,没有电流流过,LED 熄灭。

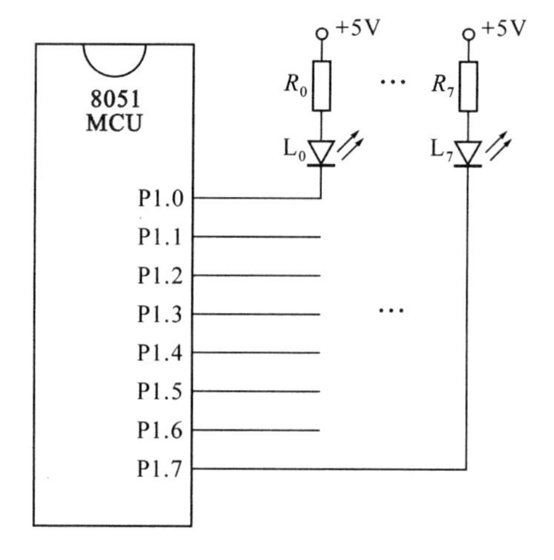

图 4-1 "走马灯"电路连接

【解】 程序设计方法 1:

```
#define uint unsinged int                //宏定义
#define uchar unsigned char              //宏定义
#include <reg51.h>                       //头文件包含
void del_n_ms(uint n)                    //声明延时函数
void main()                              //主函数
{
    uchar data i,s;
    while(1)                             //无穷循环
    {
```

```
        s = 0xfe;                             //最低位为0,点亮最低位LED
        for(i = 0;i<8;i + + )
        {
            P1 =  s;                          //向P1口输出数据
            del_n_ms(200);                    //延时0.2s,轮流点亮LED
            s  =  s<<1;                       //s值左移一位,最低位补0
            s  =  s | 0x01;                   //补0的最低位,置为1
        }                                     //8次后,for循环结束,继续执行while循环
      }
}
```

程序设计方法2:

运用定义在头文件intrins.h中的库函数_crol_(char型数据循环左移函数),编写"走马灯"程序。

_crol_函数的具体内容是:

```
unsigned char _crol_(unsigned char c,unsigned char b)
```

crol 是函数名,有两个形参:unsigned char c、unsigned char b。该函数的功能是将变量c的内容循环左移b位;返回值是变量c循环左移以后的值。

程序如下:

```
#define uint unsinged int              //宏定义
#define uchar unsigned char
#include <reg51.h>;                    //包含头文件
#include <intrins.h>;                  //包含头文件
void del_n_ms(uint n);                 //函数声明
void main()
{
  uchar i,s;                           //定义两个变量
  s = 0xfe;                            //s设置初值
  while(1)                             //无穷循环
  {
      P1 = s                           //向P1口输出s的内容,点亮相应的LED
      s = _crol_(s,1);                 //调用库函数_crol_,参数为(s,1),s变量内容循环左移一位
      del_n_ms(200);                   //延时200ms,即每个LED轮流点亮间隔为200ms
  }                                    //每执行一次循环体,LED移动一位点亮
}
```

4.4.3 模块化程序设计

当设计较大规模程序时,在实现系统功能的同时,开发者应综合考虑程序的可读性、可移植性、可靠性和可测试性。采用模块化结构化程序设计方法就显得非常重要。

1. 模块化设计及其优点

①模块化程序设计：对一个相对复杂的工程软件，通常采取的方法是将工作任务进行分解，将大而复杂的程序划分为若干个功能模块，如数据采集、数据处理、显示和通信等模块，然后由项目组成员分工合作协同完成总程序的设计任务。所以模块化程序设计就是多文件程序设计，即工程化设计。

②模块化程序设计要求：将每个功能模块的程序代码单独设计成一个源文件（".c"文件），对于每个源文件应设计一个对应的头文件（".h"文件）。因此在工程化设计的软件中，往往会有多个".c"文件和".h"文件。

③模块程序要求：每个模块程序应具有独立性、单一性，方便编写、调试和调用，对外接口要清晰明确，而内部细节应尽可能对外部屏蔽起来。

④模块程序的调用：要明确模块具有什么功能、提供什么接口、应该如何调用，至于模块内部是如何组织如何实现的，则无须过多关注。

⑤模块化设计优点：便于项目分工，调试，结构清晰。可读性和可移植性好。

2. 头文件的设计

头文件（".h"文件）用来描述源文件（".c"文件）对外提供的接口函数、接口变量、宏定义以及结构体等信息。也就是将".c"文件中需要对外提供的接口函数或变量等放在".h"文件中进行声明，供主函数和其他模块函数调用。通常".h"文件的名字与".c"文件的名字保持一致。

头文件的设计原则是：不该让外界知道的信息不要出现在".h"文件里，而外界需要调用的模块内部的接口函数、接口变量等必须出现在".h"文件里。

通常用#ifndef、#define、#endif进行头文件的设计。格式如下：

```
#ifndef <标识符>
#define <标识符>
    extern 外部函数或变量声明
    …
#endif
```

标识符的命名规则一般是头文件名全大写，前后加下划线，并把文件名中的"."也变成下划线。

在需要声明的函数或变量前添加 extern 修饰符，表示该函数或变量是外部接口函数或变量，可以被主函数和其他模块调用。

例如，一个 Out.c 文件中有一个驱动函数：void OutPutChar(char cNewValue)要作为外部接口函数，其对应的 Out.h 内容如下：

```
#ifndef _OUT_H_
#define _OUT_H_
    extern void OutPutChar(char cNewValue);
#endif
```

在 void OutPutChar(char cNewValue)函数前面添加 extern 修饰符，表明该函数是一

个外部接口函数,可以被外部其他模块调用。这样 Out. c 文件中的函数,通过 # include "Out. h"就可以被其他模块调用了。

3. 模块化程序设计实例

设计要求:实现图 4-1"走马灯"电路中,P1 口驱动的 8 个 LED 以 1Hz 的频率闪烁(即以 500ms 间隔改变 LED 亮灭状态),要求采用定时器定时。将整个程序设计成三个模块:定时器模块、LED 驱动模块和主函数模块。对应的文件关系如下:

定时器模块:Timer. c~Timer. h;

LED 驱动模块:Led. c~Led. h;

主函数模块:main. c。

(1)定时器模块程序设计

该模块主要包括定时器与中断初始化,以及定时器中断服务函数(定时时间为 1ms)。

```
/* * * * * * * * * * * * * * * * * * * * * *Timer.c* * * * * * * * * * * * * * * * * * * * * */
#include <reg51.h>
#include "Timer.h"
bit g_bSystemTime1ms = 0;              //定义 1ms 定时标志,并清 0
void Timer0Init(void);                 //定时器与中断初始化函数
{
  TMOD &= 0xf0;
  TMOD| = 0x01;                        //设置定时器 0 在工作方式 1 下
  TH0 = 0xfc;                          //1ms 定时初始值为 0xfc66
  TL0 = 0x66;
  TR0 = 1;                             //启动定时
  ET0 = 1;                             //允许 T0 中断
}

void Time0Isr(void) interrupt 1        //T0 中断函数
{
  TH0 = 0xfc;                          //定时器重新赋初值
  TL0 = 0x66;
  g_bSystemTime1ms = 1;                //1ms 定时标志置位
}
```

由于另一模块 Led. c 文件中需要用到 g_bSystemTime1ms 变量,主函数 main. c 中要调用 Timer0Init()初始化函数,所以应该对相应变量和函数在头文件 Timer. h 里作外部声明。

```
/* * * * * * * * * * * * * * * * * * * * * *Timer.h* * * * * * * * * * * * * * * * * * * * * */
#ifndef _TIMER_H_
#define _TIMER_H_
    extern void Timer0Init(void);
    extern bit g_bSystemTime1ms;
#endif
```

(2)LED 驱动模块程序设计

该模块包括 LED 点亮/熄灭控制、状态标志改变两个函数。

```
/*********************Led.c************************/
#include <reg51.h>
#include "Led.h"
#include "Timer.h"
#define uint unsigned int
uint g_u16LedTimeCount = 0;                //LED 计数器(用于计数 1ms 个数)
bit g_u8LedState = 0;                      //LED 状态标志,0 表示亮,1 表示熄灭
#define LED P1                             //定义 LED 接口
#define LED_ON() LED = 0x00                //所有 LED 点亮
#define LED_OFF() LED = 0xff               //所有 LED 熄灭
void LedProcess(void)                      //LED 处理函数
{
  if(g_u8LedState = = 0)                   //如果 LED 状态标志为 0,则点亮 LED
  {
      LED_ON();
  }
  else                                     //否则熄灭 LED
  {
      LED_OFF();
  }
}
void LedStateChange(void)                  //LED 状态标志改变函数
{
  if(g_bSystemTime1ms)                     //1ms 定时到
  {
      g_bSystemTime1ms = 0;
      g_u16LedTimeCount + + ;              //LED 计数器加 1
      if(g_u16LedTimeCount > = 500)        //计数达到 500ms,改变 LED 的状态
      {
          g_u16LedTimeCount = 0;
          g_u8LedState = ! g_u8LedState;   //LED 状态标志反向,表示 LED 显示状态要反转
      }
  }
}
```

Led.c 中的两个函数在 main.c 中要调用,所以均要在头文件 Led.h 中作出声明。

```
/*********************Led.h************************/
#ifndef _LED_H_
#define _LED_H_
    extern void LedProcess(void);
```

```
    extern void LedStateChange(void);
#endif
```

(3)主函数模块程序设计

```
/*********************main.c***********************/
#include <reg51.h>
#include "Timer.h"
#include "Led.h"
void main(void)
{
  Timer0Init();                    //定时器初始化
  EA = 1;                          //CPU 中断开放
  while(1)
  {
      LedProcess();                //LED 显示处理
      LedStateChange();            //改变 LED 显示标志
  }
}
```

总之,模块化程序设计过程就是根据工程要求,如何对源文件和头文件进行分工,并相互调用的设计过程。

在本节的模块化程序设计中,有关定时器和中断的使用,请读者在学习完相关内容后再返回本节内容,理解模块化设计的基本概念和方法。

习题与思考题

1. 除与标准C相同的数据类型外,C51有哪些扩展的数据类型?
2. C51有哪几种存储器类型?分别对应哪些存储空间?
3. 请分别定义下述变量:
   (1)内部RAM直接寻址无符号字符变量a;
   (2)内部RAM无符号字符变量key_buf;
   (3)RAM位寻址区位变量flag;
   (4)外部RAM的整型变量x。
4. 在定义“unsigned char a=5,b=4,c=8”后,写出下述表达式的值:
   (1)(a+b>c)&&(b==c);
   (2)(a||b)&&(b−4);
   (3)(a>b)&&(c)。
5. 请分别定义以下数组:
   (1)外部RAM中100个元素的无符号字符数组temp,并把元素设置为0~99;
   (2)内部RAM中16个元素的无符号字符数组data_buf,并把元素设置为全0。

6. 在 C51 的选择结构中，有几种条件判断语句？各有什么特点？

7. 在 C51 的循环结构中，while 和 do-while 的不同点是什么？

本章总结

二维码 4-6：
第 4 章总结

- C51与程序设计
  - C51的特点
    - C51结构特点：函数是基本单位，库函数、自定义函数、main函数等。C51源程序必须有一个main函数，其他函数则根据需要增加
    - C51编程特点
      - C51与汇编的区别：汇编需要考虑MCU硬件资源的分配，堆栈设置、现场保护与恢复等；C51则由编译器确定；C51编程效率高，但目标代码比汇编稍长
      - C51与标准C的区别：程序语法、结构和设计方法相同；增加了扩展的数据类型、存储器类型等，有特殊指针、中断函数等
  - C51编程基础
    - 数据类型：除基本数据类型外，C51扩展了bit、sbit、sfr、sfr16，掌握使用方法
    - 变量与存储器类型：变量定义包含数据类型和存储类型属性；存储类型指定存储区域：程序存储器(code)、内部数据存储器(data、idata、bdata)、外部数据存储器(xdata、pdata)；存储模式：small、compact、large
    - 指针
      - 通用指针：通用指针可用来访问所有类型的变量而不管变量的存储器类型
      - 特殊指针：只能访问指针定义中规定的存储空间。比通用指针效率高、速度快
    - 函数：函数的定义，函数的参数传递和返回，中断函数，库函数，了解常用库函数
    - 预处理命令：宏定义#define，文件包含#include，条件编译#if、#else、#endif、#ifdef
  - C51程序结构
    - 顺序结构：按照程序编写的语句顺序执行的程序结构。采用的基本语句包括表达式语句、复合语句、返回语句
    - 选择结构
      - if语句，if else语句，多个if else语句
      - switch-case语句：switch内的条件表达式的结果必须为整数或字符；case之后的条件值必须是数据常数，动作之后一定要有break
    - 循环结构（→ 了解3种循环的差异，注意避免死循环）
      - while循环语句：先判断后执行
      - do-while循环语句：先执行后判断
      - for循环语句：包含初值、条件表达式和步长
  - C51程序设计
    - C51编程风格：注释、define的使用，变量、函数的命名规则，规范典型的程序结构
    - C51程序设计举例：给出了2个C51程序实例。后面各章会有更多C51编程实例
    - 模块化程序设计
      - 优点：利于程序移植、调试、阅读；便于分工合作完成软件开发，缩短开发周期
      - 头文件：将“.c”源文件中需要对外提供的接口函数或变量等放在“.h”文件中进行声明，供主函数和其他模块函数调用
      - 模块化程序设计举例：“走马灯”程序模块化设计实例，“.c”源文件和“.h”文件设计举例

第5章

中断系统

微控制器中的CPU与内部功能模块、外部设备交换信息的方式主要有查询方式和中断方式。查询方式需要CPU不断查询各模块或外设的状况，从而消耗CPU的时间资源，限制了CPU处理其他事件的能力。在实际应用中需要微控制器能够快速响应和处理突发事件，但微控制器无法引入多任务操作系统。因此，在微控制器中引入了中断系统，中断是MCU快速响应并处理紧急事件的重要方法，是微控制器必不可少的重要功能模块。中断系统使得MCU具有处理多任务的能力，有效提高了微控制器的实时测控性能。

本章主要介绍中断与作用、中断系统功能，8051微控制器的中断系统、组成结构和控制方式，中断处理过程（包括中断请求查询、中断响应的自主操作、中断响应条件与过程），汇编中断程序设计、C51中断函数设计以及实例，最后介绍了STC15W4K系列微控制器的中断系统及相关特殊功能寄存器。

5.1　中断系统概述

二维码5-1：
中断系统概述

5.1.1　中断与作用

1. 中断的概念

中断是通过硬件来改变CPU程序运行方向的一种技术，既和硬件有关，也和软件有关；先进的中断系统能提高MCU实时处理外界异步事件的能力。

在微控制器执行程序过程中，由于内部或者外部的某种原因，要求MCU尽快停止正在运行的程序，转去执行其他的处理程序，待处理结束后，再回来继续执行被打断的原程序。这种程序在执行过程中，由于外界的原因而被打断的情况称为“中断”。

中断相关的几个术语：“主程序”或“调用程序”是指原来运行的程序；“中断服务程序”是指中断之后执行的程序；“断点”是指主程序或调用程序被中断的位置；“中断源”是指引起中断的原因或发出中断申请的模块或设备；“中断请求”是指中断源要求服务的请求。

2. 中断的作用

中断技术是微控制器的重要技术之一。在MCU执行程序过程中，微控制器内部模块或外部设备常常会随机（如按键操作）或定时（如定时器定时时间到）产生需要MCU立即响应并迅速处理的事件。中断的作用就是能够在软硬件配合下，使CPU快速响应这些随时发生的中断请求，即执行中断服务程序，对紧急事件进行快速处理。通过初始化编程，MCU能够响应多个中断请求，使得微控制器具有处理多任务的能力，真正实现微控制器系统的实时控制功能。

例如，按键作为外部设备，当有键按下时向CPU请求中断，CPU中断正在执行的程序转去执行中断服务程序（按键处理程序）；扫描按键得到键值，对按键动作做出响应；然后返回断点处继续执行原来的程序。

3. 中断源

能发出中断请求的内部功能模块和外部设备，统称为“中断源”。主要包括：输入/输出设备如A/D转换器转换结束、按键按下等；MCU内部模块如定时器/计数器的定时时间到或计数个数到，串行口UART发送完一帧数据或接收到一帧数据等；微控制器系统掉电故障、硬件故障，以及控制对象如执行器、继电器、开关的动作等。

5.1.2 中断系统的功能

1. 中断允许和禁止

中断允许和禁止，即中断的开放（开中断）和中断的关闭（关中断）。微控制器系统中的各中断源能够根据需要通过对中断控制寄存器的编程，设置为允许中断（开中断）或禁止中断（关中断）。只有在中断源允许中断的情况下，CPU才会响应其中断请求。

2. 中断响应和返回

MCU在执行程序过程中，若检测到有中断请求，并满足响应条件（后面介绍），那么：

①把正在执行的指令执行完毕，然后把断点处的PC值（即下一条指令的地址）自动压入堆栈（由硬件自动完成），称为“保护断点”；设置该中断优先级别的中断“优先级标志”。

②将这个中断请求的入口地址送给PC，于是MCU执行存放在入口地址处的中断服务程序，这就是中断的响应。

③与子程序一样，在中断服务程序中，要对中断程序中用到的工作寄存器和相关SFR进行保护，就是保护现场；在中断返回前，须恢复保护的内容，称为“恢复现场”。

④中断服务程序的最后一条指令必须为中断返回指令RETI，其功能是清除中断响应时设置的中断“优先级标志”，自动恢复断点地址（即将堆栈中的断点地址送到PC），使CPU返回到断点处继续执行原程序，称为“中断返回”。中断响应和返回过程如图5-1所示。

3. 中断优先级与中断嵌套

（1）中断优先级

MCU系统通常有多个中断源，当两个或更多个中断源同时请求中断时，要求MCU既能识别出各中断源的请求，又能够确定应首先响应哪个中断请求。因此，需要给每个中断源确定一个中断级别，即“优先权”（priority）。当多个中断源同时发出中断请求时，CPU首先响应优先权最高的中断源，执行该中断服务程序，当该中断程序执行完毕返回主程序后，再响应优先权较低的中断请求。MCU按中断源级别的高低依次响应中断请求的过程称为“中断优先级控制”，这个过程是由MCU中的中断系统自动完成的。

（2）中断嵌套

微控制器的中断系统通常有两个中断优先级：高级中断和低级中断。当CPU正在执行低级中断服务程序时，若有高级中断源申请中断，则CPU要能够中断正在进行的中断服务程序，转去执行高级中断服务程序，实现中断嵌套。在高优先级中断处理完毕后，能返回继续执行被中断的低级中断服务程序，如图 5-2 所示。如果新的中断请求的优先级与正在处理的中断是同级别或低一级，则 CPU 暂时不响应这个新中断申请，直到正在处理的中断服务程序执行完毕，才会予以响应。

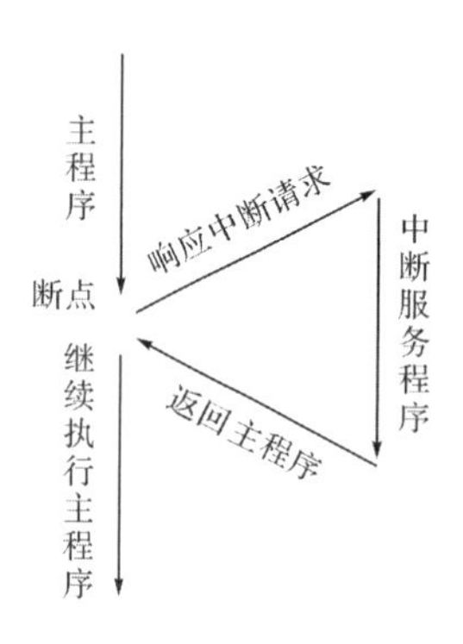

图 5-1 中断响应和返回过程

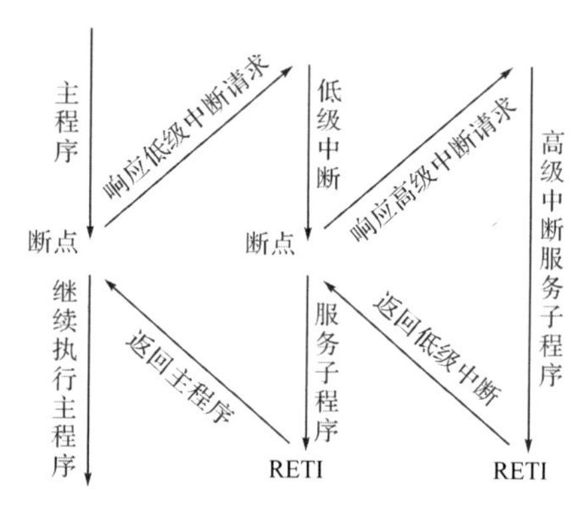

图 5-2 中断嵌套

5.2 8051 微控制器的中断系统

二维码 5-2：8051 MCU 的中断系统

5.2.1 中断系统的结构

1. 中断系统结构图

8051 微控制器中断系统的组成结构如图 5-3 所示，由中断源、中断标志、中断允许控制、中断优先级控制和中断查询逻辑等组成。8051 MCU 有 5 个中断源、2 个中断优先级，

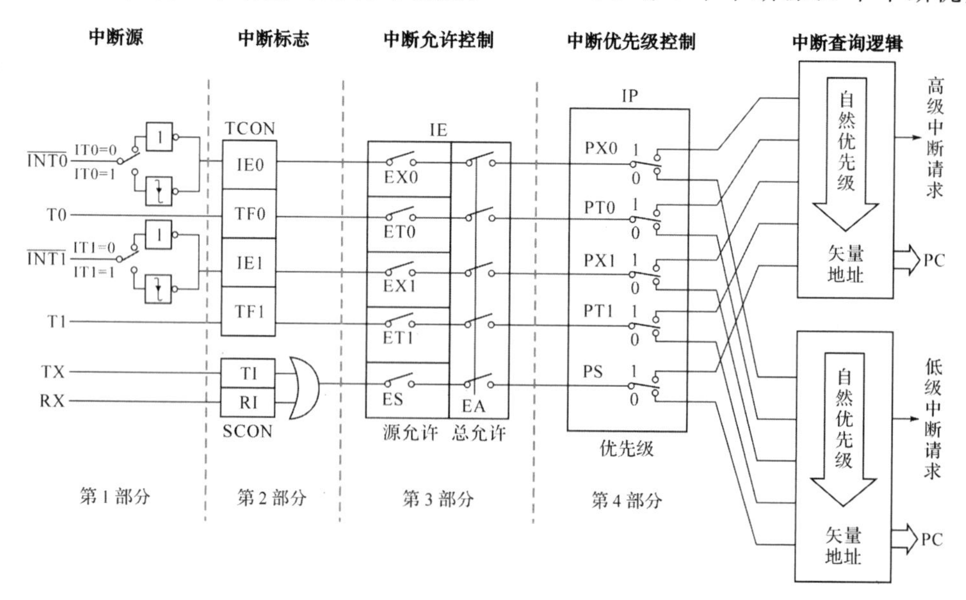

图 5-3 8051 MCU 中断系统结构

即可实现两级中断嵌套。有4个与中断有关的特殊功能寄存器，分别为记载有中断标志的TCON和SCON、中断允许控制寄存器IE和中断优先级控制寄存器IP。5个中断源的优先顺序由中断优先级控制寄存器IP的设置和中断顺序查询逻辑电路的自然优先级共同决定，5个中断源对应5个固定的中断入口地址(矢量地址)。

2. 中断源

经典8051 MCU有5个中断源，包括2个外部中断、2个定时器/计数器中断和1个串行口中断。

(1)外部中断

2个外部中断源分别为外部中断0($\overline{INT0}$)和外部中断1($\overline{INT1}$)，其中断请求信号分别从P3.2和P3.3输入。即P3.2、P3.3引脚的第二功能是2个外部中断$\overline{INT0}$和$\overline{INT1}$输入端。外部中断可以连接按键、掉电检测电路等，当引脚上出现低电平或有下降沿时，向MCU发出中断请求。

(2)定时器/计数器中断

8051 MCU内部的2个16位的定时器/计数器T0和T1，当它们定时时间到或计数器计满发生溢出时，向MCU发出中断请求。

(3)串行口中断

串行口的接收和发送模块共用一个中断源。当串行口接收到一帧数据或发送完一帧数据时，向MCU发出中断请求。

3. 中断入口

在8051 MCU中，各中断源的中断入口地址是固定的。当CPU响应某中断源的中断请求后，硬件自动将断点地址压入堆栈保护，并将此中断源的中断入口地址赋给PC，使CPU执行该中断的中断服务程序。表5-1给出了5个中断源的入口地址，分别为0003H、000BH、0013H、001B、0023H，可以看出，各中断入口地址之间仅间隔8个字节。

表5-1 各中断源及其入口地址对应关系

中断源	入口地址
外部中断0($\overline{INT0}$)	0003H
定时器/计数器0(T0)	000BH
外部中断1($\overline{INT1}$)	0013H
定时器/计数器1(T1)	001BH
串行口中断(TX或RX)	0023H

图5-3的第1部分(中断源)：5个中断源的6个中断请求信号，分别为：$\overline{INT0}$、T0、$\overline{INT1}$、T1、TX、RX，其中TX和RX是串行口中断的发送中断请求和接收中断请求，这两个请求共用一个中断源。对于$\overline{INT0}$和$\overline{INT1}$中断，有低电平和下降沿两种触发方式，通过TCON中的IT0位和IT1位进行选择。

5.2.2 中断的控制

8051 MCU 中与中断系统有关的 SFR 有 TCON、SCON、IE、IP，通过对这 4 个 SFR 的编程，可以实现中断的控制。

1. 定时器/计数器控制寄存器 TCON(timer control)

TCON 是与定时器/计数器及外部中断有关的 SFR。TCON 的字节地址为 88H，是可位寻址的 SFR，其各位的位地址、位符号以及英文注释如下：

位地址	8FH	8EH	8DH	8CH	8BH	8AH	89A	88H
位符号	TF1	TR1	TF0	TR0	IE1	IT1	IE0	IT0
英文注释	timer 1 overflow	timer 1 run	timer 0 overflow	timer 0 run	interrupt external 1 flag	interrupt 1 type control bit	interrupt 0 external flag	interrupt 0 type control bit

TCON 中与中断有关的位有 TF0、TF1、IE0、IE1、IT0、IT1，它们的功能见表 5-2。

表 5-2 TCON 各位功能说明

位符号	功能说明
TF0、TF1	T0、T1 的溢出中断标志。T0、T1 发生溢出时，由硬件自动将 TF0、TF1 置"1"，并请求中断。CPU 响应后，由硬件自动清 0；查询方式时，要用软件清 0
IE0、IE1	外部中断$\overline{INT0}$、$\overline{INT1}$的中断标志。发生$\overline{INT0}$、$\overline{INT1}$中断时，由硬件自动将 IE0、IE1 置"1"，并请求中断
IT0、IT1	外部中断$\overline{INT0}$、$\overline{INT1}$的触发方式选择位设置为"0"时，表示选择低电平触发方式，即$\overline{INT0}$、$\overline{INT1}$引脚变为低电平时，向 CPU 请求中断；设置为"1"时，表示选择下降沿触发方式，在$\overline{INT0}$、$\overline{INT1}$引脚上产生一个下降沿时，请求中断

在实际使用时，常采用下降沿触发方式，低电平触发方式很少使用。

2. 串行口控制寄存器 SCON(serial control)

SCON 用于串行口的操作管理，其中两位为串行口的中断标志 RI 和 TI。SCON 的字节地址为 98H，是可位寻址的 SFR，其各位的位地址、位符号以及英文注释如下：

位地址	9FH	9EH	9DH	9CH	9BH	9AH	89A	98H
位符号	SM0	SM1	SM2	REN	TB8	RB8	TI	RI
英文注释	serial mode bit 0	serial mode bit 1	serial mode bit 2	receive enable	transmit bit 8	receive bit 8	transmit interrupt flag	receive interrupt flag

TI：发送中断标志。当串行口发送完一帧数据时，硬件自动将 TI 置"1"。

RI：接收中断标志。当串行口接收到一帧数据时，硬件自动将 RI 置"1"。

图 5-3 的第 2 部分(中断标志)表示了各中断源的中断标志及与前后电路的逻辑关系。5 个中断源 6 个中断请求的中断标志 IE0、TF0、IE1、TF1、TI、RI 分别设置在 TCON 和 SCON 中。其中 TI 和 RI 这两个标志经一个"或门"后，输出串口的中断请求。

(1)关于外部中断的检测

CPU 每个机器周期检测一次$\overline{\text{INT0}}$、$\overline{\text{INT1}}$引脚，因此对中断请求信号的要求为：

①下降沿触发方式：$\overline{\text{INT0}}$、$\overline{\text{INT1}}$引脚上中断请求信号的高、低电平至少应各保持一个机器周期；

②低电平触发方式：$\overline{\text{INT0}}$、$\overline{\text{INT1}}$引脚上中断请求信号的低电平应保持到 CPU 响应中断为止。

(2)关于中断标志的建立

5 个中断源有 6 个中断请求信号($\overline{\text{INT0}}$、T0、$\overline{\text{INT1}}$、T1、TX、RX)，对应的中断标志分别为 IE0、TF0、IE1、TF1、TI、RI。当中断源有请求时，相应 SFR 中的中断标志位将置为 1，表示该中断源请求了中断；即伴随着中断请求的产生在 SFR 中设置标记。

(3)关于中断标志的清除

①T0、T1 中断标志的清除：当 T0、T1 工作在中断方式时，TF0、TF1 一直保持到 CPU 响应中断，并由硬件自动清 0；如果工作在查询方式，则此标志需要软件清 0。

②外部中断标志的清除：下降沿触发方式时，IE0、IE1 一直保持到 CPU 响应中断，并由硬件自动清除。如果是低电平触发方式，只有当中断引脚变为高电平时，才会消除。

③串行口中断标志的清除：不论是中断方式还是查询方式，均必须通过软件清除 TI 和 RI。

3. 中断允许控制寄存器 IE(interrupt enable)

IE 用于管理各中断源中断的允许与禁止。IE 的字节地址为 A8H，可位寻址，其各位的位地址、位符号以及英文注释如下：

位地址	AFH	AEH	ADH	ACH	ABH	AAH	A9H	A8H
位符号	EA	—	—	ES	ET1	EX1	ET0	EX0
英文注释	enable all interrupts	—	—	enable serial interrupt	enable timer 1 interrupt	enable external 1 interrupt	enable timer 0 interrupt	enable external 0 interrupt

IE 各位功能见表 5-3。

表 5-3　IE 各位功能说明

位符号	功能说明
EA	CPU 中断允许位，也称总允许位。EA=1，CPU 开中断，此时每个中断源的中断是否允许由各自的中断允许位决定；EA=0，CPU 关中断，禁止响应任何中断请求
ES	串行口中断允许位。ES=1，允许串行口的接收和发送中断；ES=0，禁止串行口中断
ET1	T1 中断允许位。ET1=1，允许 T1 中断；ET1=0，禁止 T1 中断
EX1	$\overline{\text{INT1}}$中断允许位。EX1=1，允许$\overline{\text{INT1}}$中断；EX1=0，禁止$\overline{\text{INT1}}$中断
ET0	T0 中断允许位。ET0=1，允许 T0 中断；ET0=0，禁止 T0 中断

续表

位符号	功能说明
EX0	$\overline{\text{INT0}}$中断允许位。EX0=1,允许$\overline{\text{INT0}}$中断;EX0=0,禁止$\overline{\text{INT0}}$中断

注:微控制器复位后,IE 内容为 0,所有中断被禁止。

通过设置 IE,可对 8051 MCU 中断实行二级控制。EA 是总允许位,而 EX0、EX1、ET0、ET1、ES 分别是 5 个中断源的允许位。只有当总允许位 EA=1,即 CPU 中断开放时,各中断源允许位的开放才有意义。

图 5-3 的第 3 部分(中断允许控制)表示了中断控制的逻辑。当 EA=0 时(图中"总允许开关"断开),所有中断标志无法传递到 CPU 而被禁止;当 EA=1 时(图中"总允许开关"闭合),这时 CPU 中断开放。但各中断源的请求标志是否能传递到 CPU,还取决于各中断源的允许位。当某中断源的允许位=1 时,即对应的"源允许开关"闭合,该中断被允许;反之,则被禁止。

4. 中断优先级寄存器 IP(interrupt priority)

IP 用于管理各中断源的优先级别。IP 的字节地址为 B8H,可位寻址,其各位的位地址、位符号以及英文注释如下:

位地址				BCH	BBH	BAH	B9H	B8H
位符号	—	—	—	PS	PT1	PX1	PT0	PX0
英文注释	—	—	—	serial interrupt priority	timer 1 interrupt priority	external 1 interrupt priority	timer 0 interrupt priority	external 0 interrupt priority

IP 各位功能见表 5-4。

表 5-4 IP 各位功能说明

位符号	功能说明
PS	串行口中断优先级控制位。PS=1,选择高优先级;PS=0,选择低优先级
PT1	T1 中断优先级控制位。PT1=1,选择高优先级;PT1=0,选择低优先级
PX1	$\overline{\text{INT1}}$中断优先级控制位。PX1=1,选择高优先级;PX1=0,选择低优先级
PT0	T0 中断优先级控制位。PT0=1,选择高优先级;PT0=0,选择低优先级
PX0	$\overline{\text{INT0}}$中断优先级控制位。PX0=1,选择高优先级;PX0=0,选择低优先级

注:微控制器复位后,IP 内容为 0,所有中断源均被设置为低优先级中断。

8051 MCU 具有两个中断优先级,可实现两级中断嵌套。通过设置 IP,可把 5 个中断源设置为高、低两个优先级,并遵循以下原则:

①低级中断能被高级中断打断,但不能被同级或低级中断打断;

②高级中断不能被任何中断打断，要返回主程序并再执行一条指令后，才能响应新的中断请求。

图5-3的第4部分（中断优先级控制）表示了中断优先级的电路逻辑。每个中断源有高、低两个优先级选择。若某中断源的优先级控制位=1，则对应中断源的“优先级单端双掷开关”拨向上方，其中断标志进入“高级中断请求”逻辑，被设置为“高优先级”的中断；反之，则进入“低级中断请求”逻辑，被设置为“低优先级”的中断。

5. 中断查询逻辑

如果几个相同优先级的中断源，同时向CPU请求中断，此时哪一个中断源优先得到响应，取决于中断系统内部的自动查询逻辑即自然优先级。相当于在每个优先级内，还有一个辅助优先级（内部中断查询顺序），其优先级顺序如表5-5所示。

表5-5 各中断源及其自然优先级

编 号	中断源	自然优先级
0	外部中断0	最高级
1	定时器/计数器T0中断	↓
2	外部中断1	
3	定时器/计数器T1中断	
4	串行口中断	最低级

图5-3的第5部分（中断顺序查询逻辑），有高级和低级两个中断自然优先级查询逻辑。对于同一个级别的多个中断源，其自然优先级顺序为：$\overline{\text{INT0}}$、T0、$\overline{\text{INT1}}$、T1和串行口。

与两个优先级对应，中断系统内部有两个不可寻址的“优先级标志”。CPU响应了哪个级别的中断请求，相应级别的“优先级标志”被置1，以此来指示CPU正在响应的中断级别，为中断嵌套提供服务。

5.3 中断处理过程

二维码5-3：中断处理过程

5.3.1 中断响应的自主操作

中断响应的自主操作是指在中断检测和中断响应过程中，由中断系统硬件自动完成的操作。

1. 中断请求的自动查询

微控制器的中断功能是指程序运行的中断管理和操作，在MCU内部，中断则表现为CPU的微查询操作。8051 MCU在每个机器周期的S6状态查询各中断源是否有请求（就是查询各中断源的中断标志是否为1），并按优先级管理规则处理请求的中断源，且在下一个机器周期的S1状态响应最高级中断请求。但是有以下情况时除外：

①CPU 正在处理相同或更高优先级中断；

②在多机器周期指令中，还未执行到最后一个机器周期；

③正在执行 RETI 指令或读/写 IE、IP 的指令，则要在执行此类指令后，再执行一条指令，才会响应。

2. 中断响应中的自主操作

MCU 响应中断时，会自动完成以下操作：

①置位相应的“优先级标志”，以指示所响应中断的优先级别；

②中断源的中断标志清 0(TI、RI 除外)；

③中断断点地址压入堆栈保护；

④中断入口地址赋给 PC，使程序转到中断入口地址处。

3. 中断返回时的自主操作

CPU 执行到中断返回指令 RETI 时，产生以下自主操作：

①将中断响应时设置的“优先级标志”清 0；

②断点地址从堆栈弹出送入 PC，使程序返回到断点处，继续原程序的执行。

5.3.2 中断响应条件

中断响应是指中断源发出中断请求、CPU 满足中断响应条件时，CPU 处理中断请求的过程。微控制器在运行时，并不是任何时刻都会立刻响应中断请求，只有在满足中断响应条件时才会响应。8051 MCU 响应中断的 3 个基本条件：

①中断源发出中断请求；

②CPU 中断允许位(总允许)置位，即 EA=1；

③请求中断的中断源的中断允许位(源允许位)置位，即允许该中断源中断。

在满足这 3 个基本条件的情况下，CPU 在每个机器周期按优先顺序查询各中断标志，找到所有有效的中断请求，并对它们进行优先级排序。此时，如果还同时满足以下 3 个条件：

④无同级或高级中断正在服务；

⑤现行指令已执行完毕，即正在执行的是指令的最后一个机器周期；

⑥若执行指令为 RETI 或是读/写 IE、IP 指令，则要执行完毕该指令的下一条指令。

那么，CPU 便在紧接着的下一个机器周期响应中断，否则将丢弃中断查询结果。因此 CPU 响应中断要满足上面 6 个条件。

5.3.3 中断响应过程

CPU 在每个机器周期检测中断源，并按优先级别和自然顺序查询各中断标志。若查询到有效的中断标志(即有中断请求)，并满足响应中断的 6 个条件，则立即响应中断，过程为：

①自动设置相应“优先级标志”为 1，即指出 CPU 当前正在处理的中断优先级，以阻断同级或低级中断请求。

②自动清除中断标志(TI 和 RI 除外)。

③自动保护断点，即将现行 PC 值(即断点地址)压入堆栈，并根据中断源把相应的中断

程序入口地址装入 PC。

④执行中断服务程序，直至遇到 RETI 指令为止。

⑤RETI 指令清除“优先级标志”；从堆栈中弹出断点地址给 PC，使 CPU 回到中断处，继续执行主程序。

5.3.4　中断响应时间

CPU 不是在任何情况下都立即响应中断请求的，而且不同情况下对中断响应的时间也不同。不考虑中断嵌套，中断的响应时间最短为 3 个机器周期（见图 5-4），最长为 8 个机器周期。

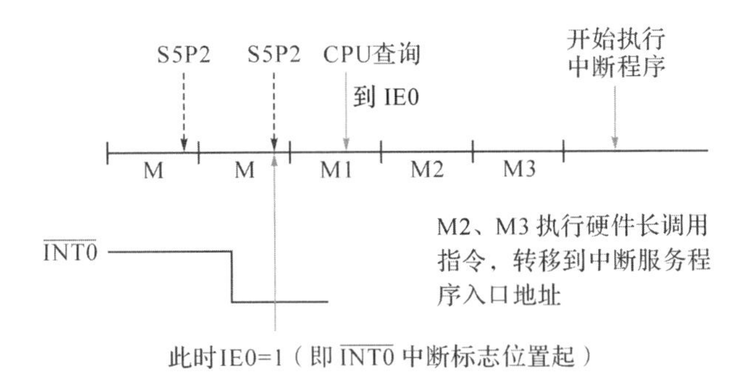

图 5-4　中断响应时间

图 5-4 以 $\overline{\text{INT0}}$ 中断为例，说明 MCU 响应中断所需要的机器周期数。MCU 中的中断系统在每个机器周期检测 $\overline{\text{INT0}}$ 引脚，当检测到下降沿时（满足了 $\overline{\text{INT0}}$ 中断触发条件），中断标志 IE0 被置 1，表示该中断有请求；于是在下一个机器周期的 M1 会查询到 IE0（即从中断源发出中断请求到 CPU 检测到中断标志需要 1 个机器周期），若该机器周期已是当前指令的最后一个机器周期，并且 CPU 满足响应中断的 6 个条件，则 CPU 自动保护断点地址（相当于硬件插入一个 LCALL 指令）需要 2 个机器周期（M2、M3），然后在下一个机器周期开始执行中断服务程序。所以整个响应过程需要 3 个机器周期（图中的 M1～M3），这也是响应最快的情况。

最长的中断响应时间为 8 个机器周期。如果检测到中断请求，而此时 CPU 正在执行 RETI 指令或访问 IE、IP 的指令（均为 2 个机器周期），则执行该指令后，还必须再执行一条指令才能响应中断。若增加执行的一条指令恰好为乘法或除法指令（4 个机器周期），再加上自动保护断点地址的 2 个机器周期，则总共需要 8 个机器周期。

如果存在多个中断源，而且 CPU 正在处理高级或同级中断，那么中断响应的时间还取决于正在执行的中断服务程序的长短。

5.3.5　响应中断与调用子程序的异同

调用中断服务程序的过程类似于调用子程序的过程。在执行程序的过程中，由于中断源发出中断请求，MCU 响应后转去执行一段中断服务程序，相当于在中断发生时刻调用一个子程序。但它们是有区别的，如子程序的调用是程序预先设计安排的；而中断请求是随机的，所以中断服务程序的执行是无法预知的，且其响应过程是 MCU 内部中断系统自动完成的。

1. 相同点

①都是中断当前正在执行的程序，转去执行另一段程序（子程序或中断服务程序）。

②都是由硬件自动把断点地址压入堆栈保护。

③子程序和中断服务程序的现场保护和恢复，都需要编写程序实现。

④执行中断程序和子程序的返回指令时，都会自动从栈顶弹出断点地址送入 PC 实现返回，继续原程序的执行。

⑤都可以实现嵌套。中断程序可以实现两级嵌套，子程序可以实现更多级的嵌套。

2. 不同点

①中断请求是随机的，在程序执行的任何时刻都有可能发生；而子程序的调用是由程序设计安排的。

②响应中断后，转去执行存放在相应中断入口地址处的中断服务程序，而子程序的存放地址是由程序设计安排的。

③中断响应是有条件的，其响应时间会受一些因素影响，不是固定的；子程序的响应时间是固定的。

④中断服务程序的返回指令是 RETI，子程序的返回指令是 RET，两者不能互换。

5.4 中断程序设计

二维码 5-4：中断程序设计

5.4.1 中断初始化

中断初始化是中断处理程序的一部分，是在主程序中，对中断相关的 SFR 如 TCON、SCON、IE 和 IP 进行初始化设置（复位后这些 SPR 的值均为 0），使得 MCU 的中断系统能够按照初始化的设置对中断源进行管理和控制。

中断初始化主要包括以下几个部分：

①设置 CPU 中断控制位，选择 CPU 中断的允许或禁止；

②设置各中断源的中断控制位，选择各中断源中断的允许或禁止；

③设置各中断源的中断优先级别，选择高优先级或低优先级；

④设置外部中断请求的触发方式；

⑤相关中断源的初始化（如定时器/计数器或串行口的初始化等）。

5.4.2 汇编中断服务程序

1. 保护现场和恢复现场

中断的断点地址是硬件自动保存和恢复的，但中断程序中使用的 SFR、工作寄存器等需要软件予以保护和恢复。中断服务程序的保护现场和恢复现场的方法，与子程序类似，见 3.5.2，这里不再赘述。

另外，若要在执行当前中断程序时，禁止高优先级的中断（即不允许中断嵌套），则在进入中断程序后先关闭CPU中断(令EA=0),或将高级中断源的中断允许位清0,在中断返回前再予以开放。

2. 中断程序的安排

CPU响应中断后,转到该中断的入口地址执行中断服务程序。由于各中断源的入口地址之间只间隔8个字节,一般的中断服务程序是存放不下的,因此最常用的方法是在中断入口地址处安排一条无条件转移指令,使程序跳转到用户安排在其他ROM区域的中断服务程序。这样中断服务程序就可以灵活安排在64KB ROM的任何区域,长度也不受限制。但对于中断服务程序,其设计原则是尽量简短、执行时间尽量短。

5.4.3　C51中断函数

中断函数格式为:

```
[void]    中断函数名() interrupt    m[using n]
```

其中,interrupt表示该函数是中断函数(中断函数的关键字);m为中断号,C51编译器最多支持32个中断,所以m=0~31;using n用于指定中断函数使用的工作寄存器组,n=0~3,也可以缺省,缺省时表示中断函数的工作寄存器组与调用函数为同一组;中断函数没有返回值。

用C51编写中断函数时,编译器会自动保护和恢复ACC、B、DPH、DPL和PSW这些SFR的内容,因此不必像汇编程序那样需要编程来实现。但是,程序中全局变量的保护,需编程者根据实际情况自行处理,和普通函数并无不同。

1. C51编译器对中断函数的自动处理

①自动保存断点地址,并把SFR中的ACC、B、DPH、DPL和PSW的值自动保存到堆栈中。

②根据函数中的中断号,自动跳转到相应的中断入口执行中断函数。

③在中断函数中,如没有用using选项指定函数所使用的寄存器组,则默认中断函数的工作寄存器与调用的函数为同一组;此时,编译器要自动保护和恢复R0~R7,所以执行速度会慢一些。如果使用using选项,编译器就不产生保护和恢复R0~R7的代码,因此执行速度会快一些。

④中断函数执行完毕后,自动恢复断点和现场并返回。

一般情况下,低优先级中断使用与原程序同一组工作寄存器,而高优先级中断可使用using n指定工作寄存器组。

2. 编写中断函数的注意点

①不能进行参数传递,即中断函数不能有形参,即函数名后括号内为空。

②不能有返回值,其返回值类型必须声明为void,即函数名前面是void。

③任何函数均不能直接调用中断函数,也不能通过函数指针间接调用中断函数。

④若中断函数中要调用函数,则该函数必须使用和该中断函数相同的寄存器组。

3. 不使用中断的处理

为提高程序的可靠性,对于不使用的中断,要做相应处理:

①对于汇编程序，在中断入口地址要存入下面 3 条指令，当意外发生中断而跳转到其中断入口地址时，通过这 3 条指令，将程序重新拉回到主程序 MAIN 开始处：

```
NOP
NOP
LJMP    MAIN
```

②对于 C51 程序，应编写一个空的中断函数，当意外发生中断时，执行该空中断函数后，自动返回主程序。

例如不用外部中断 0，可编写如下的空中断函数：

```
void exter0_ISR() interrupt 0 {}
```

5.4.4 中断程序设计举例

【例 5-1】 假设 MCU 系统中有 2 个中断源：$\overline{\text{INT0}}$中断（高优先级）和定时器 T1 中断（低优先级），则程序的安排与结构如下：

【解】 汇编程序：

```
          ORG     0000H
          LJMP    MAIN              ;跳转到主程序
          ORG     0003H             ;INT0中断入口地址
          LJMP    INT0SUB           ;跳转到实际INT0中断服务程序存放空间
          …
          ORG     001BH             ;T1 中断入口地址
          LJMP    T1SUB             ;跳转到实际 T1 中断服务程序存放空间
          …
          ORG     0030H             ;实际主程序存放区
MAIN:     MOV     SP,#5FH           ;设置堆栈区
          …
          SETB    IT0               ;选择INT0为下降沿触发方式
          SETB    EA                ;CPU 开中断
          SETB    EX0               ;INT0开中断
          SETB    ET1               ;T1 开中断
          SETB    PX0               ;设置INT0为高优先级
          …
          SJMP    $                 ;模拟主程序
          ORG     0800H             ;INT0中断服务程序存放区
INT0SUB:  PUSH    ACC               ;保护现场
          PUSH    PSW               ;保护现场，设该中断程序中要用到 A，会影响 PSW
          …
          POP     PSW               ;恢复现场
          POP     ACC
          RETI                      ;中断返回
T1SUB:    PUSH    02H               ;定时器 T1 中断服务程序
```

```
        PUSH    ACC             ;保护现场,设该中断程序要用到 R2 和 A
        …
        POP     ACC             ;恢复现场
        POP     02H             ;恢复现场
        RETI                    ;中断返回
```

C51 程序：

$\overline{\text{INT0}}$中断函数名设为 int0sub,中断号为 0,选取第 1 组工作寄存器;定时器 T1 中断函数名设为 timer1sub,中断号为 3,缺省 using n 选项,表示其使用的工作寄存器与调用的函数为同一组。

```
#include<reg51.h>
main()                                      //主函数
{
    EA = 1;                                 //中断初始化
    EX0 = 1;
    ET1 = 1;
    PX0 = 1;
    IT0 = 1;
    while(1);
}
void int0sub(void) interrupt 0 using 1      //INT0中断函数
{
    …                                       //具体内容省略
    …
}
void timer1sub(void) interrupt 3            //T0 中断函数
{
    …                                       //具体内容省略
    …
}
```

【例 5-2】 试编写程序,将外部 RAM 3000H 开始的 20H 个单元的数据,传送到内部 RAM 40H 开始的 20H 个单元中。程序允许外部中断$\overline{\text{INT0}}$中断,下降沿触发。

【解】 汇编程序:

二维码 5-5:中断程序执行过程

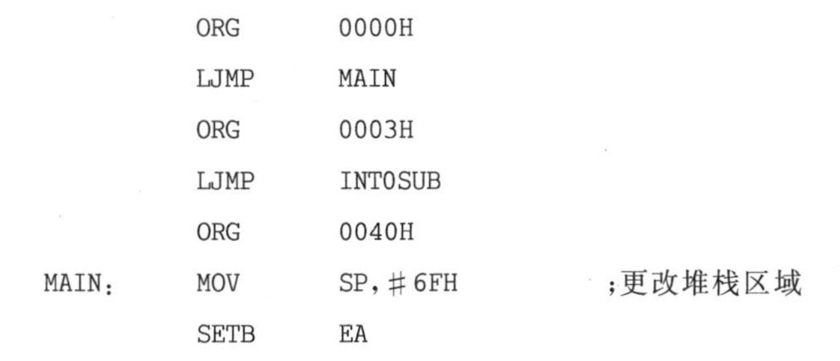

```
        ORG     0000H
        LJMP    MAIN
        ORG     0003H
        LJMP    INT0SUB
        ORG     0040H
MAIN:   MOV     SP,#6FH         ;更改堆栈区域
        SETB    EA
```

```
        SETB    EX0
        SETB    IT0
LOOP2:  MOV     DPTR,#3000H    ;外部 RAM 地址指针
        MOV     R0,#40H        ;内部 RAM 地址指针
        MOV     R2,#20H        ;传送的数据个数
LOOP1:  MOVX    A,@DPTR
        MOV     @R0,A
        INC     R0
        INC     DPTR
        DJNZ    R2,LOOP1
        SJMP    $
        ORG     1000H
INT0SUB: PUSH   ACC            ;保护 SFR,假设中断程序要用到 A、DPTR、R0～R7,PSW 要受影响
        PUSH    DPH
        PUSH    DPL
        PUSH    PSW
        SETB    RS0            ;修改工作寄存器组,中断程序中用第 1 组 R0～R7
        …       …
        CLR     RS0            ;恢复主程序使用的第 0 组 R0～R7
        POP     PSW            ;恢复 SFR
        POP     DPL
        POP     DPH
        POP     ACC
        RETI
        END
```

C51 程序:

```
#include <reg51.h>
#include <stdio.h>
void main()
{
  int xdata *p = 0x3000;          //源数据指针
  int data *q = 0x40;             //目的数据指针
  int i;
  EA = 1;
  EX0 = 1;                        //允许INT0中断
  IT0 = 1;                        //设置INT0为下降沿触发方式
  for(i = 0;i<32;i++)
  {
    *q = *p;                      //将数据从外部 RAM 传送到内部 RAM 中
    p++;
    q++;
```

```
    }
}
void Int0int(void) interrupt 0          //INT0中断函数
{
    …                                   //中断函数具体内容省略
    …
}
```

5.5　STC15W4K 系列 MCU 的中断系统

二维码 5-6：STC15W4K 系列 MCU 的中断系统

STC15 系列微控制器在传统 8051 MCU 的基础上，增加了许多中断源，不同型号 MCU 的中断源数量不同，但中断系统结构大同小异。本节以 STC15W4K 系列 MCU 为例，介绍增强型 8051 微控制器的中断系统。

5.5.1　STC15W4K 系列 MCU 中断系统结构

1. 中断系统结构图

STC15W4K 系列 MCU 中断系统的组成结构如图 5-5 所示。在经典 8051 MCU 原有 5 个中断源的基础上，扩展了 16 个中断源，这些中断源与该系列微控制器增加的内部功能模块有关。21 个中断源中，除 9 个固定为低优先级中断外，其余 12 个具有 2 个中断优先级，可实现两级中断嵌套。

2. 中断源

STC15W4K 系列微控制器的 21 个中断源可分为 4 类：外部中断（5 个）、定时中断（5 个）、串行口中断（4 个）和其他中断（7 个）。

①5 个外部中断（$\overline{\text{INT0}}$～$\overline{\text{INT4}}$）。分别为外部中断 0～外部中断 4。扩展的 3 个外部中断请求信号分别从 P3.6（$\overline{\text{INT2}}$）、P3.7（$\overline{\text{INT3}}$）和 P3.0（$\overline{\text{INT4}}$）引脚输入，都只能下降沿触发，且中断标志位被隐藏，对用户不可见。当相应的中断请求被响应后或中断允许控制位 EXn（n=2,3,4）被清零后，这些中断请求标志位会立即自动清零。

②5 个定时器/计数器中断（T0～T4）。STC15W4K 系列 MCU 有 5 个定时器/计数器，相应有 5 个中断源。定时器 2、3、4 的中断标志位也被隐藏，对用户不可见。当相应的中断请求被响应后或中断允许控制位 ETn（n=2,3,4）被清零后，这些中断请求标志位会立即自动清零。

③4 个串行口中断（S1～S4）。STC15W4K 系列 MCU 有 4 个完全独立的高速异步串行通信端口，每个串行口的接收和发送模块共用一个中断源。当串行口接收到一帧数据或发送完一帧数据时，将向 CPU 发出中断请求。

④7 个其他中断。STC15W4K 系列 MCU 还提供了 A/D 转换中断、低压检测（LVD）中断、CCP/PCA/PWM 中断、SPI 中断、比较器中断、PWM 中断及 PWM 异常检测中断等 7 个中断源。

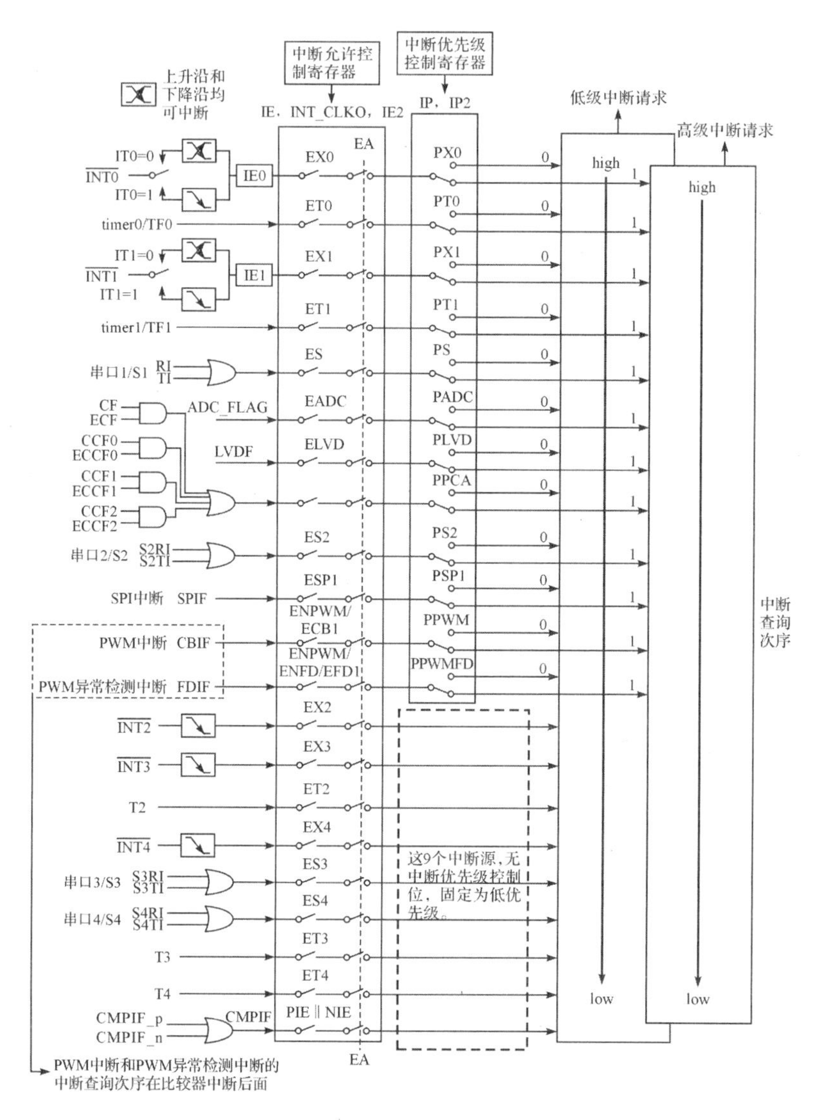

图 5-5 STC15W4K 系列 MCU 中断系统结构

除 CCP/PCA/PWM 中断和 PWM 中断、PWM 异常检测中断外，STC15W4K 系列 MCU 中断源的触发方式列于表 5-6。

表 5-6 STC15W4K 系列微控制器各中断源的触发方式

中断源	触发方式
$\overline{\text{INT0}}$(外部中断 0)	IT0=1，下降沿；IT0=0，上升沿和下降沿均可
timer 0	定时器 0 溢出
$\overline{\text{INT1}}$(外部中断 1)	IT1=1，下降沿；IT1=0，上升沿和下降沿均可
timer 1	定时器 1 溢出
UART1	串口 1 发送或接收完成

续表

中断源	触发方式
ADC	A/D 转换完成
LVD	电源电压下降到低于 LVD 检测电压
UART2	串口 2 发送或接收完成
SPI	SPI 数据传输完成
$\overline{\text{INT2}}$(外部中断 2)	下降沿
$\overline{\text{INT3}}$(外部中断 3)	下降沿
timer 2	定时器 2 溢出
$\overline{\text{INT4}}$(外部中断 4)	下降沿
UART3	串口 3 发送或接收完成
UART4	串口 4 发送或接收完成
timer 3	定时器 3 溢出
timer 4	定时器 4 溢出
comparator(比较器)	比较器比较结果由 low 变成 high 或由 high 变成 low

3. 中断入口及优先级

STC15W4K 系列 MCU 各中断源的入口地址、中断优先级、中断请求标志位和中断允许控制位列于表 5-7。从表 5-7 中可以看出，$\overline{\text{INT2}}$～$\overline{\text{INT4}}$、T2～T4、S3～S4 及比较器等 9 个中断固定为低优先级中断，其他中断都具有中断优先级控制位，可以编程配置为高或低 2 个中断优先级。当 CPU 同时收到几个同一优先级的中断请求时，哪一个请求得到响应，取决于内部的查询顺序。查询顺序为表 5-7 所列从上到下的顺序，$\overline{\text{INT0}}$查询顺序为 0，PWM 异常检测中断为 23。

表 5-7　各中断源的入口地址、查询顺序、优先级、请求标志、允许位

中断源	中断向量地址	相同优先级内的查询顺序	中断优先级设置	优先级 0（最低）	优先级 1（最高）	中断请求标志位	中断允许控制位
$\overline{\text{INT0}}$（外部中断 0）	0003H	0(highest)	PX0	0	1	IE0	EX0
timer 0	000BH	1	PT0	0	1	TF0	ET0
$\overline{\text{INT1}}$（外部中断 1）	0013H	2	PX1	0	1	IE1	EX1
timer 1	001BH	3	PT1	0	1	TF1	ET1
S1(UART1)	0023B	4	PS	0	1	RI+TI	ES
ADC	002BH	5	PADC	0	1	ADC_FLAG	EADC
LVD	0033H	6	PLVD	0	1	LVDF	ELVD

续表

<table>
<tr><th>中断源</th><th>中断向量地址</th><th>相同优先级内的查询顺序</th><th>中断优先级设置</th><th>优先级 0（最低）</th><th>优先级 1（最高）</th><th colspan="2">中断请求标志位</th><th>中断允许控制位</th></tr>
<tr><td>CCP/PCA/PWM</td><td>003BH</td><td>7</td><td>PPCA</td><td>0</td><td>1</td><td colspan="2">CF＋CCF0＋CCF1＋CCF2</td><td>ECF＋ECCF0＋ECCF1＋ECCF2</td></tr>
<tr><td>S2（UART2）</td><td>0043H</td><td>8</td><td>PS2</td><td>0</td><td>1</td><td colspan="2">S2RI＋S2TI</td><td>ES2</td></tr>
<tr><td>SPI</td><td>004BH</td><td>9</td><td>PSPI</td><td>0</td><td>1</td><td colspan="2">SPIF</td><td>ESPI</td></tr>
<tr><td>$\overline{\text{INT2}}$（外部中断 2）</td><td>0053H</td><td>10</td><td>0</td><td>0</td><td></td><td colspan="2"></td><td>EX2</td></tr>
<tr><td>$\overline{\text{INT3}}$（外部中断 3）</td><td>005BH</td><td>11</td><td>0</td><td>0</td><td></td><td colspan="2"></td><td>EX3</td></tr>
<tr><td>timer 2</td><td>0063H</td><td>12</td><td>0</td><td>0</td><td></td><td colspan="2"></td><td>ET2</td></tr>
<tr><td>system reserved</td><td>0073H</td><td>14</td><td></td><td></td><td></td><td colspan="2"></td><td></td></tr>
<tr><td>system reserved</td><td>007BH</td><td>15</td><td></td><td></td><td></td><td colspan="2"></td><td></td></tr>
<tr><td>$\overline{\text{INT4}}$（外部中断 4）</td><td>0083H</td><td>16</td><td>0</td><td>0</td><td></td><td colspan="2"></td><td>EX4</td></tr>
<tr><td>S3（UART3）</td><td>008BH</td><td>17</td><td>0</td><td>0</td><td></td><td colspan="2">S3RI＋S3TI</td><td>ES3</td></tr>
<tr><td>S4（UART4）</td><td>0093H</td><td>17</td><td>0</td><td>0</td><td></td><td colspan="2">S3RI＋S3TI</td><td>ES4</td></tr>
<tr><td>timer 3</td><td>009BH</td><td>19</td><td>0</td><td>0</td><td></td><td colspan="2"></td><td>ET3</td></tr>
<tr><td>timer 4</td><td>00A3H</td><td>20</td><td>0</td><td>0</td><td></td><td colspan="2"></td><td>ET4</td></tr>
<tr><td rowspan="2">comparator（比较器）</td><td rowspan="2">00ABH</td><td rowspan="2">21</td><td rowspan="2">0</td><td rowspan="2">0</td><td rowspan="2"></td><td rowspan="2">CMPIF</td><td>CMPIF_p</td><td>PIE（比较器上升沿中断允许位）</td></tr>
<tr><td>CMPIF_n</td><td>NIE（比较器下降沿中断允许位）</td></tr>
<tr><td rowspan="7">PWM</td><td rowspan="7">00B3H</td><td rowspan="7">22</td><td rowspan="7">PPWM</td><td rowspan="7">0</td><td rowspan="7">1</td><td colspan="2">CBIF</td><td>ENPWM/ECBI</td></tr>
<tr><td colspan="2">C2IF</td><td>ENPWM/EPWM2I/EC2T2SI || EC2T1SI</td></tr>
<tr><td colspan="2">C3IF</td><td>ENPWM/EPWM3I/EC3T2SI || EC3T1SI</td></tr>
<tr><td colspan="2">C4IF</td><td>ENPWM/EPWM4I/EC4T2SI || EC4T1SI</td></tr>
<tr><td colspan="2">C5IF</td><td>ENPWM/EPWM5I/EC5T2SI || EC5T1SI</td></tr>
<tr><td colspan="2">C6IF</td><td>ENPWM/EPWM6I/EC6T2SI || EC6T1SI</td></tr>
<tr><td colspan="2">C7IF</td><td>ENPWM/EPWM7I/EC7T2SI || EC7T1SI</td></tr>
<tr><td>PWM 异常检测</td><td>00BBH</td><td>23（lowest）</td><td>PPWMFD</td><td>0</td><td>1</td><td colspan="2">FDIF</td><td>ENPWM/ENFD/EFDI</td></tr>
</table>

使用 C 语言编写中断服务程序时，中断号就是表 5-7 的中断查询顺序号。例如，A/D 转换中断函数：

```
void ADC_Routine(void) interrupt 5
```

5.5.2　STC15W4K 系列 MCU 中断相关 SFR

除了经典 8051 MCU 的 TCON、SCON、IE、IP 寄存器外，STC15W4K 系列 MCU 增加了多个与中断系统有关的 SFR，以实现对 21 个中断源的管理与控制。下面对相关 SFR 及相应位作介绍。

1. 中断允许寄存器 IE、IE2 和 INT_CLKO

STC15W4K 系列微控制器 CPU 对中断源的允许或禁止，由 IE、IE2 和 INT_CLKO 控制。其中，经典 8051 MCU 中 IE 寄存器未定义的第 5、6 位用作 A/D 转换中断和低压检测中断的允许位；IE2 寄存器的第 0～6 位依次是 S2、SPI、T2、S3、S4、T3 和 T4 的中断允许位。INT_CLKO 是外部中断允许和时钟输出寄存器，其中第 4～6 位依次为 $\overline{\text{INT2}}$、$\overline{\text{INT3}}$、$\overline{\text{INT4}}$的中断允许位。当各中断允许位＝1 时，表示允许中断；反之，表示禁止中断。

中断允许寄存器 IE，地址 A8H

位	7	6	5	4	3	2	1	0
位符号	EA	ELVD	EADC	ES	ET1	EX1	ET0	EX0

中断允许寄存器 IE2，地址 AFH

位	7	6	5	4	3	2	1	0
位符号	—	ET4	ET3	ES4	ES3	ET2	ESPI	ES2

外部中断允许和时钟输出寄存器 INT_CLKO(AUXR2)，地址 8FH

位	7	6	5	4	3	2	1	0
位符号	—	EX4	EX3	EX2	MCKO_S2	T2CLKO	T1CLKO	T0CLKO

2. 中断优先级控制寄存器 IP、IP2

8051 MCU 具有两个中断优先级，可以实现两级中断嵌套。对于 STC15W4K 系列 MCU，通过设置 IP 和 IP2 的相应位，可以设置 12 个中断源的优先级别。IP 寄存器的第 0～4 位是原有 5 个中断源的优先级控制位，第 5～7 位分别是 A/D 转换中断、低压检测中断和 PCA 中断的优先级控制位；IP2 寄存器的第 0～4 位依次为 S2、SPI、PWM 中断、PWM 异常检测和$\overline{\text{INT4}}$的中断优先级控制位。当各中断优先级控制位为 1 时，表示设置为高优先级中断。MCU 复位后，IP 和 IP2 均为 00H，各个中断源均为低优先级中断。

中断优先级控制寄存器 IP，地址 B8H

位	7	6	5	4	3	2	1	0
位符号	PPCA	PLVD	PADC	PS	PT1	PX1	PT0	PX0

中断优先级控制寄存器 IP2，地址 B5H

位	7	6	5	4	3	2	1	0
位符号	—	—	—	PX4	PPWMFD	PPWM	PSPI	PS2

3. 定时器/计数器中断控制寄存器 TCON

TCON 已在 5.2.2 中介绍，其中 4 位用于记录 T0、T1 的溢出中断标志(TF0、TF1)和 $\overline{\text{INT0}}$、$\overline{\text{INT1}}$的中断标志(IE0、IE1)，另有 2 位是$\overline{\text{INT0}}$、$\overline{\text{INT1}}$的触发方式选择位 IT0、IT1。T2、T3、T4 的中断标志位被隐藏，对用户不可见。$\overline{\text{INT2}}$、$\overline{\text{INT3}}$、$\overline{\text{INT4}}$只能下降沿触发，且中断标志位也被隐藏，所以不需要相应触发方式选择位和中断标志位的 SFR。

定时器/计数器中断控制寄存器 TCON，地址 88H

位	7	6	5	4	3	2	1	0
位符号	TF1	TR1	TF0	TR0	IE1	IT1	IE0	IT0

4. 串行口控制寄存器 SCON、S2CON、S3CON、S4CON

4 个串行口控制寄存器用于 4 个串行口的操作管理，其中最低两位为各串行口的接收中断标志和发送中断标志，其他位与中断无关，在此不做介绍。SCON 为串行口 1 控制器寄存器，与 8051 MCU 的 SCON 寄存器相同，第 0 位为串行口 1 接收中断标志(RI)，第 1 位为串行口 1 发送中断标志(TI)；接收/发送完一帧数据时标志位置 1。同样，S2、S3、S4 的接收/发送中断标志位分别为 S2CON、S3CON 和 S4CON 的最低两位：S2RI、S2TI，S3RI、S3TI，S4RI、S4TI，它们的含义相同。

串行口控制寄存器 SCON，地址 98H

位	7	6	5	4	3	2	1	0
位符号	SM0/FE	SM1	SM2	REN	TB8	RB8	TI	RI

串行口 2 控制寄存器 S2CON，地址 9AH

位	7	6	5	4	3	2	1	0
位符号	S2SM0	—	S2SM2	S2REN	S2TB8	S2RB8	S2TI	S2RI

串行口 3 控制寄存器 S3CON，地址 ACH

位	7	6	5	4	3	2	1	0
位符号	S3SM0	S3ST3	S3SM2	S3REN	S3TB8	S3RB8	S3TI	S3RI

串行口 4 控制寄存器 S4CON，地址 84H

位	7	6	5	4	3	2	1	B0
位符号	S4SM0	S4ST4	S4SM2	S4REN	S4TB8	S4RB8	S4TI	S4RI

5. 电源控制寄存器 PCON

电源控制寄存器 PCON，地址 87H

位	7	6	5	4	3	2	1	0
位符号	SMOD	SMOD0	LVDF	POF	GF1	GF0	PD	IDL

位 5(LVDF)：低压检测标志位。在正常工作和空闲工作状态时，如果工作电压 V_{CC} 低于低压检测门槛电压，该位置 1，与低压检测中断是否允许位无关，该位要用软件清 0。

在进入掉电工作状态前，如果不允许低压检测中断，则进入掉电模式后，低压检测电路不工作，以降低功耗；如果允许低压检测中断，则进入掉电模式后，低压检测电路继续工作；当内部工作电压 V_{CC} 低于低压检测门槛电压时，产生低压检测中断，可将 MCU 从掉电状态唤醒。

6. A/D 转换控制寄存器 ADC_CONTR

ADC_CONTR 的第 4 位 ADC_FLAG 是 A/D 转换结束标志位，即 ADC 中断标志位。若 ADC 中断允许，则 ADC_FLAG 置 1 时，向 MCU 请求中断。

A/D 控制寄存器 ADC_CONTR，地址 BCH

位	7	6	5	4	3	2	1	0
位符号	ADC_POWER	SPEED1	SPEED0	ADC_FLAD	ADC_START	CHS2	CHS1	CHS0

7. 比较器控制寄存器 CMPCR1

比较器控制寄存器 CMPCR1，地址 E6H

位	7	6	5	4	3	2	1	0
位符号	CMPEN	CMPIF	PIF	NIE	PIS	NIS	CMPOE	CMPRES

CMPCR1 与比较器中断相关的是第 4～6 位。定义如下：

位	位符号	功　能	说　明
4	NIE	比较器下降沿中断允许位	NIE=1：允许比较器结果出现下降沿时请求中断。中断时，比较下降沿中断标志位 CMPIF_n 置 1 NIE=0：禁止比较器中断
5	PIE	比较器上升沿中断允许位	PIE=1：允许比较器结果出现上升沿时请求中断。中断时，比较上升沿中断标志位 CMPIF_p 置 1 PIE=0：禁用比较器中断
6	CMPIF	比较器中断标志位	当 CPU 读取 CMPIF 时，会读到 CMPIF_p 和 CMPIF_n，只要有一个为 1，则 CMPIF 就为 1。当软件对 CMPIF 写 0 时，则同时将 CMPIF_p 和 CMPIF_n 清 0

因此，产生比较器中断的条件是：

```
((PIE = = 1)&&(CMPIF_p = = 1))||((NIE = = 1)&&(CMPIF_n = = 1))
```

8. PWM 中断相关寄存器

(1)增强型 PWM 发生器简介

STC15W4K 系列 MCU 集成了一组(6 个独立的 PWM 通道 PWM2～7)增强型 PWM 波形发生器。PWM 波形发生器内部有一个 15 位的 PWM 计数器提供给 6 个通道的 PWM 使用。每个通道具有 2 个波形翻转寄存器 PWM*i*T1[H、L]和 PWM*i*T2[H、L],当 PWM 内部加 1 计数器的值与通道波形翻转寄存器的值匹配时,通道输出的 PWM 波形翻转,并通过设置可以请求 CPU 中断。通过设置每个通道翻转寄存器的值,可以非常灵活地改变每个通道 PWM 高低电平的宽度,从而实现对 PWM 占空比的控制。

(2)PWM 相关 SFR

PWM 相关 SFR 包括 PWM 控制寄存器 PWMCR、PWM 中断标志寄存器 PWMIF、PWM 外部异常控制寄存器 PWMFDCR 和 PWM 通道 2～7 的控制寄存器 PWM2CR～PWM7CR。

PWM 控制寄存器 PWMCR,地址 F5H

位	7	6	5	4	3	2	1	0
位符号	ENPWM	ECBI	EN7CO	EN6CO	EN5CO	EN4CO	EN3CO	EN2CO

①位 7(ENPWM):PWM 波形发生器使能位和 PWM 计数器开始计数控制位。=1,使能 PWM 波形发生器,且 PWM 计数器即刻开始计数;=0,关闭 PWM 波形发生器。

ENPWM 必须在其他所有的 PWM 设置都完成后,再使能该位。

②位 6(ECBI):PWM 计数器归零中断允许位。=1,允许 PWM 计数器归零中断;=0,不允许该中断。

③位 0～位 5(ENC2O～ENC7O):PWM 通道 2～7 的输出使能位。=1,相应 PWM 通道输出 PWM 波形;=0,PWM 通道引脚作为普通 I/O 口。

PWM 中断标志寄存器 PWMIF,地址 F6H

位	7	6	5	4	3	2	1	0
位符号	—	CBIF	C7IF	C6IF	C5IF	C4IF	C3IF	C2IF

①位 6(CBIF):PWM 计数器归零中断标志。当 PWM 计数器归零时,该中断标志置 1,请求中断。需要软件清 0。

②位 0～位 5(C2IF～C7IF):PWM 通道 2～7 中断标志位。PWM 通道 2～7 可以设置在翻转点 1 和翻转点 2 触发中断,当 PWM*i* 发生翻转时,相应中断标志位置 1,请求中断。需要软件清 0。

翻转点 1:当 PWM 波形发生器内部加 1 计数器的值与通道第一个翻转寄存器的值 PWM*i*T1[H、L]发生匹配时,输出波形发生翻转。

翻转点 2:当 PWM 波形发生器内部加 1 计数器的值与通道第二个翻转寄存器的值 PWM*i*T2[H、L]发生匹配时,输出波形发生翻转。

PWM外部异常控制寄存器PWMFDCR，地址F7H

位	7	6	5	4	3	2	1	0
位符号	—	—	ENFD	FLTFLIO	EFDI	FDCMP	FDIO	FDIF

①位5(ENFD)：PWM外部异常检测允许位。=1，允许PWM外部异常检测功能；=0，关闭PWM外部异常检测功能。

②位3(EFDI)：PWM异常检测中断允许位。=1，允许PWM异常检测中断；=0，禁止PWM异常检测中断。

③位0(FDIF)：PWM异常检测中断标志位。当发生PWM异常时，自动置1，请求中断。需要软件清0。

PWM通道2～7控制寄存器PWM*i*CR(*i*=2～7)，位于扩展SFR区，地址分别为FF04H、FF14H、FF24H、FF34H、FF44H、FF54H

位	7	6	5	4	3	2	1	0
位符号	—	—	—	—	PWM*i*_PS	EPWM*i*I	EC*i*T2SI	EC*i*T1SI

①位3(PWM*i*_PS)：PWM*i*的输出引脚选择位。每个通道均有2个输出引脚可供选择。

②位2(EPWM*i*I)：PWM通道*i*的中断控制位。=1，允许PWM*i*中断；=0，禁止PWM*i*中断。

③位1(EC*i*T2SI)：PWM*i*翻转点2中断允许位。=1，允许通道*i*翻转点2中断(则发生翻转时，通道*i*的中断标志C*i*IF置1，向CPU请求中断)；=0，禁止通道*i*翻转点2中断。

④位0(EC*i*T1SI)：PWM*i*翻转点1中断允许位。=1，允许通道*i*翻转点1中断(则发生翻转时，通道*i*的中断标志C*i*IF置1，向CPU请求中断)；=0，禁止通道*i*翻转点1中断。

9.关于中断标志的清除

①定时器中断标志：在中断工作方式下，T0、T1中断的中断标志位TF0、TF1一直保持到CPU响应中断，并由硬件自动清0；如果采用查询方式，则此标志需要软件清0。T2～T4中断标志隐藏。

②外部中断标志：对于$\overline{\text{INT0}}$、$\overline{\text{INT1}}$的中断标志IE0、IE1，CPU响应中断时由硬件自动清0。$\overline{\text{INT2}}$～$\overline{\text{INT4}}$中断标志隐藏。

③串行口中断标志：4个串行口的发送中断标志和接收中断标志，均须软件清0。

④低压检测中断标志位：须软件清0。

⑤ADC转换中断标志位：不管是中断方式还是查询方式，均须软件清0。

⑥比较器中断标志位：须软件清0，对CMPIF写0后，CMPIF_p和CMPIF_n都会被清0。

⑦PWM中断相关标志位：须软件清0。

有关PCA、SPI等中断的管理与控制，将在相应章节进行介绍。

习题与思考题

1. 简述 MCU 中断系统的功能。
2. 经典 8051 MCU 的中断系统包括哪些部分？简述每部分的功能。
3. 给出 8051 MCU 各中断源的中断控制方式及其入口地址。
4. 简述经典 8051 MCU 各中断源的中断标志，以及中断标志的建立条件和清除方法。
5. 简述 8051 MCU 响应中断的条件。
6. 简述响应中断服务程序和调用子程序的异同。
7. 简述编写 C51 中断函数的注意点。
8. 简述 STC15W4K 系列微控制器的中断源。

本章总结

二维码 5-7：
第 5 章总结

- 中断系统
  - 中断系统概述
    - 中断与作用
      - 中断的概念：硬件改变 CPU 程序运行方向的一种技术，使 MCU 具有实时处理异步事件的多任务处理能力。相关概念包括中断源、中断请求、主程序（调用程序）、中断服务程序、断点
      - 中断源：能够向微控制器请求中断的外部设备和内部功能模块，按键、定时器、ADC 等
      - 中断作用：使 CPU 能够快速响应随时发生的中断请求，即执行中断服务程序，对紧急事件进行处理
    - 中断系统的功能
      - 中断的允许和禁止：通过对 IE 寄存器的编程，可控制各中断源的中断允许或禁止
      - 中断响应及返回：判断是否响应，若响应，则自动保存断点、执行中断服务程序并能正确返回
      - 中断优先级与中断嵌套：每个中断源可设置其优先级，按高、低优先级顺序响应中断请求。高级中断能打断低级中断，实现中断的嵌套，但低级中断和同级中断不能打断高级中断
  - 8051 MCU 的中断系统
    - 中断系统结构：5 个中断源，6 个中断标志位，有中断允许控制和优先级选择功能，对应 5 个中断入口地址
    - 中断的控制：4 个中断相关 SFR。TCON：定时器/计数器控制寄存器中的 6 位；SCON：串行口控制寄存器的其中 2 位；IE：中断允许控制寄存器；IP：中断优先级寄存器
  - 中断处理过程
    - 中断响应的自主操作：中断请求（标志）的自动查询。响应时自动保护断点、转入中断入口地址执行中断程序；返回时自动返回主程序
    - 中断响应条件：中断源发出中断请求（相应中断标志位为 1），CPU 和中断源均允许中断，现行指令执行完毕，并且不在执行高级或同级中断服务程序等 6 个条件
    - 中断响应过程：保护断点（自主）、保护现场、执行中断程序、恢复现场、恢复断点（自主）即返回主程序（调用程序）
    - 中断响应时间：直接响应的时间是 3～8 个机器周期。不满足响应条件或有中断嵌套，则响应时间还取决于其优先级及中断程序的长短
    - 响应中断与调用子程序的异同：都需要进行现场保护和恢复，返回指令不同；中断的产生是随机的，中断的响应时间受控于中断响应条件是否满足或是否有嵌套；子程序的调用是由程序设计安排的，响应时间固定
  - 中断程序设计
    - 中断初始化：设置中断控制位，中断优先级，外部中断的触发方式及对相关中断源的初始化（定时器、串行口等）
    - 汇编中断服务程序：保护和恢复现场；中断程序的安排：中断入口处安排 LJMP、SJMP 指令，中断服务程序安排到其他存储区
    - C51 中断函数：中断函数的格式；C51 编译器对中断函数的自动处理；中断函数不能有形参和返回值，不使用中断的处理（存入陷阱程序、空函数）
    - 中断程序设计举例
  - STC15W4K 系列 MCU 的中断系统
    - 中断系统结构：新扩展了 16 个中断源；共 21 个中断，其中 12 个中断具有 2 个中断优先级，可实现二级中断嵌套
    - 中断相关 SFR：增加多个与中断系统有关的 SFR，以实现对 21 个中断源的控制。IE、IE2、INT_CLKO、IP、IP2、TCON、SCON、S2CON～S4CON、PCON、ADC_CONTR、CMPCR1、PWMCR 等寄存器或其中相关位

第6章

定时器/计数器

定时器/计数器是微控制器内部最基本的功能模块之一，运用该模块可以方便地实现微控制器系统测量与控制过程所需要的定时、计数等功能，是微机测控系统的重要组成部分。

本章介绍定时器/计数器的原理与功能，8051 MCU 定时器/计数器的组成结构、控制方法、工作方式，定时方式和计数方式的应用，以及不同长度定时时间的实现方法；最后介绍了 STC15W4K 系列微控制器的定时器/计数器 T0～T4，以及功能和应用。

6.1 定时器/计数器概述

二维码 6-1：定时器/计数器概述

定时器/计数器的核心是计数器(counter)。计数器是能够对输入脉冲信号的上升沿或下降沿即跳变沿(不同的计数器有不同的规定)进行检测并能进行加法或减法计数的硬件模块。

6.1.1 定时器/计数器的原理

1. 加法计数器

对输入脉冲进行加法计数，在每个脉冲的跳变沿计数器加 1。当一定位数的二进制计数器累加到每位全为 1 时，再输入一个脉冲，计数器内容变为全 0，此时称为溢出。通常微控制器中的定时器/计数器模块，大多采用加法计数器。

2. 减法计数器

对输入脉冲进行减法计数，在每个脉冲的跳变沿计数器减 1。当一定位数的二进制计数器减到每位全为 0 时，再输入一个脉冲，计数器内容变为全 1，此时称为溢出。独立的定时器/计数器芯片大多采用减法计数器，例如 Z80CTC、8253、8254 等。

6.1.2 定时器/计数器的功能

定时器/计数器是微控制器的重要功能模块，所有微控制器都集成有几个可编程的定时器/计数器。通过编程可以使其工作在定时模式(实现定时功能)或计数模式(实现计数功能)。

1. 定时功能

如果计数器的输入是已知频率的脉冲，则将定时器/计数器编程为定时模式，通过设置计数初值可以得到不同的定时长度，实现定时功能。

2. 计数功能

如果计数器的输入是未知频率的脉冲，则将定时器/计数器编程为计数模式，通过计数可以获得一定时间内(如 1s)的脉冲个数，实现计数功能。

6.1.3　定时器/计数器的用途

在实际的微机测控系统中，通常需要定时采集输入信号或定时输出控制信号，也需要对外部脉冲信号和外界事件进行计数。

1. 定时器的用途

定时器/计数器可几乎不占用 CPU 时间而实现硬件的准确定时，应用广泛。①微控制器系统通常要进行定时测量或控制，如每 10ms 进行一次小车轨迹测量，计算判断后定时输出舵机控制信号；数据的定时采集、显示和通信等。②用于产生时间基准，如 20ms、50ms、1s 等，利用 1s 时间基准可设计实时时钟。

2. 计数器的用途

定时器/计数器可用于对外部脉冲的计数或事件的统计。①通过记录一定时间内外部脉冲的个数，实现对外部脉冲频率的测量。②通过对外部事件的记录，使系统做出处理和控制的决策，如累计外部事件(生产流水线上的工件)的数量，当达到一个设定值时，发出装箱、打包等控制信号。

6.2　8051 微控制器的定时器/计数器

二维码 6-2：8051 MCU 的定时器/计数器

8051 微控制器有 2 个可编程的 16 位定时器/计数器 T0 和 T1。通过编程可选择其工作在定时模式或计数模式，每个定时器/计数器具有多种工作方式，可预设定时/计数初值，设置是否允许中断，以及控制 T0、T1 的启停等。

6.2.1　定时器/计数器的结构

1. 组成结构

定时器/计数器的基本结构如图 6-1 所示，具有 2 个 16 位的加 1 计数器 T0 和 T1，分别由 2 个 8 位的计数器串联而成。6 个与定时器/计数器模块有关的特殊功能寄存器，分别是方式寄存器 TMOD，控制寄存器 TCON，T0 和 T1 的计数寄存器 TH0、TL0 和 TH1、TL1。此外，还有 2 个外部脉冲输入引脚 T0(P3.4)、T1(P3.5)。

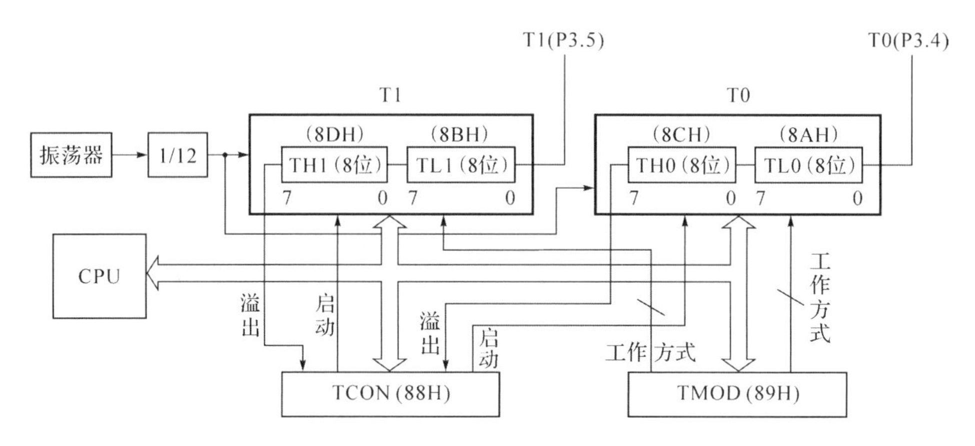

图 6-1 定时器/计数器组成结构

2. 定时模式

定时器/计数器的工作原理如图 6-2 所示。当 $C/\overline{T}=0$ 时，选择定时工作方式(此时 K0 拨向上方)，加 1 计数器的输入脉冲是内部振荡频率的 12 分频脉冲(机器周期)，即每个机器周期计数器加 1。若微控制器的晶振频率为 12MHz，则计数脉冲的频率为 1MHz(机器周期为 1μs)。需要定时时，首先设置 T0、T1 寄存器的计数初值，再启动定时器工作(使 K1 闭合)，当计数器不断加 1 到溢出时，定时器中断标志 TFi(i =0 或 1)置位，表示定时时间到，向 CPU 请求中断。

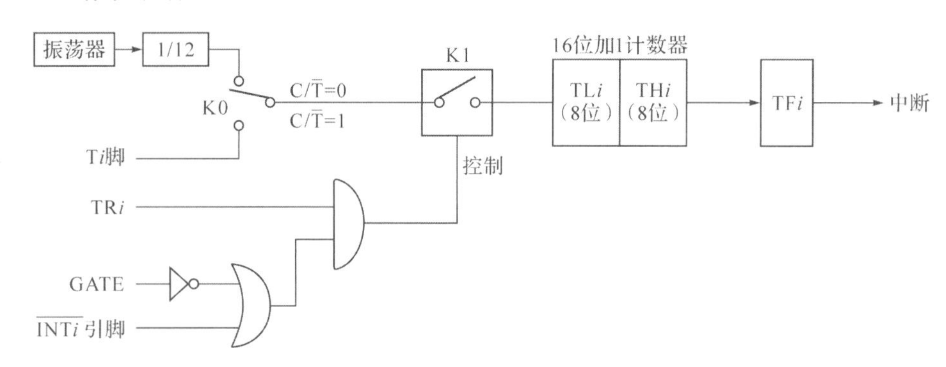

图 6-2 定时器/计数器工作原理

3. 计数模式

当 $C/\overline{T}=1$ 时，选择计数工作方式(此时 K0 拨向下方)，T0 和 T1 计数器的输入脉冲来自连接到引脚 T0(P3.4)或 T1(P3.5)的外部输入脉冲，每输入一个脉冲，计数器加 1。

MCU 对外部脉冲的采样过程：每个机器周期采样一次 Ti(i=0 或 1)引脚状态，当检测到一个下降沿(前一个机器周期的采样值为高电平，当前机器周期的采样值为低电平)时，计数器加 1。因此，计数器对外部脉冲的要求是高电平和低电平宽度至少为一个机器周期。这个要求决定了计数器能够记录的外部脉冲的最高频率是系统晶振频率的 1/24。

6.2.2 定时器/计数器的控制

在 8051 MCU 中，对定时器/计数器的控制是通过对方式寄存器 TMOD 和控制寄存器

TCON，以及计数寄存器 TH0、TL0 和 TH1、TL1 的编程实现的。

1. 方式寄存器 TMOD(timer mode)

TMOD 的字节地址为 89H，不可位寻址。各位的符号定义如下，其中高 4 位是 T1 的控制位，低 4 位是 T0 的控制位。TMOD 各控制位功能列于表 6-1。

位	7	6	5	4	3	2	1	0
位符号	GATE	$C/\overline{T}$	M1	M0	GATE	$C/\overline{T}$	M1	M0
英文注释	gate	counter/ timer	mode bit 1	mode bit 0	gate	counter/ timer	mode bit 1	mode bit 0

定时器/计数器 T1　　　　定时器/计数器 T0

表 6-1　TMOD 控制位功能说明

符　号	功能说明
M1M0	工作方式选择位 M1M0＝00：选择工作方式 0，13 位计数器 M1M0＝01：选择工作方式 1，16 位计数器 M1M0＝10：选择工作方式 2，计数初值自动重装载，8 位计数器 M1M0＝11：选择工作方式 3，定时器 0 分成两个 8 位计数器，定时器 1 停止计数
$C/\overline{T}$	定时方式或计数方式选择位 $C/\overline{T}=0$，选择定时方式 $C/\overline{T}=1$，选择计数方式
GATE	门控位。与$\overline{\mathrm{INT}i}$相结合，可以实现外部脉冲高电平宽度的测量 当 GATE＝0 时，只要令运行控制位 TRi 为"1"，Ti 就开始计数 当 GATE＝1 时，需要 TRi＝1 和$\overline{\mathrm{INT}i}$引脚为高电平，才能令计数器开始工作 当 GATE＝1 和 TRi＝1 时，计数器的启停取决于$\overline{\mathrm{INT}i}$引脚的信号，当$\overline{\mathrm{INT}i}$由 0 变 1 时，开始计数；当$\overline{\mathrm{INT}i}$由 1 变 0 时，停止计数。这就是利用 T0 和 T1 测量外部脉冲高电平宽度的原理

2. 控制寄存器 TCON(timer control)

TCON 的字节地址为 88H，可以位寻址，各位地址和符号定义如下所示。其中低 4 位与外部中断 0、1 有关，这里不再赘述；高 4 位是 T0、T1 的溢出标志和 T0、T1 启停控制位。TCON 各控制位功能列于表 6-2。

位地址	8FH	8EH	8DH	8CH	8BH	8AH	89H	88H
位符号	TF1	TR1	TF0	TR0	IE1	IT1	IE0	IT0
英文注释	timer 1 overflow	timer 1 run	timer 0 overflow	timer 0 run	interrupt external 1 flag	interrupt 1 type control bit	interrupt external 0 flag	interrupt 0 type control bit

表 6-2　TCON 有关控制位功能说明

符　号	功能说明
TF1	T1 溢出标志位，也称 T1 中断标志位 T1 计数溢出时，该位置 1。中断方式时，MCU 响应中断后由硬件自动清 0。查询方式时，需要用程序清 0
TR1	T1 的运行(启停)控制位 当 GATE1=0 时，令 TR1=1，启动 T1 工作；令 TR1=0，停止 T1 工作 当 GATE1=1 时，由 TR1 和 $\overline{\text{INT1}}$ 引脚的电平同时控制 T1 的启停
TF0	T0 溢出标志位和中断标志位。功能与 TF1 相同
TR0	T0 的运行(启停)控制位。功能与 TR1 相同

3. 计数寄存器 TH0、TL0 和 TH1、TL1

T0 中的 16 位加 1 计数器由高 8 位 TH0 和低 8 位 TL0 这两个 8 位计数寄存器串联而成，用来累计输入脉冲。可以给 TH0、TL0 设置初值，当 16 位计数器从初值开始不断加 1 并变为全 0 时，表示 T0 溢出。TH1、TL1 串联构成 T1 的 16 位加 1 计数器。

6.2.3　定时器/计数器的工作方式

通过设置 TMOD 中的控制位 C/$\overline{\text{T}}$，可以选择 T0、T1 为定时模式或计数模式；当 C/$\overline{\text{T}}$=0时，定时器/计数器工作为定时模式，对于定时模式总是令 GATE=0，此时 K1 的开闭仅受控于 TRi。GATE 门控信号仅在定时器/计数器用于测量 $\overline{\text{INT}i}$ 引脚上的外部脉冲高电平宽度时发挥作用，若令 GATE=1、TRi=1，则定时器/计数器的启停受控于 $\overline{\text{INT}i}$ 引脚的高低电平。

T0、T1 定时器/计数器有四种工作方式，通过设置 M1、M0，可选择其中之一。由于工作方式 0 和工作方式 3 很少应用，这里主要介绍工作方式 1 和工作方式 2。

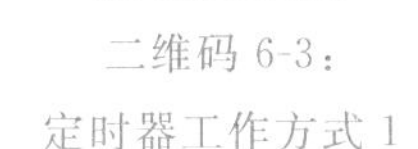

二维码 6-3：
定时器工作方式 1

1. 工作方式 1

当 M1、M0 设置为 0、1 时，定时器/计数器设定为工作方式 1，THi 和 TLi 构成 16 位的加 1 计数器，因此称为 16 位计数方式，其最大计数值为 65536。其组成结构如图 6-3 所示。

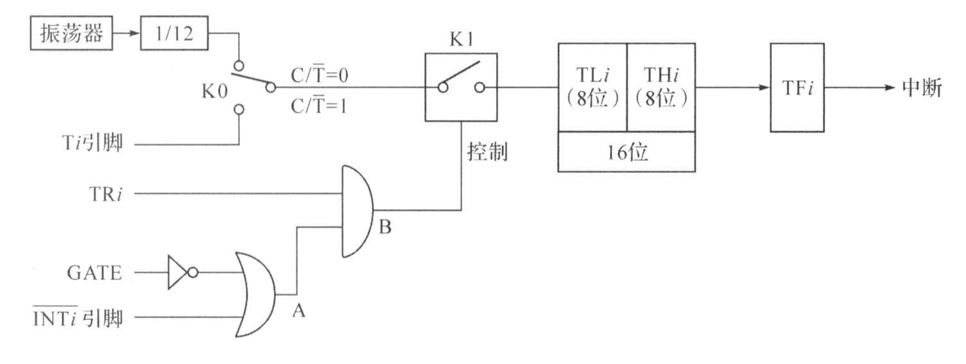

图 6-3　定时器/计数器工作方式 1

当 16 位计数器从设置的初值不断加 1 到溢出(变为全 0)时,表示定时时间到或计数脉冲达到设定个数,此时溢出标志 TF*i* 位变为“1”。如果允许 T*i* 中断(ET*i*=1),则 T*i* 向 CPU 发出中断请求。同时,定时器/计数器继续加 1 计数,要注意的是:此时 T*i* 的 16 位计数器是在溢出后的 0000H 基础上进行累加。所以为使 T*i* 重新从设置初值开始计数,在 T*i* 的中断服务程序或检测到溢出后的处理程序中,首先要给 TH*i*、TL*i* 重装载初值。但由于中断响应需要一定时间并存在中断响应时间的随机性,因此定时或计数存在一定误差(误差大小与系统程序的设计、中断的优先级别等有关)。

图 6-3 分析:

(1)对于定时方式和计数方式:

• 定时方式时($C/\overline{T}=0$),K0 连接至周期为机器周期的内部脉冲信号;计数方式时($C/\overline{T}=1$),K0 连接至定时器/计数器的外部脉冲输入引脚 T*i*。

• 设置 GATE=0,此时或门输出 A=1,与门输出 B=TR*i*,开关 K1 受控于 TR*i*。TR*i*=1,K1 闭合,开始定时或计数;TR*i*=0,K1 断开,结束定时或计数。

(2)对于外部脉冲高电平的测量:

• 设置为定时方式($C/\overline{T}=0$),定时器的计数脉冲为系统的机器周期;设置定时初值为 0000H。

• 设置 GATE=1,此时或门输出 $A=\overline{INTi}$,再设置 TR*i*=1,则与门输出 $B=A=\overline{INTi}$,即开关 K1 受控于 $\overline{INTi}$ 引脚的电平。当 $\overline{INTi}$ 变高时,K1 闭合,定时器开始工作(开始累计机器周期);当 $\overline{INTi}$ 变低时,K1 断开,定时器停止工作。此时定时器/计数器 16 位寄存器 TH*i*、TL*i* 中的内容,即为 $\overline{INTi}$ 引脚高电平期间的机器周期数,即高电平的宽度(μs)。

2. 工作方式 2

当 M1、M0 设置为 1、0 时,定时器/计数器设定为工作方式 2,称为 8 位初值重装载方式。该方式把 TL*i* 配置成一个独立工作的 8 位加 1 计数器,TH*i* 为重装载初值寄存器。初始化时由软件向 TH*i*、TL*i* 写入相同的 8 位计数初值。当 TL*i* 计数溢出时,一方面使 TF*i* 置 1 请求中断,同时打开 TH*i* 与 TL*i* 之间的三态缓冲器,将 TH*i* 中的计数初值重装载到 TL*i* 中,使 TL*i* 又从初值开始进行计数,而不需要软件重新写入计数初值。由于工作方式 2 在溢出时能够自动重装载初值,因此不存在定时误差。其工作原理如图 6-4 所示。

二维码 6-4:
定时器工作方式 2

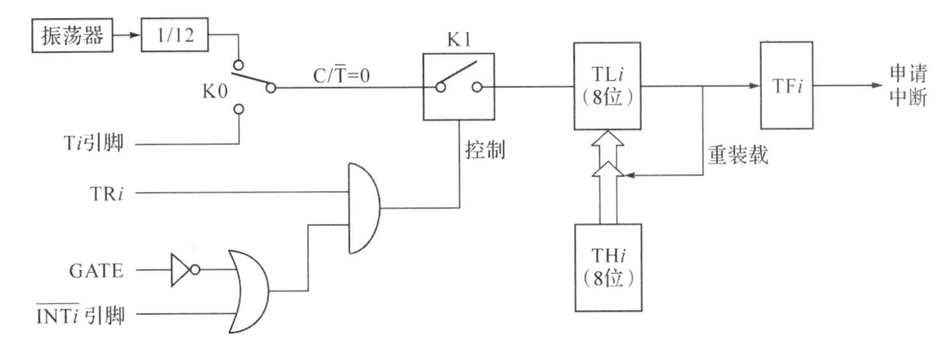

图 6-4　定时器/计数器工作方式 2

6.2.4 定时器/计数器的初始化

1. 初始化步骤

对于可编程器件，在使用前均要进行初始化。定时器/计数器的初始化步骤如下：

①确定工作方式，即给方式寄存器 TMOD 赋值。

②预置定时或计数初值，根据定时时间或计数需要计算出计数初值，并写入 TH0、TL0 或 TH1、TL1。

③中断设置(给 IE 赋值)，允许或禁止定时器/计数器的中断。

④启动定时器/计数器，令 TCON 中的 TR0 或 TR1 为“1”。

2. 定时/计数初值的确定

对于加 1 计数器，设置的计数初值应是需要定时(计数)值相对于定时器/计数器最大计数值 M 的补码。对于位数为 L(取决于工作方式，对于工作方式 1 和 2，L 分别为 16 和 8)的计数器，其最大计数值为 $M=2^L$。假设晶振频率为 12MHz，其机器周期为 1μs，则：

①对于工作方式 1，最大计数值 $M=2^{16}=65536$。

若设置定时初值 $X=0$，则定时时间为 65536μs(这是其最长定时时间)。若需要定时的时间 t 为 20ms(即 20000μs)，则定时初值 X 应为：最大定时时间－需要定时时间＝65536－20000＝45536。加 1 计数器在该初值基础上，计数 20000 个机器周期后，就发生溢出，表示 20ms 定时时间到。

②对于工作方式 2，最大计数值 $M=2^8=256$。

若设置定时初值 $X=0$，此时达到最长定时时间 256μs。若需要定时的时间 t 为 200μs，则定时初值 X 为：最大定时时间－需要定时时间＝256－200＝56。加 1 计数器在该初值基础上，计数 200 个机器周期脉冲，就发生溢出，表示 200μs 定时时间到。

设定时初值为 X，则定时时间 $t=(M-X)\times 1\mu s$(假设晶振频率＝12MHz)。其中，工作方式 1 的 $M=65536$，工作方式 2 的 $M=256$。

对于晶振频率为 f_{OSC}的 MCU 系统，定时时间为：

$$t=(M-X)\times\frac{12}{f_{OSC}}=(M-X)\times 机器周期(\mu s) \tag{6-1}$$

如果要求定时的时间为 $t(\mu s)$，则根据式(6-1)可以得到定时初值 X 的计算方法：

$$X=M-\frac{tf_{OSC}}{12}=M-\frac{t}{机器周期} \tag{6-2}$$

【例 6-1】 设某 8051 微控制器采用的晶振频率为 6MHz，要求用 T1 产生 1ms 的定时，试计算定时初值。

【解】 已知 $f_{OSC}=6$MHz，则机器周期为 2μs。要求定时 1ms＝1000μs，计数器需要累计的脉冲个数为 1000μs/2μs＝500。由于工作方式 2 最大只能计数 256，因此无法实现。选用工作方式 1，定时初值 $X=65536-500=65036=$FE0CH，即向 TH1、TL1 设置 FEH、0CH。

【例 6-2】 设某 8051 微控制器系统的晶振频率为 12MHz，若要定时 50ms，试计算定时初值。

【解】 已知 f_{OSC}=12MHz,则机器周期为1μs。对于50ms定时,计数器需要累计的脉冲个数为50000个;因此选用工作方式1,定时初值 X=65536−50000=15536=3CB0H,即向TH1、TL1设置3CH、B0H。

【例6-3】 设晶振频率为12MHz,若要T1产生250μs的定时信号,试选择工作方式、确定定时初值。

【解】 计数脉冲即机器周期是1μs;定时250μs,需要计数器累加的脉冲个数为250个。选择工作方式2,定时初值 X=256−250=6,向TL1、TH1设置的初值为6。

对于计数方式,通常将计数初值设置为0,则经过一定时间计数后,加1计数器中的内容即为这段时间内记录的脉冲数。

6.3 定时器/计数器的应用

二维码6-5:定时器/计数器的应用

在实际微控制器系统中,通常需要定时测量外部输入信号、定时通信和显示等,需要定时向外部设备输出控制信号,也需要对外部脉冲信号和外界事件进行计数。需要不同时间间隔(如从几个μs到几秒)的定时,需要产生不同时间基准,如20ms、50ms、1s等,利用1s时基设计实时时钟等。运用微控制器中的定时器/计数器以及软件编程,可以满足实际的定时和计数需求。

6.3.1 定时方式的应用

【例6-4】 设某8051微控制器采用的晶振频率为12MHz,利用定时器T1在P1.0引脚输出周期为2ms的方波。

【分析】 要在P1.0引脚输出周期为2ms的方波,则高、低电平的时间分别为1ms,也就是要求每1ms改变一次P1.0的电平。所以要求定时时间为1ms,应采用工作方式1。TMOD的方式控制字应为10H;定时初值为 $X=2^{16}-1000\times12/12=64536$=FC18H,分别将FCH和18H写入TH1和TL1。

【解】 采用查询和中断方式的程序如下:

(1)汇编程序(查询方式):

```
        MOV     TMOD,#10H       ;设置T1为工作方式1
        SETB    TR1             ;启动T1定时
LOOP:   MOV     TH1,#0FCH
        MOV     TL1#18H         ;装入定时初值
        JNB     TF1,$           ;等待溢出,若TF1=0,则查询等待
        CPL     P1.0            ;P1.0状态翻转,输出方波
        CLR     TF1             ;查询方式,TF1需要软件清0
        SJMP    LOOP            ;重复循环
```

C51 程序(查询方式):

```
#include<reg51.h>
void main()
{
  TMOD = 0x10;                    //T1 按方式 1 工作
  TR1 = 1;                        //启动 T1
  while(1)                        //循环不停
  {
    TH1 = 0xFC;
    TL1 = 0x18;                   //给计数器赋初值
    while (TF1 = = 0);            //查询到 TF1 = = 1 为止
    TF1 = 0;
    P10 = ~P10;                   //输出方波
  }
}
```

(2)汇编程序(中断方式):

```
        ORG     0000H
        LJMP    MAIN
        ORG     001BH           ;T1 中断入口
        LJMP    BRT1            ;转 T1 中断服务程序
        ORG     0100H
MAIN:   MOV     TMOD,#10H       ;设置 T1 为工作方式 1
        MOV     TH1,#0FCH
        MOV     TL1,#18H        ;设置定时初值
        SETB    EA              ;CPU 开中断
        SETB    ET1             ;T1 允许中断
        SETB    TR1             ;启动 T1
        SJMP    $               ;模拟主程序

        ORG     0800H           ;T1 中断服务程序
BRT1:   MOV     TH1,#0FCH
        MOV     TL1,#18H        ;重装载定时初值
        CPL     P1.0            ;P1.0 状态翻转,输出方波
        RETI                    ;中断返回
```

C51 程序(中断方式):

```
#include<reg51.h>
void main()                       //主函数
{
    TMOD = 0x10;                  //T1 按方式 1 工作
```

```
    TH1 = 0xFC;
    TL1 = 0x18;                          //给计数器赋初值
    EA = 1;                              //CPU 总中断开
    ET1 = 1;                             //允许 T1 中断
    TR1 = 1;                             //启动 T1
    while(1);                            //主程序模拟
}
void timer1() interrupt 3 using 1        //T1 中断函数
{
    TH1 = 0xFC;
    TL1 = 0x18;                          //重装载定时初值
    P10 = ~P10;                          //P1.0 输出状态翻转
}
```

查询和中断两种编程方式的比较：①采用查询方式的程序简单，但需要 CPU 不断查询溢出标志，没有提高 CPU 工作效率。②中断方式的程序编写相对复杂，但是 CPU 对定时器/计数器初始化后，就由硬件进行定时，CPU 只需在定时时间到（定时器/计数器溢出）时，响应中断执行中断服务程序即可，其他时间可执行其他程序。③在实际应用程序中，通常采用中断方式设计定时程序。

6.3.2　计数方式的应用

二维码 6-6：
计数方式应用实例

【例 6-5】　设计一个微机系统，用于记录生产流水线上每天生产的工件箱数。每箱装 100 个工件，因此每次计数到 100 个工件时，该系统要向包装机发出打包命令（输出一个高脉冲信号），使包装机执行打包动作，并推出装满工件的箱子，同时引入空箱子。

【分析】　首先设计一个电路将经过流水线的工件转换为脉冲信号，一个工件输出一个脉冲，用定时器/计数器记录工件脉冲的个数，实现计数。

（1）外围电路设计：硬件示意如图 6-5 所示，选用 LED 光源和光敏电阻 R_L 作为流水线

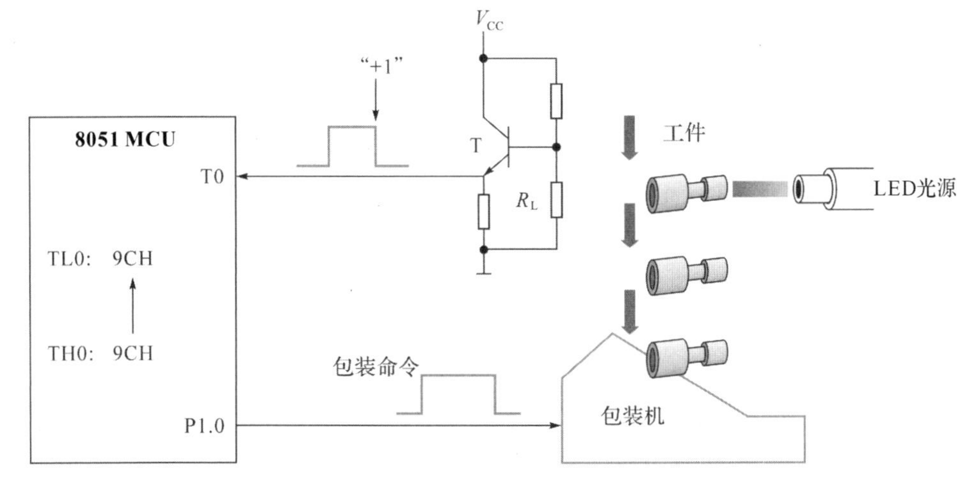

图 6-5　计数方式的应用实例

上工件的检测模块。当有工件通过时，LED 发出的光线受阻挡无法到达光敏电阻 R_L，而使其阻值增大，三极管 T 导通输出高电平；而没有工件时，光敏电阻接收到 LED 光使 R_L 变小，三极管 T 截止而输出低电平。因此每通过一个工件，T0 端就会接收到一个正脉冲信号，由 T0 进行计数。

(2)程序设计：①选用计数方式、工作方式 2，TMOD 方式控制字为 06H。②计数初值为 256－100＝9CH，即累计 100 个工件脉冲后 T0 溢出，TF0＝1，请求中断，同时自动重装载计数初值，使 TL0 又变为 9CH，T0 开始累计下一箱的工件数。③在中断服务程序中，P1.0 输出一个高脉冲信号，命令打包机执行打包动作，并完成工件箱数的累计。④用 R5 和 R4 作为每天生产工件箱数的计数器，用两个 8 位寄存器构成一个 16 位寄存器，最多可以累计 65536 箱(假设每天工件数不会超过该数值)。

【解】 汇编程序：

```
        ORG     0000H
        SJMP    MAIN
        ORG     000BH           ;T0 中断入口
        LJMP    COUNT           ;转 T0 中断服务程序
        ORG     0040H
MAIN:   CLR     P1.0            ;P1.0 置低电平
        MOV     R5,#0
        MOV     R4,#0           ;箱数寄存器清 0
        MOV     TMOD,#6         ;设置 T0 工作方式
        MOV     TH0,#9CH        ;设置重装载初值
        MOV     TL0,#9CH        ;设置计数初值为 156 = 9CH
        SETB    EA
        SETB    ET0
        SETB    TR0
        SJMP    $               ;模拟主程序,执行其他任务
        ORG     0800H
COUNT:  MOV     A,R4
        ADD     A,#1
        MOV     R4,A
        MOV     A,R5
        ADDC    A,#0
        MOV     R5,A            ;箱数寄存器加 1
        SETB    P1.0            ;输出包装机打包信号
        MOV     R3,#10
DLY:    NOP
        DJNZ    R3,DLY          ;延时产生高脉冲宽度
        CLR     P1.0            ;结束包装信号输出
        RETI
```

【例 6-6】 利用定时器/计数器的计数方式扩展外部中断源。

【分析】 ①把 T0、T1 设置为计数模式，选用工作方式 2，设置初值为 FFH，允许中断。

②外部中断源连接到 T0、T1 引脚，则当其引脚上产生一个下降沿时，定时器/计数器加 1 后产生溢出向 CPU 请求中断。

③利用这个特性可以把 T0(P3.4)和 T1(P3.5)两个引脚扩展为外部中断请求引脚，中断的触发条件是下降沿触发，中断标志为 T0、T1 的溢出标志 TF0 和 TF1。

扩展的两个外部中断的作用和功能与外部中断 INT0、INT1 完全相同。这样就把经典 8051 MCU 的外部中断源扩展到了 4 个。

【解】 以扩展 T0 外部中断为例，相应的初始化程序如下：

汇编程序：

```
MOV     TMOD,#06H        ;T0 计数模式,工作方式 2
MOV     TH0,#0FFH        ;设置重装载初值
MOV     TL0,#0FFH        ;设置初值
SETB    ET0              ;开 T0 中断
SETB    EA               ;开 CPU 中断
SETB    TR0              ;启动 T0
```

C51 程序：

```
TMOD = 6;                //T0 计数模式,工作方式 2
TH0 = 0xFF;              //设置重装载初值
TL0 = 0xFF;              //设置计数初值
ET0 = 1;                 //开 T0 中断
EA = 1;                  //开 CPU 中断
TR0 = 1;                 //启动 T0
```

6.3.3 定时间隔的实现

1. 软件定时

用软件可以实现最短时间和较长时间的定时。例如，对于只有几个机器周期的定时，可用几条指令来实现；对于较长的定时，可用延时子程序来实现。但软件延时需要 CPU 运行程序，因此会占用 CPU 的时间资源。

2. 定时器定时

运用定时器/计数器的定时功能，采用其不同的工作方式可以实现一定时长的定时。定时器定时占用 CPU 时间少，只需要定时响应溢出中断，执行中断服务程序。并且定时准确、灵活性强，能有效提高微控制器系统的性能。

3. 软硬件相结合定时

定时器的硬件定时时间有限，为实现较长时间的定时(如 1 秒定时)，可将定时器的 16 位定时功能和软件计数结合起来实现。

表 6-3 列出了产生不同长度定时时间的方法(假设 8051 MCU 的晶振频率为 12MHz)。

表 6-3 产生不同定时时间的方法

最长时间间隔/μs	方法
≈10	软件编写
256	8 位定时方式，自动重载模式
65536	16 位定时方式
无限长	16 位定时器与软件计数结合

【例 6-7】 编写一个脉冲波形产生程序，在 P1.0 引脚产生最高频率的周期性脉冲信号，能产生的最高频率是多少？该周期性脉冲波形的占空比是多少？

【解】 根据要求编写的程序如下，分析该程序产生的脉冲信号的频率和占空比。

```
        ORG     0000H
LOOP:   SETB    P1.0        ;1 个 TM;P1.0 置 1
        CLR     P1.0        ;1 个 TM;P1.0 清 0
        SJMP    LOOP        ;2 个 TM;循环
        END
```

执行程序在 P1.0 引脚上的电平变化(波形)如图 6-6 所示，可知该程序在引脚 P1.0 上产生了周期为 4μs、频率为 250kHz 的脉冲波形。在每个周期中，高电平时间为 1μs，低电平时间为 3μs，占空比为 1/4=0.25，即 25%。

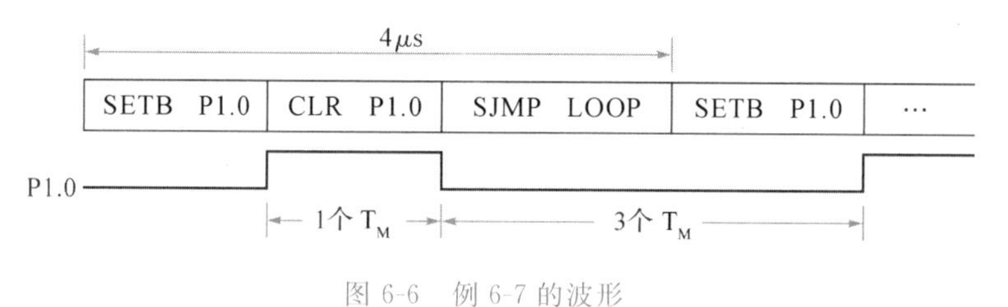

图 6-6 例 6-7 的波形

在程序的循环体中加入 NOP 指令可以延长脉冲的周期。例如，在“SETB P1.0”之后增加 2 条 NOP 指令，能使输出波形变为周期为 6μs、频率为 166.7kHz、占空比为 50%的方波。

【例 6-8】 以下程序可在引脚 P1.0 上产生最高频率的方波信号，求其频率和占空比。

```
        ORG     0000H
LOOP:   CPL     P1.0
        SJMP    LOOP
        END
```

【解】 高、低电平的时间分别为 3μs，周期为 6μs，频率为 166.67kHz，占空比为 50%。

6.3.4 实时时钟的实现

1.1 秒定时的获得

(1)实现方法

当晶振为 12MHz 时，定时方式 1 的最大定时时间为 65.536ms；因此需要采用定时器硬件定时和软件计数相结合的方法。

①设置 T0 为定时模式、工作方式 1，定时时间为 50ms，定时初值 X＝65536－50000＝15536＝3CB0H。

②用一个软件计数器（初值设为 0）累计 50ms 的个数，每次 50ms 定时中断，该软件计数器＋1，当其累计到 20 时，表示已有 20 个 50ms，即 1s 定时时间到。

（2）程序设计

①T0 初始化：工作方式 1，TMOD 设置为 01H；定时初值为 3CB0H，中断方式。

②用 R2 作为 50ms 计数器，用 sflag 作为秒标志，到 1s 时，该标志置 1。

③主程序可以设计一个显示程序，来显示秒数或执行其他工作。

（3）1s 定时汇编程序

主程序：

```
        ORG     0000H
        SJMP    MAIN            ;转主程序
        ORG     000BH
        LJMP    T0INT           ;T0 中断程序
        ORG     0030H
MAIN:   MOV     TMOD,#01H       ;设 T0 为方式 1
        MOV     R2,#00H         ;"50ms"计数器清 0
        CLR     sflag           ; 秒标志清 0
        SETB    ET0             ;T0 中断允许
        SETB    EA              ;CPU 中断允许
        MOV     TH0,#3CH        ;设置定时初值
        MOV     TL0,#0B0H
        SETB    TR0             ;启动 T0
DISP:   LCALL   DISPLAY         ;调用显示程序(如显示秒数)
LOOP:   JNB     sflag,LOOP      ;1s 未到,循环
        CLR     sflag
        SJMP    DISP            ; 1s 到,转去调用一次显示程序
```

50ms 中断服务程序：

```
T0INT:  MOV     TH0,#3CH        ;重装载定时初值
        MOV     TL0,#0B0H
        INC     R2              ;50ms 个数 + 1
        CJNE    R2,#20,RETURN   ; 未到 1s,中断返回
        MOV     R2,#00H         ;到 1s,"50ms"计数器清 0
        SETB    sflag           ;置秒标志 = 1
RETURN: RETI
```

2. 实时时钟的设计

（1）主程序设计与流程

①T0 初始化、中断初始化，软件计数器初始化（用内部 RAM 43H～40H 单元作为

50ms、秒、分钟、小时的存储单元)并清 0。

②启动定时器工作。

③反复调用显示子程序,显示实时时钟;在执行主程序过程中,实时响应 50ms 定时中断。其流程如图 6-7 所示。

(2)中断程序设计与流程

①保护现场和重装载 50ms 定时的定时初值。

②50ms 个数加 1,个数累计到 20 时表示 1s 到,把 50ms 个数清 0;秒单元内容加 1,满 60s 时,秒单元清 0;分钟单元加 1,满 60min 时,分钟单元清 0;小时单元加 1,满 24h 时,时钟单元清 0。

③重复上述过程,实现 50ms、秒、分钟、小时的计时处理和实时时钟的更新,即可得到不断运行的时钟。其流程如图 6-8 所示。

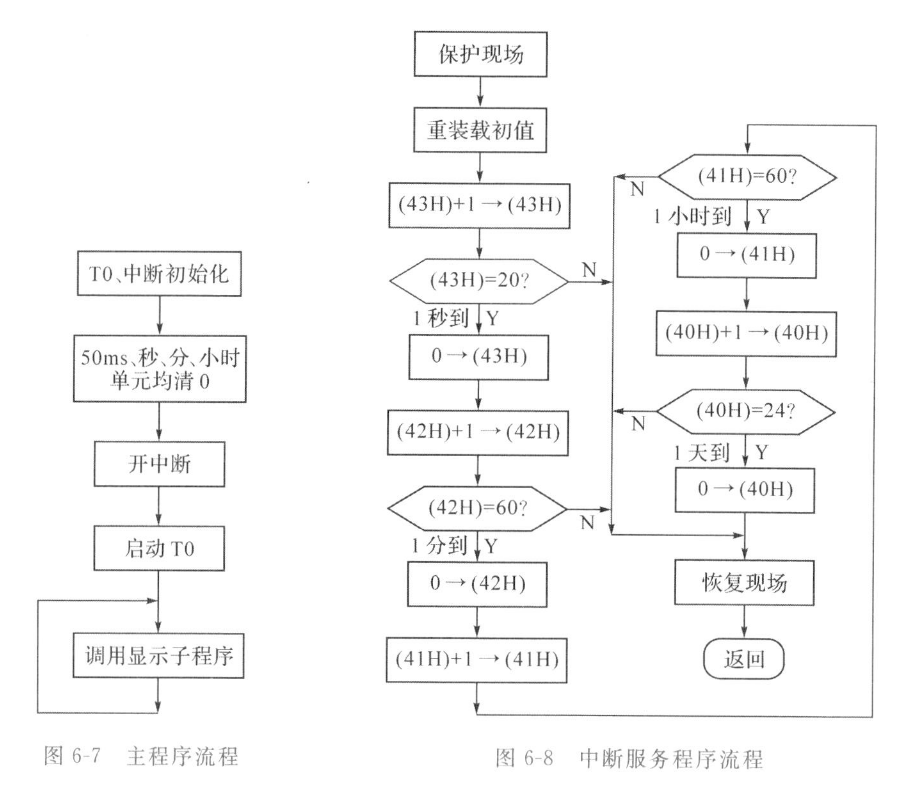

图 6-7 主程序流程　　图 6-8 中断服务程序流程

6.4 STC15W4K 系列 MCU 的定时器/计数器

二维码 6-7:STC15W4K 系列 MCU 的定时器/计数器

STC15W4K 系列 MCU 内部有 5 个 16 位定时器/计数器:T0、T1、T2、T3 和 T4。本节主要介绍该系列 MCU 与经典 8051 MCU 定时器/计数器的差别。

6.4.1 STC15W4K 系列 MCU 的 T0、T1

T0 和 T1 的控制寄存器、工作方式 1 和方式 2,与经典 8051 MCU 的 T0、T1 基本相同,通过 TMOD 的 C/$\overline{\text{T}}$位选择定时模式还是计数模式,通过 M1 和 M2 设置定时器的工作方式,详见 6.2.2。这里主要介绍 STC15 系列 MCU 创新设计的工作方式 0,即 16 位自动重装载方式。定时器 T0 处于工作方式 0 时,T0 的内部结构如图 6-9 所示。T0 和 T1 的内部结构和工作方式均相同,以 T0 为例进行说明。

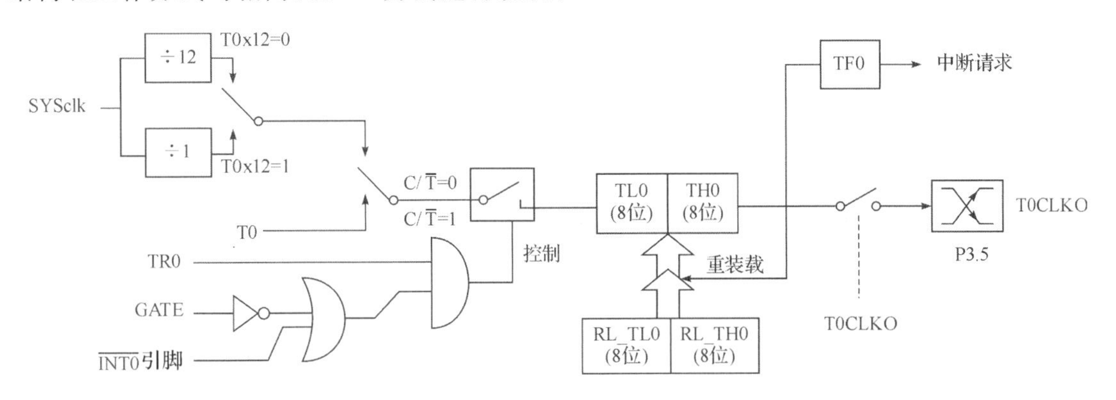

图 6-9 T0 工作方式 0 的内部结构

经典 8051 MCU 定时器的内部计数脉冲是系统时钟的 12 分频(即 12 个时钟脉冲),而 STC15W4K 系列 MCU 定时器有两种内部计数脉冲:一种是系统时钟的 12 分频,称为 12T 模式,与经典 8051 MCU 相同;另一种是系统时钟,即每个时钟计数器加 1,称为 1T 模式,计数速度提高了 12 倍。

T0 的内部计数脉冲由辅助寄存器 AUXR 中的 T0x12 位选择,=0,选择 12T 模式;=1,选择 1T 模式。T0 有 2 个隐藏的 8 位重装载寄存器 RL_TH0 和 RL_TL0,RL_TH0与 TH0 共用一个地址,RL_TL0 与 TL0 共用一个地址。当 TR0=0 即定时器未启动时,对 TH0、TL0 写入初值的同时,相同内容自动写入 RL_TH0 和 RL_TL0;当TR0=1时,定时器开始工作,此时若对 TH0、TL0 赋值,并没有写入寄存器 TH0、TL0,而是写入隐藏的重装载寄存器 RL_TH0 和 RL_TL0。对 TH0、TL0 读操作时,读取的是 TH0、TL0 的内容,而不是 RL_TH0 和 RL_TL0 的内容。

当 T0 工作在方式 0,计数器发生溢出时,溢出标志位 TF0 置位,同时自动将 RL_TH0 和 RL_TL0 的值重新装入 TH0 和 TL0,由此实现 16 位初值重装载的功能。

T0 对内部系统时钟或 T0 引脚输入脉冲进行可编程分频后,能够通过引脚输出。当图 6-9 右边的 T0CLKO=1 时,引脚 P3.5 设置为 T0 的时钟输出端 T0CLKO,输出时钟频率=T0 溢出率/2。

- 当 T0 为定时方式时(对内部系统时钟计数),在 1T 模式下,输出时钟频率=SYSclk/(65536-[RL_TH0,RL_TL0])/2;在 12T 模式下,输出时钟频率=(SYSclk/12)/(65536-[RL_TH0,RL_TL0])/2。
- 当 T0 为计数方式时(对引脚 T0(P3.4)的输入脉冲计数),则输出时钟频率=(外部脉冲频率)/(65536-[RL_TH0,RL_TL0])/2。

6.4.2 STC15W4K 系列 MCU 的 T2

STC15 系列 MCU 的 T2 固定为 16 位自动重装载方式(工作方式 0),可以作为定时器/计数器,也可以用作可编程时钟输出和串口的波特率发生器。

1. T2 的内部结构

T2 的内部结构和工作方式如图 6-10 所示,可以看出,T2 的内部结构与 T0、T1 的方式 0 类似。

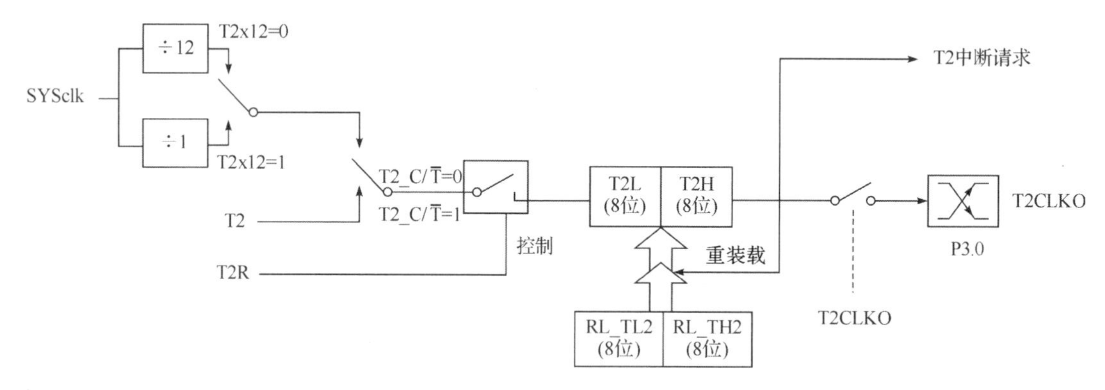

图 6-10 T2 内部结构和 16 位自动重装载方式

2. T2 相关的 SFR

与 T2 相关的 SFR 包括:T2H、T2L 分别是 T2 的高 8 位、低 8 位加 1 计数器,对应有 2 个隐藏的重装载寄存器 RL_TH2、RL_TL2。中断允许控制寄存器 2(IE2)的位 2(ET2)是 T2 的中断允许控制位。下面介绍辅助寄存器 AUXR、外部中断允许和时钟输出寄存器 INT_CLKO(AUXR2)。

辅助寄存器 AUXR,地址 8EH

位	7	6	5	4	3	2	1	0
位符号	T0x12	T1x12	UART_M0x6	T2R	T2_C/$\overline{T}$	T2x12	EXTRAM	SIST2

①位 7(T0x12)、位 6(T1x12)、位 2(T2x12)分别是 T0、T1、T2 的计数脉冲选择位。=1,表示对系统时钟脉冲进行计数;=0,表示对系统时钟脉冲的 12 分频信号进行计数。

②位 4(T2R)是 T2 的启停控制位。=1,启动 T2 工作;=0,停止 T2 工作。

③位 3(T2_C/$\overline{T}$)是 T2 的定时/计数模式选择位。=1,为计数模式,此时 T2 对引脚 P3.1 的外部脉冲进行计数;=0,为定时模式,对内部计数脉冲进行计数。

④位 0(SIST2)是串口 1 的波特率发生器选择位。SIST2=1,选择 T2 作为 S1 的波特率发生器,此时 T1 得到释放,可作为独立定时器使用。

其他位与定时器无关,此处不作介绍。

外部中断允许和时钟输出寄存器 INT_CLKO(AUXR2),地址 8FH

位	7	6	5	4	3	2	1	0
位符号	—	EX4	EX3	EX2	MCKO_S2	T2CLKO	T1CLKO	T0CLKO

位 2～位 0(T2CLKO～T0CLKO):定时器 T2～T0 的时钟输出允许位。=1,将 P3.0、P3.4、P3.5 引脚配置为 T2～T0 定时器的输出端,输出脉冲频率=T0 溢出率/2;=0,不允许定时器输出。

6.4.3　STC15W4K 系列 MCU 的 T3、T4

T3、T4 与 T2 一样,工作方式固定为 16 位自动重装载方式,可以作为定时器/计数器,也可用于可编程时钟输出或串口的波特率发生器。

1. T3、T4 的内部结构

T3、T4 的内部结构相同,与 T2 也相同。图 6-11 给出了 T3 的内部结构

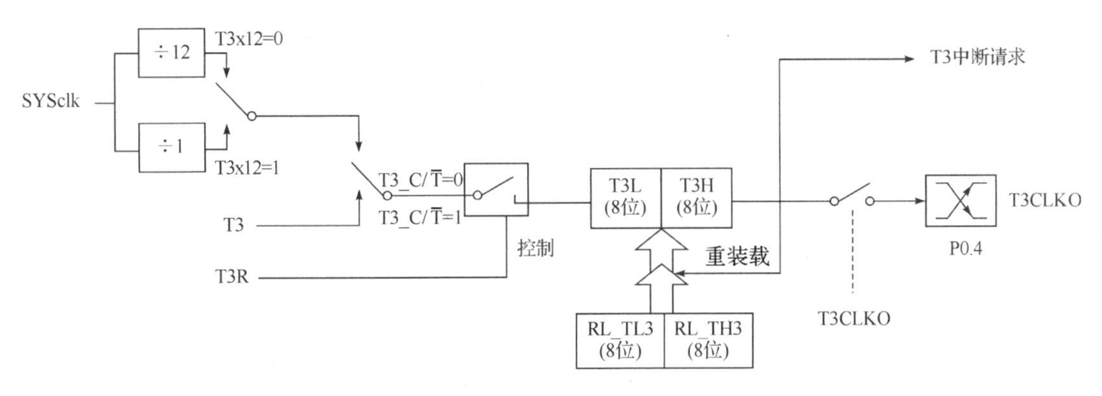

图 6-11　T3 的内部结构和 16 位自动重装载工作方式

2. 与 T3、T4 相关的 SFR

与 T3、T4 相关的 SFR 包括:T3H、T3L 和 T4H、T4L 分别是 T3、T4 的加 1 计数器,与之对应的是隐藏的重装载寄存器 RL_TH3、RL_TL3 和 RL_TH4、RL_TL4,其作用与 T0～T2 相同。中断允许控制寄存器 2(IE2)中的 ET3、ET4 是 T3、T4 的中断允许控制位。T4T3M 是 T3、T4 的控制寄存器。

T3、T4 控制寄存器 T4T3M,地址 D1H

位	B7	B6	B5	B4	B3	B2	B1	B0
位符号	T4R	T4_C/$\overline{T}$	T4x12	T4CLKO	T3R	T3_C/$\overline{T}$	T3x12	T3CLKO

高 4 位管理 T4,低 4 位管理 T3。

①位 7(T4R)、位 3(T3R)分别是 T4、T3 的启停控制位。=1,启动定时器工作;=0,停止定时器工作。

②位 6(T4_C/$\overline{T}$)、位 2(T3_C/$\overline{T}$):T4、T3 的定时/计数模式选择位。=1,选择计数模式,T4 对引脚 P0.7 的外部脉冲进行计数,T3 对引脚 P0.5 的外部脉冲进行计数;=0,选择定时模式。

③位 5(T4x12)、位 1(T3x12):T4、T3 的内部计数脉冲选择位。=1,对系统时钟脉冲进行计数;=0,对系统时钟脉冲的 12 分频信号进行计数。

④位 4(T4CLKO)、位 0(T3CLKO):T4、T3 的时钟输出允许位。=1,将 P0.6 和

P0.4引脚配置为 T4 和 T3 的时钟输出端，输出时钟频率是其溢出率/2；=0，禁止 T4 和 T3 输出时钟。

6.4.4 STC15W4K 系列 MCU 定时器应用举例

利用定时器/计数器可以实现定时、计数以及时钟输出。STC15W4K 系列 MCU 最多有 6 路可编程时钟输出，其中 5 路是 T0～T4 的时钟输出，1 路是系统时钟输出。如下所示：

系统时钟输出（MCLKO/P5.4 或 MCLKO_2/P1.6）	T0 时钟输出（T0CLKO/P3.5）	T1 时钟输出（T1CLKO/P3.4）	T2 时钟输出（T2CLKO/P3.0）	T3 时钟输出（T3CLKO/P0.4）	T4 时钟输出（T4CLKO/P0.6）

【例 6-9】 编写程序，利用 T2 的 16 位自动重装载方式，在 P0.0 引脚输出频率为 38.4kHz 的方波。

【分析】 (1)定时器初始化，令 INT_CLKO(AUXR2)的 $T2\_C/\overline{T}=0$，选择 T2 为定时模式；令 T2x12=0，选择 T2 的内部计数脉冲为系统时钟的 12 分频；T2CLKO=0，禁止 T2 输出时钟。

(2)根据输出频率计算定时初值，并写入 T2H、T2L，此时初值同时被写入了隐藏的重装载寄存器 RL_TH2 和 RL_TL2。

(3)中断设置(给 IE2 赋值)，允许 T2 中断。

(4)令 T2R=1，启动 T2 工作。

当 T2 溢出时，中断标志置 1，向 CPU 请求中断，并自动将 RL_TH2 和 RL_TL2 的值重装载到 T2H、T2L。

【解】 程序如下：

```
#include "reg51.h"
#define FOSC 18432000L                              //假设工作频率为 18.432MHz
sfr  IE2  = 0xaf;                                   //中断允许控制寄存器
sfr  AUXR = 0x8e;                                   //辅助特殊功能寄存器
sfr  T2H  = 0xD6;                                   //T2 计数寄存器
sfr  T2L  = 0xD7;
sbit  OUT = P0^0;                                   //方波输出引脚
#define T38_4kHz (65536 - FOSC/12/2/38400)          //计算定时初值
void main()
{
    T2L  = T38_4kHz;                                //初始化定时初值
    T2H  = T38_4kHz >>8;
    IE2| = 0x04;                                    //允许 T2 中断
    EA = 1;
    AUXR | = 0x10;                                  //T2 选择 12T 计数脉冲,启动 T2
    while(1);
}
```

```
void T2_isr() interrupt 12 using 1                //T2 中断函数
{
    OUT = ! OUT;
}
```

【例 6-10】 编写程序,实现 T0 对内部系统时钟或外部引脚 P3.4 输入脉冲信号的可编程时钟分频输出,输出频率为 38.4kHz。

【分析】 (1)T0 初始化:通过 TMOD 选择定时模式、工作方式 0,通过 AUXR 选择内部计数脉冲(1T 模式),通过 INT_CLKO(AUXR2)允许 T0 输出时钟脉冲(P3.5 为输出引脚)。

(2)根据输出频率计算定时初值,输出频率＝T0 溢出率/2,因此,初值 $X=65536-f_{OSC}/2/38400$。

(3)禁止定时器 T0 中断,启动 T0。

【解】 程序如下:

```
#include "reg51.h"
#define FOSC 18432000L                            //假设工作频率为 18.432MHz
sfr  AUXR  = 0x8e;                                //辅助特殊功能寄存器
sfr  INT_CLKO  = 0x8f;                            //时钟输出功能寄存器
sbit  T0CLKO  = P3^5;                             //T0 的时钟输出引脚
#define F38_4KHz (65536 - FOSC/2/38400)           //根据输出时钟频率计算初值
void main()
{
    AUXR |= 0x80;                                 //T0 选择 1T 计数脉冲
    TMOD  = 0x00;                                 //设置 T0 为工作方式 0
    TMOD &= ~0x04;                                //设置 C/T = 0,选择定时模式
    TL0  = F38_4KHz;                              //初始化定时初值
    TH0  = F38_4KHz >>8;
    TR0 = 1;                                      //启动 T0
    INT_CLKO  = 0x01;                             //使能 T0 的时钟输出功能
    while(1);
}
```

请注意:STC15W4K 系列微控制器的主时钟既可以是内部 R/C 时钟,也可以是外部输入的时钟或外部晶振产生的时钟。本章节中提及的系统时钟是指对主时钟进行分频后供给 CPU、定时器、串行口、SPI、CCP/PCA/PWM、A/D 转换器的实际工作时钟(SYSclk)。详细内容见第 2 章。

在"STC15.h"头文件中包含了 STC15 系列微控制器的 SFR 定义,若进行了该头文件的包含,则程序开头对相关 SFR 的声明可以省略。

习题与思考题

1. 简述 8051 MCU 定时器/计数器的组成结构以及相关 SFR。
2. 简述 8051 MCU 定时器/计数器的方式 1、方式 2 及其特点。
3. 工作方式 1 和方式 2 的最大定时时间分别为多少?(设晶振频率分别为 6MHz、12MHz)
4. 定时器/计数器用作定时器时,其定时时间与哪些因素有关?
5. 定时器/计数器用作计数器时,对外界脉冲的频率有何限制?
6. 定时器的定时时间有限,如何实现较长时间的定时?举例说明 1 分钟定时的实现方法。
7. 已知 8051 MCU 的晶振频率为 12MHz,用 T1 定时,由 P1.0 口和 P1.1 口分别输出周期为 2ms 和 500μs 的方波,试编程实现。
8. 编写程序,在 P1.0 口产生频率为 100Hz、占空比为 30%的矩形波。
9. 简述 STC15W4K 系列微控制器定时器/计数器工作方式 0 的特点及工作过程。

本章总结

二维码 6-8:
第 6 章总结

- 定时器/计数器
  - 定时器/计数器概述
    - 原理：核心和本质是脉冲计数器，能够对输入脉冲的跳变沿（上升沿或下降沿）进行检测，并进行加法（加 1）或减法（减 1）计数
    - 功能
      - 定时功能：对已知频率的脉冲进行计数，可通过设置计数初值得到不同的定时长度
      - 计数功能：对未知频率的脉冲信号，可通过设置一固定时间（如 1s）对脉冲进行计数，实现计数功能
    - 用途
      - 定时器的用途：几乎不占用 CPU 时间而实现硬件的准确定时（如 1ms、10ms 等），满足微控制器系统定时检测和控制的需求；产生时间基准（如 1s 等）
      - 计数器的用途：用于对外部脉冲的计数或事件的统计，如测量脉冲信号的频率等
  - 8051 MCU 的定时器/计数器
    - 结构
      - 组成结构：由两对 8 位二进制加法计数器，组成两个 16 位加 1 计数器 T0、T1
      - 定时模式：加 1 计数器的输入脉冲是内部时钟信号的 12 分频脉冲，即对系统的机器周期进行计数
      - 计数模式：输入脉冲来自连接到引脚 T0 或 T1 的外部脉冲，每输入一个脉冲计数器加 1；最大计数脉冲的频率为 $f_{OSC}/24$
    - 控制
      - 方式寄存器 TMOD：门控位，定时/计数选择位，工作方式选择位
      - 控制寄存器 TCON：溢出中断标志位，启停控制位
      - 对定时器/计数器的控制是通过对 TMOD 和 TCON，以及计数寄存器 TH0、TL0 和 TH1、TL1 的编程实现
    - 工作方式
      - 方式 1：16 位定时器/计数器方式，计数脉冲个数达到 65536 时，产生溢出，可向 CPU 请求中断
      - 方式 2：8 位重装载定时器/计数器，计数脉冲个数达到 256 就溢出，可设置为中断方式
      - 四种工作方式，通过设置 M1、M0 选择其中之一，方式 0 和方式 3 很少应用
    - 初始化
      - 初始化步骤：确定工作方式；预置定时初值；设置定时器/计数器中断允许或禁止；启动定时器/计数器
      - 初值确定：初值是定时计数值相对于工作方式最大计数值的补码
  - 定时器/计数器的应用
    - 定时方式的应用：波形输出，如输出周期性方波；产生等间隔定时信号
    - 计数方式的应用：外部脉冲计数，如流水线上工件的计数制，外部脉冲频率的测量
    - 定时间隔的实现
      - 软件定时：从几个 μs 到较长定时间隔
      - 定时器定时：8 位定时方式定时长度为 256 个机器周期；16 位定时方式定时长度为 65536 个机器周期
      - 软硬件相结合定时：16 位定时器与软件计数相结合，实现较长时间定时
    - 实时时钟的实现
      - 1 秒定时的获得：16 位工作方式定时 50ms，中断 20 次得到1 秒
      - 实时时钟设计：以秒为基准，以此计算秒、分、时，实现实时时钟功能
  - STC15W4K 系列 MCU 的定时器/计数器
    - T0、T1：控制寄存器、工作方式 1 和方式 2，与经典 8051 MCU 相同，方式 0 为 16 位自动重装载方式。计数脉冲可选择为系统时钟脉冲（1T 模式）或系统时钟的 12 分频（12T 模式）
    - T2、T3、T4：固定为 16 位自动重装载方式（方式 0），可以用作定时器/计数器，也可以用作可编程时钟输出和串口的波特率发生器
    - STC15W4K 系列 MCU 定时器应用举例

第二部分

微机接口技术

第7章 串行总线与接口技术

总线是微型计算机系统、嵌入式系统、智能仪器内部及相互之间传递信息的公共通道。利用总线技术，能够简化系统结构，增加系统的兼容性、开放性、可靠性和可维护性，便于系统的模块化、标准化设计。通信是计算机与微机系统或智能系统之间信息交互的主要方式。目前，大量串行接口芯片的产生使得微机系统的串行扩展成为一种发展趋势。串行总线占用微控制器的 I/O 接口资源少，可直接与许多外围器件连接，结构简单。

本章主要介绍总线与串行通信的概念和类型；8051 微控制器的异步串行接口 UART 组成结构、工作方式与应用；STC15W4K 系列微控制器的 UART 接口；同步串行总线 I^2C、串行接口 SPI、单总线 1-Wire 及其应用。

7.1 总线与串行通信概述

二维码 7-1：总线与串行通信概述

微控制器系统内部及微机系统之间信息的传递都是通过总线进行的，了解总线的分类和总线通信方式是学习串行总线技术的基础。

7.1.1 总线的概念与分类

总线是指微控制器系统、智能仪器内部以及相互之间传递信息的公共通道，是芯片内部模块之间、系统内部器件之间以及两个或多个系统之间的实际互连线。为使总线能有效、可靠地进行信息交换，必须对总线信号、传送规则以及传输的物理介质等做出一系列规定，这些规定称为总线协议或总线规则。被某个标准化组织批准或推荐的总线协议称为总线标准，符合某种总线标准的总线，称为标准总线。RS232、RS485、I^2C、SPI 等都是标准总线。

总线按其使用范围或者连接对象不同，可分为芯片总线、系统总线和通信总线；按照信号传送的方式不同，又可分为并行总线和串行总线。

1. 芯片总线

芯片总线是连接芯片内部各功能模块的通道，用于模块之间的信息传输。如微控制器内部有连接存储器、I/O 端口等的数据总线 DB、地址总线 AB 和控制总线 CB。芯片总线常采用分时复用方式，即在不同时刻传送不同类型的信息（如地址信息、数据信息和控制信息分时复用同一组总线），这种总线结构称为单总线结构。微控制器的片内总线大多采用并行的单总线结构。

2. 系统总线

系统总线是指由多个器件组成的智能系统内部各器件之间传送信息的通道，是将器件或模块构建成系统需要采用的总线，也称为内总线。系统总线分为并行系统总线（如 PCI 总线、VXI 总线等）和串行系统总线（如 I^2C、SPI、1-Wire 等）两类。本书主要介绍串行系统总线。

3. 通信总线

通信总线是两个或多个系统之间（如多个计算机或智能系统之间）传送信息的通道，是系统间信息交互或多系统构建网络采用的总线，也称为外总线。通信总线也分为并行通信总线（如 IEEE488 总线）和串行通信总线（如 RS232、RS485 总线等）两类。

并行通信是指数据字节的各位同时被传送或接收的通信方式，其特点是传输速度快，但当传输距离远、位数多时，会提高硬件成本、降低通信成功率。串行通信是指数据字节的各位按顺序逐位发送和接收的通信方式，其特点是只需 2～3 根传输线，线路简单、成本低，特别适合远距离通信，但其传输速度相对并行通信要慢。

芯片总线、系统总线、通信总线以及它们的作用和差别，如图 7-1 所示。

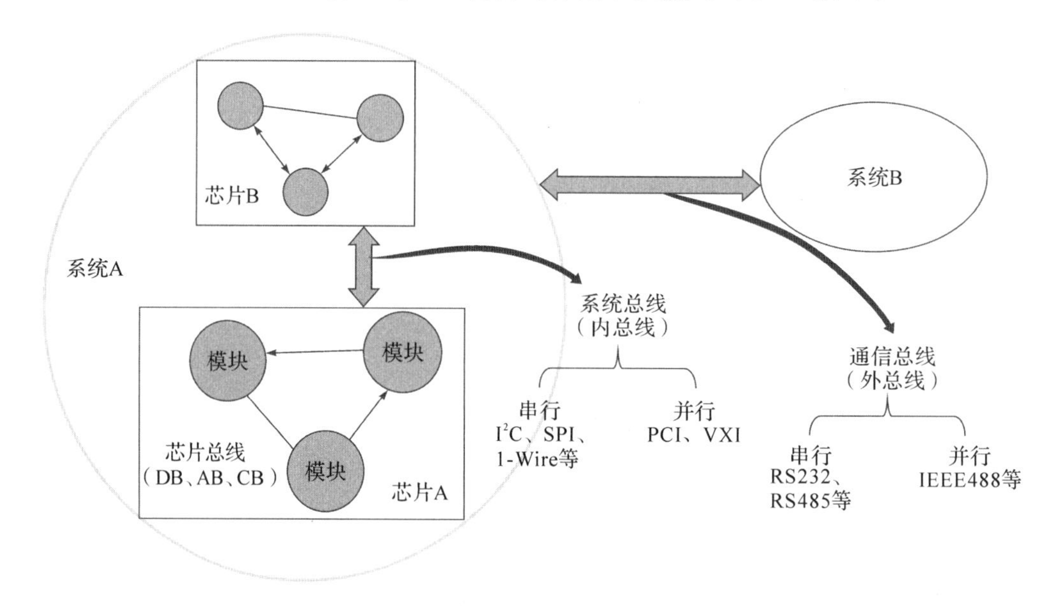

图 7-1　芯片总线、系统总线、通信总线的关系

在图 7-1 中，集成芯片（如芯片 A 和芯片 B）内部的各个模块通过芯片总线交互信息，通常为并行总线。由多个芯片组成的系统（如系统 A），内部多个芯片之间采用系统总线（内总线）进行信息交互，系统总线有串行的 I^2C、SPI 等和并行的 PCI、VXI 等。系统与系统之间（如系统 A 和系统 B）的信息交互称为通信，包括串行通信和并行通信；串行通信总线主要有 RS232、RS485、CAN、USB 等，并行通信总线主要有 IEEE488 等。在微控制器系统中已很少使用并行总线。

7.1.2　异步通信与同步通信

串行通信可分为异步通信和同步通信。

1.异步通信 ASYNC(asynchronous data communication)

(1)数据帧格式

在异步通信中,数据或字符是逐帧(frame)发送的。数据帧是1个字符完整的通信格式,也称为"帧格式"。数据帧由起始位、数据位、奇偶校验位和停止位4部分组成,如图7-2所示。

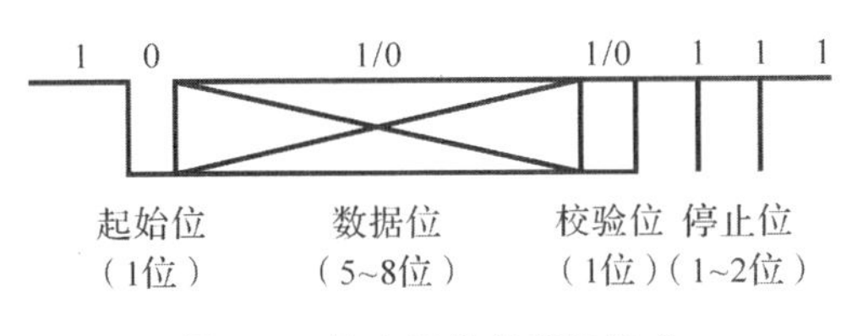

图7-2　异步通信字符帧格式

数据帧中各部分的作用如下:

①起始位。通信线上在不传送数据时(即空闲时),为高电平(逻辑"1");当要发送数据时,首先要发1个低电平信号(逻辑"0")。此信号称为"起始位",表示将开始一帧数据的传送。

②数据位。起始位之后要发送的数据位。数据位可以是5～8位(常用8位)。异步传送规定低位在前、高位在后。

③奇偶校验位。数据位之后发送奇偶校验位。奇偶校验位可用于判别字符传送的正确性。用户可根据需要选择奇校验、偶校验或不用校验位,须通信双方事先进行约定。

④停止位。校验位后是停止位,表示一帧数据通信结束。停止位是1～2位的高电平(逻辑"1")。

(2)异步通信的特点

①异步通信是以字符(数据帧)为单位进行传输的,帧与帧之间的时间间隔可任意,即帧与帧之间是异步的,通过起始位控制通信双方正确收发。

②每个数据帧内的各位要以固定间隔传送,且通信双方要设置相同的波特率,控制数据帧收发的同步。

③由于在数据帧中插入了为实现收发同步的起始位、停止位等附加位,因此降低了有效数据位的传送效率。

④异步通信的数据帧有固定格式,通信双方只需按约定的帧格式收发数据,硬件结构比同步通信方式简单。异步通信常用作串行通信总线(外总线),如RS232、RS485等。

(3)通信波特率

波特率是异步通信的一个重要指标,反映了数据传送的速率,用每秒传送的二进制数位数b/s或bps(bit per second)表示。

例如,每秒要传送120个字符,设每个字符为10位(1个起始位、8个数据位和1个停止位),则其波特率为:10b×120/s=1200bps。每位数据的传送时间T_d为波特率的倒数,当波特率＝1200bps 时，$T_d=1/1200=0.833$ms。

2. 同步通信 SYNC(synchronous data communication)

(1)数据帧格式

同步通信是一种连续串行传送数据的通信方式，要求发送端和接收端采用同一个时钟信号。时钟信号由发起通信的主机发出，称为同步时钟信号。同步时钟信号控制通信双方收发的同步，其频率决定通信的速率。同步通信需要三线制：数据线(SDA)、同步时钟线(SCL)、公共地线(GND)。同步通信以"数据序列"为单位进行通信，其格式如图 7-3 所示，包括以下三部分：

①同步字符。数据开始传送的同步字符(常约定为 1 至若干字节)，以实现发送端和接收端的同步。

②数据块。要通信的数据内容。发送方和接收方在同步字符结束后，连续、顺序地发送和接收。

③校验字符。为检测通信数据的正确性，在数据块发送完毕后，通常要按约定发送数据块的校验码。校验方式和校验码长度，按通信双方约定的通信协议进行。

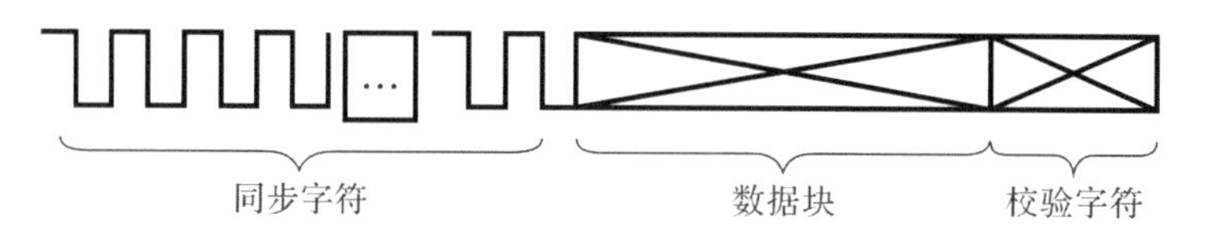

图 7-3 同步通信的数据格式

(2)同步通信的特点

①由于同步通信的数据帧不需要加入起始位和停止位，因此在相同传输速率下，其传送效率高于异步通信。

②同步通信需要同步时钟信号，以保证发送方和接收方的同步。

③同步通信常用于串行系统总线(内总线)，如 I^2C、SPI、USB 等。

7.1.3 通信协议与校验方式

1. 通信协议

通信协议是通信双方进行数据传输时的一些约定，包括数据帧格式、波特率、校验方式和握手方式等。为保证准确、可靠的通信，通信前通信双方要制定通信协议，约定双方应采用相同的数据帧格式、波特率和校验方式；通信时通信双方必须遵循该协议。

2. 校验方式

在通信时，传送的数据会受到干扰而出错，为使接收方能够检测接收数据的正确性，需要在数据通信过程中加入校验。微控制器系统常用的校验方式有字节的奇偶校验，以及数据块的累加和校验、循环冗余校验 CRC(cyclical redundancy check)等。

(1)字节的奇偶校验

奇偶校验是以字符为单位进行的，通过在数据帧的校验位上，设置"0"或者"1"，使得数据帧中有效数据位的"1"的个数为奇数个(称奇校验)或偶数个(称偶校验)。(数据帧中的有效数据位不包括起始位和停止位)

【例7-1】 用奇校验传送33H和43H,确定其数据帧。

【分析】 奇校验要求数据帧中有效信息位的"1"的个数为奇数个,通过在校验位上加上0或1实现。

发送数据	"1"的个数	校验位	数据帧			
			停止位	校验位	数据位	起始位
33H:00110011	4个"1"	1	1	1	00110011	0
43H:01000011	3个"1"	0	1	0	01000011	0

【例7-2】 用偶校验传送9EH和35H。

【分析】 偶校验要求数据帧中有效信息位的"1"的个数为偶数个,通过在校验位上加上0或1实现。

发送数据	"1"的个数	校验位	数据帧			
			停止位	校验位	数据位	起始位
9EH:10011110	5个"1"	1	1	1	10011110	0
35H:00110101	4个"1"	0	1	0	00110101	0

奇偶校验方式的检错能力分析:

假设双方约定采用奇校验发送数据33H,11位发送数据帧为:

"1 1 00110011 0" ;数据帧中"1"的个数是奇数个(不包括起始位、停止位)

假设接收方接到的11位数据帧,是下面这几种情况:

①"1 1 00110010 0" ;4个"1"

②"1 1 00100010 0" ;3个"1"

③"1 1 00110110 0" ;5个"1"

对于情况①,D0位从1变为0,使得接收数据帧中"1"的个数是4个,根据奇校验的约定,判断该数据通信出错。对于情况②和情况③,都有2个bit发生错误(1变0,或0变1),这时数据帧中"1"的个数还是奇数个,所以会判断接收数据正确。

因此,奇偶校验能够检出数据帧中发生的奇数个bit错误,但无法检出发生偶数个bit错误的情况。

(2)数据块的累加和校验

设传送的数据块有n个字节,发送方在数据块传送之前或在传送过程中,对这n个字节发送数据进行累加运算,形成n个数的"累加和",并把该"累加和"附在n个字节后面传送。接收方在接收过程或接收到n个字节后,对n个字节接收数据进行累加运算,形成n个数的"累加和"。接收方把对方发送的"累加和"与自己产生的"累加和"进行比较,若相等,表示整个数据块传送正确,否则表示数据块中有数据出错。

(3)数据块的循环冗余校验CRC

将整个数据块看成是一个很长的二进制数(如将n字节的数据块看成$8\times n$位的二进

制数)，然后用一个特定的数去除它，其余数就是 CRC 校验码，附在数据块后面发送。接收方在接收到数据块和校验码后，对接收的数据块进行同样的运算，得到的 CRC 校验码若与发送方的 CRC 校验码相等，表示数据传送正确，否则表示传送出错。

奇偶校验与累加和校验虽然使用较为方便，但校验功能有限。奇偶校验对字符中的奇数个 bit 错误能够检出，对发生偶数个 bit 错误的情况，则不能检出。累加和校验可以发现几个连续字节改变的差错，但不能检出数字之间的顺序错误(因为数据交换位置累加和不变)。循环冗余校验具有极高的检出率，通常高达 99.9999%。因此，循环冗余校验 CRC 是常用的数据块校验方式。

7.2 8051 微控制器的 UART

二维码 7-2:8051 微控制器的 UART

8051 MCU 有一个全双工的异步串行通信接口，它可用作 UART (universal asynchronous receiver/transmitter，通用异步接收发送设备)，也可作为同步移位寄存器。

7.2.1 UART 的组成结构

UART 的结构如图 7-4 所示，由发送数据缓冲器 SBUF(serial data buffer，地址为 99H，只写)、发送控制器、并入串出移位寄存器，接收数据缓冲器 SBUF(地址为 99H，只读)、接收控制器、串入并出移位寄存器，以及串行口控制寄存器 SCON、电源控制寄存器 PCON 等组成。因为发送 SBUF 和接收 SBUF 在物理上是完全独立的，因此可以同时进行数据的接收和发送，即是一个全双工通信口。

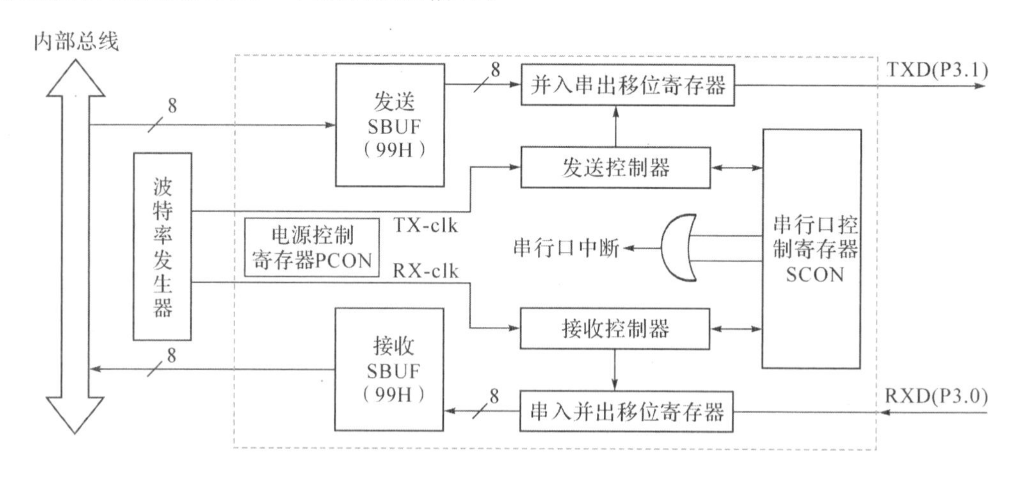

图 7-4 8051 MCU 的 UART 组成结构

1. 串行口控制寄存器 SCON(serial control)

SCON 用于串行通信的方式选择、接收和发送的控制，存放接收和发送中断标志，以及发送和接收的第 8 位信息(数据位的 D7～D0，是第 7～0 位)。SCON 位地址为 98H，既可字节寻址，也可位寻址。SCON 各位的功能说明见表 7-1。各位定义如下：

位	7	6	5	4	3	2	1	0
位符号	SM0	SM1	SM2	REN	TB8	RB8	TI	RI
英文注释	serial mode bit 0	serial mode bit 1	serial mode bit 2	receive enable	transmit bit 8	receive bit 8	transmit interrupt flag	receive interrupt flag

表 7-1　SCON 各位功能说明

<table>
<tr><th>位符号</th><th>功能说明</th></tr>
<tr><td>SM1、SM0</td><td>串行口工作方式选择位，功能如下：
<table>
<tr><th>SM0</th><th>SM1</th><th>工作方式</th><th>特　点</th><th>波特率</th></tr>
<tr><td>0</td><td>0</td><td>方式 0</td><td>8 位移位寄存器</td><td>$f_{OSC}/12$</td></tr>
<tr><td>0</td><td>1</td><td>方式 1</td><td>10 位 UART</td><td>可设置</td></tr>
<tr><td>1</td><td>0</td><td>方式 2</td><td>11 位 UART</td><td>$f_{OSC}/64$ 或 $f_{OSC}/32$</td></tr>
<tr><td>1</td><td>1</td><td>方式 3</td><td>11 位 UART</td><td>可设置</td></tr>
</table></td></tr>
<tr><td>SM2</td><td>多机通信控制位
• 当工作在方式 2 或 3 且 SM2=1 时，则只有当接收到的第 8 位(RB8)为“1”时，接收中断标志 RI 才能置为“1”；RB8 为“0”时，清除 RI；若 SM2=0，则无论 RB8 为何值，均置位 RI
• 当工作在方式 1 且 SM2=1 时，则只有在接收到有效停止位时，才置位 RI，否则 RI 清 0
• 当工作在方式 0 时，SM2 应置为“0”</td></tr>
<tr><td>REN</td><td>接收允许控制位。由软件置 1 或清 0。REN=1，表示允许串行模块接收数据；REN=0，则禁止接收</td></tr>
<tr><td>TB8</td><td>方式 2 和方式 3 时，数据帧中要发送的第 8 位数据(或奇偶校验位)，须事先用软件写入该位</td></tr>
<tr><td>RB8</td><td>方式 2 和方式 3 时，数据帧中接收到的第 8 位数据(或奇偶校验位)</td></tr>
<tr><td>TI</td><td>发送中断标志位。发送完一帧数据时，硬件置位 TI。TI 必须由软件清 0</td></tr>
<tr><td>RI</td><td>接收中断标志位。接收到一帧数据时，根据 SM2 的值决定是否置位 RI。RI 必须由软件清 0</td></tr>
</table>

2. 电源控制寄存器 PCON(power control)

该寄存器与串行口有关的只有最高位 SMOD。PCON 的位地址为 87H，其各位构成如下：

位	7	6	5	4	3	2	1	0
位符号	SMOD	—	—	—	GF1	GF0	PD	IDL
英文注释	serial mode	—	—	—	general flag 1	general flag 0	power down bit	idle mode bit

SMOD：波特率选择位。SMOD=1，表示波特率加倍，否则不加倍。

3. 数据缓冲器 SBUF(serial data buffer)

串行模块中有两个地址相同（均为 99H）但物理空间独立的数据缓冲器 SBUF，一个为发送 SBUF，另一个为接收 SBUF。发送 SBUF 只写，接收 SBUF 只读。发送时，MCU 写一个数据到 SBUF（如 MOV SBUF，A），是向发送 SBUF 写入数据；接收时，MCU 读一次 SBUF（如 MOV A，SBUF），是从接收 SBUF 读取串行口接收到的数据。

7.2.2 UART 的工作方式

8051 MCU 的 UART 有四种工作方式，由 SCON 的 SM0 和 SM1 决定；SM2 在串行口多机通信时使用，非多机通信时，置为 0。

1. 方式 0

方式 0 为同步移位寄存器输入/输出方式。8 位数据为一帧，先发送或接收最低位，其波特率固定为 $f_{OSC}/12$，即每个机器周期发送或接收 1 位数据。引脚 RXD（P3.0）是数据的输入/输出端，引脚 TXD（P3.1）是同步移位脉冲输出端，为外围芯片（如“串入并出”或“并入串出”移位寄存器）提供同步移位信号。该方式实际为 UART 的同步串行通信方式，常用于 I/O 接口的扩展。

方式 0 的发送和接收过程：

（1）发送

在 TI=0 情况下，将数据写入发送 SBUF 时，串行口开始发送。数据从 RXD 端串行输出（低位在前），TXD 端输出同步移位脉冲。8 位数据发送完毕由硬件将 TI 置“1”（表示一个字节数据发送完毕）。在软件清除 TI 后，可发送下一个数据。

（2）接收

在 RI=0 条件下，将 REN 置“1”，便启动了串行口的接收。数据从 RXD 端串行输入（低位在前），TXD 端输出同步移位脉冲。当 UART 接收到 8 位数据后存入接收 SBUF，并将 RI 置“1”（表示接收到一个字节数据）。CPU 读取接收数据后，用软件清除 RI，UART 模块准备接收下一个数据。

若串行口中断允许，则发送完一个字节数据后，置位发送中断标志 TI 并向 MCU 请求中断；在中断程序中，要软件清除 TI，并发送下一个数据。接收到一个字节数据时，置位接收中断标志 RI 并向 MCU 请求中断；在中断程序中，读取接收数据，并软件清除 RI。

2. 方式 1～方式 3

二维码 7-3：串行口的工作方式 2

方式 1～方式 3 是异步串行通信方式。通过设置 SCON 中的 SM0、SM1，可进行方式选择。方式 1 为 10 位异步通信方式，无校验位（第 8 位）；方式 2 和方式 3 是 11 位异步通信方式，两者的波特率设置有所不同。下面以工作方式 2、3 为例，说明 UART 的收发过程。

（1）发送

在 TI=0 时，向发送 SBUF 写入一个数据即启动了串行口的发送，发送 SBUF 的内容被自动送到内部的并入串出移位寄存器，并在内部发送移位脉冲（TX-clk）的控制下，按设定的波特率从TXD端，依次发送起始位(=0，硬件自动插入)、SBUF中的8位数据位(发送次序为先低后高)、1位校验位或可程控位(即第8位，SCON的TB8)、1位停止位(=1，硬件自动插入)。发送完毕后，TI置1，通知CPU可以发送下一字节或请求中断，同时维持TXD引脚为高电平状态。

(2)接收

数据从RXD端输入。首先令接收使能REN=1，UART开始接收数据。接收步骤：①起始位检测：在内部接收脉冲(RX-clk)的控制下，以16倍波特率的速率检测RXD端的电平，当检测到有效的“0”后，即认为检测到起始位。②然后开始接收数据位到串入并出移位寄存器、接收校验位存放到RB8，再接收停止位。③数据移入：连续接收到一帧11位数据后，并满足RI=0(接收SUBF已空，即上次数据已被取走)和接收到的停止位=1，则将移位寄存器中的数据送入接收SBUF，中断标志RI置1。否则，所有接收信息将丢失。

发送时，数据移位脉冲(TX-clk)的频率即为波特率。发送的每位信息在TXD端上保持的时间为波特率对应的时间。如波特率=9600bps，则每个bit数据的持续时间是1000/9600=104μs。

接收时数据的采样与确定方法：以16倍波特率的速率(RX-clk)检测RXD端的电平，即1位数据要检测16次，并取中间三次(第7、8、9次)的检测结果，把其中两次相同的电平确定为有效的数据电平(即按少数服从多数的规则确定出该bit的电平)。

3. 发送第8位(TB8)的确定

方式2和方式3是11位的数据帧传送方式，发送方在发送一帧数据前，应将数据帧的第8位预先存入SCON的TB8。TB8可以作为奇偶校验的校验位，也可以指定用作其他用途。采用奇偶校验时，要将该数据帧的校验位信息存入TB8；对于偶校验，TB8的内容就是P标志位的内容；对于奇校验，TB8的内容就是P标志位的求反。也就是说偶校验时TB8=P，奇校验时TB8=$\overline{P}$。

7.2.3 UART的波特率

1. 四种工作方式的波特率

工作方式	波特率	说明
方式0	$\frac{f_{OSC}}{12}$	晶振频率的12分频，周期为机器周期
方式2	$\frac{2^{SMOD}}{64}\times f_{OSC}$	当SMOD=0时，波特率为$f_{OSC}/64$ 当SMOD=1时，波特率为$f_{OSC}/32$
方式1、方式3	$\frac{2^{SMOD}}{32}\times$T1溢出率	波特率可编程。T1要作为波特率发生器 当SMOD=0时，波特率=(1/32)×T1溢出率 当SMOD=1时，波特率=(1/16)×T1溢出率

2. 定时器T1作波特率发生器

8051 MCU只有T0、T1两个定时器，当选择UART工作于方式1或方式3时，默认定时器 T1 为波特率发生器。对于不同型号的 MCU，用作波特率发生器的定时器/计数器有相应的说明。

定时器 T1 作波特率发生器时，选择为定时模式、工作方式 2(8 位初值重装载方式)，禁止中断。设定时初值为 X，则 T1 的定时时间即溢出周期 T 为(设 MCU 的晶振频率为 f_{OSC})：

$$T=\frac{12}{f_{OSC}}\times(2^8-X) \tag{7-1}$$

溢出率为溢出周期的倒数，所以：

$$\text{波特率}=\frac{2^{SMOD}}{32}\times \text{T1 溢出率}=\frac{2^{SMOD}}{32}\times\frac{f_{OSC}}{12\times(2^8-X)} \tag{7-2}$$

则 T1 的定时初值 X 为：

$$X=2^8-\frac{f_{OSC}\times(SMOD+1)}{384\times \text{波特率}} \tag{7-3}$$

8051 MCU 常用的波特率有 1200、2400、4800、9600、19200、38400、115200 等。T1 定时初值 X 与波特率的关系列于表 7-2。

表 7-2 常用波特率与定期初值关系

常用波特率	f_{OSC}/MHz	SMOD	定时初值 X
115200	11.0592	1	FFH
38400	11.0592	1	FEH
19200	11.0592	1	FDH
9600	11.0592	0	FDH
4800	11.0592	0	FAH
2400	11.0592	0	F4H
1200	11.0592	0	E8H

【例 7-3】 已知 8051 MCU 的振荡频率 f_{OSC} 为 11.0592MHz，定时器 T1 作波特率发生器，采用工作方式 2，波特率为 2400，确定 T1 的定时初值。

【解】 设波特率控制位 SMOD=0，定时器 T1 的时间常数为：

$$X=2^8-\frac{11.0592\times10^6\times(0+1)}{384\times2400}=244=\text{F4H}$$

T1 初始化时，分别向 TH1、TL1 写入 F4H。

如果晶振频率为 12MHz，例 7-3 的计算结果为 242.979≈243=F3H。由于不是整数，用 F3H 初值定时，产生的波特率是 2404，与 2400 的误差为 0.11%。当两个微控制器的波特率误差超过±2.5%时，就会引起通信错误。所以对于需要通信的微机系统，通常采用11.0592MHz、22.1184MHz 等频率的晶振。

7.2.4　UART 的应用

二维码 7-4：UART 的应用

UART 的应用通常包括：利用方式 0 扩展并行 I/O 接口、运用方式 1～方式 3 进行点对点双机通信，以及利用 RS485 驱动芯片将 UART 转为 RS485 总线后进行多机通信。

1. 利用方式 0 扩展 I/O 接口

利用串行口的方式 0，结合外围移位寄存器可以扩展并行的输入输出接口。如利用并入串出移位寄存器 74HC165，可以扩展输入接口。利用串入并出移位寄存器 74HC164，可以扩展输出接口。

二维码 7-5：串行口方式 0 的应用

【例 7-4】　用 2 个 74HC164 扩展 16 位输出接口，并用这 16 位口线连接 16 个发光二极管，编程使这 16 个发光二极管以 1 秒的周期循环间隔点亮。

【分析】　74HC164 是串入并出移位寄存器（也可选用其他相同功能的器件），Q0～Q7 为并行输出端，A、B 为串行输入端，$\overline{CLR}$为清除/移位控制端，CLK 为移位脉冲输入端。8051 MCU 利用 2 个 74HC164 扩展 16 位输出接口的电路如图 7-5 所示。MCU 的 RXD 连接串行数据输入端 A、B，TXD 输出移位脉冲到 CLK，P1.0 连接到$\overline{CLR}$。由于 74HC164 输出低电平时允许灌入电流可达 8mA，故无须再加驱动电路，只要端口输出低电平就可点亮 LED。

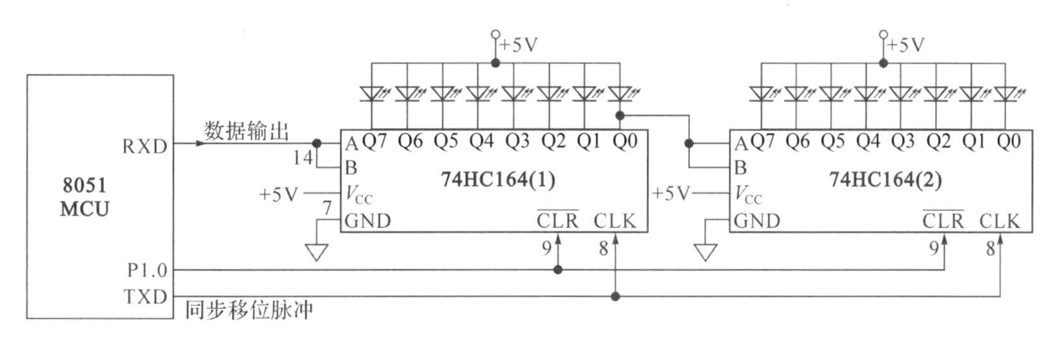

图 7-5　利用串行口方式 0 扩展输出接口

【解】　汇编程序：

```
ST:     MOV     SCON,#00H       ;设串行口为方式 0
        MOV     A,#55H          ;二极管间隔点亮初值
LP2:    MOV     R0,#2           ;输出 2 字节数
        CLR     P1.0            ;对 74HC164 清 0
        SETB    P1.0            ;允许数据串行移位
LP1:    MOV     SBUF,A          ;启动串行口发送
        JNB     TI,$            ;等待 1 帧数据发送结束
        CLR     TI              ;清除 TI
        DJNZ    R0,LP1          ;2 字节是否发送完,没有则循环
        LCALL   DEL1s           ;调延时 1 秒子程序(此处略)
        CPL     A               ;改变交替点亮的二极管
        SJMP    LP2             ;循环输出显示
```

2. 利用串行口进行双机通信

对于甲、乙两个系统的双机异步通信，其信号连接方式为：甲机的 TXD 与乙机的 RXD 相连，甲机的 RXD 与乙机的 TXD 相连，地线与地线相连。下面介绍双机通信的收发程序。

【例 7-5】 甲机将存放在 50H～5FH 的 16 个数据发送给乙机。采用工作方式 3，偶校验。通信波特率为 1200bps，用 T1 作波特率发生器，定时常数为 E8H。甲机发送程序和乙机接收程序的流程分别如图 7-6、图 7-7 所示。

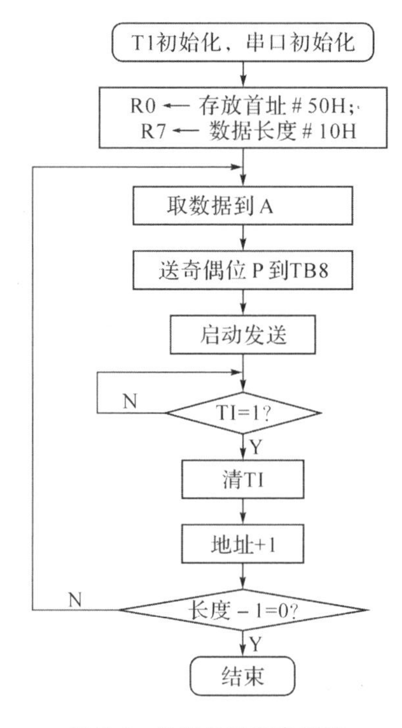

图 7-6 甲机发送程序流程

【解】 发送程序(C51)：

```
#include<reg51.h>
#define SEND_COUNT 16
idata char *pAddr = 0x50;              //设置数据指针
int i;
SCON = 0xC0;                           //串行口、T1 初始化
TMOD = 0x20;
TR1 = 0;
TH1 = 0xE8;
TL1 = 0xE8;
TR1 = 1;
for(i = 0;i< SEND_COUNT;i++)
{
  ACC = *(pAddr + i);                  //取数据,将奇偶性 P 送入 TB8
  CY = P;
  TB8 = CY;
```

```
    SBUF = *(pAddr + i);              //发送一个数据
    while(TI = = 0);
    TI = 0;
}
```

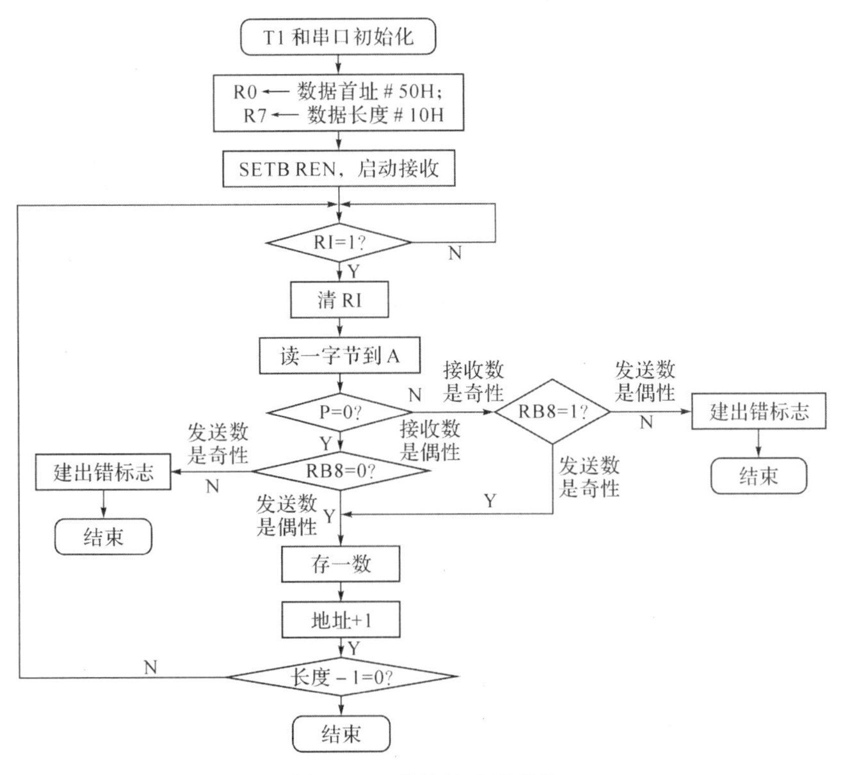

图 7-7　乙机接收程序流程

接收程序(C51)：

```
#include<reg51.h>
#define RECV_COUNT 16
char idata *pAddr = 0x50;             //定义指针变量和变量存储器类型,并指向首址
bit error_flag = 0;                   //出错标志清 0
int i;
SCON = 0xD0;                          //串行口、定时器初始化
TMOD = 0x20;
TR1 = 0;
TH1 = 0xE8;
TL1 = 0xE8;
TR1 = 1;
for(i = 0;i< RECV_COUNT;i + + )
{
    while(RI = = 0);                  //等待并接收数据
    RI = 0;
    ACC = SBUF;
```

```
    if(PSW.0! = RB8)                //接收数的奇偶性 P 与发送数的奇偶性 RB8,不相等,出错
      {
        error_flag = 1;             //建出错标志
        break;
      }
      else
      {
        *(pAddr + i) = ACC;         //正确保存数据到指针所指单元
      }
  }
```

【例 7-6】 甲、乙两机以方式 1 进行串行通信,传送长度为 lengh 的数据块,收发数据缓冲区首址为 buf。甲机发送信息,乙机接收信息,双方晶振频率均为 11.0592MHz,通信波特率设为 9600bps。

【分析】 T1 作波特率发生器,工作方式 2,定时初值为 0xFD。通信约定:甲机发送信号 0xAA 通知乙机准备发送数据,乙机收到 0xAA 后应答 0x55,表示准备好接收数据。甲机收到 0x55 后,即开始发送数据以及校验和;然后等待并接收乙机的应答信号。若接收到的应答信号为 0x00,表示通信成功;若为 0xFF,表示通信失败。

甲、乙双机通信程序流程如图 7-8 所示。

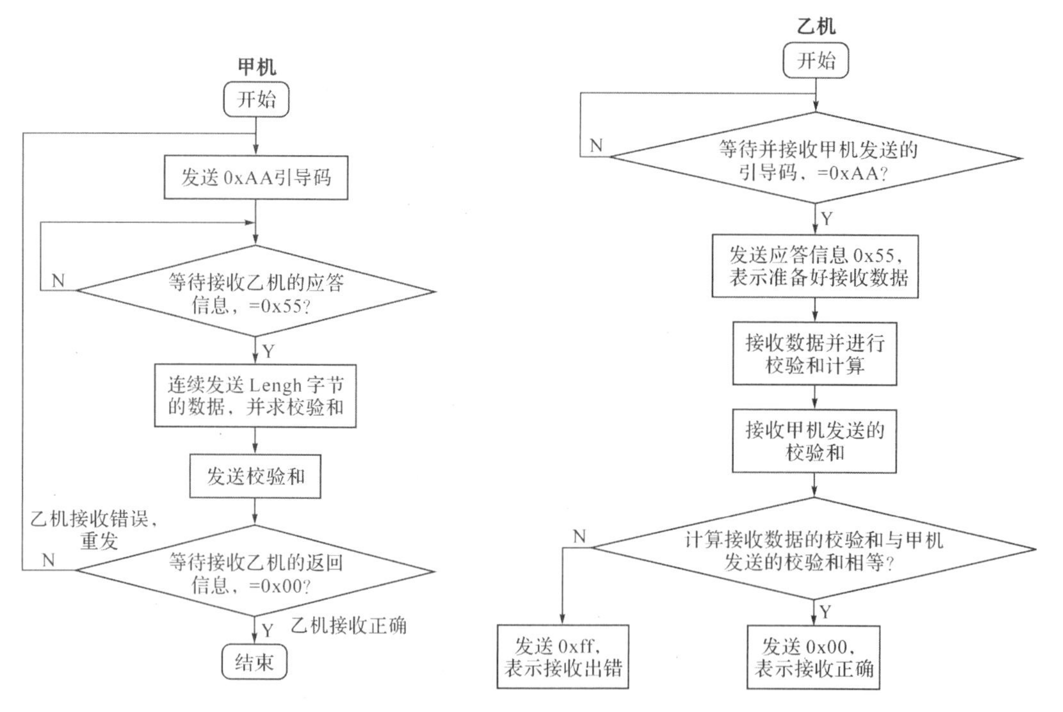

图 7-8 甲、乙双机通信程序流程

3. 利用串行口进行多机通信

UART 作为 8051 MCU 的异步串行通信口,可用于微机系统之间的双机通信。但在某些应用场合下,微机系统需要与 PC 机或具有 RS-232C 标准接口的设备进行通信,此时可

运用电平转换电路将 UART 转换为 RS-232C 通信标准电平。此外，在工业应用中需要构建能够多机通信的多微机系统监测网络或智能传感器网络，此时可运用 RS485 驱动芯片将 MCU 的 UART 转换为 RS485 总线来实现。这里主要介绍 RS485 通信标准和多机通信技术。

(1)RS485 通信标准

RS485 通信标准是电子工业协会(EIA)公布的适用于多机通信的一种串行总线标准，是一种简单实用的现场总线，已广泛应用于工业测控系统中。RS485 总线的最高传输速率为 10Mbps，最大通信距离为 1200m，可以支持的节点数为 32、64、128、256 等，与选用的 RS485 收发器芯片有关。

RS485 总线采用两条平衡传输线(通常为双绞线)，传输的是差分信号，因此具有抗共模干扰能力强、可靠性高等特点。采用＋5V 电源时，信号定义如下：当两线之间的差分电压为－2500～－200mV 时，定义为逻辑“0”；当差分电压为＋200～＋2500mV时，定义为逻辑“1”；当差分电压为－200～＋200mV 时，定义为高阻状态。

(2)RS485 总线网络

RS485 总线的典型应用是组建工业现场的测控网络，网络结构如图 7-9 所示。通常在 RS485 总线电缆的始端和末端并接一个 120Ω 左右的终端匹配电阻，以保证其传输性能。RS485 总线网络通常采用一主多从的方式，主机可以为 PC 机或一个微机系统，其余总线上的节点称为从机。主机通过寻址与各从机进行通信，任何时刻只能有一对主从机在通信。

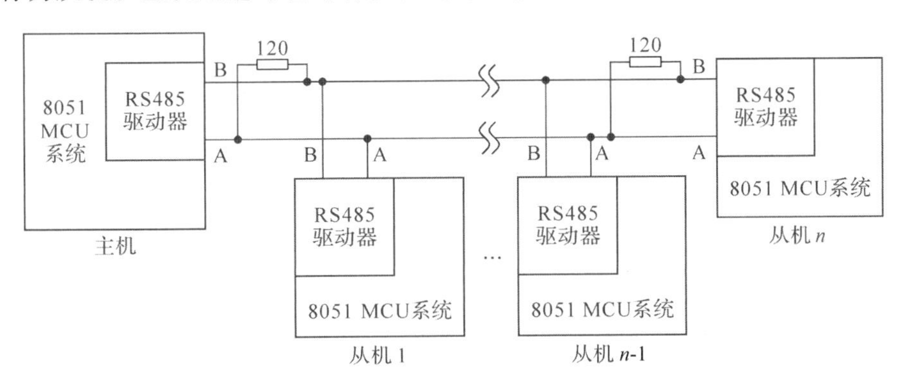

图 7-9　RS485 构建的通信网络

对于不带 RS485 驱动器的微控制器，可以用 UART 接口外接 RS485 驱动器来实现 UART 到 RS485 的转换，从而使 MCU 系统具有多机通信功能，如图 7-10 所示。

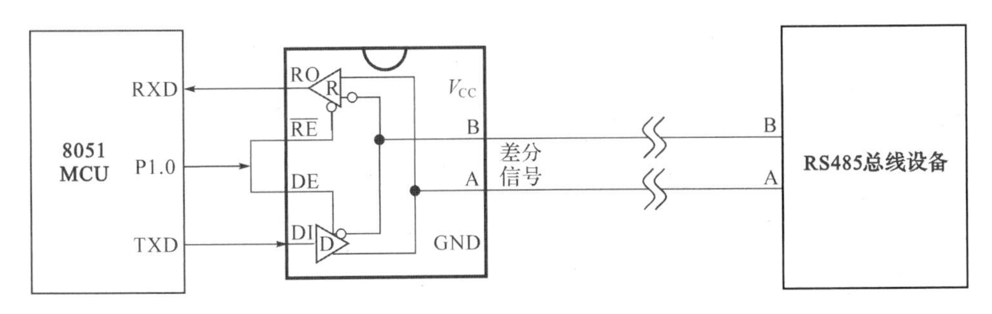

图 7-10　UART 转 RS485 电路

注意：RS485 为半双工通信总线，其接收和发送不能同时进行。RS485 主设备通过控制驱动器的 DE 和 $\overline{RE}$ 引脚，进行数据发送和接收的切换。A、B 之间的压差决定总线的逻辑。

(3)RS485 的多机通信

运用 8051 MCU 中 UART 的方式 2 和方式 3，可以实现多机通信，连接在网络中的各从机分别有从机地址，如为 01H、02H 等。当主机要与某个从机通信时，首先要发送该从机的地址进行选择，然后与其进行一对一的通信。

进行多机通信时，要利用 SCON 中的 SM2 进行控制。当从机的 SM2＝1 时，那么仅当接收到的 RB8＝1 时，接收的数据才会进入接收 SBUF；而 RB8＝0 的数据被忽略，不会进入接收 SBUF。所以利用数据帧中的第 8 位(TB8、RB8)作为地址/数据的标识位，地址要被各从机接收，而数据仅要求被寻址的从机接收。所以主机发送的地址信息和数据信息的格式如下：

地址信息：起始位、地址、TB8＝1、停止位；

数据信息：起始位、数据、TB8＝0、停止位。

多机通信过程：

①主、从机均初始化为方式 2 或方式 3，且置 SM2＝1，允许多机通信。

②当主机要与某从机通信时，发出该从机的地址(此时 TB8＝1)。由于各从机的 SM2＝1，所以均能接收到该地址信息，并与本机地址比较。

③对于地址比较相等的从机(表示被寻址)，置 SM2＝0，以进入接收数据状态；而其余地址比较不符的从机(没有被寻址)，继续保持 SM2＝1 不变。

④然后主机与被寻址的从机进行数据通信，由于数据信息的 TB8 均为 0，因此只有被寻址的从机(SM2＝0)能接收到，而其他从机(SM2＝1)均接收不到，直至发来新的地址。由此实现了主从机一对一的通信。

⑤主从机一次通信结束后，主从机重置 SM2＝1，主机可再次寻址并开始新的一次通信。

7.3 STC15 系列微控制器的 UART

二维码 7-6：STC15 系列 MCU 的 UART

STC15 系列 MCU 有 4 个全双工 UART 接口(S1、S2、S3、S4)。与 7.2.1 中讲到的 UART 的组成结构相似，每个串行口由数据缓冲器、移位寄存器、串行口控制寄存器和波特率发生器等组成。但涉及的控制寄存器、工作方式、引脚配置有所差异。本节主要介绍 STC15W4K58S4 微控制器 4 个串行口的结构、控制与应用。

7.3.1 串行口 1

经典 8051 MCU 的 UART 有 4 种工作方式，用 T1 作为波特率发生器。STC15W4K58S4

串行口1的工作方式与经典8051 MCU相同，但可选择T2作为波特率发生器，且具有3组可切换的引脚。

1. 串行口1的引脚配置

串行口1(S1)的接收引脚RXD和发送引脚TXD可在3组引脚之间切换，可通过辅助寄存器1(AUXR1(P_SW1))的位7(S1_S1)、位6(S1_S0)进行选择。

辅助寄存器1(AUXR1)，地址A2H

位	7	6	5	4	3	2	1	0
位符号	S1_S1	S1_S0	CCP_S1	CCP_S0	SPI_S1	SPI_S0	0	DPS

S1_S1	S1_S2	串行口1(S1)的引脚配置
0	0	P3.0为RXD1，P3.1为TXD1
0	1	P3.6为RXD1，P3.7为TXD1
1	0	P1.6为RXD1，P1.7为TXD1；此时MCU要使用内部系统时钟
1	1	无效

2. 串行口1相关SFR

与S1相关的SFR包括T2H、T2L、IE、IP和AUXR1(用于选择引脚)，以及SBUF、SCON、PCON、AUXR等，与经典8051 MCU相同部分，不再赘述。

(1)电源控制寄存器PCON

PCON的第7位为SMOD，用于设置波特率是否加倍。PCON新增了第6位SMOD0为帧错误检测有效控制位。当SMOD0＝1时，SCON寄存器中的SM0/FE位用于FE(帧错误检测)功能；当SMOD0＝0时，SM0/FE位用于SM0功能，和SM1一起配置串行口的工作方式。

电源控制寄存器PCON，地址87H

位	7	6	5	4	3	2	1	0
位符号	SMOD	SMOD0	LVDF	POF	GF1	GF0	PD	IDL

(2)辅助寄存器AUXR

AUXR与S1相关的控制位有：第0位SIST2用于选择T1或T2作为波特率发生器；该位默认为1，表示默认选择T2作为S1的波特率发生器。第5位UART_M0x6是S1方式0的通信速率选择位，＝0，与经典8051 MCU相同(为机器周期对应的频率)；＝1，是经典8051 MCU串口方式0的6倍速率。

辅助寄存器AUXR，地址8EH

位	7	6	5	4	3	2	1	0
位符号	T0x12	T1x12	UART_M0x6	T2R	T2_C/$\overline{T}$	T2x12	EXTRAM	SIST2

(3)从机地址控制器寄存器 SADEN 和 SADDR

为方便多机通信,STC15 系列 MCU 配置了 SADEN 和 SADDR 两个特殊功能寄存器。其中,SADEN 是从机地址掩膜寄存器(地址为 B9H),SADDR 是从机地址寄存器(地址为 A9H)。

(4)串行口 1 的中继广播方式

串行口 1 具有中继广播方式,通过时钟分频寄存器 CLK_DIV(PCON2)的第 4 位 Tx_Rx 进行设置。Tx_Rx=0,表示 S1 为正常工作方式;Tx_Rx=1,表示 S1 为中继广播方式,此时会将 RXD 输入引脚的状态实时输出在 TXD 引脚上,TXD 引脚可以对 RXD 的输入信号进行实时整形放大输出,即 TXD 引脚的输出实时反映 RXD 引脚的输入状态。

3. 串行口 1 的波特率

串行口 1 的波特率与其工作方式有关。

①当 S1 工作在方式 0 时,与经典 8051 MCU 串行口的方式 0 相同,是 I/O 接口扩展方式,波特率是时钟周期的 12 分频(SYSclk/12)。但 STC15 系列 MCU 串行口 1 方式 0 的波特率可以通过 UART_M0x6(AUXR 第 5 位)进行选择,=0,选择为 SYSclk/12;=1,选择为 SYSclk/2。

②当 S1 工作在方式 2 时,波特率是固定的,与经典 8051 MCU 相同:

$$\text{波特率}=\frac{2^{SMOD}}{64}\times SYSclk$$

其中,SYSclk 为系统工作时钟频率。

③当 S1 工作在方式 1、3 时,波特率可设置;由 T1 或 T2 产生(默认 T2),是 T1 或 T2 定时器溢出率/4。

$$\text{波特率}=SYSclk/(65536-[RL\_THx,RL\_TLx])/4 \quad (1T\text{ 模式},x=1\text{ 或 }2)$$

$$\text{波特率}=SYSclk/12/(65536-[RL\_THx,RL\_TLx])/4 \quad (12T\text{ 模式},x=1\text{ 或 }2)$$

串行口 1 具有自动地址识别功能,常应用在多机通信中。该功能能够自动识别主机发送的地址信息,并与寄存器 SADDR 和 SADEN 设置的本从机地址进行比较,当主机发送的从机地址与本机地址相匹配时,硬件产生串行口中断。具体设置过程请参考 STC 芯片手册。

7.3.2 串行口 2、3、4

STC15W4K58S4 系列微控制器的串行口 2、3、4(即 S2、S3、S4)相同,都只有两种工作方式。

1. S2～S4 的工作方式

S2～S4 的两种工作方式均是异步通信方式。方式 0 为 10 位异步通信,10 位数据为一帧,其中 1 位起始位(0)、8 位数据位、1 位停止位(1)。方式 1 为 11 位异步通信,11 位数据为一帧,其中 1 位起始位(0)、8 位数据位、1 位可程控位、1 位停止位(1)。发送时,第 8 位来自 SxCON 的第 3 位(SxTB8);接收时,第 8 位进入 SxCON 的第 2 位(SxRB8)。

2. S2～S4 的引脚配置

S2～S4 都有 2 组引脚可以选择配置,与之相关的 SFR 是外围设备功能切换控制寄存器 2(P_SW2),分别由位 0(S2_S)、位 1(S3_S)和位 2(S4_S)进行选择。

外围设备功能切换控制寄存器 2(P_SW2),地址 BAH

位	7	6	5	4	3	2	1	0
位符号						S4_S	S3_S	S2_S

位	功能	S2～S4 串口引脚配置
S2_S	S2 引脚选择位	=0:选择 P1.0 为 RXD2,P1.1 为 TXD2 =1:选择 P4.6 为 RXD2,P4.7 为 TXD2
S3_S	S3 引脚选择位	=0:选择 P0.0 为 RXD3,P0.1 为 TXD3 =1:选择 P5.0 为 RXD3,P5.1 为 TXD3
S4_S	S4 引脚选择位	=0:选择 P0.2 为 RXD4,P0.3 为 TXD4 =1:选择 P5.2 为 RXD4,P5.3 为 TXD4

3. S2～S4 相关 SFR

S2～S4 的相关 SFR 主要有控制寄存器 S2CON、S3CON、S4CON 和数据缓冲寄存器 S2BUF、S3BUF、S4BUF。

(1)S2～S4 的控制器寄存器 S2CON～S4CON

S2～S4 的控制寄存器 S2CON～S4CON 的各位定义如下。

串行口 2 控制寄存器 S2CON,地址 9AH

位	7	6	5	4	3	2	1	0
位符号	S2SM0	—	S2SM2	S2REN	S2TB8	S2RB8	S2TI	S2RI

串行口 3 控制寄存器 S3CON,地址 ACH

位	7	6	5	4	3	2	1	0
位符号	S3SM0	S3ST3	S3SM2	S3REN	S3TB8	S3RB8	S3TI	S3RI

串行口 4 控制寄存器 S4CON,84H

位	7	6	5	4	3	2	1	0
位符号	S4SM0	S4ST4	S4SM2	S4REN	S4TB8	S4RB8	S4TI	S4RI

①位 7(S2SM0～S4SM0):工作方式选择位。=0,选择方式 0;=1,选择方式 1。

②位 6:S2CON 第 6 位没有定义,S3CON、S4CON 中的第 6 位 S3ST3 和 S4ST4,是 S3、S4 的波特率发生器选择位。=1,S3 选择 T3 作为波特率发生器,S4 选择 T4 作为波特率发生器;=0,均选择 T2 作为波特率发生器。S2 只能用 T2 作波特率发生器。

(2)S2～S4 的数据缓冲寄存器 S2BUF～S4BUF

S2BUF～S4BUF 是 S2～S4 的数据缓冲器,它们的作用与经典 8051 MCU 串口的

SBUF 一样，地址分别为 9BH、ADH、85H。

4. S2～S4 的波特率

对于 STC15 系列微控制器，S2 只能用 T2 作为波特率发生器，而 S1、S3、S4 都默认 T2 作为波特率发生器，但可以通过相应的控制位进行重新选择。其中，S1 可以选择 T1 作为波特率发生器；S3 可以选择 T3 作为波特率发生器；S4 可以选择 T4 作为波特率发生器。

当串行口 1、3、4 和串行口 2 的波特率相同时，建议都选择 T2 作为波特率发生器，此时多个串口可共享 T2 这个波特率发生器。

串行口的波特率由所选用定时器的溢出率决定，是定时器溢出率/4。

波特率＝SYSclk/(65536－[RL_THx，RL_TLx])/4　　(1T 模式，x＝1～4)

波特率＝SYSclk/12/(65536－[RL_THx，RL_TLx])/4　　(12T 模式，x＝1～4)

7.4 I²C 串行总线

二维码 7-7：I²C 串行总线

由 Philips 公司推出的 I²C(inter-integrated circuit)总线是目前使用较广泛的外扩芯片的串行扩展总线，具有通信速率高、结构紧凑等特点。目前，具有 I²C 总线的器件非常多，如 SRAM、EEPROM、ADC/DAC、RTC、I/O 接口、日历/时钟芯片以及 LED、LCD 驱动控制器等等，因此 I²C 总线已成为系统扩展的主要解决方案，并被广泛应用于微机系统中。

7.4.1 I²C 总线概述

I²C 总线是双向二线制，由数据线(SDA)和时钟线(SCL)组成，实现双向同步数据传送。在普通模式下，总线传输速率为 100Kbps，在高速模式下为 400Kbps。具有 I²C 总线的器件都可以连接到总线上构成 I²C 总线系统，与总线相连的每个器件都具有一个器件地址，采用软件方式寻址。

1. I²C 总线系统基本结构

图 7-11 为最常用的一主多从的 I²C 串行总线系统的组成结构(本书主要介绍一主多从结构)。所有器件的数据线均连接到 I²C 总线的 SDA 线，时钟线均连接到 SCL 线。

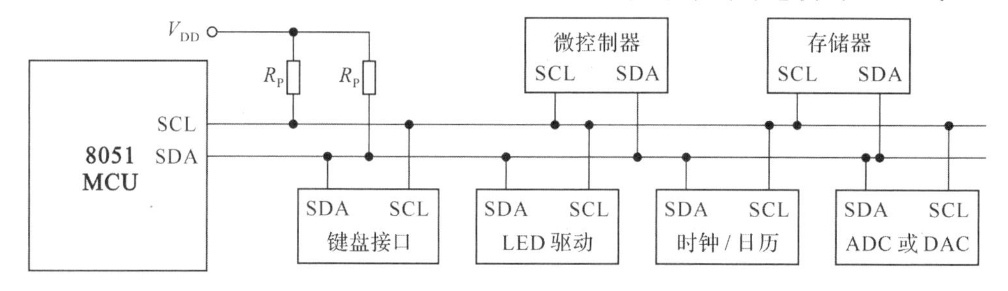

图 7-11　I²C 串行总线系统组成结构

I^2C 串行总线的运行由主器件控制，由主器件(通常是微控制器)发出时钟信号、启动数据的发送、发出终止信号。主器件可以具有 I^2C 总线模块，或由其 I/O 口线模拟总线功能；从器件通常带有 I^2C 总线接口。

几个概念：

发送器，发送数据到总线上的器件；接收器，从总线上接收数据的器件；主器件，启动数据传送并产生时钟信号的器件；从器件，被主器件寻址的器件。

I^2C 总线是双向传输的总线，因此主机和从机都可能成为发送器和接收器。但是时钟信号 SCL 总是主机产生的。

2. 总线容量与驱动能力

I^2C 总线器件都是 CMOS 器件，总线有足够的电流驱动能力，因此总线上扩展的节点数不是由电流负载能力决定，而是由电容负载决定。I^2C 总线上每个节点器件的总线接口都有一定的等效电容，等效电容的存在会造成总线传输的延迟而导致数据传输出错。I^2C 总线负载能力为 400pF，这通常已能够满足应用系统的要求。总线上的每个器件都有一个唯一的器件地址，总线上扩展外围器件时也要受器件地址的限制。

3. 总线的电气结构

I^2C 总线为双向同步串行总线，其器件接口为双向传输电路。总线端口输出为漏开结构，故总线上必须外接上拉电阻 R_P，通常选 5k～10kΩ，如图 7-12 所示。

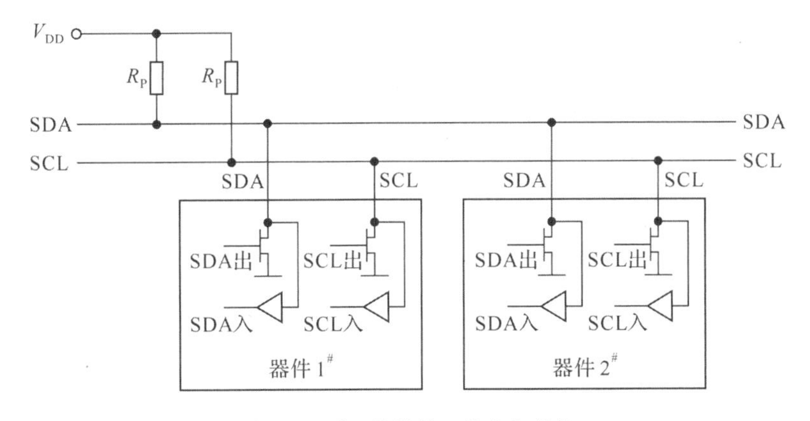

图 7-12　I^2C 总线接口的电气结构

4. 总线节点的寻址方法

①一主多从：连接到总线上的所有器件都是总线上的节点。任何时刻，总线上只能有一个器件是主节点(主机)，其具有总线控制权可寻址总线上的其他器件(从机)，实现一对一的数据交互。

②器件的软件寻址：连接到 I^2C 总线上的器件通过器件地址进行寻址，主机发送不同的器件地址，表示寻址不同的从机，即采用软件寻址方式。

③主机是主控器件，不需要器件地址，其他器件是从机，均要有一个唯一固定的器件地址。在同一个 I^2C 总线系统中，所有从机(器件)地址是唯一且不同的。

5. 从机地址

I^2C 器件的从机地址(slave address,SLA)由 4 位器件地址、2～3 位引脚地址和 1 位数据方向位(读写位 $R/\overline{W}$)组成,不同器件有不同的器件地址。其格式如下:

SLA	D7							D0
	DA3	DA2	DA1	DA0	A2	A1	A0	$R/\overline{W}$

①器件地址(DA3、DA2、DA1、DA0):是 I^2C 总线器件固有的地址编码,器件出厂时,就已给定。例如,I^2C 总线 EEPROM AT24Cxx 的器件地址为 1010,4 位 LED 驱动 SAA1064 的器件地址为 0111。I^2C 器件地址的分配由 I^2C 总线委员会协调确定。

②引脚地址(A2、A1、A0):由器件的地址引脚 A2、A1、A0 在电路中连接的电平确定。一个器件的地址引脚数决定该器件可同时使用的数量,例如某器件有 3 条引脚地址,则有 8 种不同的连接组合,因此同一个 I^2C 总线系统中可以连接 8 个这样的器件。

③数据方向位($R/\overline{W}$):规定了总线上主节点对从节点的数据传送方向。$R/\overline{W}=0$,表示主机向从机写入数据;$R/\overline{W}=1$,表示主机读取从机的数据。因此,每一个器件有 2 个地址,分别为写地址和读地址。

常用 I^2C 总线器件的功能、器件地址和寻址字节等请查询相关芯片手册。

7.4.2 I^2C 总线的操作

在由微控制器和 I^2C 总线器件组成的系统中,微控制器是主器件。若微控制器带有 I^2C 总线(如 ADuC812、MSP430 等),则可直接利用该总线模块;若选择的微控制器不具有 I^2C 总线(如经典 8051 MCU、STC15 系列微控制器),则可以利用微控制器的 2 条 I/O 口线模拟实现 I^2C 总线功能,如 P1.0 模拟数据线 SDA、P1.1 模拟同步时钟线 SCL。下面介绍 I/O 口线模拟 I^2C 总线信号的时序及相应程序。

1. I^2C 总线的起始信号与停止信号

(1)起始信号 S

在 SCL 为高电平时,SDA 从高电平变为低电平即为起始信号,用于启动 I^2C 总线。总线在起始信号后,才能开始数据的传送。

(2)停止信号 P

在 SCL 为高电平时,SDA 从低电平变为高电平即为停止信号,表示将停止 I^2C 总线。起始信号和停止信号的时序如图 7-13 所示。

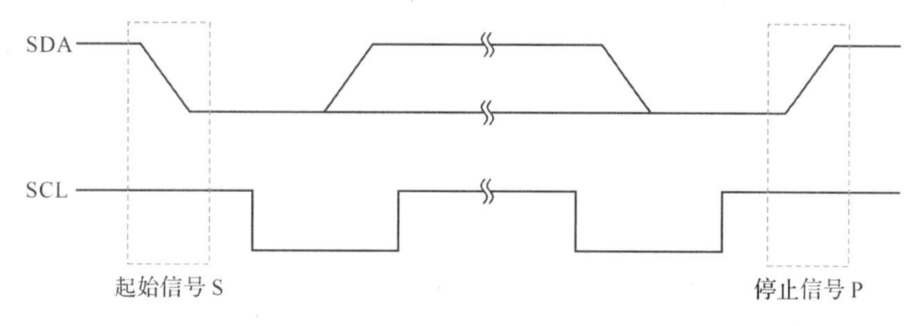

图 7-13 起始信号和终止信号

(3)模拟起始和停止信号程序

```
/* * * * * * * * * * * * * * * * * * I²C 总线起始信号函数 * * * * * * * * * * * * * * * * * */
sbitSda = P1^0;
sbitScl = P1^1;
void Start(void)
{
    Sda = 1;                    //首先 SDA、SCL 都为高电平
    Scl = 1;
    delay5us();                 //起始条件建立时间大于 4.7μs
    Sda = 0;                    //SCL 为高电平时,SDA 由高变低产生起始信号
    delay5us();                 //起始条件锁定时间大于 4μs
    Scl = 0;                    //钳住总线,准备发数据
}
/* * * * * * * * * * * * * * * * * * * * I²C 总线停止信号函数 * * * * * * * * * * * * * * * * * */
void Stop(void)
{
    Sda = 0;                    //首先 SDA 为低电平,SCL 为高电平
    Scl = 1;
    delay5us();                 //结束总线时间大于 4μs
    Sda = 1;                    //SCL 为高电平时,将 SDA 由低变高产生停止信号
    delay5us();                 //保证一个停止信号时间大于 4.7μs
}
```

2. I²C 总线上数据位的有效性

I²C 总线为同步传输总线,每一数据位的传送都是在时钟脉冲 SCL 同步下进行的。进行数据传送时,在时钟信号的高电平期间,数据线 SDA 上的数据必须保持稳定;只有在时钟线为低电平时,SDA 的电平状态才允许改变,如图 7-14 所示。但是 I²C 的起始信号和结束信号例外。

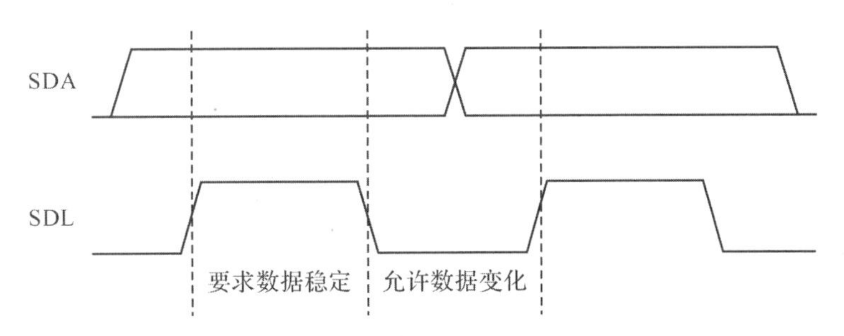

图 7-14　I²C 总线数据位的有效规定

3. 应答(acknowledge)与非应答

每传输一个字节数据,在第 9 个时钟脉冲,接收器回答一个应答位。通过该应答位,接收器将接收数据的情况告知发送器。应答位的时钟脉冲 SCL 由主机产生,而应答位的数据状态遵循"谁接收谁产生"的原则,即总是由接收器产生应答位。主机向从机发送数据时,

应答位由从机产生;主机从从机接收数据时,应答位由主机产生。

在第9个SCL期间,SDA=0为应答信号(ACK),记为$\overline{A}$;SDA=1为非应答信号(NACK),记为A;如图7-15所示。

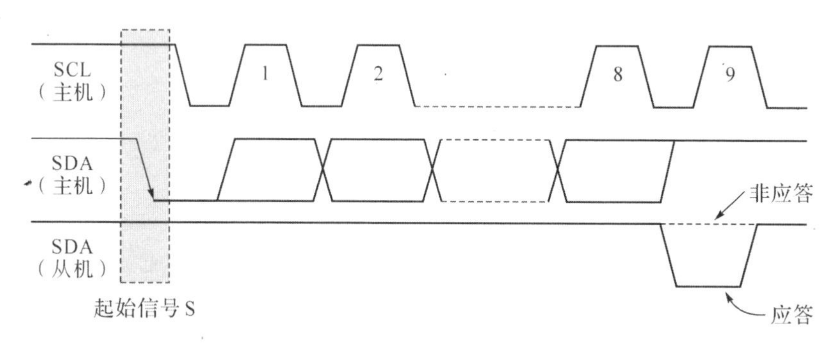

图7-15 I²C总线上的应答信号

```
/*********************I²C总线应答函数*********************/
void Ack(void)
{
    Sda = 0;                        //在一个完整的时钟周期内,SDA低电平为应答信号
    delay2us();
    Scl = 1;
    delay5us();                     //数据保持时间,即SCL为高电平时间大于4.7μs
    Scl = 0;
}
```

4. I²C总线数据传输的方式

I²C总线以字节为单位收发数据,一字节数据为一帧。数据传输的次序是从最高位(MSB,第7位)到最低位(LSB,第0位)。

5. I²C总线时序

I²C总线启动后,传送的字节数没有限制,其数据传输时序如图7-16所示。当主机发出停止信号时,结束一次传输过程。在数据传输过程中,主机可以通过控制SCL变低,来暂停数据的传输。

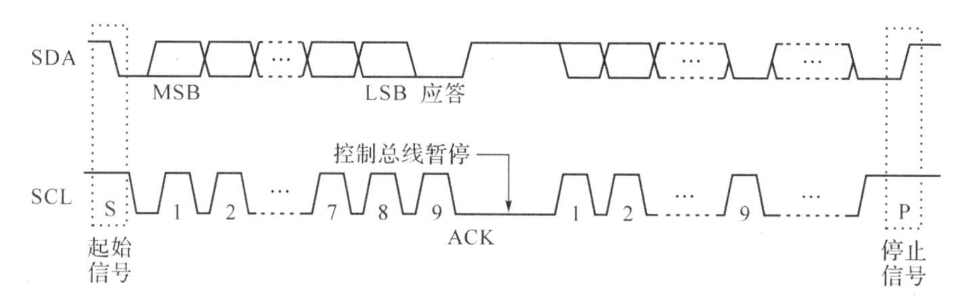

图7-16 I²C总线上数据传送时序

6. 数据传输格式

一次完整的数据操作过程如图7-17所示,包括起始信号(S)、发送从机地址(SA+R/$\overline{W}$)+应答、发送设定长度的数据(数据+应答)、停止信号(P)。

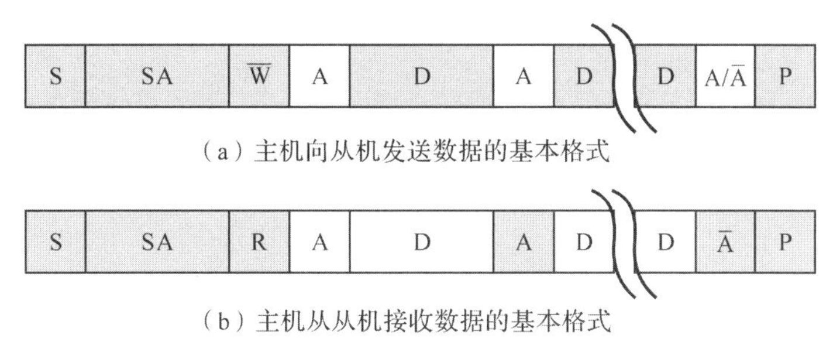

（a）主机向从机发送数据的基本格式

（b）主机从从机接收数据的基本格式

表示是主机发送、从机接收的信息　　表示是主机接收、从机发送的信息

图 7-17　数据传输格式

在图 7-17 中，SA 表示从机地址高 7 位；R 或$\overline{\text{W}}$分别表示读操作或写操作；A 和$\overline{\text{A}}$分别表示应答信号和非应答信号；D 表示写入或读出的数据。

（1）I^2C 总线写字节函数

```
/* * * * * * * * * * * * * * * * * I²C总线写字节函数 * * * * * * * * * * * * * * * * * */
void Send(unsigned char Data)                 //Data 为要写的字节数据
{
  unsigned char xdataBitCounter = 8;          //一个字节为 8bit
  unsigned char xdata temp;
  do
  {
    temp = Data;
    Scl = 0;                                  //SCL 为低电平时,SDA 数据线才能变化
    delay2us();
    if((temp&0x80) = = 0x80)                  //从最高位开始
    Sda = 1;
    else
    Sda = 0;
    delay2us();
    Scl = 1;
    delay5us();                               //接收器件接收数据
    temp = Data<<1;                           //字节数据左移 1 位,低位移至高位
    Data = temp;
    BitCounter - - ;                          //共需 8 次循环移位
  }
  while(BitCounter);                          //不为 0 时继续循环
  Scl = 0;
}
```

（2）I^2C 总线读字节函数

```
/* * * * * * * * * * * * * * * * * I²C总线读取字节函数 * * * * * * * * * * * * * * * * */
unsigned char Read(void)                     //返回值为读取的字节数据
{
```

```
    unsigned char xdata temp = 0;
    unsigned char xdata temp1 = 0;
    unsigned char xdata BitCounter = 8;
    Sda = 1;
    do
    {
      Scl = 0;                        //SCL为低电平时,SDA数据线才能变化
      delay2us();
      Scl = 1;                        //SCL为高电平时,读SDA数据线
      delay2us();
      if(Sda)
          temp = temp|0x01;           //若SDA为1,则temp最低位置1
      else
          temp = temp&0xfe;           //否则temp最低位清0
      if(BitCounter - 1)
      {
          temp1 = temp<<1;            //接收数据左移
          temp = temp1;               //先接收的数据为高位
      }
      BitCounter - - ;
    }
    while(BitCounter);
    return(temp);
}
```

主机向从机发送最后一个字节数据时,从机可能应答也可能非应答,但不管怎样主机都可以产生停止条件。

但如果主机在向从机发送数据(甚至包括从机地址在内)时检测到从机非应答,则应当及时停止传输。

7.5 SPI串行接口

二维码7-8:SPI串行接口

SPI(serial peripheral interface)接口是Motorola公司推出的四线同步串行接口。目前具有SPI接口的外围器件已得到广泛应用。常见的外围器件包括EEPROM、flash、实时时钟、ADC、DAC、LCD显示驱动器等。带有SPI接口的微控制器可与SPI器件直接连接,不具备SPI接口的微控制器可通过I/O口线模拟连接SPI器件。

本节主要介绍SPI串行接口的工作原理、STC15系列MCU的SPI接口。

7.5.1 SPI串行接口原理

1. SPI串行接口概述

SPI用于微控制器与外围器件的全双工、同步串行通信，总线上可以连接多个微控制器和外围器件，但在任一时刻只允许有一个器件作为主机。由主机产生数据传送的同步时钟SCLK，在该时钟控制下，数据按位传输，SCLK的频率决定了SPI的传送速率。SPI的速度总体来说比I^2C总线要快，可达到几Mbps。主机对多个从器件（从机）的寻址采用片选方式，所以SPI器件都有片选信号$\overline{SS}$。

SPI总线有4条线。时钟线（SCLK）、主机输出/从机输入数据线MOSI（master output/slave input）、主机输入/从机输出数据线MISO（master input/slave output）和低电平有效的从机选择线$\overline{SS}$。

①SCLK用于同步主机和从机在MOSI和MISO线上的串行数据传输。当主机启动一次数据传输时，自动产生8个CLK信号给从机，在SCLK的每个上升沿或下降沿移出一位数据，因此启动一次完成一个字节数据的传输。SCLK信号由主机输出，从机输入。

②MOSI用于主机到从机的串行数据传输。多个从机可以共享一根MOSI信号线。在时钟的前半周期，主机将数据放在MOSI信号线上，从机在时钟的跳变沿获取数据。

③MISO用于实现从机到主机的数据传输。主机连接多个从机时，主机的MISO连接到多个从机上。当主机与某个从机通信时，其他从机应将其MISO引脚设置为高阻状态。

④$\overline{SS}$是从机的片选信号，主机的$\overline{SS}$引脚通过10kΩ电阻拉高。每个从机的$\overline{SS}$由主机的I/O口线控制，当主机要与某个从机通信时，必须将该从机的$\overline{SS}$置为低电平。

2. SPI总线通信方式

SPI总线有三种数据通信方式：单主—单从方式、双器件方式（器件互为主机和从机）和单主—多从方式。这里主要介绍单主—单从和单主—多从两种方式。

（1）单主—单从方式

SPI总线模块具有SPI移位寄存器、数据缓冲器、时钟发生/状态/控制寄存器。单主机—单从机的SPI连接如图7-18所示。主机和从机通过MOSI和MISO信号线的连接，使两个8位移位寄存器形成一个16位的循环移位寄存器。当主机向SPI数据缓冲器写入一

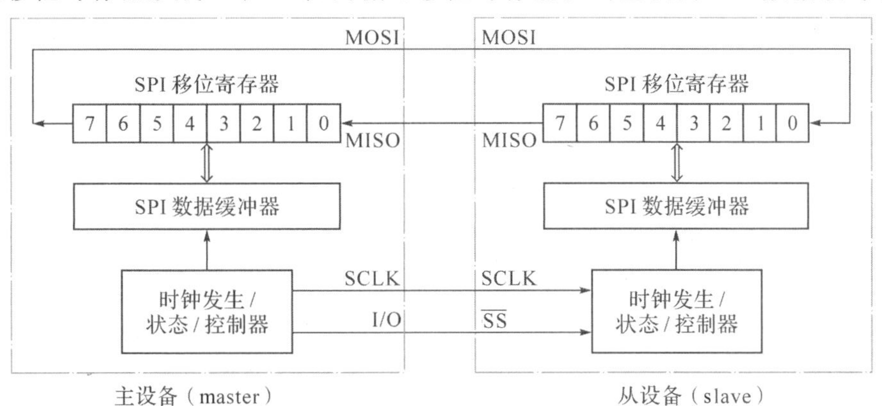

图7-18 单主机—单从机的SPI连接

个数据时，就启动了一个字节数据的传送；在 SCLK 作用下，主机的数据从 MOSI 移出进入从机的移位寄存器，同时从机的数据从 MISO 线移入主机的移位寄存器。经过 8 个 SCLK 脉冲后，一个字节数据传送完毕。

(2)单主一多从方式

单主一多从的 SPI 连接如图 7-19 所示。主机输出的 MOSI 连接到各从机的 MOSI，多个从机输出的 MISO 连接到主机的 MISO，所以未被寻址的从机的 MISO 应为高阻态；每个从机需要一条主机的 I/O 口线，作为其片选信号；当主机要与某从机交互信息时，首先要令该从机的 $\overline{SS}$ 有效。

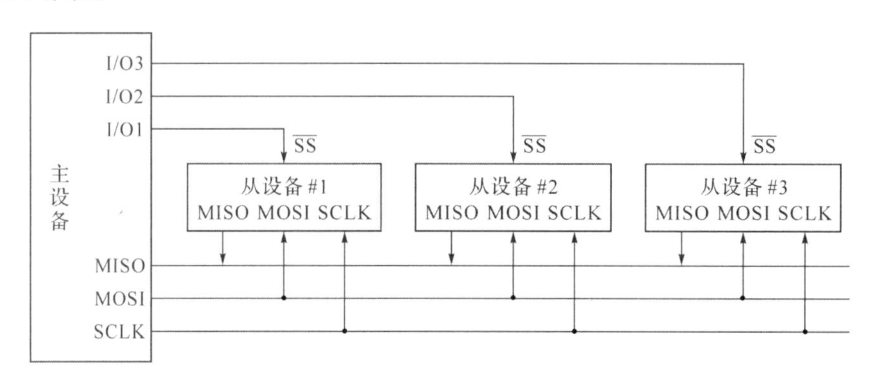

图 7-19 单主机一多从机的 SPI 连接

7.5.2 STC15W4K 系列 MCU 的 SPI 接口

1. SPI 模块的组成结构

STC15W4K 系列 MCU 有一个全双工、高速、同步的 SPI 接口，具有主模式和从模式两种工作模式。SPI 模块的内部结构如图 7-20 所示，包括 SPI 控制逻辑电路、SPI 控制/状态

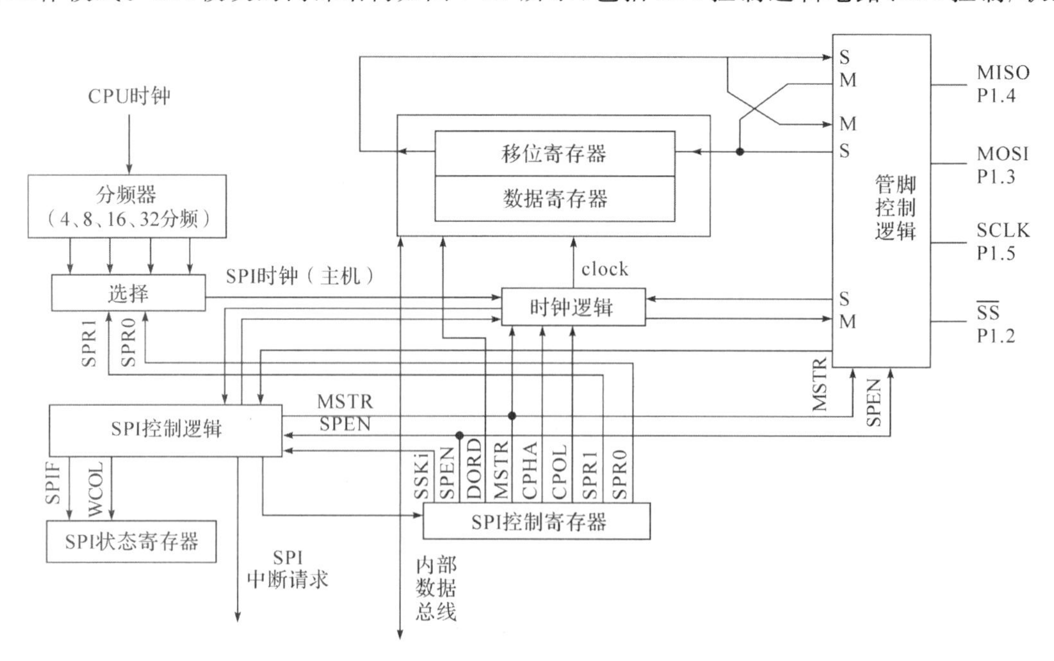

图 7-20 STC15W4K 系列 MCU 的 SPI 模块组成结构

寄存器、8位移位寄存器和数据寄存器，数据可以同时发送和接收。在数据传输过程中，发送和接收的数据都存储在数据缓冲器中。

2. SPI的引脚配置

STC15系列MCU的SPI引脚可以编程配置。配置寄存器是AUXR1(P_SW1)，其地址为A2H，不可位寻址。各位定义如下：

位	7	6	5	4	3	2	1	0
位符号	S1_S1	S1_S0	CCP_S1	CCP_S0	SPI_S1	SPI_S0	0	DPS

①位7、位6(S1_S1、S1_S0)：串口1引脚选择位，已在7.3节介绍。

②位5、位4(CCP_S1、CCP_S0)：CCP模块引脚选择位，可以选择P1、P2、P3端口的相应位，详见10.4.2。

③位3、位2(SPI_S1、SPI_S0)：SPI引脚选择位，可以选择P1、P2、P4端口的相应位，如下所示。

SPI_S1	SPI_S2	SPI引脚配置
0	0	P1.2为SS，P1.3为MOSI，P1.4为MISO，P1.5为SCLK
0	1	P2.4为SS，P2.3为MOSI，P1.2为MISO，P2.1为SCLK
1	0	P5.4为SS，P4.0为MOSI，P4.1为MISO，P4.3为SCLK
1	1	无效

④位0(DPS)：DPTR寄存器选择位。=0，使用缺省数据指针DPTR0；DPS=1，使用另一个数据指针DPTR1。

复位后SPI的口线配置为P1.2～P1.5；CCP模块的口线配置为P1.2、P1.1和P3.7；串行口1的RXD是P3.0、TXD是P3.1。当SPI模块被禁止，即SPEN(SPCTL.6)=0时，SPI引脚作普通I/O口线使用。

3. SPI相关SFR

与SPI相关的SFR包括数据寄存器(SPDAT)、控制寄存器(SPCTL)和状态寄存器(SPSTAT)，以及IE、IE2、IP2(已在中断系统一章介绍)。这里主要介绍SPCTL和SPSTAT。

SPI控制寄存器SPCTL，地址CEH

位	7	6	5	4	3	2	1	0
位符号	SSIG	SPEN	DORD	MSTR	CPOL	CPHA	SPR1	SPR0

①位7(SSIG)：$\overline{SS}$引脚忽略控制位。=1，由MSTR位确定器件为主机还是从机；=0，由$\overline{SS}$引脚确定器件为主机还是从机；$\overline{SS}$高电平为主机，$\overline{SS}$低电平为从机。

②位6(SPEN)：SPI使能位。=1，使能SPI接口；=0，禁止SPI接口，此时所有SPI接口引脚可作为普通I/O使用。

③位 5(DORD):SPI 数据发送/接收顺序设置位。=1,数据的 LSB(最低位)最先发送;=0,数据的 MSB(最高位)最先发送。

④位 4(MSTR):主/从模式选择位。=1,选择主模式;=0,选择从模式。

⑤位 3(CPOL):SPI 时钟极性选择位。=1,SCLK 空闲时为高电平,SCLK 的前时钟沿为下降沿,后时钟沿为上升沿;=0,SCLK 空闲时为低电平,SCLK 的前时钟沿为上升沿,后时钟沿为下降沿。

⑥位 2(CPHA):SPI 时钟相位选择位。=1,表示在 SCLK 的前时钟沿驱动数据,并在后时钟沿采样;=0,表示在 SCLK 的后时钟沿改变数据,并在前时钟沿采样。

⑦位 1、位 0(SPR1、SPR0):SPI 时钟频率选择位。从图 7-20 可见,STC15W 系列 MCU 可以选择不同的 SPI 时钟频率。当 SPR1、SPR0 为 00、01、10、11 时,分别表示 SPI 的时钟频率为 CPU 时钟的 4、8、16 或 32 分频。

通过控制寄存器 SPCTL 的 SPEN、SSIG、MSTR 控制位和$\overline{SS}$引脚,可以联合确定 SPI 模块的主/从模式以及数据传输方向。详细内容请查阅芯片手册。

SPI 状态寄存器 SPSTAT,地址 CDH

位	7	6	5	4	3	2	1	0
位符号	SPIF	WCOL	—	—	—	—	—	—

①位 7(SPIF):SPI 传输完成标志位(SPI 中断标志位)。当一个字节传输完成后,SPIF 置位。此时,若 SPI 中断允许,则产生中断。该标志须软件清 0。

②位 6(WCOL):SPI 写冲突标志位。在数据传输过程中,如果对 SPI 数据寄存器 SPDAT 执行写操作,则硬件将其置位。该标志须软件清 0。

7.6 1-Wire 总线

二维码 7-9:1-Wire 总线

1-Wire(单总线)是 Dallas 公司推出的一种单主多从的串行总线。单总线采用单根信号线,双向传送数据,具有节省 I/O 口线、结构简单、成本低廉等优点。

7.6.1 1-Wire 总线概述

1. 1-Wire 的端口特性与组网

单总线只有一根数据输入/输出线 DQ,总线上所有的器件都连接在 DQ 上并且从器件数量几乎不受限制。为了不引起逻辑上的冲突,要求连接到总线上的器件(主机或从机)都应该是漏极开路或具有三态的端口,并要求外接一个约 10kΩ 的上拉电阻,如图 7-21 所示。

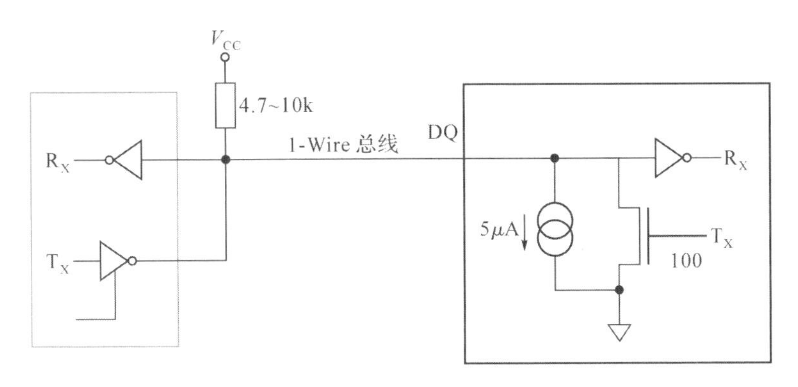

图 7-21 1-Wire 总线结构

1-Wire 总线适用于单主机系统,能够控制一个或多个从机,如图 7-22 所示。在多机系统中,不发送数据的设备应呈现高阻态即释放数据总线,以便总线被其他从机使用。单总线的闲置状态为高电平。

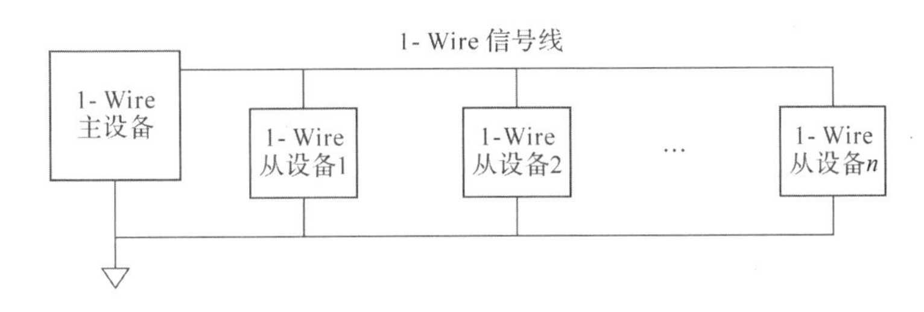

图 7-22 单总线主、从设备的连接

2. 1-Wire 典型的命令序列

1-Wire 总线的寻址和数据传送具有严格的时序规范。访问单总线器件必须严格遵守"初始化、ROM 命令、功能命令"这个命令序列,如果出现序列混乱则单总线器件不会响应主机。

(1)初始化

单总线上的所有传输过程都要以初始化开始。初始化过程由主机发出的复位脉冲和从机响应的应答脉冲组成。主机检测到应答脉冲,认为有从机设备且准备就绪,即联络成功。

(2)ROM 命令

建立联络后,主机就可以发送 ROM 命令。ROM 命令与各 1-Wire 器件的 ROM 编码相关,1-Wire 器件的 ROM 编码,长度 64bit,是其唯一的身份识别标志(即 ID 编码)。在一主多从的单总线系统中,主机就是运用一个 ROM 命令(ROM 匹配命令),通过器件 ID 编码进行从机寻址的(ID 编码相当于从机地址)。ROM 命令还允许主机检测总线上有多少个从机器件及器件类型,或者器件有没有处于报警状态等。主机在发出功能命令之前,必须首先发送合适的 ROM 命令。各器件的 ROM 命令参见相应器件的数据手册。

(3)功能指令

每个单总线器件都有自己的专用功能指令。如温度传感器 DS18B20 有启动温度转换、读温度等指令,开关量输入/输出器件 DS2405 有读器件输入和写器件输出的指令。各单总线器件的功能指令参见相应器件的数据手册。

7.6.2 1-Wire 总线操作方式

所有的单总线操作要求严格执行通信协议,以保证数据传送的正确性。1-Wire 总线协议定义了几种信号类型:复位脉冲、应答脉冲、写 0、写 1、读 0 和读 1。除应答脉冲,其余信号都由主机发出,数据字节的发送是低位在前、高位在后。

1. 初始化序列:复位脉冲和应答脉冲

单总线上的所有通信都是以初始化序列开始的。初始化包括主机发出的复位脉冲和从机响应的应答脉冲,时序如图 7-23 所示。

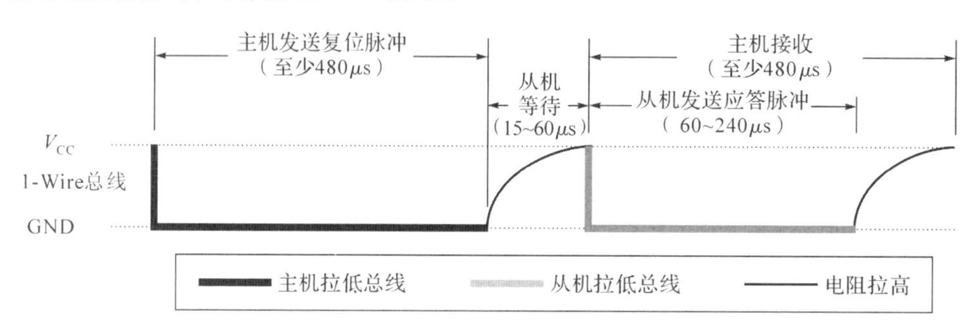

图 7-23 复位脉冲和应答脉冲

初始化过程为:主机输出低电平,使单总线 DQ 变低 480～960μs,即产生复位脉冲。然后释放总线,外部上拉电阻将单总线 DQ 拉高,此时主机转为接收模式。连接在单总线上的从器件检测到一个复位脉冲后,延时 15～60μs,输出低电平将总线拉低并产生 60～240μs 的低电平应答脉冲。主机在释放总线后,经过 60μs 后检测总线,若为低电平则表示有从器件在总线上,并已准备就绪。

```
/********************初始化程序**********************/
uchar Reset(void)
{
    uchartdq;
    DQ = 0;                          //主机拉低总线
    delay480us();                    //等待 480μs
    DQ = 1;                          //主机释放总线
    delay60us();                     //等待 60μs
    tdq = DQ;                        //主机检测总线
    delay480us();                    //等待应答脉冲结束
    return tdq;                      //返回采样值
}
```

2. 写操作(写时隙)

写操作也称写时隙,是指主机向从机写入“0”或“1”的操作过程,每个周期写 1 位。写操作至少需要 60μs,在两次独立的写操作之间至少需要 1μs 的恢复时间。写“0”、写“1”的操作都通过主机拉低总线开始(总线拉低时间至少 1μs)。写"0"、写"1"的时序如图 7-24 所示。

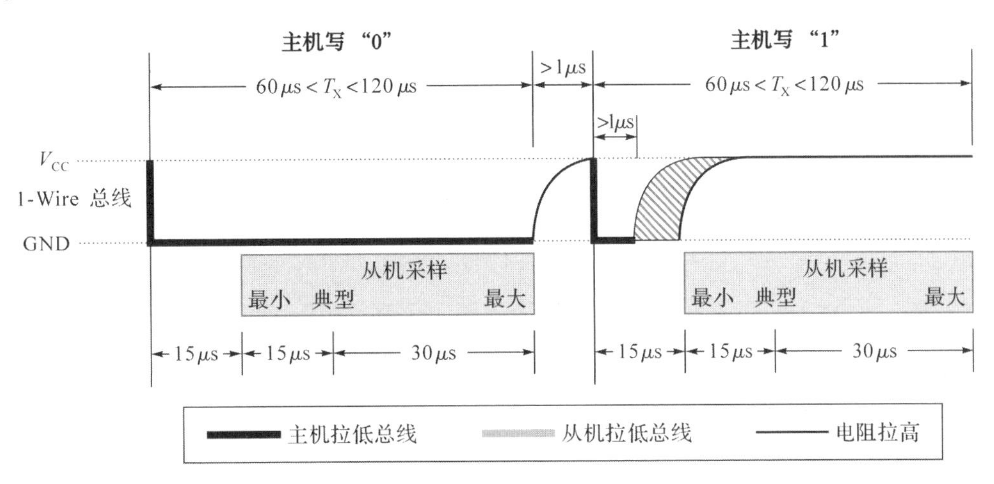

图 7-24　写操作(写时隙)

写操作由主机发起。写"0"的操作过程:主机拉低总线,并保持整个写周期为低电平(至少 60μs)。写"1"的操作过程:主机拉低总线,并在 1～15μs 之内释放总线,使总线通过外接上拉电阻拉至高电平。在写操作开始后的 15～60μs 期间,从机采样总线电平状态,如果采样到高电平,则从机得到"1"(实现了主机写"1");如果采集到低电平,则从机得到"0"(实现了主机写"0")。

```
/********************写 1bit 函数**********************/
void Writebit(ucharwbit)
{
    _nop_();_nop_();                    //保证两次写操作间隔 1μs 以上
    DQ = 0;                             //拉低总线,开始一个写操作
    _nop_();_nop_();                    //总线拉低时间 1μs 以上
    DQ = wbit;                          //写数据,"0"和"1"均可
    delay60us();                        //延时 60μs,等待从机采样
    DQ = 1;                             //释放总线
}
```

3. 读操作(读时隙)

每个读操作都由主机发起,表示主机要读入从机的数据。总线上的从机仅在主机发出读操作时序时才向主机传输数据。在每个读周期,总线只能传输一位数据,即读 1 位数据"0"或"1"。与写操作一样,读操作至少需要 60μs,在两次独立的读操作之间至少需要 1μs 的恢复时间。所有的读操作都由主机拉低总线并持续至少 1μs 后,再释放总线开始。读"0"、读"1"的时序如图 7-25 所示。

读操作时,主机拉低总线 1μs,随后释放总线(即将总线的控制权交给从机)。主机启动后,从机才可以在总线上发送"0"或"1"。若发送"1",则保持总线为高电平;若发送"0",则拉低总线并在该读周期结束后释放总线,重新使总线回复到空闲的高电平状态。从机发出

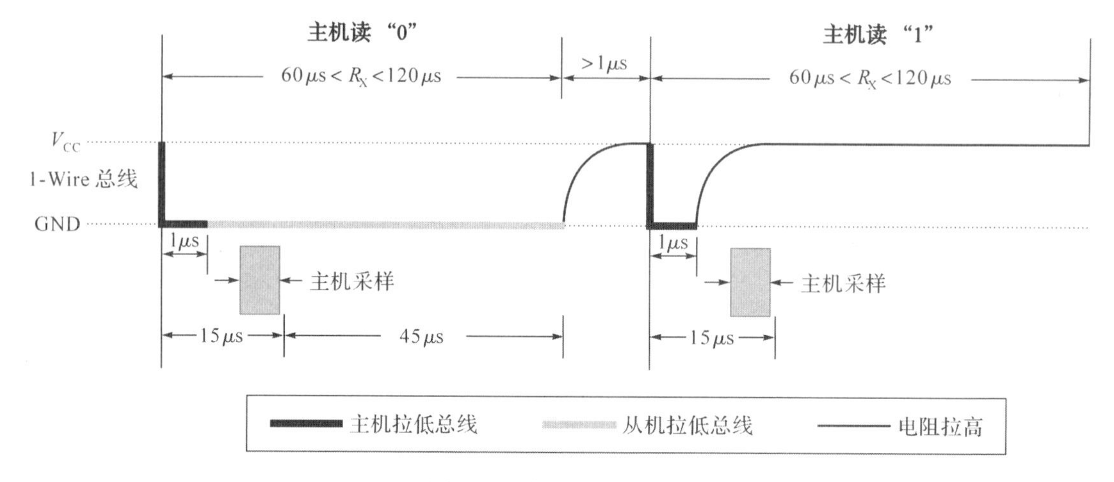

图 7-25 读操作（读时隙）

的数据在读操作开始后，至少应保持 15μs 有效。所以，主机在读操作开始后必须及时释放总线，并且在开始的 15μs 之内采样总线状态，读入数据。

```
/********************读 1bit 函数************************/
ucharReadbit()
{
    uchartdq;
    _nop_();_nop_();                    //保证两次写操作间隔 1μs 以上
    DQ = 0;                             //拉低总线，开始一个读操作
    _nop_();_nop_();                    //总线拉低时间不少于 1μs
    DQ = 1;                             //释放总线
    _nop_();_nop_();_nop_();_nop_();
    tdq = DQ;                           //主机检测总线，读入总线状态（“0”或“1”）
    delay60us();                        //等待读操作结束
    return tdq;                         //返回读取到的数据
}
```

7.6.3 1-Wire 总线应用实例

二维码 7-10：DS18B20 与温度测量程序

1. DS18B20 温度传感器

DS18B20 是美国 Dallas 公司生产的单总线数字式温度传感器，具有结构简单、操作灵活、无须外接电路的优点。每个传感器具有唯一的 64 位 ROM 编码，方便多机连接，被广泛应用于分布式温度测量系统中。

DS18B20 的性能指标、内部存储器资源、ROM 命令、功能命令等，请见其数据手册。

2. 基于 DS18B20 的温度监测系统

（1）硬件结构

图 7-26 给出了由多个 DS18B20 构成的分布式温度监测系统。各 DS18B20 数字温度传感器连接在 DQ 线上，外接上拉电阻 R_P。

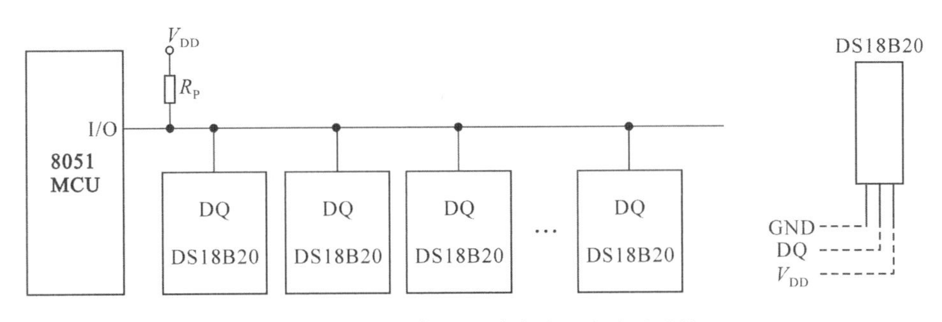

图 7-26　单总线构成的分布式温度监测系统

(2)操作流程

主机向总线发出复位脉冲(初始化 18B20),等待得到从机(即 18B20)的响应脉冲,表示有器件挂接在总线上;然后主机根据操作需要发送相应的 ROM 指令(对于单个芯片系统,则发送跳过 ROM 命令),根据功能需要发送存储器操作指令,如开始温度测量命令;等待测量完毕,重新初始化,发送读取测量值命令,读取温度测量结果。

(3)程序设计

对于图如 7-26 所示的单总线系统,微控制器要根据各芯片的 ROM 编码,分别进行寻址,并进行"初始化、ROM 命令、功能命令"的序列操作,从而获得每个 DS18B20 传感器的测量结果。

习题与思考题

1. 串行异步通信有哪些特点？其数据帧由哪几部分组成？
2. 通信协议应包含哪些内容？简述通信中校验的作用,以及常用的校验方式。
3. 简述 8051 MCU 中 UART 的组成结构,相关 SFR 及作用。
4. 简述 8051 MCU 中 UART 的工作方式及特点,以及波特率设置方法。
5. 简述 UART 启动发送数据和启动接收数据的方法。
6. 如何用 RS485 构建多微机系统的通信网络？简述多机通信的过程。
7. STC15W4K 系列 MCU 有几个 UART 串行口？与经典 8051 MCU 的 URAT 有什么不同？
8. I^2C 串行总线与 SPI 串行接口分别采用什么方式寻址总线上的器件？
9. 单总线 1-Wire 有什么特点？有哪几种工作时序？

本章总结

二维码 7-11:
第 7 章总结

- 串行总线与接口技术
  - 总线与串行通信概述
    - 总线的概念与分类
      - 芯片总线：连接片内各功能模块的通道，用于模块间的信息传输，并行方式；有数据总线 DB、地址总线 AB、控制总线 CB
      - 系统总线：微机系统/智能系统内部各器件、各模块之间传送信息的通道。有并行(如 PCI)和串行(如 I^2C、SPI 等)两类
      - 通信总线：多个系统(如多个计算机或智能系统)之间传送信息的通道，用于构建多系统网络，也称为外总线。有串行(如 RS232、RS485、CAN 等)和并行(如 IEEE488 总线)两类
    - 异步通信与同步通信：异步通信(数据帧格式、通信波特率、校验方式)，同步通信(需要同步时钟、同步字符、校验字符)
    - 通信协议与校验方式：通信双方需约定通信方式、帧格式、波特率等；字节的奇偶校验，数据块纵向的累加和校验、循环冗余校验
  - 8051 MCU 的 UART 接口
    - UART 的组成结构：全双工串行口、收发引脚，收/发数据缓冲器 SBUF，控制寄存器 SCON 及 PCON
    - 工作方式与波特率
      - 方式 0：移位寄存器输入/输出方式；波特率固定为 $f_{OSC}/12$
      - 方式 1：波特率可设置的 10 位异步通信方式；T1 作波特率发生器
      - 方式 2：波特率固定的 11 位异步通信方式；$f_{OSC}/32$(SMOD=1 时)或为 $f_{OSC}/64$(SMOD=0 时)
      - 方式 3：波特率可设置的 11 位异步通信方式；T1 作波特率发生器
    - 应用：利用方式 0，结合外部移位寄存器，扩展输入输出接口；利用方式 1～方式 3 进行双机通信；利用 RS485 可构建多机监测网络，实现多机通信
  - STC15 系列 MCU 的 UART
    - 串行口 1：工作方式与经典 8051 MCU 相同，可选择 T2 作为波特率发生器，具有 3 组可切换的引脚
    - 串行口 2、3、4：只有两种工作方式(10 位和 11 位的异步通信方式)，有 2 组引脚可以选择配置
  - I^2C 串行总线
    - 总线概述：双向二线制：SDA、SCL；总线基本结构，器件地址确定方法，多器件连接硬件图，器件寻址方式等
    - I^2C 总线的操作：数据位的有效性与时序(起始、终止、应答、非应答)，数据字节的传送；各信号程序的模拟与实现
  - SPI 串行接口
    - SPI 串行接口原理：全双工、同步串行通信，用于通信的 4 线：SCLK、MOSI、MISO、$\overline{SS}$；$\overline{SS}$片选信号用于芯片的寻址
    - 通信方式
      - 单主一单从方式：主、从机通过 MOSI 和 MISO 信号线的连接，形成 16 位循环移位寄存器，实现信息交互
      - 单主一多从方式：用 MCU 的 I/O 口线连接 SPI 器件的$\overline{SS}$，进行 SPI 器件的寻址，实现单主一多从的通信方式
    - STC15W4K 系列 MCU 的 SPI：有一个 SPI 接口，具有主模式和从模式两种工作模式
  - 1-Wire 总线
    - 概述：端口特性(漏极开路或三态，需外接上拉电阻)，组网的主从结构，典型的命令序列
    - 总线操作方式：初始化序列(复位和应答脉冲)、写操作、读操作
    - 应用实例：DS18B20 温度传感器，温度监测系统构建

第8章 人机接口技术

人机接口是微控制器系统的重要组成部分，是实现人与微机系统信息交互的接口技术。人机交互的输入设备如键盘、拨码开关等，用于向微机系统输入命令和参数等；输出设备如段码式LED、点阵式LED、LCD显示器等，用于显示微机系统的测量与处理结果以及状态信息。

本章主要介绍常用的人机接口技术，包括键盘接口技术中的键盘基础知识，独立式、矩阵式按键的硬件接口和程序设计；LED显示接口技术中的段码式LED和点阵式LED的显示原理、硬件接口和程序设计；液晶显示接口技术中的LCD显示原理、LCD控制器ST7920及其控制的12864显示屏的硬件接口和程序设计。

8.1 键盘接口技术

键盘是微机系统中最常用的输入设备，用户通过键盘向微机系统输入命令、数据。键盘与微控制器的接口包括硬件与软件两部分。硬件是指键盘的组织，即键盘结构及其与MCU的连接方式，有独立式按键接口和行列式按键接口。软件是指对按键操作的识别与分析，称为键盘管理程序，应包括：①识键，判断是否有键被按下；②译键，确定是哪个键被按下，并产生相应的键值；③去抖动，消除按键按下或释放时产生的抖动；④键值分析，根据键值，执行对应按键的处理程序。

8.1.1 键盘基础知识

二维码8-1：键盘基础知识

1.键盘的组织

键盘实质上是一组开关按键的集合，微机系统键盘中的每一个按键都表示一个特定的功能或数字。键盘按其工作原理可分为编码式键盘或非编码式键盘。

编码式键盘本身带有实现按键接口功能的硬件电路，并由该电路自动扫描和识别按下的按键，对于功能复杂、所需按键多的微机系统可选用集成键盘管理芯片（如HD7279等），以减少MCU扫描按键等时间资源。非编码式键盘通过MCU的I/O口线连接，按键操作只提供一个闭合（低电平）信号，按键的扫描、键值的确定必须借助于软件来完成。因此，非编码式键盘的软件设计比较复杂，占用CPU时间多，但其成本低、使用灵活，在微机系统中应用广泛。

2. 按键抖动及消除

通常操作按键时，其触点在闭合和断开瞬间均存在抖动过程，即按键的闭合不是马上稳定地接通，其断开也不是立即断开，如图 8-1 所示。抖动时间的长短与开关的机械特性等有关，一般在 5～10ms；按键的稳定时间与按键操作人员的按键动作有关，通常大于 50ms。

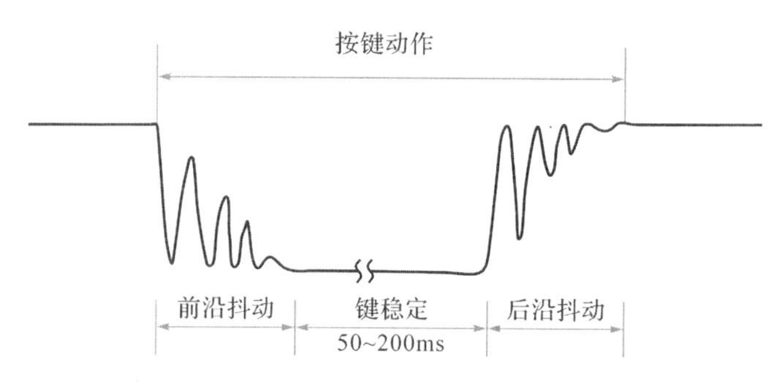

图 8-1　键抖动现象

为确保 MCU 对一次按键操作只做出一次响应，必须消除抖动的影响，最常用的方法是软件延时法。其基本思想是：在检测到有键被按下时，执行 10ms 延时子程序去前沿抖动；再检测该键是否仍然闭合，若是则确认该键被按下，否则认为不是真正的按键操作；当检测到按键松开时，同样执行 10ms 延时子程序以消除后沿抖动。

3. 键盘的工作方式

微机系统中 CPU 对键盘进行扫描时，要兼顾两方面的问题：①及时响应，保证系统对按键的每一次操作都能做出响应；②不能占用 CPU 过多时间，因其同时要处理大量其他任务。因此，要根据微机系统中 CPU 忙、闲情况，选择合适的键盘工作方式。键盘的工作方式有三种：编程扫描方式、定时扫描方式和中断扫描方式。

(1)编程扫描方式

该方式也称查询方式，是利用 CPU 在完成其他工作的空余时间，调用键盘扫描程序。因此当 CPU 在运行其他程序时，就无法对按键操作做出响应。该扫描方式通常应用于仿真开发系统，而很少用于测控用途的微机系统。

(2)定时扫描方式

该方式需要用一个定时器产生定时中断，CPU 响应该中断进行扫描键盘，并在有键按下时执行相应按键的处理程序。由于按键按下的持续时间一般大于 50ms，所以为了能够对每次按键操作都能做出响应，定时时间≤50ms。这种工作方式不管按键是否按下，CPU 总要进行定时扫描，因此常常处于空扫描状态而浪费 CPU 时间资源。

(3)中断扫描方式

为提高 CPU 工作效率，可采用中断扫描方式，即在有键按下时向 CPU 请求外部中断，CPU 响应中断扫描键盘，并执行相应按键的处理程序。该方式的优点是既不会空扫描，又能确保对每一次按键操作都能做出迅速的响应。中断扫描方式需要相应的硬件电路来产生按键的外部中断信号。

4. 按键连击的消除和利用

所谓连击，就是一次按键操作做出多次响应的现象。一方面，为消除连击现象，使得一次按键操作只执行一次按键功能程序，可在键盘程序中加入等待按键释放的处理，对应的软件流程如图 8-2(a)所示。当某键被按下时，首先软件延时去前沿抖动，并确认按键被按下后，执行对应的功能程序，然后查询该按键是否释放并等待其释放后，去后沿抖动再返回。这样的处理保证了一次按键操作只被响应一次，避免连击现象的出现。

另一方面，如果合理地利用连击现象，会给设计者和操作者带来方便。例如对于便携小型的微机系统，通常仅设置加 1(和/或减 1)、左移(和/或右移)、返回、确认等几个功能键，用加 1(或减 1)按键来实现数字的输入。当要输入较大数值时，就需要反复操作按键很多次，给操作带来不便。如果利用按键的连击现象(结合显示器)，按住“加 1(或减 1)键”不放，参数就可快速地加 1(或减 1)。利用按键连击现象的软件流程如图 8-2(b)所示，程序中加入的延时子程序是为了控制连击的速度。例如，若延时取 250ms，则连击速度为 4 次/秒。

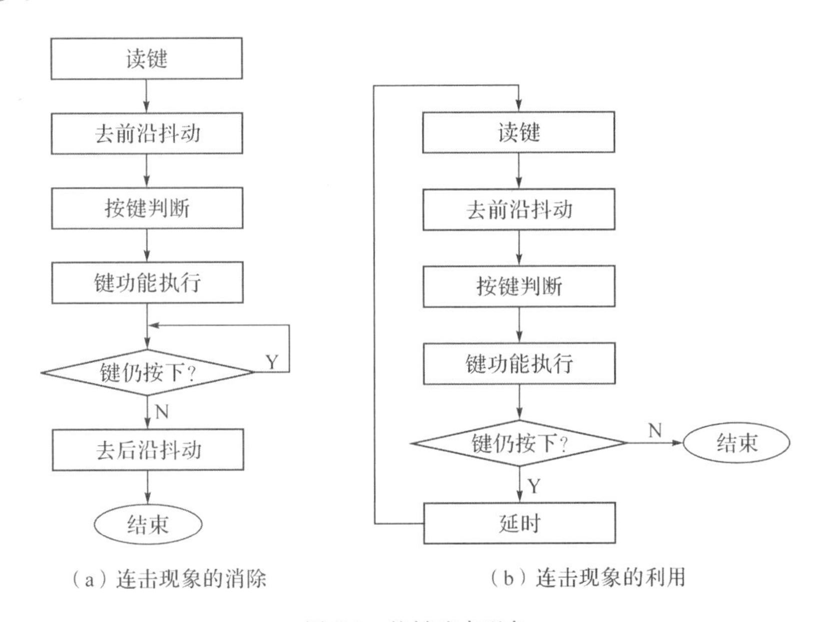

图 8-2　按键连击现象

5. 重键保护与实现

所谓重键(也称串键)，就是指两个或多个键同时闭合的情况。出现重键时，就存在是识别全部按下的键还是识别哪一个键的问题，其解决办法由按键扫描程序决定，可采取 N 键锁定或 N 键轮回的方法。

(1) N 键锁定

当扫描到有多个键被按下时，只把最后释放的键当作有效键，获得相应键值并执行其功能程序。相应的处理流程如图 8-3 所示。

(2) N 键轮回

当扫描到有多个键被按下时，对所有按下的键依次产生键值并做出响应。

在微机系统中，通常采取单键按下有效、多键按下无效的策略，即采用 N 键锁定方法。

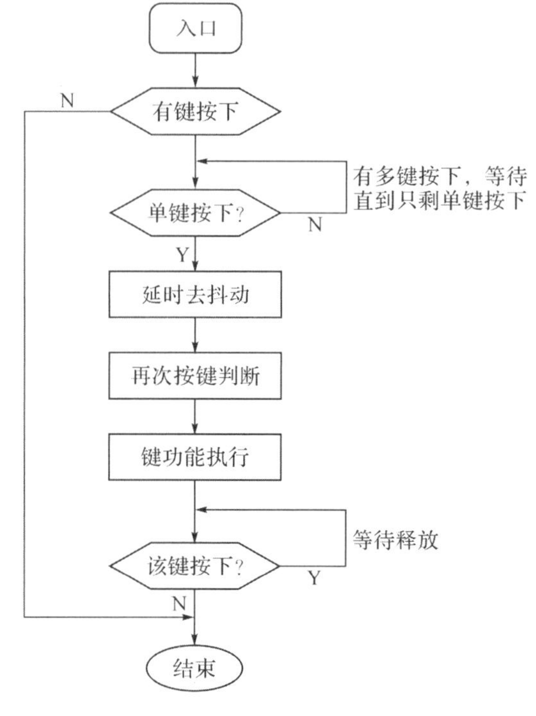

图 8-3　重键“N 键锁定”处理流程

8.1.2　独立式按键接口技术

二维码 8-2:独立式按键接口技术

独立式键盘的每个按键占用一根 I/O 口线。没有键按下时,各口线为高电平;有键按下时,对应口线变为低电平。因此,只要 CPU 检测到某根口线为“0”,便可判别对应按键被按下。这种键盘的优点是结构简单、各按键相互独立、按键识别容易,但是当按键较多时,占用 I/O 口线多,所以只适用于按键较少的系统。4 个独立式按键的硬件连接如图 8-4 所示,查询式程序流程如图 8-5 所示。

图 8-4　独立式键盘接口电路

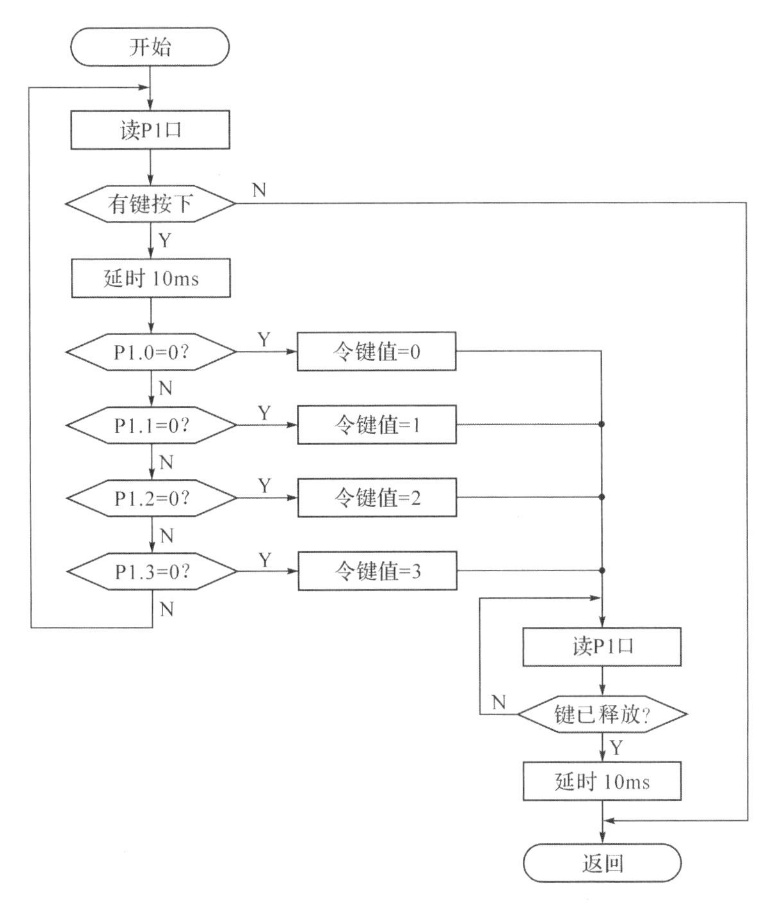

图 8-5 独立式接口软件流程

首先判断有无键被按下(即 P1 口的低 4 位是否为全"1"),若检测到有键被按下,延时 10ms 去前沿抖动,再逐位查询是哪个键被按下并执行相应按键的处理程序,最后等待按键释放并延时 10ms 消除后沿抖动。

图 8-4 按键接口电路也设计了按键中断逻辑电路,所以既可以采用编程扫描方式、定时扫描方式,也可以采用中断扫描方式。当 4 个按键中有任一按键被按下时,$\overline{\text{INT0}}$变为低电平,向 MCU 请求中断,执行中断程序获取键值(设 K0～K3 对应的键值为 0～3)。

汇编程序(中断扫描方式):

```
        ORG     0000H
        SJMP    MAIN
        ORG     0003H
        LJMP    INT0SUB             ;外部中断 0 中断函数
        ORG     0100H
MAIN:   SET     BIT0                ;设置外部中断 0 为下降沿触发方式
        SETB    EX0                 ;允许外部中断 0
        SETB    EA                  ;CPU 总中断允许
        CLR     KEYFLAG             ;清"有键按下"标志位
LOOP:   JNB     KEYFLAG,LOOP        ;等待中断
```

```
          CLR      KEYFLAG
          LCALL    KEYPROCESS        ;根据键值(R3 中的值)执行按键处理程序(该程序省略)
          SJMP     LOOP

          ORG      0200H             ;按键中断,扫描得到键值在 R3 中
INT0SUB:  LCALL    delay10ms         ;去前沿抖动延时(该程序省略)
          MOV      R3,#00H           ;设置键值寄存器初值
          MOV      A,P1
          ANL      A,#0FH
          CJNE     A,#0FH,SCAN       ;判断是否真正有键被按下
          MOV      R3,#0FFH          ;不是正常的按键操作,令键值为 FFH
          SJMP     NOKEY
SCAN:     MOV      R2,#4             ;准备确定键值
SCAN1:    RRC      A
          JNC      FINDKEY           ;找到闭合的键
          INC      R3
          DJNZ     R2,SCAN1
FINDKEY:  SETB     KEYFLAG           ;建立“有键按下”标志位
WAIT:     MOV      A,P1
          ANL      A,#0FH
          CJNE     A,#0FH,WAIT       ;等待按键释放
          LCALL    delay10ms         ;去后沿抖动延时
NOKEY:    RETI
```

8.1.3 矩阵式按键接口技术

二维码 8-3:矩阵式按键接口技术

矩阵式键盘(也称行列式键盘)的接口包括行线和列线两组,按键位于行线和列线的交叉点上。图 8-6 给出了一个 4×4 的矩阵按键接口电路,每个按键通过不同的行线和列线与 MCU 端口连接。16 个按键只需 8 条 I/O 口线,即 $m\times n$ 矩阵键盘只需要 $m+n$ 条线,比独立式按键节省很多 I/O 口线。因此在按键数目较多的微机系统中,要采用矩阵式键盘。

1. 行扫描法

二维码 8-4:矩阵式按键的行扫描法

在图 8-6 中,P1.7~P1.4 为输出扫描信号的行线,P1.0~P1.3 为输入按键状态的列线。4 条列线连接到 4 与门的输入端,其输出接至 $\overline{\text{INT0}}$,则当有键按下时,就会向 CPU 请求中断。

行扫描法的扫描过程分为粗扫描和细扫描两个步骤。

(1)粗扫描:识别是否有键按下

把所有行线(P1.7~P1.4)设置为低电平并输出(相当于将各行接地),然后检测各列线(P1.3~P1.0)的电平是否都为高电平,如果读入的 P1.3~P1.0 的值均为“1”,说明没有键按下;如果读入的 P1.3~P1.0 的值不全为“1”,则说明有键按下,延时 10ms 去前沿抖动。

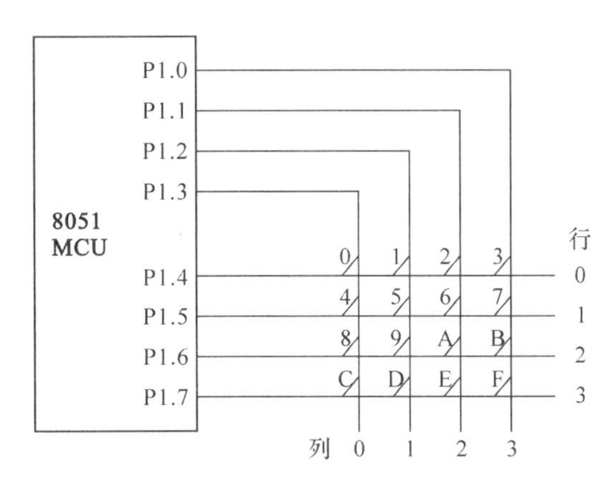

图 8-6 4×4 矩阵式键盘接口电路

(2)细扫描:识别哪个按键被按下

①逐行扫描。先使一条行线为低电平、其余行线为高电平并输出,然后读入各列线的状态;如果各列状态不全为“1”,表示该行该列交叉点处的按键被按下,已扫描到按下的键,结束扫描;如果各列状态全为“1”,表示该行没有按键被按下,继续扫描下一行,直至扫描到全部行。

②键值确定。设图 8-6 中 16 个按键的键值分别为 0、1、2……E、F,其中每行的首键值为 0、4、8、C,列号为 0、1、2、3;则每个按键的键值与行列位置有关,它们之间关系如表 8-1 所示。根据“0”电平所在的行首键值和列状态中“0”的列号可得出闭合键的键值,即有:

$$闭合键的键值=行首键值+列号 \tag{8-1}$$

表 8-1 按键键值与行列位置的关系

行首键值	列号			
	0	1	2	3
0	0	1	2	3
4	4	5	6	7
8	8	9	A	B
C	C	D	E	F

行扫描法的程序流程如图 8-7 所示。为保证每一次按键操作 CPU 只响应一次,在程序结束前,加入了等待按键释放的处理环节。

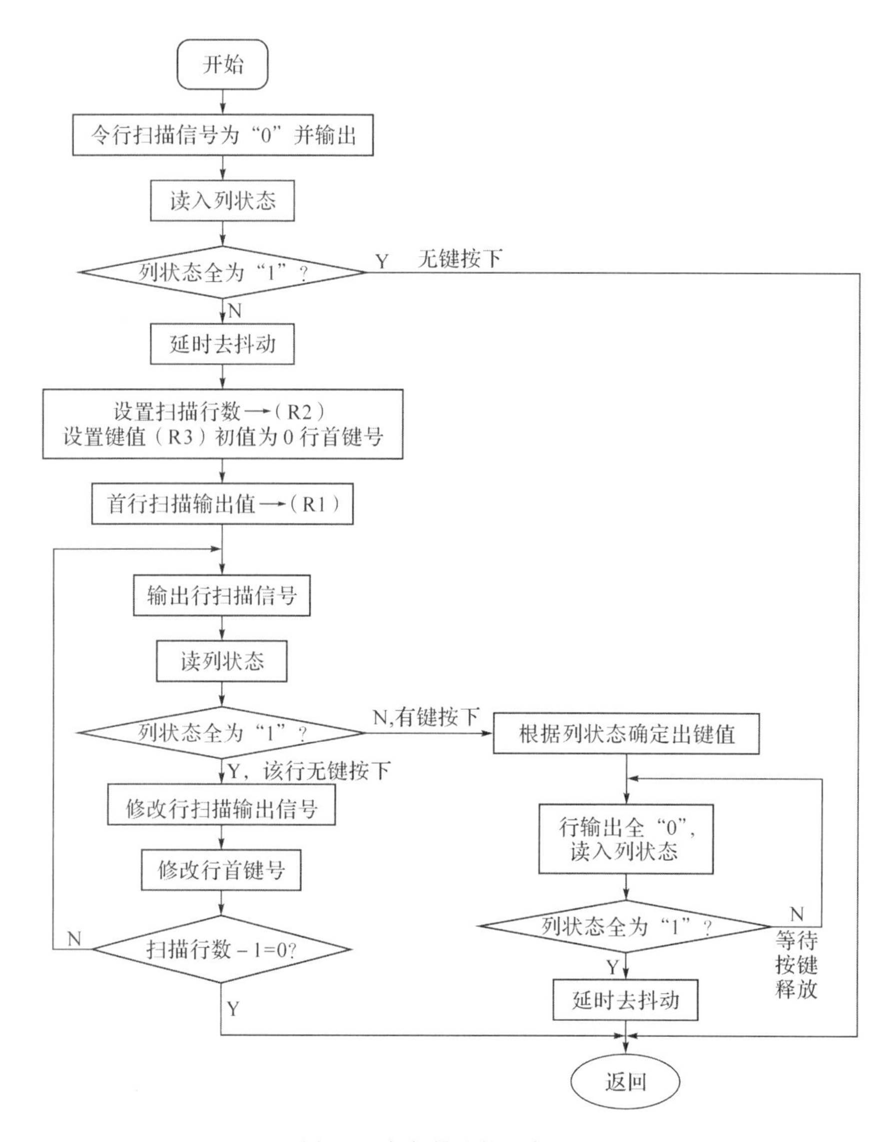

图 8-7 行扫描法的程序流程

汇编程序(键值保存在 A 中):

```
          ORG     0100H
KeySCAN:  MOV     P1,#0FH          ;令行扫描信号 P1.7～P1.4 为“0”,设置 P1.3～P1.0 为输入方式
          MOV     A,P1
          ANL     A,#0FH           ;读入 P1,得到 P1.3～P1.0 的列状态
          CJNE    A,#0FH,HAVEKEY   ;列信号不全为“1”,表示有键按下,转移
          SJMP    Nokey
HAVEKEY:  LCALL   delay10ms        ;去前沿抖动,并开始逐行扫描
          MOV     R3,#0            ;设置键值为 0 行首键号
          MOV     R2,#4            ;扫描行数
          MOV     R1,11101111B     ;设置首行扫描信号
AGAIN:    MOV     P1,R1            ;输出扫描信号
```

```
        MOV     A,P1                ;读取列状态
        ANL     A,#0FH
        CJNE    A,#0FH,FINDKEY      ;判断该行是否有键按下,若该行有键按下,则转移
        MOV     A,R1                ;没有键按下,则修改行扫描信号
        RL      A
        MOV     R1,A
        MOV     A,R3                ;修改行首键号
        ADD     A,#4
        MOV     R3,A
        DJNZ    R2,AGAIN            ;共扫描 4 行
FINDKEY: JB     P1.3,NEXTP12        ;依次判断对应行上哪一列键按下
        SJMP    FINDWT
NEXTP12: JB     P1.2,NEXTP11
        INC     R3
        SJMP    FINDWT
NEXTP11: JB     P1.1,NEXTP10
        INC     R3
        INC     R3
        SJMP    FINDWT
NEXTP10: JB     P1.0,Nokey
        INC     R3
        INC     R3
        INC     R3
FINDWT:  MOV    P1,#0FH             ;等待释放
        MOV     A,P1
        ANL     A,#0FH
        CJNE    A,#0FH,FINDWT
        LCALL   delay10ms           ;去后沿抖动
        MOV     A,R3                ;键值保存到 A
Nokey:   RET
```

2. 线路反转法

二维码 8-5:矩阵式按键的线路反转法

线路反转法的硬件连接与图 8-6 相同,识别按键的过程分为两步。

(1)行线为输出线,列线为输入线

令 4 条行线 P1.7～P1.4 输出全为"0",读 4 条列线 P1.3～P1.0 的状态,若图中某键(设 E 键)被按下,此时读入的 P1.3～P1.0 的状态为 1101,根据"0"的位置可判断出被按下按键在第 2 列上。

(2)线路反转:行线为输入线,列线为输出线

令 4 条列线 P1.3～P1.0 输出全为"0",读 4 条行线 P1.7～P1.4 的状态,对于 E 键按下,读入的 P1.7～P1.4 的状态为 0111,其中的"0"对应着被按下按键行的位置,为第 3 行,即 E 键所在位置为第 3 行第 2 列的交叉点。

将线路反转法两个步骤中读入的行列状态合成一个代码(P1.7～P1.0 的值),称为特

征码。每一个按键有一个确定的特征码(与硬件连接方法有关),由该特征码可确定按键的键值。E键的特征码为01111101B(7DH)。

根据图8-6的按键接口电路,可方便确定出每个按键的特征码,建立键值和特征码的转换关系表,如表8-2所示,其中FFH定义为无按键操作的特征码。

表8-2 特征码与键值的关系

特征码	键　值	特征码	键　值
E7H	00H	B7H	08H
EBH	01H	BBH	09H
EDH	02H	BDH	0AH
EEH	03H	BEH	0BH
D7H	04H	77H	0CH
DBH	05H	7BH	0DH
DDH	06H	7DH	0EH
DEH	07H	7EH	0FH
		FFH	无按键操作

线路反转法的程序流程如图8-8所示。

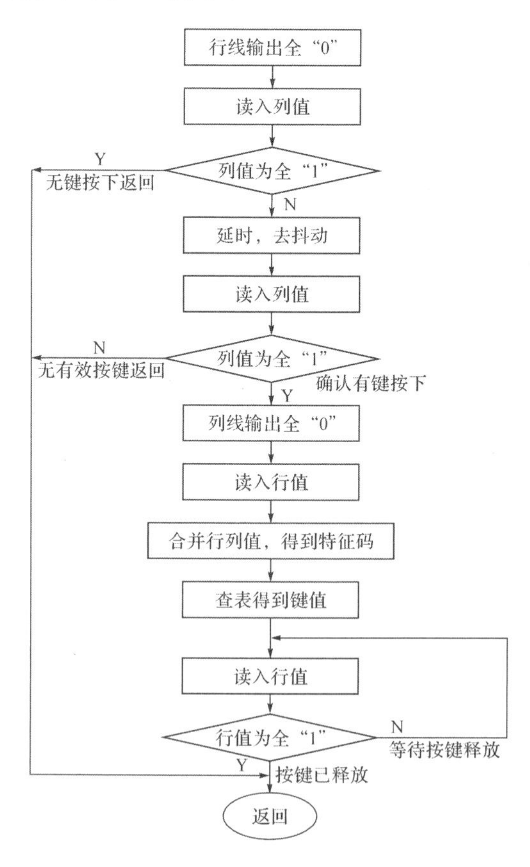

图8-8 线路反转法的程序流程

无论按下的键处于哪一行，线路反转法均只需经过两步便能获得此按键的键值，程序也较简单；但行与列接口均必须为双向 I/O 接口。

3. 多功能键的设计

(1)双功能键

在设计微机应用系统时，为了简化硬件线路，希望用较少的按键，获得较多的控制功能。如图 8-9 所示 3×4 的矩阵式键盘，只需增加一个上/下档键 K，就可使每个按键具有两个功能，实现了双功能键的设计。设 K 断开时选择上档功能，K 闭合时选择下档功能。

程序运行时，键盘扫描子程序首先检测 K 的状态，即判断 P2.0 的状态。P2.0＝1 为上档键（LED 灭），各键分别代表 0、1……A、B；P2.0＝0 则为下档键（LED 亮），各键分别代表 0'、1'……A'、B'。赋予同一个按键两个不同的键值，从而转入不同的键功能子程序。

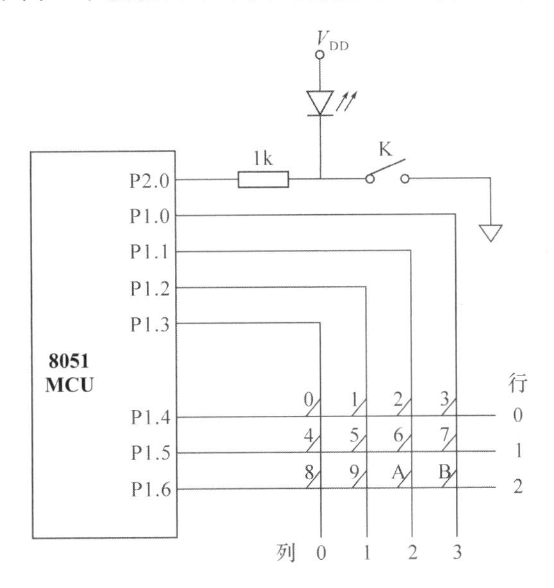

图 8-9　双功能键原理

(2)复合键

复合键是用软件实现一个按键多个功能的另一种方法。所谓复合键，就是两个或两个以上组合按键同时作用。当扫描到复合键被按下时，转去执行该复合键相应的功能程序。但实际情况是，几个按键不可能做到真正的“同时按下”，解决这个问题的办法是定义一个引导键，单独按下引导键时没有意义，扫描到也不做任何操作；只有和其他键配合使用才形成一个复合键，执行相应复合键的功能。这种操作只需先按住引导键不放，再按下其他功能键即可。因此，用一个引导键，按键的数量就可增加一倍。计算机键盘上的 Ctrl 键、Shift 键、Alt 键均是引导键的例子。

8.2　LED 显示接口技术

LED(light emitting diode，发光二极管)是一种电—光转换器件，具有工作电压低、体积小、寿命长、价格低等优点。LED的发光强度与工作电流成正比，电流越大亮度越高，但系统功耗将增大，通常通过串接一个限流电阻来确定其工作电流。段码式和点阵式LED是微控制器系统中最常用的显示器件，本节主要介绍段码式LED显示技术和点阵式LED显示技术。

8.2.1 段码式LED显示技术

二维码8-6：段码式LED显示技术

二维码8-7：LED显示原理

1. 段码式LED显示器

段码式LED显示器(也称数码管)由7个条状和1个圆形的LED封装而成，其外形结构和引线如图8-10(a)所示，能显示0～9数字和多个字母。数码管有共阴极和共阳极两种结构，它们的连接原理如图8-10(b)、(c)所示，图中限流电阻需要外接，共阴数码管中8个LED的阴极连接在一起作为公共端COM，共阳数码管中8个LED的阳极连接在一起作为公共端COM。共阴数码管显示的必要条件是COM端接地或具有较大灌电流的输入口线，则当某个LED的阳极为高电平时，该LED点亮；共阳数码管显示的必要条件是COM端接电源或具有较大输出电流的输出口线，则当某个LED的阴极为低电平时，该LED点亮。

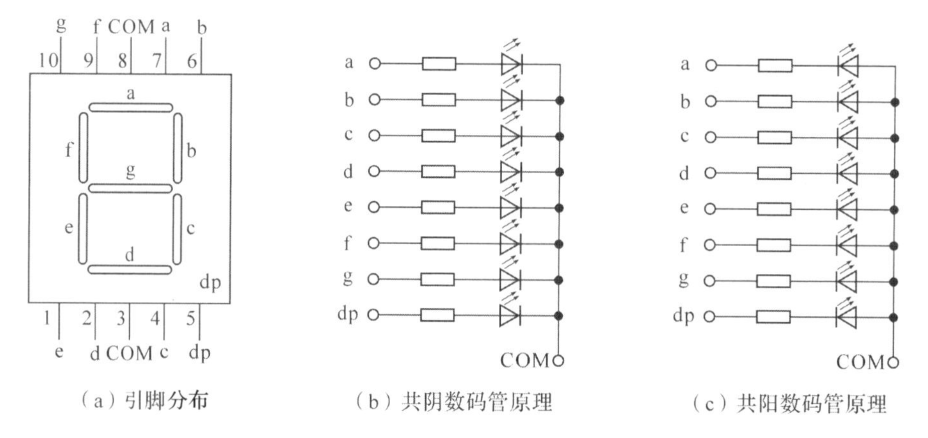

(a) 引脚分布　(b) 共阴数码管原理　(c) 共阳数码管原理

图8-10　8段LED显示器的两种结构及其引脚

为使数码管显示不同的数字或符号，要把某些段的LED点亮，另些段不亮。因此要为数码管提供字型码(也称为7段码)，使数码管显示出不同字符。

图8-10(a)所示数码管的a、b、c、d、e、f、g、dp 8个引脚(也称8个段)与8位输出口各位的连接关系如表8-3所示。若要显示0，则a、b、c、d、e、f点亮，g、dp不亮，所以对于共阴数码管，输出口应输出0011 1111，即段码为3FH；对于共阳数码管，输出口应输出1100 0000，即段码为C0H。按此规则，得到共阴数码管和共阳数码管的7段码列于表8-4。

表8-3　8个LED与输出口各位对应关系

输出口位	D7	D6	D5	D4	D3	D2	D1	D0
显示段	dp	g	f	e	d	c	b	a

表 8-4　数码管段码

字符	共阴极 7 段码	共阳极 7 段码	字符	共阴极 7 段码	共阳极 7 段码
0	3FH	C0H	A	77H	88H
1	06H	F9H	B	7CH	83H
2	5BH	A4H	C	39H	C6H
3	4FH	B0H	D	5EH	A1H
4	66H	99H	E	79H	86H
5	6DH	92H	F	71H	8EH
6	7DH	82H	H	76H	09H
7	07H	F8H	P	73H	8CH
8	7FH	80H	U	3EH	C1H
9	6FH	90H	灭	00H	FFH

2. 段码式 LED 静态显示

静态显示是指每个数码管与一个 8 位输出口连接，数码管的 COM 连接在一起并接地(共阴)或接+5V(共阳)。这里的 8 位输出口可采用并行 I/O 口，也可采用串行(UART 方式 0 或 SPI 串行接口)扩展的移位寄存器。图 8-11 为 UART 方式 0 扩展 8 个串入并出移位寄存器 74HC164，连接 8 个数码管的电路(见二维码 7-5)。

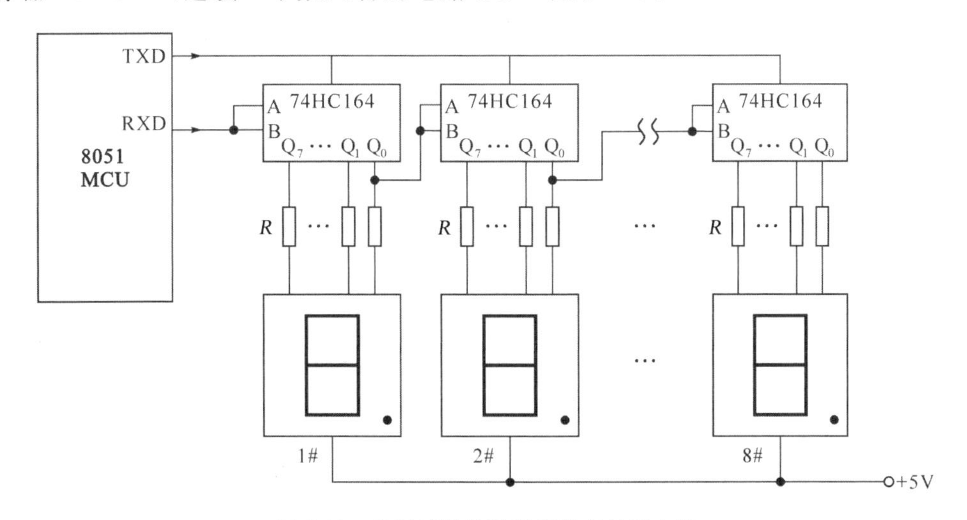

图 8-11　串行扩展的数码管静态显示电路

图 8-11 中采用共阳数码管，各数码管的 COM 接+5V 电源。若某个数码管要显示某字符，则向该数码管对应的 74HC164 输出这个字符的 7 段码即可。74HC164 在低电平输出时，能够灌入 8mA 的电流，故可不加驱动电路。

静态显示方式的软件比较简单，依次向各输出口输出要显示字符的 7 段码就能得到显示结果。若要刷新显示内容，则重新输出新显示字符的 7 段码即可。但是当数码管位数增多时，扩展的输出接口就要增加。因此，在显示位数较多的情况下，通常采用动态显示方式。在实际应用中，通常要根据具体情况综合考虑硬件资源及软件复杂度等因素，确定数码管的显示方式。

3. 段码式 LED 动态显示

二维码 8-8：数码管的动态显示

当数码管位数较多时，为简化硬件电路，通常采用动态显示方式，图 8-12 为 8 个数码管的动态显示电路。8 个数码管的 a、b、c……g、dp 各段分别连在一起接到一个输出口(称为段码输出口)，8 个数码管的 8 个 COM 端连接到另一个输出口(称为位码输出口)。由于各数码管的段码连接到同一个输出口，若各数码管的位控信号(COM 端)始终有效的话，则 8 个数码管就会显示相同的内容。因此要求 8 个数码管的 8 个位控信号(位码)在任一时刻只能一位有效。当某个数码管的位控信号有效时，此时段码输出口输出该数码管要显示字符的 7 段码，该数码管有显示，而其他数码管均因位控信号无效而不显示。这样依次循环输出各数码管的 7 段码和相应的位控信号，就可以在 8 个数码管上显示不同的字符。

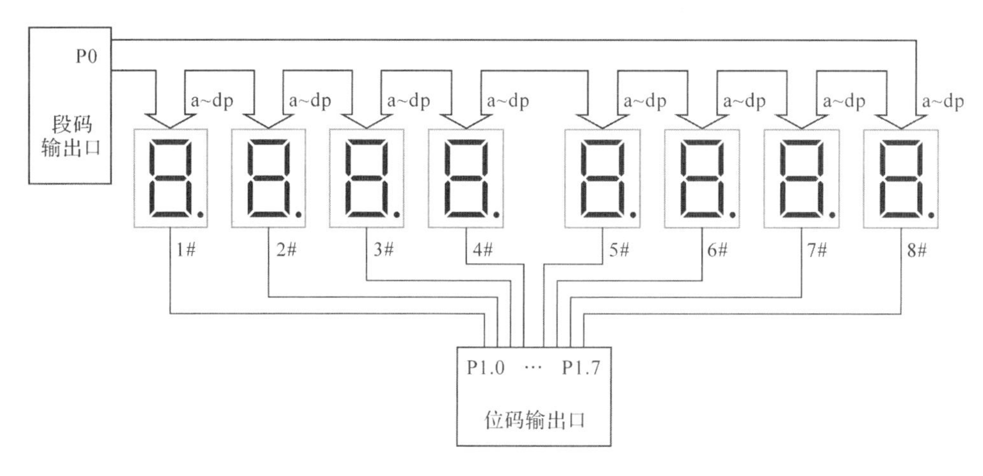

图 8-12　8 位数码管动态显示电路

虽然 8 个数码管上的字符是轮流显示的，即在同一时刻只有一个数码管显示字符，但由于 LED 显示器的余晖和人眼的“视觉暂留”作用，只要轮流显示的间隔足够短(通常为几毫秒)，人眼看到的是“多位同时显示”的效果。为了能够在数码管上得到稳定的显示，需要不断重复输出 8 个数码管的显示内容(即要进行显示扫描)，通常显示扫描周期在 20ms 内；即动态显示需要 CPU 频繁执行显示扫描程序才会有较好的显示效果。因此，动态显示是牺牲 CPU 的时间资源来换取硬件资源(I/O 端口)的减少。

另外，由于动态显示方式的数码管是循环轮流点亮的，因此在相同限流电阻的情况下，其显示亮度要比静态显示方式低很多，所以动态显示的限流电阻应比静态显示的限流电阻小，才能达到相同的亮度效果。

将内部 RAM 30H 开始的 8 个显示缓冲单元中的 BCD 数(0～9)显示在 8 个数码管上，其动态显示程序流程如图 8-13 所示，汇编和 C51 程序如下。

汇编程序：

```
ORG     0000H
SJMP    MAIN
ORG     0040H
```

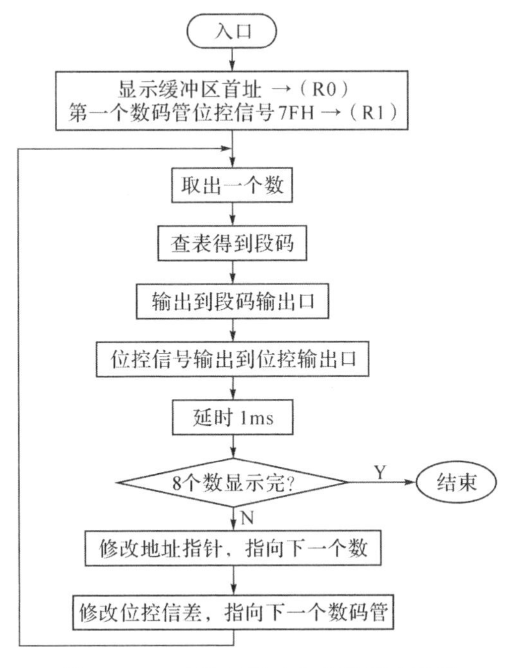

图 8-13　8 个数码管动态显示程序流程

```
MAIN:   MOV     R0,#30H                    ;R0 指向显示数据存放首址
        MOV     R1,#7FH                    ;R1 为位控信号寄存器,指向第 1 个数码管
        MOV     R2,#8                      ;R2 为显示位数
NEXT:   MOV     A,@R0                      ;取出一个数
        MOV     DPTR,#TABLE                ;DPTR 指向 7 段码表首地址
        MOV     CA,@DPTR+A                 ;取出该数的 7 段码
        MOV     P0,A                       ;将 7 段码输出到段码输出口 P0
        MOV     A,R1
        MOV     P1,A                       ;位控信号输出到位控输出口 P1
        LCALL   DELAY1MS                   ;延时 1ms
        INC     R0                         ;指针指向下一个数的地址
        MOV     A,R1                       ;修改位控信号,使下一个数码管位控有效
        RR      CA
        MOV     R1,A
        DJNZ    R2,NEXT                    ;没有显示完毕,继续
        RET
TABLE:  DB      3FH,06H,5BH,4FH,66H,6DH,7DH,07H,7FH,6FH    ;0～9 的段码
```

C51 程序：

```
#include<reg51.h>
uchar Table[] = {0x3F,0x06,0x5B,0x4F,0x66,0x6D,0x7D,0x07,0x7F,0x6F};
/*****************数码管动态显示函数*********************/
void display()
{
```

```
    uchar *pData = 0x30;                    //指向显示数据存放首址
    ucharweima = 0x7F;                      //位控信号,指向第 1 个数码管
    uchari = 0;
    for(i = 0;i< 7;i + + )
    {
        P0 = Table[ * pData + + ];          //取出显示数据对应的段码,并送到段码输出口
        P1 = weima;//输出位控信号
        delay1ms();
        CY = 1;
        weima = _cror_(weima,1);            //位控信号循环右移一位
    }
}
```

8.2.2 点阵式 LED 显示技术

二维码 8-9:点阵式 LED 显示技术

1. 点阵式 LED 显示器

点阵式 LED 显示器由多个圆形单色或双色或多彩 LED 组成,有 5×7、8×8 等多种结构,能够显示的字符多;4 个 8×8 点阵式 LED 显示器就构成了 16×16 的 LED 阵列,能够显示汉字;点阵式 LED 的接口电路与控制程序也较为复杂。

图 8-14 是由 64 个双色 LED 组成的 8×8 LED 阵列结构图,每个双色 LED 为共阳接

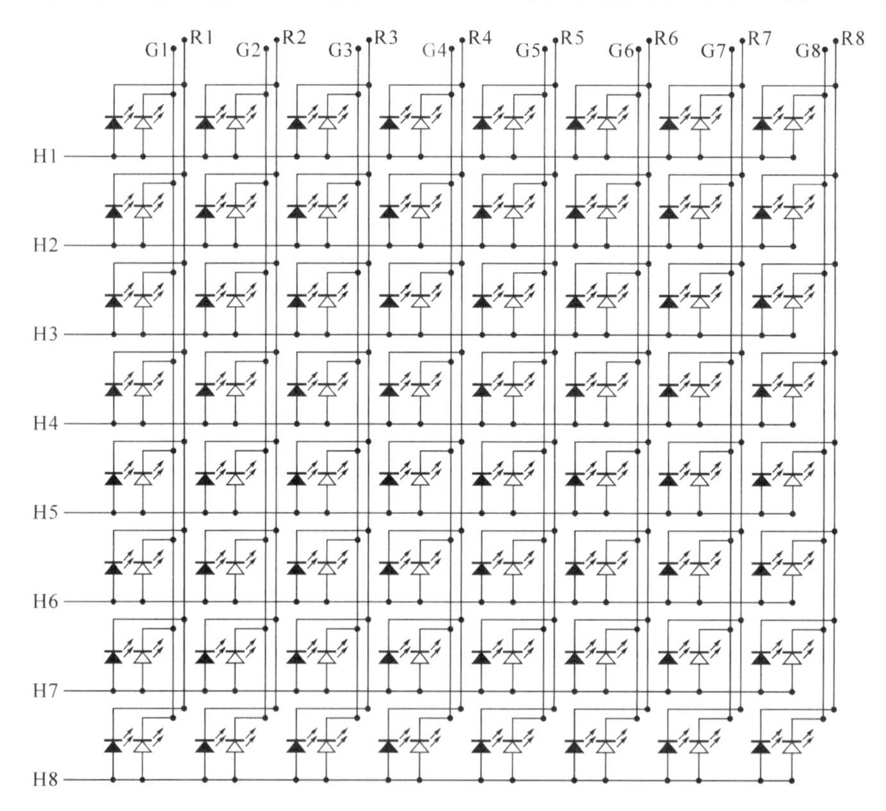

图 8-14 点阵式双色 LED 结构原理

法。每个双色 LED 集成封装了红色和绿色两个 LED 内芯，有 3 个引脚：1 个 COM 端，2 个控制端，分别控制红色、绿色 LED 的亮与灭。

每行上的 8 个 LED 按共阳方式连接，可以把每行看成是一个共阳极双色数码管的 COM 端，即 H1～H8 为行控制信号（每行显示的选通端），高电平有效；列线为段码控制端，分别有 G1～G8 绿色 LED 控制端和 R1～R8 红色 LED 控制端，均为低电平点亮；当红灯和绿灯一起点亮时，双色 LED 呈现出黄色。

2. 点阵式双色 LED 接口设计

对于如图 8-14 所示的 8×8 双色 LED 阵列，需要 3 个 8 位的输出接口；1 个为行控制信号 H1～H8 输出口，输出行扫描信号；另 2 个是段码输出口，1 个输出红色 LED 的段码，另 1 个输出绿色 LED 的段码。本例运用 3 个串入并出移位寄存器 74HC595，串行扩展 3 个输出接口，如图 8-15 所示。

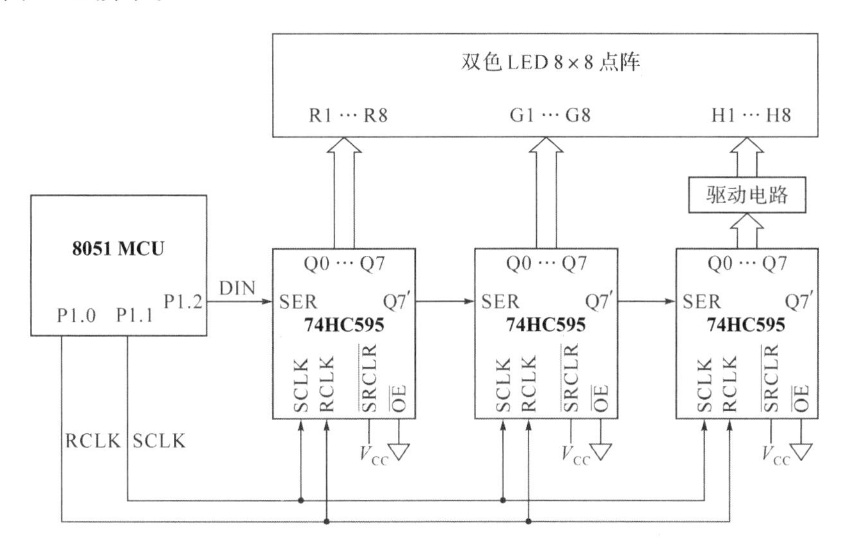

图 8-15　双色 LED 点阵接口电路

74HC595 是具有锁存功能的移位寄存器。多个 74HC595 可串接使用。MCU 与其连接需要 3 根 I/O 口线，图 8-15 采用 I/O 口线进行串行扩展，P1.2 连接到串行数据线 SER，P1.1 输出移位时钟信号 SCLK，P1.0 连接选通信号 RCLK。也可以用串行口方式 0、SPI 串行接口等方式进行输出口的扩展。

行控制口 H1～H8 要为多个 LED 提供驱动电流，段控制口是灌入电流。若 1 个 LED 的驱动电流为 3mA，则段控制口的灌入电流是 3mA 电流，因此可以直接连接到 74HC595。

行控制口 H1～H8 要提供的最大驱动电流（极端情况）是同一行上的 8 个 LED 显示黄色，即同一行上 8 个双色共 16 个 LED 全部点亮。假设一个 LED 的驱动电流为 3mA，则行控制口要输出的电流为 16×3mA，大大超出了 74HC595 口线的驱动能力，所以需要外加驱动电路。有关驱动电路，详见 10.3.1。

3. 点阵式双色 LED 软件设计

若要在 8×8 双色 LED 上显示如图 8-16(a)所示的数字“2”，可将图 8-16(b)中的行控制信号和段控制信号依次输出到行控制口和 2

二维码 8-10：点阵式双色 LED 显示原理

个段控制口，并不断重复扫描输出，就可看到稳定显示的数字“2”(其显示扫描过程与数码管的动态显示方式相似)。若红色段码输出口始终输出全为“1”(R1～R8 均为“1”)，则显示绿色数字；若绿色段码输出口始终输出全为“1”(G1～G8 均为“1”)，则显示红色数字；若两个段码输出口，均输出段控制信号，则显示黄色数字。

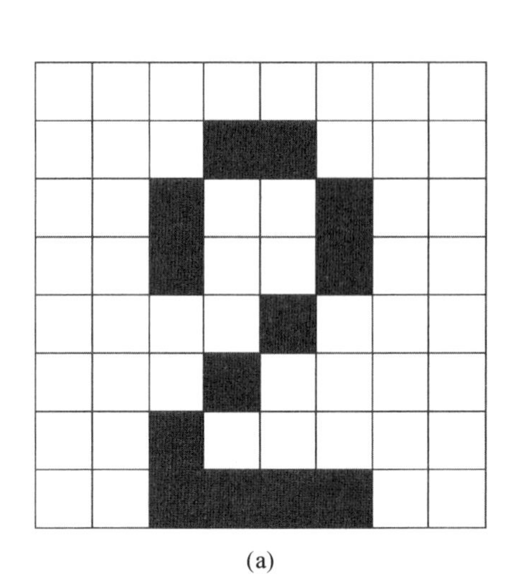

(a)

行数	行控制信号 (H1~H8)	段控制信号 (R1~R8) (G1~G8)
1	1000 0000	1111 1111
2	0100 0000	1110 0111
3	0010 0000	1101 1011
4	0001 0000	1101 1011
5	0000 1000	1111 0111
6	0000 0100	1110 1111
7	0000 0010	1101 1111
8	0000 0001	1100 0011

(b)

图 8-16　8×8 双色 LED 的数字“2”字形及端口控制信号

8.3　液晶显示接口技术

液晶显示器(liquid crystal display，LCD)是微机系统、通信设施和电子产品中最常用的显示设备，具有重量轻、功耗低、显示信息量大以及驱动方便等优点；特别是随着 TFT-LCD(薄膜晶体管液晶显示器)技术的成熟，液晶显示的应用越来越广泛。

8.3.1　LCD 显示原理

二维码 8-11：LCD 显示原理

1. 液晶显示器的工作原理

液晶是介于液态和固态之间的晶状物质，在一定的温度范围内，液晶既具有液体的流动性，又具有晶体的某些光学特性。LCD 利用液晶材料的电光效应，通过控制外部施加的电压，使液晶分子的排列和光学特性发生变化，从而改变光线的通过量，控制显示内容的明暗及色彩。由于 LCD 依靠调制外界光实现显示，因此它属于被动显示器件。

2. 液晶显示器的驱动方式

液晶显示器的驱动方式由电极引线的选择方式确定，有静态驱动和动态(时分割)驱动两种。液晶不能使用直流电压驱动，否则液晶材料会产生电解而老化。

(1)静态驱动方式

静态驱动方式多用于段码式 LCD，其驱动电路与波形如图 8-17 所示。图 8-17(a)中的

LCD表示一个液晶字段，当此字段的公共电极A和段电极C上的电压相位相同时，两电极之间的电位差为0，该字段不显示；当此字段上两电极的电压相位相反时，两电极之间的电位差为二倍幅值的方波电压，该字段显示。

由图8-17(c)可见，段电极C施加的电压波形，受控于显示控制信号B。当B=0时，A、C两电极施加的电压波形同相，液晶上无电场，LCD处于非选通状态，该段不显示；当B=1时，A、C两电极施加的电压波形反相，液晶上施加了一个矩形波，当矩形波的电压高于液晶的阈值电压时，LCD处于选通状态，该段显示。一般应在LCD的公共电极端(也称为背电极)加上恒定的方波信号，通过显示控制信号B控制在段电极上施加同相或反相方波信号，实现LCD段的亮、灭控制。

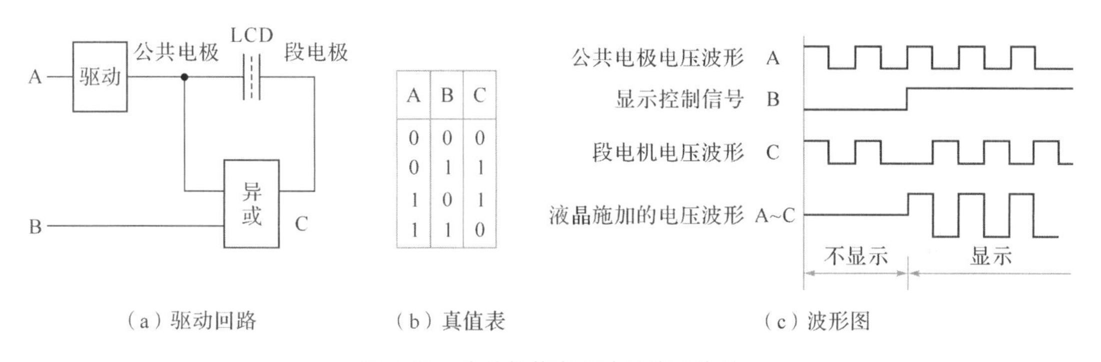

(a)驱动回路　(b)真值表　(c)波形图

图8-17 液晶的静态驱动回路及波形

静态驱动的特点是响应速度快、耗电少、驱动电压低，但适用于驱动段数较少的LCD；对于段数较多或点阵式LCD，则采用动态驱动方式。

(2)动态驱动方式

当显示段数增多时，为减少引出线和驱动回路数，必须采用动态驱动法，也称时分割驱动或多路寻址驱动法。该方法将LCD显示矩阵同一行的背电极连接在一起引出，称为行电极(用COM表示)；同一列的段电极连接在一起引出，称为列电极(用SEG表示)。对行电极依次扫描一次称为一帧，各行的扫描时间是相等的，行数n的倒数也称为占空比，有1/8、1/16、1/32等。显示时，按照$1/n$的时序逐行扫描，与该扫描时序相对应，对列电极做选择驱动，选择点亮和熄灭液晶屏上相应的像素。LCD的列驱动和行扫描有专用的液晶驱动芯片(液晶控制器)，对于不同型号和尺寸的LCD，可选用不同的LCD控制器。

作为液晶使用者，可不必详细了解液晶的驱动方式，重点是要了解常用的液晶控制器的功能，学习其与MCU的接口技术、控制方法和程序设计等，实现字符、汉字和图形的显示。

3. 液晶显示器的种类

根据显示颜色可分为：单色、灰度和彩色LCD。其中彩色LCD又有VA型(MVA或PVA)、TN型、HTN型、STN型、TFT型、IPS型等。

根据显示类型可分为：①段码型。如计算器、万用表等一些专用电子设备上使用的液晶，这些液晶一般需要定制。②字符型。只能显示字符控制器提供的字符，无法显示图形，灵活性较差。③点阵型。型号规格多，生产厂家多，控制器也比较多；特点是控制器内置西文字库，有些还带有二级汉字库，支持显示字符和点阵图形等。

8.3.2 LCD 控制器 ST7920

二维码 8-12：LCD 控制器 ST7920

液晶控制器有很多种，常用的有 ST7920、T6963C 和 KS0108 等。ST7920 控制器功能强大，带有西文和中文字库，支持 4 位/8 位并口以及串口方式，是目前应用最为广泛的 LCD 控制器。本书主要介绍 ST7920 的功能与使用方法。

1. ST7920 的组成结构

ST7920 的组成结构如图 8-18 所示，具有字型产生 ROM（含有 126 个 16×8 点阵 ASCII 字符集和国标一级、二级简体中文字库，共 8192 个 16×16 点阵汉字）、字型产生 RAM、图形数据 RAM 和显示数据 RAM；还包含一组寄存器和标志位，用来控制 LCD 显示器和获取其工作状态；能够以 4 位/8 位并行或 2 线/3 线串行多种方式与微控制器连接；具有 32 线行驱动器和 64 线列驱动器。

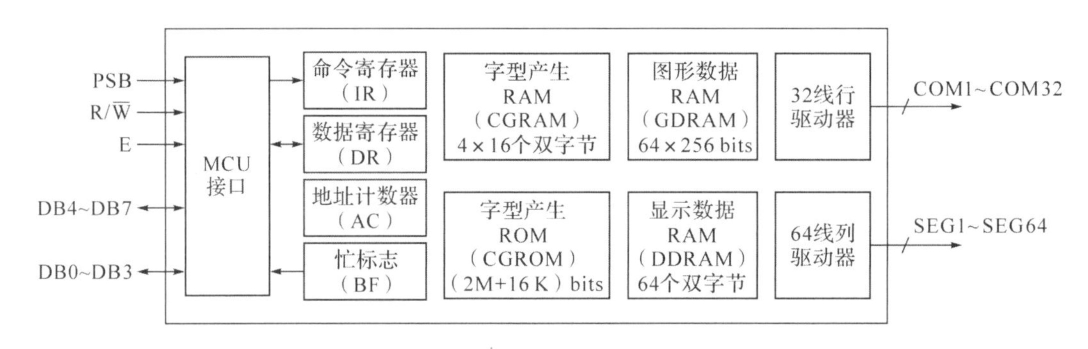

图 8-18 ST7920 内部组成结构

2. 字型产生 ROM（custom glyph ROM，CGROM）

CGROM 即汉字和字符发生器，提供 126 个 16×8 点阵的字符字模和 8192 个 16×16 点阵的汉字字模。每个字符的编码是该字符的 ASCII 码，1 个字节，即 126 个字符（半角）的编码为 02H～7FH；每个汉字的编码为 2 个字节（高字节为区码、低字节为位码），ST7920-B 型控制器中的汉字编码＝A1A0H～F7FEH 与国标中文 GB 码相对应。根据这些编码从 CGROM 中调出中文字模。当编码不在 CGROM 限定的 8192 个汉字字库中时，LCD 显示乱码。向显示数据 RAM 写入双字节汉字编码时，必须高字节（区码）在前、低字节（位码）在后。

对于一个 16×16 点阵的汉字，其字模为 32 字节；一个 16×8 点阵的字符，其字模为 16 字节，所有这些字模均存放在 CGROM 中，如表 8-5 所示。当程序将字符或汉字的编码写入显示数据 RAM 时，硬件自动从 CGROM 中获取字模显示在液晶屏上。

表 8-5 字符、汉字编码写字模对照

字符编码（单字节）	16×8 点阵的字符字模（每个字符 16 字节）	汉字编码（双字节）	16×16 点阵的汉字字模（每个汉字 32 字节）
02H	“☺”的 16 字节字模	A1A0	“ ”的 32 字节字模

续表

字符编码（单字节）	16×8 点阵的字符字模（每个字符 16 字节）	汉字编码（双字节）	16×16 点阵的汉字字模（每个汉字 32 字节）
…	…	…	…
30H	“0”的 16 字节字模	B4F3	“大”的 32 字节字模
…	…	…	…
61H	“ a ”的 16 字节字模	D6B0	“职”的 32 字节字模
…	…	…	…
7FH	“△”的 16 字节字模	F7FE	“齇”的 32 字节字模
字符 ROM：126×16×8=16Kb		汉字 ROM：8192×32×8=2Mb	

3. 字型产生 RAM(custom glyph RAM,CGRAM)

CGRAM 提供自定义字模（造字）功能，可将 CGROM 没有覆盖的生僻字或某符号的字模定义到 CGRAM 中。CGRAM 共有 4 组 16×16 点阵的字模空间，即 64 个双字节存储单元，16×16 点阵汉字字模为 16 个双字节，则可自行设计 4 个汉字字库。4 个自造汉字的编码为 0000H、0002H、0004H、0006H，对应汉字字模在 CGRAM 中的存储关系如表 8-6 所示。CGRAM 中汉字的显示与 CGROM 中汉字的显示方法相同，将对应的编码写到显示数据 RAM 中即可。

表 8-6 自定义汉字编码与 CGRAM 数据地址的关系

编 码	CGRAM 地址	说 明
0000H	00H～0FH	16 个双字节的汉字字模写入时，每行 16 点写入一个单元，16 行依次写入 16 个单元即完成定义 如“m^2”的字模为： 00H，00H，00H，00H，00H，0EH，00H，11H， 00H，11H，00H，11H，5DH，C6H，66H，48H， 44H，50H，44H，5FH，44H，40H，44H，40H， 44H，40H，44H，40H，00H，00H，00H，00H 写入 00H～0FH 这 16 个单元，则编码 0000H 的汉字即为“m^2”
0002H	10H～1FH	
0004H	20H～2FH	
0006H	30H～3FH	

4. 显示数据 RAM(display data RAM,DDRAM)

(1)DDRAM 与显示屏上显示位置的映射关系

DDRAM 是字符方式工作时，用来存放需要显示汉字或字符编码的存储器。ST7920 内置的 DDRAM 提供 64 个双字节的存储空间，每个 DDRAM 单元可存放 1 个汉字编码或 2 个 ASCII 编码。因此，最多可以控制 64 个汉字或 128 个字符的显示，即其可以控制 256×64 的点阵 LCD。ST7920 中 64 个双字节 DDRAM(00H～3FH)与 256×64 点阵 LCD 显示位置的映射关系如表 8-7、表 8-8 所示。

表 8-7 ST7920 中 64 个双字节 DDRAM 与 256×64 点阵 LCD 显示位置的映射关系-1

每行汉字	第 1 列汉字 ←							（每列汉字包括 16 列点阵，双字节）							→ 第 16 列汉字
第 1 行汉字（16 行点阵）	00H	01H	02H	03H	04H	05H	06H	07H	08H	09H	0AH	0BH	0CH	0DH	0EH	0FH
第 2 行汉字（16 行点阵）	10H	11H	12H	13H	14H	15H	16H	17H	18H	19H	1AH	1BH	1CH	1DH	1EH	1FH
第 3 行汉字（16 行点阵）	20H	21H	22H	23H	24H	25H	26H	27H	28H	29H	2AH	2BH	2CH	2DH	2EH	2FH
第 4 行汉字（16 行点阵）	30H	31H	32H	33H	34H	35H	36H	37H	38H	39H	3AH	3BH	3CH	3DH	3EH	3FH

表 8-8 ST7920 中 64 个双字节 DDRAM 与 256×64 点阵 LCD 显示位置的映射关系-2

DDRAM 地址	存放编码（双字节）	LCD 上显示位置
00H	“光”的编码	在表 8-7 中，00H 位置的 16×16 点阵上显示“光”
01H	“学”的编码	在表 8-7 中，01H 位置的 16×16 点阵上显示“学”
…	存放要显示的汉字或字符的编码	编码相应的汉字或字符显示在相应位置
3EH		
3FH		

（2）DDRAM 与 12864 液晶屏的映射关系

对于 ST7920 控制的 12864 液晶模块，仅使用控制器 DDRAM 的前 32 个单元（00H～1FH）作为编码保存 RAM，对应屏幕上的 128×64 点阵（显示 4 行 8 列共 32 个 16×16 点阵的汉字，或 4 行 16 列共 64 个 16×8 点阵的字符），此时 32 个 DDRAM 单元与 LCD 显示屏上字符/汉字的显示位置的映射关系如表 8-9 所示。

表 8-9 DDRAM 与 128×64 点阵 LCD 显示位置的映射关系

每行汉字	第 1 列汉字 ←			（每列汉字 16 列点阵，双字节）				第 8 列汉字
第 1 行汉字（16 行点阵）	00H	01H	02H	03H	04H	05H	06H	07H
第 2 行汉字（16 行点阵）	10H	11H	12H	13H	14H	15H	16H	17H
第 3 行汉字（16 行点阵）	08H	09H	0AH	0BH	0CH	0DH	0EH	0FH
第 4 行汉字（16 行点阵）	18H	19H	1AH	1BH	1CH	1DH	1EH	1FH

5. 图形数据 RAM(graphic display RAM,GDRAM)

(1)GDRAM 与显示屏上显示位置的映射关系

GDRAM 也叫图形帧存,ST7920 的 GDRAM 提供 64×16 个双字节的存储空间,最多可以缓冲 64×256 点阵图形,如图 8-19 所示。垂直地址 Y=00～63(64 行),水平地址 X=00～15(16 列,每列 16 个点阵),每个地址都是双字节单元。GDRAM 中每个单元的 16bit 与 LCD 屏上相应位置的 b15～b0 的 16 个像素对应,bit 内容为 1,则像素点显示;bit 内容为 0,则不显示。通过对 GDRAM 的操作,可以在显示屏上显示图形。GDRAM 地址、内容与显示屏像素的关系,见表 8-10。

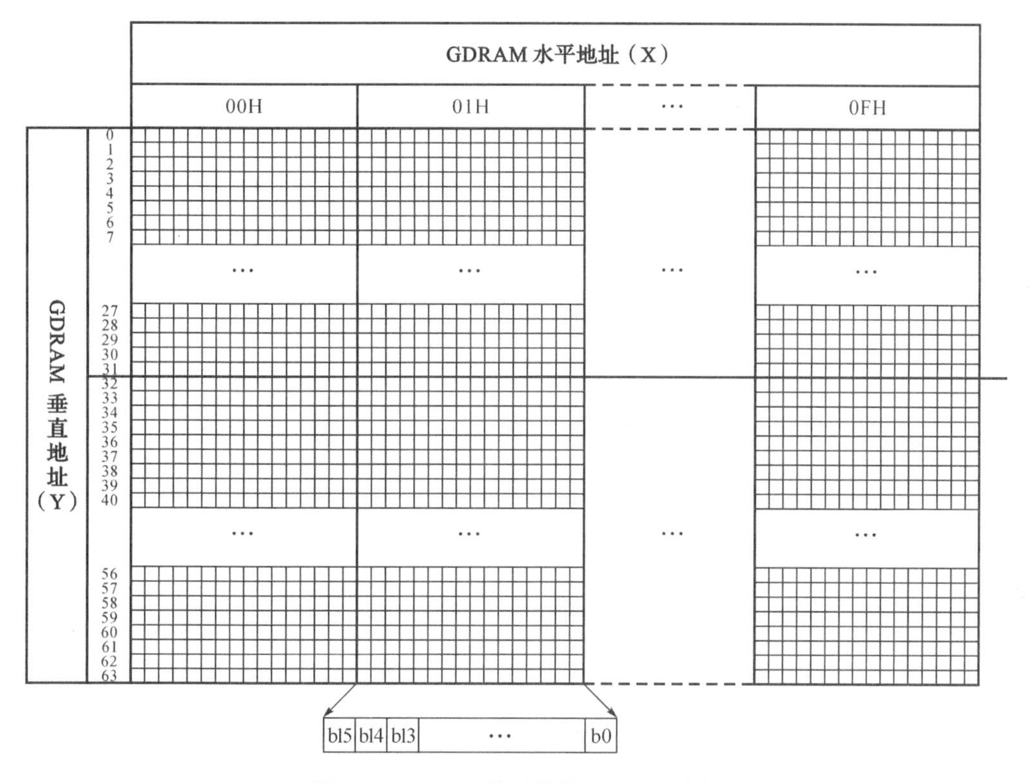

图 8-19　ST7920 控制器的 GDRAM 空间

表 8-10　GDRAM 地址、内容与显示屏像素的关系

Y 地址(行地址)	X 地址(列地址)	GDRAM 中双字节内容 b15 b14 b13 … b0	说　明
Y=0	X=0	10101010 10101010	对第 0 行的 16 个 GDRAM(双字节)进行设置 bit=1,显示;bit=0,不显示 即第 0 行 256 个像素间隔显示
	X=1	10101010 10101010	
	…	…	
	X=15	10101010 10101010	

续表

Y 地址（行地址）	X 地址（列地址）	GDRAM 中双字节内容 b15 | b14 | b13 | … | b0	说　明
Y=1	X=0	11111111 11111111	第 1 行 256 个像素全部显示
	X=1	11111111 11111111	
	…	…	
	X=15	11111111 11111111	
…	…	…	…
y=63	X=0	10011100 11000011	对最后一行的 256 个像素进行显示设置 根据 GDRAM 中的内容显示
	X=1	11100100 11000011	
	…	…	
	X=15	10011100 00111011	
GDRAM 容量：64×16×16=16Kb；与显示屏 256×64=16Kb 个像素一一对应			

(2)GDRAM 与 12864 液晶屏的映射关系

对于 ST7920 控制的 12864 液晶模块，仅需使用 GDRAM 的前一半空间，垂直地址 Y 范围为 00H～31H，水平地址 X 范围为 00H～0FH，其中 00H～07H 对应上半屏的 128 列，08H～0FH 对应下半屏的 128 列，如图 8-20 所示。

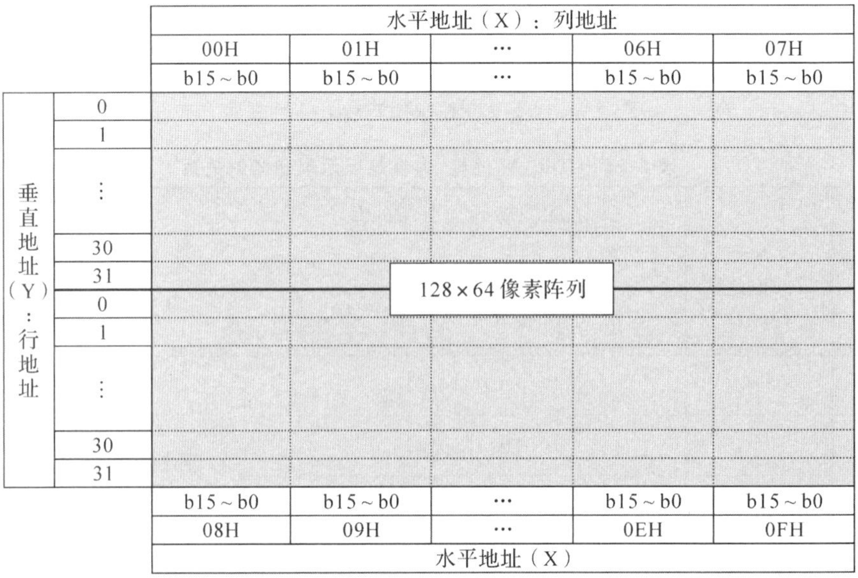

垂直地址（Y）：行地址		水平地址（X）：列地址				
		00H	01H	…	06H	07H
		b15～b0	b15～b0	…	b15～b0	b15～b0
	0					
	1					
	⋮					
	30					
	31			128×64 像素阵列		
	0					
	1					
	⋮					
	30					
	31					
		b15～b0	b15～b0	…	b15～b0	b15～b0
		08H	09H	…	0EH	0FH
		水平地址（X）				

图 8-20　12864 图形点阵与 GDRAM 地址的映射关系

6. 忙标志 BF(busy flag)

内部状态寄存器的最高位是忙标志 BF。BF=1,表示模块在进行内部操作,不接受外部指令和数据;BF=0,表示准备就绪。利用读状态指令,可得到 BF,以了解模块的工作状态。

7. 地址计数器 AC(address counter)

AC 用来贮存 DDRAM、CGRAM、GDRAM 之一的地址,可通过控制命令进行设置。设置初始地址后,对 DDRAM、CGRAM、GDRAM 的读取或写入,地址计数器 AC 会自动加1。ST7920 提供光标及闪烁控制功能,由 AC 的值来指定 DDRAM 中光标闪烁的位置。

8.3.3 ST7920 控制的 12864 LCD

二维码 8-13:ST7920 控制的 12864 LCD

1. 12864 液晶模块的组成结构

LCD 显示模块(显示器)由 LCD 控制器、LCD 驱动器、LCD 屏、背景光源以及与微控制器连接的接口等组成,制作在一块电路板上。LCD 显示器的核心部件是液晶控制器,其功能也取决于控制器的功能。LCD 显示器的点阵有 6432、12864、256128 等,数字表示显示屏的列点阵数与行点阵数,如 12864 表示该显示屏的点阵有 128 列、64 行。

ST7920 控制器带有一个 32 线的行驱动器和一个 64 线的列驱动器,每个行驱动线能够驱动 256 列,每个列驱动线仅能够驱动 32 行。对于 128×64(列点阵×行点阵)的液晶屏,需要 32 线行驱动器和 256 线列驱动器,所以除芯片内的一个 64 线列驱动器外,尚需增加 3 个能够驱动 32 行的 64 线列驱动线。因此选用 2 片同系列的 96 线列驱动器 ST7921 进行扩展,如图 8-21 所示。采用 ST7920 的 LCD 模块接口灵活、操作简便、功耗低,V_{DD}为+3.0~+5.5V。

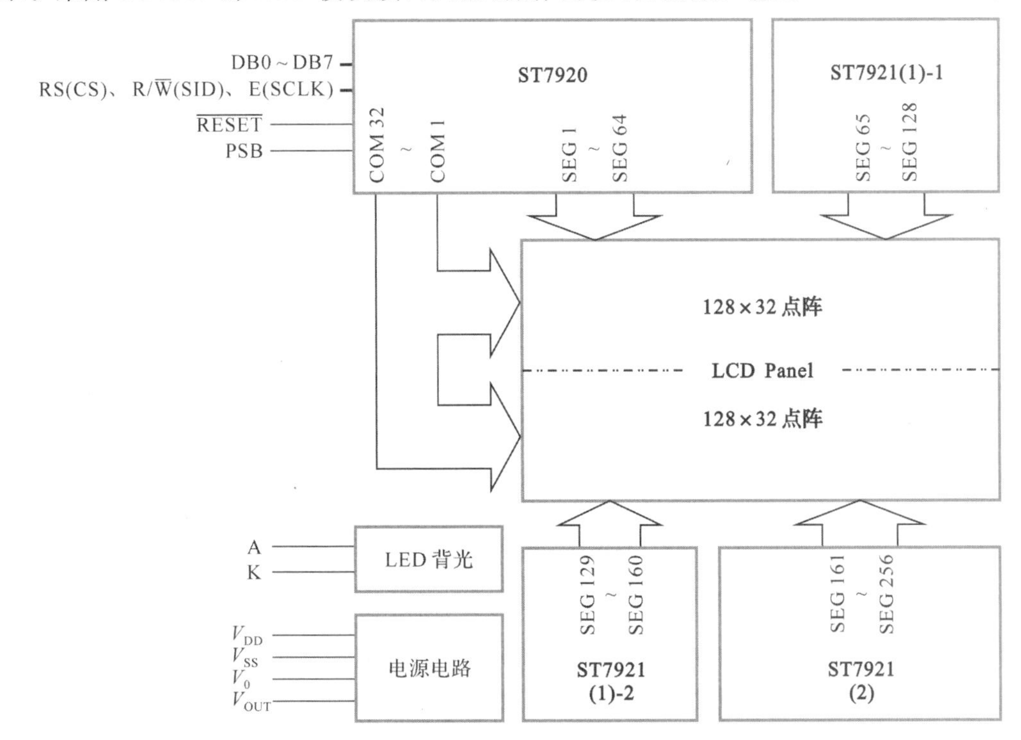

图 8-21 ST7920 控制的 12864 液晶组成结构

2. 模块的引脚及其功能

ST7920 液晶模块的接口信号如表 8-11 所示。

表 8-11　ST7920 模块的引脚及其功能

引　脚	引脚名称	电　平	功能描述
1	V_{SS}	0V	地
2	V_{CC}	3.3V/5V	电源
3	V_0	—	对比度(亮度)调整
4	RS	H/L	寄存器选择信号:低电平选择指令寄存器 IR,高电平选择数据寄存器 DR
5	$R/\overline{W}$	H/L	读写信号:低电平写,高电平读
6	E	H/L	使能信号:与 RS、$R/\overline{W}$配合使用
7～14	DB0～DB7	H/L	三态数据线
15	PSB	H/L	H:8 位或 4 位并口方式;L:串口方式
16	NC	—	空脚
17	$\overline{RESET}$	H/L	复位端:低电平有效①
18	V_{OUT}	—	LCD 驱动电压输出端

注:①模块内部接有上电复位电路,因此在不需要经常复位的场合可将该端悬空。

3. 模块与 MCU 的连接

ST7920 控制的 12864 液晶模块与 8051 MCU 的连接如图 8-22 所示。P0 口与模块的 8 位数据线相连,P1.0～P1.2 分别作为 RS、$R/\overline{W}$、E 控制引脚,PSB 接高电平表示选择并口工作方式。

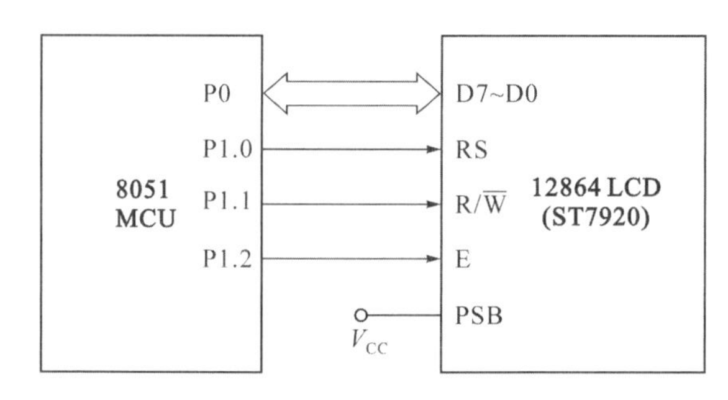

图 8-22　ST7920 控制的 12864 LCD 与 8051 MCU 的连接

4. 模块控制与读写时序

MCU 对液晶模块的操作包括:向 ST7920 写命令和数据、从 ST7920 读状态和数据 4 种。不同操作对应的 E、RS、$R/\overline{W}$控制信号和时序,列于表 8-12。

表 8-12 ST7920 液晶模块控制信号

E	RS	R/$\overline{W}$	功能说明
高→低	L	L	MCU 写指令到指令寄存器(IR)
高	L	H	读出忙标志(BF)及地址计数器(AC)的状态
高→低	H	L	MCU 写数据到数据寄存器(DR)
高	H	H	MCU 从数据寄存器(DR)中读出数据

5. ST7920 指令集

ST7920 包括两类控制指令：一类是基本指令集(令功能设定命令中的 RE=0)，共 11 条，见表 8-13；另一类是扩充指令集(令功能设定命令中的 RE=1)，共 5 条。

表 8-13 ST7920 基本指令集(RE=0)

指令名称	控制信号		指令码										功能描述
	RS	R/$\overline{W}$	D7	D6	D5	D4	D3	D2	D1	D0	
清除显示	0	0	0	0	0	0	0	0	0	1	将 DDRAM 填满 20H(空格的 ASCII)，并设定 DDRAM 的地址计数器(AC)为 00H
地址归位	0	0	0	0	0	0	0	0	1	X	设定 DDRAM 的地址计数器(AC)到 00H，并将光标移到原点位置
进入点设定	0	0	0	0	0	0	0	1	I/D	S	指定在数据的读取与写入时，光标和画面显示的移动方向 S=0，缺省，只移动光标；否则，S=1，I/D=0，画面整体右移 S=1，I/D=1，画面整体左移
显示开/关	0	0	0	0	0	0	1	D	C	B	D=1，整体显示 ON；C=1，光标 ON；B=1，光标反白允许
光标/移位控制	0	0	0	0	0	1	S/C	R/L	X	X	R/L=0/1，光标左移/右移；S/C=1，显示画面根据 R/L=0/1 进行左移/右移
功能设定	0	0	0	0	1	DL	X	RE	X	X	DL=0/1，4/8 位数据接口；RE=0/1，使用基本/扩充指令集[①]
设定 CGRAM	0	0	0	1	AC5	AC4	AC3	AC2	AC1	AC0	设定 CGRAM 地址，AC 范围为 00H～3FH(双字节单元)
设定 DDRAM	0	0	1	0	0	AC4	AC3	AC2	AC1	AC0	设定 DDRAM 地址，第一行，80H～87H；第二行，90H～97H；第三行，88H～8FH；第四行，98H～9FH
状态读取	0	1	BF	AC6	AC5	AC4	AC3	AC2	AC1	AC0	忙标志(BF)在最高位，地址计数器(AC)的值在低 7 位

续表

指令名称	控制信号		指令码								功能描述
	RS	R/$\overline{W}$	D7	D6	D5	D4	D3	D2	D1	D0	
写数据到 RAM	1	0	数据								将数据写入到内部 RAM (DDRAM、CGRAM、GDRAM)
读出 RAM 的值	1	1	数据								从内部 RAM(DDRAM、CGRAM、GDRAM)中读取显示数据

注:"RE"为指令集选择位,变更"RE"后,指令集将维持最后的状态,直到再次变更;不能同时变更 RE 和其他各位,必须先改变其他位后再改变 RE,才能确保设置正确。

8.3.4 LCD 程序设计

1. 驱动函数:读写基本操作和初始化函数

驱动函数包括对 LCD 的读状态、写命令、读写数据和初始化函数,是编写 LCD 应用程序的基础。

二维码 8-14:LCD 程序设计(基本函数)

```
SBIT RS = P1^0;
SBIT RW = P1^1;
SBIT E = P1^2;
/*****************************************
* 函数名称:void Check_ST7920_State (void)
* 函数功能描述:忙标志检查函数
* 输入参数:none
* 返回数据:none
*****************************************/
void Check_ST7920_State (void)
{
    RS = 0;                              //对状态寄存器操作
    RW = 1;                              //读操作
    P0 = 0xFF;                           //P0 口读准备
    do
    {
        E = 0;
        E = 1;
    }
        while(P0&0x80);                  //E 高电平期间读入状态,并判断最高位 Busy
        E = 0;
}
/*****************************************
* 函数名称:void Write_ST7920_Com (uchar command)
* 函数功能描述:向 ST7920 写一个字节命令
* 输入参数:command(命令字节)
```

```
* 返回数据:none
* * * * * * * * * * * * * * * * * * * * * * * * * * * * * * * * * * * * * * * * * */
void Write_ST7920_Com (uchar command)
{
    Check_ST7920_State();
    RS = 0;                                    //命令
    RW = 0;                                    //写
    P0 = command;                              //输出命令
    E = 1;
    E = 0;                                     //E 下降沿,向 ST7920 写入
}
/* * * * * * * * * * * * * * * * * * * * * * * * * * * * * * * * * * * * * * * * * *
* 函数名称:void Write_ST7920_Dat (uchar data)
* 函数功能描述:向 ST7920 写一个字节数据
* 输入参数:data(数据字节)
* 返回数据:none
* * * * * * * * * * * * * * * * * * * * * * * * * * * * * * * * * * * * * * * * * */
void Write_ST7920_Dat (uchar data)
{
    Check_ST7920_State();
    RS = 1;                                    //数据
    RW = 0;                                    //写
    P0 = data;                                 //输出数据
    E = 1;
    E = 0;                                     //E 下降沿,向 ST7920 写入
}
/* * * * * * * * * * * * * * * * * * * * * * * * * * * * * * * * * * * * * * * * * *
* 函数名称:uchar Read_ST7920_Dat (void)
* 函数功能描述:从 ST7920 读一个字节数据
* 输入参数:none
* 返回数据:P0
* * * * * * * * * * * * * * * * * * * * * * * * * * * * * * * * * * * * * * * * * */
uchar Read_ST7920_Dat (void)
{
    uchar result = 0;
    P0 = 0xFF;                                 //P0 口读准备
    RS = 1;                                    //数据
    RW = 1;                                    //读
    E = 0;
    E = 1;
    Delay_40us();                              //延时
    result = p0;
    E = 0;
```

```
    return result;
}
/********************************************
* 函数名称:void Init_ST7920 (void)
* 函数功能描述:ST7920 初始化(LCD 初始化)
* 输入参数:none
* 返回数据:none
********************************************/
void Init_ST7920 (void)
{
    Write_ST7920_Com (0x30);            //基本指令集,8 位并行方式
    Write_ST7920_Com (0x0c);            //开显示,关光标,不闪烁
    Write_ST7920_Com (0x01);            //清屏
    Write_ST7920_Com (0x06);            //起始点设定,光标右移
}
```

2. 字符和汉字显示函数

将汉字或字符的编码写入 DDRAM,就可以显示汉字或字符。对于双字节的汉字编码,要求高字节在前、低字节在后。

```
/********************************************
* 函数名称:Disp_ST7920_String
* 功能描述:CGROM 中的汉字、字符显示函数;适用于普通 ANSI C 规则的字符串(该字符串通常为 SZ
*          方式(string with zero ending),也就是 0x0 或者'\0'字符是字符串的结束符)
* 输入参数:x 表示屏幕上的水平显示位置(取值 0~7),y 表示垂直显示位置(取值 0~3),str 参数为
*          指向字符或汉字编码的指针
* 返回数据:none
********************************************/
void Disp_ST7920_String(uchar x,uchar y,uchar * str)
{
    Write_ST7920_Com(0x30);             //基本指令集
    switch(y)
    {                                   //DDRAM 显示位置设定
        case 0:Write_ST7920_Com (0x80 + x);  break;
        case 1:Write_ST7920_Com (0x90 + x);  break;
        case 2:Write_ST7920_Com (0x88 + x);  break;
        case 3:Write_ST7920_Com (0x98 + x);
    }
    while( * str)
        Write_ST7920_Dat ( * str++ );
}
```

本程序未对换行进行控制，调用程序时，需注意如果字符串过长，第 1 行的末尾部分会写入第 3 行，第 2 行末尾写入第 4 行。这是因为 DDRAM 中顺序存放的内容，在液晶屏上显示的位置是第 1 行、第 3 行、第 2 行、第 4 行，如果第 1 行的字符串超出一行所能显示的汉字数，则多余的汉字将显示在第 3 行。

如果要将“中国 2021”显示在第 2 行（$y=1$）第 3 列（$x=2$）开始的位置，首先确定显示屏上起始位置所对应的 DDRAM 地址，即从 12H 开始，依次写入“中国 2021”的 2 个汉字编码和 4 个字符编码（共 8 个字节），即可实现期望的显示结果。调用文本显示函数为 Disp_ST7920_String(2,1,“中国 2021”)。

ST7920 控制器是根据 DDRAM 中的编码显示内容的，每个双字节单元为 1 个汉字编码(/自定义编码)或 2 个 ASCII 编码，因此汉字编码不能跨单元写入，否则，ST7920 将取出错误编码，出现不可预料的显示结果。

对于如表 8-14 所示第 4 行的编码设置，由于“光学工程”汉字编码跨单元填入，ST7920 在控制显示时，错误地将“2”的 ASCII 码和“光”的高字节汉字编码组合，又将“光”的低字节编码和“学”的高字节编码组合……最终显示乱码。

表 8-14　字符、汉字编码在 DDRAM 单元中必须完整

行地址	列地址															
	00H		01H		02H		03H		04H		05H		06H		07H	
	H	L	H	L	H	L	H	L	H	L	H	L	H	L	H	L
1(+00H)	O	p	t	i	c	a	l		E	n	g	I	N	e	e	r
2(+10H)	*	*	*	*	中		国		2	0	2	1	*	*	*	*
3(+08H)	光		学		工		程		7	9	←		正		确	
4(+18H)	2	光		学		工		程		0	←		错		误	

注：写入 DDRAM 中的是这些汉字和字符的编码。

3. 自定义字模与显示函数

根据要求确定自定义汉字的 16 个双字节字模；或自行设计 16×16 点阵的图形，转换为 16 个双字节的数据，写入某个 CGRAM 字模空间，即可进行造字。

二维码 8-15：LCD 程序设计（造字函数）

例如，在内置字库中不能找到的生僻字可以通过造字获得，如 16×16 点阵“妘”的字模：

```
uchar yun[] = {                                          //“妘”字的 16 点阵字模
    0x00,0x00,0x70,0x00,0x73,0xFE,0x60,0x00,
    0xFC,0x00,0x6C,0x00,0xFC,0x00,0xFF,0xFF,
    0xDC,0xE0,0xF8,0xC0,0x79,0xF8,0x3B,0x9C,
    0x7F,0x0C,0xE7,0xFE,0xC0,0x06,0x00,0x00
}
```

对于一些常用的符号，可以当作一个自定义汉字进行造字，方便使用。如 16×16 点阵“m^2”的字模为：

```
uchar m2[] = {                                  //“m²”的 16 点阵字模
    00H,00H,00H,00H,00H,0EH,00H,11H,
    00H,11H,00H,11H,5DH,C6H,66H,48H,
    44H,50H,44H,5FH,44H,40H,44H,40H,
    44H,40H,44H,40H,00H,00H,00H,00H
}
```

自定义字模(造字)和显示的操作步骤为：①设置为扩充指令集；②设置 SR=0，允许设定 CGRAM 地址；③设置为基本指令集；④循环写入 32 个字节字模数据到 CGRAM；⑤设置 DDRAM 地址；⑥写入 CGRAM 编码。

```
/* * * * * * * * * * * * * * * * * * * * * * * * * * * * * * * * * * * * * * * * * * *
* 函数名称:Set_ST7920_CGRAM
* 函数功能描述:造字函数
* 输入参数:num 为自定义字模编号,zimo 为指向字模空间的指针
* 返回数据:none
* * * * * * * * * * * * * * * * * * * * * * * * * * * * * * * * * * * * * * * * * * */
void Set_ST7920_CGRAM(uchar num,uchar * zimo)
{
    unsigned char i;
    Write_ST7920_Com(0x34);                     //扩展指令
    Write_ST7920_Com(0x02);                     //SR = 0
    Write_ST7920_Com (0x30);                    //基本指令集
    Write_ST7920_Com (0x40 + (num<<4));         //根据自定义汉字编码得到 CGRAM 的起始地址
    for(i = 0;i<16;i + + )
    {
        Write_ST7920_Dat ( * zimo + + );        //写入高 8 位字模数据
        Write_ST7920_Dat ( * zimo + + );        //写入低 8 位字模数据
    }
}
/* * * * * * * * * * * * * * * * * * * * * * * * * * * * * * * * * * * * * * * * * * *
* 函数名称:void Disp_ ST7920_String2
* 功能描述:自造汉字显示函数(因为自造汉字的编码包含“0x0”,所以不能以 0 作为函数结束符,而
* 是设置了显示字符串长度 len 作为结束条件)
* 输入参数:x 表示屏幕上的水平显示位置(取值 0～7),y 表示垂直显示位置(取值 0～3),str 参数为
* 指向字符或汉字编码的指针,len 为显示字符串长度
* 返回数据:none
* * * * * * * * * * * * * * * * * * * * * * * * * * * * * * * * * * * * * * * * * * */
void Disp_ ST7920_String2(unsigned char x,unsigned char y,unsigned char * str,unsigned char len)
{
    Write_ST7920_Com(0x30);                     //基本指令集
```

```
    switch(y)
    {                                          //DDRAM 显示位置设定
        case 0: Write_ST7920_Com (0x80 + x);     break;
        case 1: Write_ST7920_Com (0x90 + x);     break;
        case 2: Write_ST7920_Com (0x88 + x);     break;
        case 3: Write_ST7920_Com (0x98 + x);
    }
    while(len- - )
        Write_ST7920_Dat ( * str+ + );
}
```

假如将“妘”定义为 0 号自造汉字，“m^2”定义为 1 号自造汉字，通过调用 Disp_ ST7920_ String2 显示函数将“妘 m^2 中国 2013”显示在屏幕第 2 行第 2 列 (1,1)开始的 LCD 屏上。程序为：

```
Set_ST7920_CGRAM(0,yun);                    //自定义编码为 0x00 的汉字“妘”
Set_ST7920_CGRAM(1,m²);                     //自定义编码为 0x02 的汉字“m²”
Disp_ST7920_String2(1,1,“\0\0\0\02”,4);     //显示:妘 m²。\0\0即 0000 是“妘”的编码,\0\02
                                            //即 0002 是“m²”的编码;字符串长度为 4
Disp_ST7920_String(3,1,“中国 2013”)          //显示:中国 2013
```

4. 清屏、图形显示和画图函数

二维码 8-16:LCD 程序设计(画图函数)

ST7920 控制的 12864 液晶模块绘图操作基本步骤为：①设置扩充指令集，关闭图形显示；②连续写入两字节的 GDRAM 地址，先写垂直地址 Y，后写水平地址 X；③写入图形数据；④重复步骤②～③直到绘图完成；⑤打开图形显示。

(1)设置 GDRAM 位置函数

```
/*********************************************
* 函数名称:Set_ ST7920_Cursor
* 函数功能描述:设置 12864 显示屏 GDRAM 的位置
* 输入参数:x 为水平地址(双字节地址:0～7),y 为垂直地址(像素点:0～63)
* 返回数据:none
*********************************************/
void Set_ ST7920_Cursor(uchar x, uchar y)
{
    Write_ ST7920_Com (0x34);               //扩充指令集,关闭图形显示
    Write_ ST7920_Com (y);                  //先写垂直地址
    Write_ ST7920_Com (x);                  //再写水平地址
}
```

(2)12864 全屏填充函数

当填充数据 dat=0 时，所有 GDRAM 被置 0，即实现了清屏。而基本指令集中的清屏命令只对 DDRAM 有效，是不能清除 GDRAM 的。

```
/*****************************************************************
* 函数名称:void GUI_Fill_GDRAM(unsigned char dat)
* 函数功能描述:12864 全屏填充函数
* 输入参数:填充数据 dat
* 返回数据:none
*****************************************************************/
void GUI_Fill_GDRAM(unsigned char dat)
{
    unsigned char i, j, k;
    unsigned char AddrX = 0x80;                  //GDRAM 水平基准地址
    unsigned char AddrY = 0x80;                  //GDRAM 垂直基准地址
    for(i = 0;i<2;i++)                           //上下两个屏幕分别进行
    {
        for(j = 0;j<32;j++)                      //连续写入 32 行
        {
            for(k = 0;k<8;k++)                   //每行有 8 个双字节单元
            {
                Set_ST7920_Cursor(AddrX + k,AddrY + j);
                                                 //设置处理点位置
                Write_ST7920_Dat(dat);           //连续写入两个字节数据
                Write_ST7920_Dat(dat);
            }
        }
        AddrX = 0x88;                            //上半屏处理完毕 x 基准坐标调整至下半屏基准位置
    }
    Write_ST7920_Com(0x36);                      //打开绘图模式
}
```

(3)图形显示函数

```
/*****************************************************************
* 函数名称:Disp_ST7920_Icon
* 函数功能描述:在 LCD 屏幕任意位置显示任意点阵图形
* 输入参数:x 和 y 分别是水平和垂直方向的像素数(x 应能被 16 整除),clong 为图形长度(字节),
* hight 为图形高度(像素),Icon 为图形数据指针
* 返回数据:none
*****************************************************************/
void Disp_ST7920_Icon (uchar x, uchar y, uchar clong, uchar hight, uchar * Icon)
{
    uchar i,j;
    for (i = 0;i<hight;i++)
    {                                            //图标字模 16 行依次写入
        if(y + i<32)                             //判断上下两半屏,重新设定光标位置
            Set_ ST7920_Cursor(0x80 + x/16,0x80 + y + i);
```

```
                                    //在上半屏,设置起始位置
        else
            Set_ ST7920_Cursor(0x88 + x/16,0x80 - 32 + y + i);
                                    //在下半屏,设置起始位置
        for(j = 0;j<clong;j + + )          //水平方向写入数据
            Write_ST7920_Dat(Icon[clong * i + j]);  //依次写入每行的数据
    }
    Write_ST7920_Com (0x36);               //扩充指令集,打开图形显示
}
```

如需在 $x=0$、$y=0$ 位置显示"笑脸"图标,如图 8-23 所示。该图标为 32×32 点阵图像,即图形长度为 4 字节,图形高低为 32 像素,可通过调用 Disp_ST7920_Icon (0,0,4,32,Xiao)实现,Xiao 数组存放笑脸图标的字模。如需在 $x=48$、$y=30$ 位置显示长度为 8 字节、高度为 16 像素的图标,可通过调用 Disp_ST7920_Icon(48,30,8,16,Icon)实现,该图标的前 2 行在上半屏,后 14 行在下半屏,程序在写入行数据前,要先判断上下屏,再确定具体的行列位置,然后逐行向 GDRAM 写入图形数据。

```
uchar Xiao[] =
0x00,0x00,0x00,0x00,0x00,0x00,0x00,0x00,0x00,0x00,0x00,0x00,0x00,0x3F,0xF8,
0x00,0x00,0xF0,0x1C,0x00,0x01,0xC0,0x07,0x00,0x03,0x00,0x03,0x80,0x06,0x00,0x01,
0x80,0x06,0x00,0x00,0xC0,0x0C,0xF8,0x7C,0x60,0x09,0xDC,0xEE,0x60,0x09,0x04,0xC2,
0x20,0x18,0x00,0x00,0x20,0x18,0x00,0x00,0x20,0x18,0x00,0x00,0x20,0x18,0x00,0x00,
0x20,0x18,0x00,0x00,0x20,0x08,0x00,0x00,0x20,0x08,0x18,0x20,0x60,0x0C,0x1C,0xE0,0x60,0x06,
0x07,0xC0,0xC0,0x06,0x00,0x01,0x80,0x03,0x00,0x03,0x80,0x01,0xC0,0x07,0x00,0x00,0xF0,0x1C,0x00,
0x00,0x3F,0xF8,0x00,0x00,0x00,0x00,0x00,0x00,0x00,0x00,0x00,0x00,0x00,0x00,0x00,0x00,0x00,0x00,
0x00,0x00,0x00,0x00,0x00,0x00,0x00,0x00,0x00,0x00
```

图 8-23　"笑脸"图标及其字模

(4)画图函数

在清屏后,根据要画点的 x、y 像素位置,找到在 GDRAM 单元中对应的 bit(确定屏幕上该点在 GDRAM 中的 x 方向上的单元和 bit 位置,以及 y 方向上的上下半屏及具体行),把该 bit 置 1 即可。由于 ST7920 是按字来进行操作,如果需要在屏幕上画点则需要读取该点所在的字(双字节),然后改变相应位再将数据写回 GDRAM。程序如下:

```
* * * * * * * * * * * * * * * * * * * * * * * * * * * * * * * * * * * * * * * * * * * *
* 函数名称:void Draw_Point(uchar x, uchar y)
* 函数功能:在指定行列位置的地方画一个点
* 参数说明:x 为行位置,取值为 0~127(像素);y 为列位置,取值为 0~63(像素)
* * * * * * * * * * * * * * * * * * * * * * * * * * * * * * * * * * * * * * * * * * * *
void Draw_Point(uchar x, uchar y)
{
    unsigned char x_byte, x_bit;            //x 坐标字节与字节中的 bit 位置
    unsigned char y_byte, y_bit;            //在 y 上下屏及屏中的行
```

```
    unsigned char tmph, tmpl;                    //存放原屏幕数据
    x &= 0x7F;
    y &= 0x3F;
    x_byte = x / 16;                             //取整数,得到x对应的双字节地址(0～7)
    x_bit = x&0x0F;                              //去除高4位即取x/16的余数,该余数表示在字节中的
                                                   bit位置
    y_byte = y /32;                              //取整,若y_byte = 0:上半屏; = 1:下半屏
    y_bit = y&0x1F;                              //确定在上或下半屏中的第几行
    Set_ST7920_Cursor(0x80 + x_byte + 8 * y_byte,0x80 + y_bit);
                                                 //先读出该位置对应的2字节数据
    Read_ST7920_Dat();                           //为保证读入的正确,要求先预读一字节
    tmph = Read_ST7920_Dat();                    //读高字节
    tmpl = Read_ST7920_Dat();                    //读低字节
    if (x_bit < 8)                               //如果x_bit位数小于8
        tmph| = (0x01 << (7 - x_bit));
    else                                         //x_bit位数大于等于8
        tmpl| = (0x01 << (7 - (x_bit % 8)));    //输入行x位置与GDRAM字节数据的转换,见说明
    Set_ST7920_Cursor(0x80 + x_byte + 8 * y_byte,0x80 + y_bit);
                                                 //指向原位置,写入新数据
    Write_ST7920_Dat(tmph);                      //写入GDRAM
    Write_ST7920_Dat(tmpl);
    Write_ST7920_Com(0x36);                      //打开绘图显示
}
```

说明：

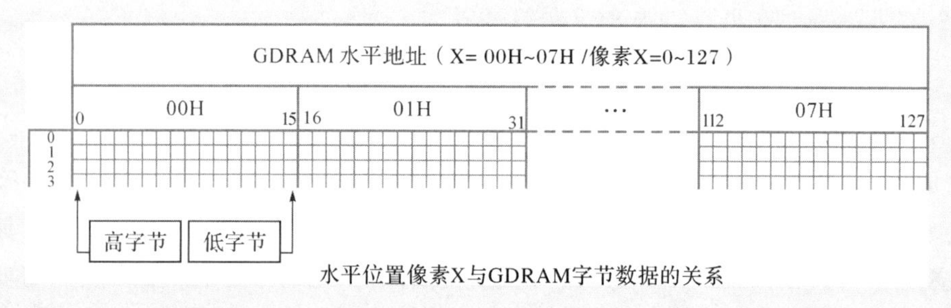

水平位置像素X与GDRAM字节数据的关系

在GDRAM中,每个双字节单元的16bit与LCD屏上相应位置的16个像素对应。每个单元是高字节在前、低字节在后,而像素点是从左向右依次递增计算的。如行位置 $x=14$,其所处位置是双字节00H中低字节的bit 1;如 $x=31$,其所处位置是双字节01H中低字节的bit 0;如 $x=114$,其所处位置是双字节07H中高字节的bit5。所以,根据行位置 x 确定其在GDRAM中的位置时,要注意其转换顺序问题。

5. LCD显示温度曲线程序

某温度测量系统要求每隔1s读取一次DS18B20的温度值(设被测温度范围为0～40℃),并在LCD屏上画出温度曲线。温度曲线每1分钟刷新一次,即到1分钟后,重新从原点开始画图。x 轴线条从点(7,55)到(111,55),y 轴线条为(7,8)到(7,55),并在

(7,3)位置显示字符“X”,在(0,0)位置显示字符“Y”,表示坐标轴。显示坐标和程序流程示于图 8-24。

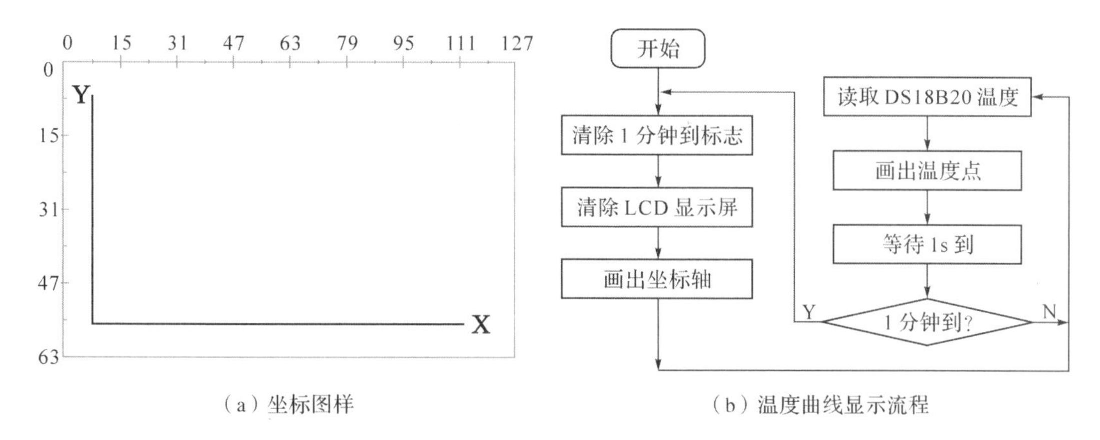

(a) 坐标图样　　(b) 温度曲线显示流程

图 8-24　坐标图样和温度曲线显示流程

分析图 8-23(b),该程序需要用到与 ST7920 相关的清屏、画点等函数,另外还需用到 DS18B20 读取温度函数。根据模块化设计方法,本例程分成三大模块:主模块、ST7920 画图模块和 18B20 读取模块。其中,ST7920 画图模块对应的接口文件是 ST7920.h,包含清屏函数(GUI_Fill_GDRAM)、字符/汉字显示函数(Disp_ST7920_String)、画点函数(Draw_Point)等;18B20 读取模块对应的接口文件是 18B20.h,包含读取 18B20 温度函数 Get_Temperature(void),该函数具体内容见二维码 7-11。在主模块中包含 ST7920.h 和 18B20.h 文件,就可以直接调用相应的函数。

主模块程序如下(初始化程序和定时程序略):

```
#include <reg51.h>
#include "ST7920.h"                         //包含前述 ST7920 基本操作函数
#include "18b20.h"                          //包含读取 18b20 函数
#define uchar unsinged char
void init();                                //定时器、中断初始化
void Draw_Axis();                           //绘制坐标轴函数
uchar s_reg = 0;                            //50ms 计数变量
bit s_flag = 0;
/*********************** 主函数 **************************/
void main()
{
    uchar i, c;                             //循环变量、温度值
    init();                                 //初始化定时器、中断
    while (1)
    {
        GUI_Fill_GDRAM(0);                  //清屏
        Draw_Axis();                        //画坐标轴
        for (i = 0; i<60; i++)
        {
```

```
            c = Get_Temperature();                          //获取温度值
            Draw_Point(8 + i, 48 - c);                      //画点
            while (! s_flag);                               //等待 1s 到
            s_flag = 0;
        }
    }
}
/* * * * * * * * * * * * * * * * * * 绘制坐标轴函数 * * * * * * * * * * * * * * * * * * * */
void Draw_Axis()                                            //绘制坐标轴
{   uchar i;
    for (i = 0; i<104; i + + )  draw_point(7 + i, 55);      //画出 x 轴
    for (i = 0; i<48; i + + )  draw_point(7, 8 + i);        //画出 y 轴
    Disp_ST7920_String(0,0,"y");                            //显示"y"
    Disp_ST7920_String(7,3,"x");                            //显示"x"
}
```

习题与思考题

1. 简述按键抖动、连击和重键现象，以及消除和利用的方法。
2. 简述按键的三种工作方式以及特点。
3. 简述矩阵式按键行扫描法识别按键的过程。
4. 简述矩阵式按键线路反转法识别按键的过程。
5. LED 数码管有几种结构？说明它们的连接方式和显示条件。
6. 简述用两个输出接口驱动 8 个数码管动态显示的原理。
7. 简述 ST7920 中 DDRAM 与 12864 液晶屏的映射关系。

本章总结

二维码 8-17：

第 8 章总结

- 人机接口技术
  - 键盘接口技术
    - 键盘基础知识
      - 键盘组织：编码式键盘和非编码式键盘，编码式键盘自动提供按键的键值，非编码式键盘由软件确定按键键值
      - 按键抖动和消除：软件延时法消除抖动
      - 键盘的工作方式
        - 查询方式：CPU 利用空闲时间扫描按键，不能始终实时响应
        - 定时扫描：空扫描状态多，浪费 CPU 资源，定时时间 ≤50ms
        - 中断扫描：能及时响应每次按键操作，需要利用外部中断
      - 按键连击的消除和利用，重键保护与实现
    - 独立式按键接口：一个按键需要一根输入口线，结构简单，适用于按键数少于 5～6 的场合
    - 矩阵式按键接口：相比于独立式节省 I/O 口线，按键数较多时使用
    - 矩阵式按键扫描
      - 行扫描法：行为输出口，列为输入口
      - 线路反转法：行列均为(准)双向口
  - LED 显示接口技术
    - LED 显示原理：共阴数码管、共阳数码管的显示条件，显示字符与段码的关系
    - 段码式 LED 显示技术
      - 静态显示：每个数码管需要一个输出口，用于控制段码，数码管的 COM 端接固定电平。占用硬件资源多，但程序简单
      - 动态显示：多个数码管的段码共用一个输出口，它们的 COM 端连接到另一个输出口作为位选控制；占用接口少，如 2 个输出接口可控制 8 个数码管；但程序较复杂，需要实时进行显示扫描、占用 CPU 时间资源
    - 点阵式 LED 显示：通常采用串行扩展移位寄存器（如 74HC595）扩展输出口来控制点阵式 LED，要考虑驱动能力，通常采用三极管提供驱动电流
  - 液晶显示接口技术
    - LCD 显示原理：被动显示器件，具有两种驱动方式，静态驱动方式多用于段码式 LCD 的驱动，点阵式 LCD 采用动态驱动方式
    - LCD 控制器 ST7920：内部组成，CGROM、CGRAM、DDRAM、GDRAM 的功能和作用，字符和汉字的显示原理
    - ST7920 控制的 12864LCD：模块组成，引脚与功能，与 MCU 的连接，操作时序，指令集与含义
    - LCD 程序设计：ST7920 的驱动函数，字符和汉字显示函数，自定义字模与显示函数，清屏、图形显示和画图函数
    - LCD 编程举例：LCD 屏上绘制温度测量曲线

第 9 章

模拟接口技术

微机系统监测的信号大多是随时间变化的模拟量，如温度、压力、流量、振动、速度等；很多控制对象也只能接收模拟信号。而微控制器只能接收和输出数字信号，所以模拟接口技术是微控制器监测和控制外部世界的主要通道，是微机数据采集系统和微机控制系统的重要组成部分。

本章主要介绍模拟输入输出通道的基本结构，以及输入测量通道和输出控制通道的常用部件 A/D 转换器、D/A 转换器的特性与技术指标，MCU 中集成的 ADC、DAC 模块，以及它们的应用。

9.1 模拟输入输出通道

二维码 9-1：模拟输入输出通道

模拟输入通道是微机测控系统中监测对象与微控制器的连接通道，也称为测量通道（或前向通道）。测量通道的功能是将传感器输出的模拟信号转换成微控制器能接收的数字信号，对外部信号进行采集。实现模拟量到数字量转换的方法包括模拟/数字（A/D）转换和电压/频率（V/F）转换等，最常用的方法是 A/D 转换。

模拟输出通道是测控系统中微控制器与控制对象的连接通道，也称为控制通道（或后向通道）。控制通道的功能是将微机系统处理后的数字量转换成模拟信号输出，对控制对象或执行机构进行控制。实现数字量到模拟量转换的方法包括数字/模拟（D/A）转换和频率/电压（F/V）转换等，最常用的方法是 D/A 转换。

9.1.1 模拟输入输出通道结构

1. 模拟输入通道结构

模拟输入通道的基本结构如图 9-1 所示。监测参数如温度、压力、流量、振动、速度等非电量，首先通过传感器转换为电信号（电压、电流、电阻、电容等），再经滤波、放大、转换等信号调理电路后，由模数转换器转换成数字信号连接至微控制器。

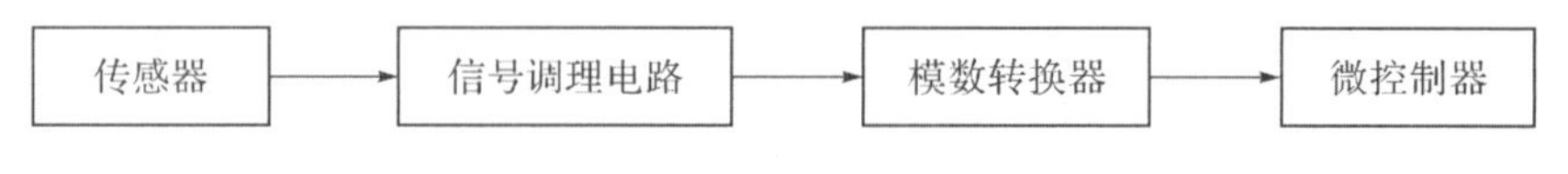

图 9-1 模拟输入通道基本结构

输入通道的核心部件是 A/D 转换器。要根据实际监测参数的特性和测控要求，选择确定 A/D 转换器的性能指标（如位数、采样速率和转换精度等）。

对于需要多个模拟输入信号（如互为相关的振动信号、超声信号和雷达信号等）同步高速采集的场合，通常采用每个通道用一个 A/D 转换器的同步采集型方式。对于采样速率要求不高且无同步采集要求的多个模拟输入信号，可以采用分时采集的方式（见图 9-2），即多路信号通过一个多路模拟开关共用一个 A/D 转换器。

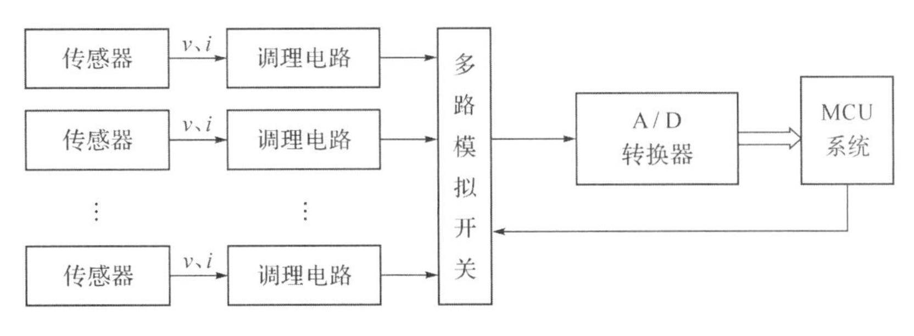

图 9-2 分时采集型输入通道结构

多路模拟开关的作用是把多路模拟信号分时输入到 A/D 转换器进行模数转换。模拟开关的主要技术指标包括导通电阻和断开电阻，导通电阻一般小于 100Ω，也有欧姆级的模拟开关，如 ADG601 导通电阻为 2.5Ω；断开电阻产生的漏电流一般小于 1nA，隔离电容为几十 pf。导通电阻越小、断开电阻越大，则模拟开关的开关特性越好，即越接近于理想的通断状态。多路模拟开关有双向和单向，有 8 选 1、双 4 选 1 等多种型号规格。

目前很多微控制器集成了 A/D 转换器，对于测量通道重点是了解和掌握 ADC 的应用特性以及程序设计。

2. 模拟输出通道结构

模拟输出通道的基本结构如图 9-3 所示。经微控制器运算处理后的数字量，如直流电机转速的 PID 调节结果、采样存储下来的语音信号或振动波形等，首先通过数模转换器转换为模拟信号，再经过 I/V 转换电路、阻抗匹配电路、功率驱动电路等连接到控制对象。

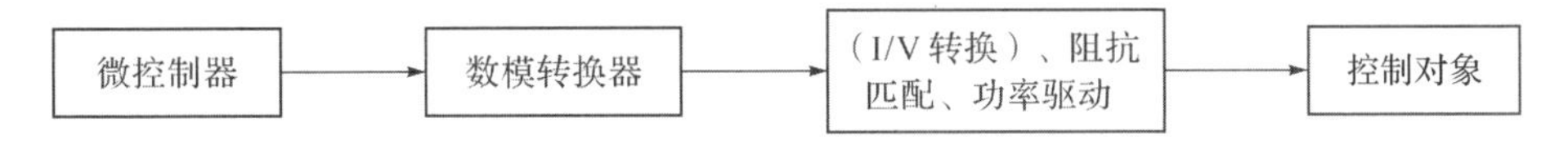

图 9-3 模拟输出通道基本结构

输出通道的核心部件是 D/A 转换器。D/A 转换器有电压和电流两种输出形式，大部分是电流输出型。目前很多类型微控制器集成了 DAC，对于控制通道重点是了解和掌握 DAC 的应用特性以及相应的程序设计。

9.1.2 A/D 转换器及其特性

1. A/D 转换器

A/D 转换器（analog to digital converter，ADC）是将模拟信号量化并编制成有限位数字信号的集成电路。根据转换原理，A/D 转换器有双积分式 ADC、逐次比较式 ADC 和 Σ-Δ（和-差）调制式 ADC 等，基于这些原理的 ADC 芯片种类和规格有很多。需要使用时，可查看相关芯片手册；目前不少 MCU 也集成了 ADC 外围模块。

逐次比较式 ADC 在精度、速度和价格上都比较适中，是最常用的 ADC。双积分式 ADC，具有精度高、抗干扰性能好、价格低廉等优点，但速度较慢，常应用于对采样速度要求不高的测量仪器中。Σ-Δ 调制式 ADC 具有积分式和逐次比较式 ADC 的双重优点，对工业现场的串模干扰具有较强的抑制能力，同时又具有较高的转换速度，信噪比和分辨率高，基于该原理的 ADC 位数可达 20、24 位等。由于这些优点，Σ-Δ 调制式 ADC 在高精度测量仪器中得到了广泛应用。

A/D 转换器有并行输出型和串行输出型两种，通常包含一到多个模拟信号输入、并行或串行的数字量输出、参考电压 V_{REF}（有些 ADC 内部自带精密参考电压）等引脚。

2. A/D 转换器的主要指标

(1)分辨率与量化误差

分辨率是反映 ADC 对输入电压微小变化的响应能力，与 ADC 的位数有关，位数越多则其分辨率越高。因此用 ADC 的位数来表示分辨率，如 8 位、12 位、16 位等。n 位 ADC 表示用 2^n 个数对输入模拟信号进行量化，其百分数分辨率为：

$$\text{百分数分辨率 } \Delta_n = \frac{1}{2^n} \times 100\% \tag{9-1}$$

8 位、12 位 ADC 的分辨率分别为：$\Delta_8 = \frac{1}{2^8} \times 100\% = 0.3906\%$，$\Delta_{12} = \frac{1}{2^{12}} \times 100\% = 0.0244\%$。

电压分辨率还与 ADC 的满量程电压有关，是输出数字量变化 1 所对应的输入电压，也称最小分辨电压，用 LSB(least significant bit)最低有效位电压表示。

$$\text{电压分辨率 } \Delta U_n = \frac{1}{2^n} \times \text{满量程电压} = 1\text{LSB} \tag{9-2}$$

满量程为 5V 的 8 位、12 位 ADC，它们的电压分辨率分别为：$\Delta U_8 = 5\text{V}/256 = 19.5\text{mV}$，$\Delta U_{12} = 5\text{V}/4096 = 1.22\text{mV}$。

由于用有限个数字（n 位 ADC 为 2^n 个）对连续模拟信号进行量化，由此引起的误差称为量化误差。理论上规定量化误差为一个单位电压分辨率，即 $\pm\frac{1}{2}$LSB。提高分辨率减少量化误差的办法是增加 ADC 的位数。

(2)转换时间和转换速率

①转换时间是指 ADC 完成一次模拟量到数字量转换所需要的时间。

②转换速率是转换时间的倒数，通常用“次数/秒”表示，也称转换频率。如 10K/s、2M/s速率的 ADC，它们的转换时间分别为 100μs、0.5μs。

(3)转换精度

转换精度是指 ADC 的实际输出结果与理论转换结果的偏差，有两种表示方法。

①绝对精度：用电压分辨率(LSB)的倍数表示，如 $\pm\frac{1}{2}$LSB、±1LSB 等。

②相对精度：用绝对精度除以满量程值的百分数表示，如±0.05%、±0.1%等。

(4)量程(满刻度范围)

量程是指模拟输入电压的最大范围。例如,某转换器具有0～10V的单极性范围或－5～＋5V的双极性范围,则它们的量程都为10V。

9.1.3 D/A转换器及其特性

1. D/A转换器

D/A转换器(digital to analog converter,DAC)是一种将数字信号转换成模拟信号的器件。通常包括并行或串行的数字量输入引脚、电流或电压输出引脚、参考电压V_{REF}引脚(有些D/A转换器内部自带精密参考电压)等。

2. D/A转换器的主要指标

(1)分辨率

分辨率是指DAC输入数字量变化1bit所引起的输出模拟量的变化,DAC的位数越多则其分辨率越高,通常用位数表示分辨率。其百分数分辨率、电压/电流分辨率的含义及表示方式均与ADC相同。

DAC的电压/电流分辨率反映了DAC能够输出的最小模拟量变化值,也称最小输出电压/电流。因此,为得到接近连续的模拟信号输出,要选用高分辨率的DAC。对于满量程为5V的8位和10位DAC,它们的电压分辨率分别为:$\Delta U_8 = 5V/256 = 19.5mV$,$\Delta U_{10} = 5V/1024 = 4.88mV$。

(2)转换精度

转换精度是指DAC实际输出电压与理论转换电压之间的偏差,可用绝对精度或相对精度表示。

①绝对精度:DAC输入数字量为全"1"时,实际输出与理论值之间的误差称为绝对误差,它由增益误差、零点误差及噪声等引起,一般低于$\pm\frac{1}{2}$ LSB。

②相对精度:在满刻度校准的情况下,任一数码输入时的模拟量实际输出与理论数值之差。

(3)建立时间(转换时间)

建立时间是指数字量输入到模拟量输出达到与其最终稳定值相差小于$\pm\frac{1}{2}$ LSB所需的时间。电流型DAC转换速度快,转换时间一般在几纳秒到几百纳秒之间;电压型DAC的转换速度主要取决于运算放大器的响应时间。

分辨率是ADC、DAC的重要指标,仅仅与器件的位数有关,分辨率决定转换器的量化误差。由于该误差是由数模和模数转换原理产生的,因此在满量程电压不变的情况下,提高分辨率即增加转换器的位数是减少量化误差的唯一方法。

ADC、DAC的主要指标是分辨率、转换速率和转换精度,分辨率仅与转换位数有关;转换速率和建立时间与转换原理、转换位数等因素有关;转换精度则与器件材料及制造工艺有关,精度越高芯片价格也越高。

9.2 A/D转换器及应用

二维码 9-2：A/D转换器及应用

随着半导体工艺的发展和串行传输速率的提高，采用串行总线/接口的 ADC 得到迅速发展，采用 SPI 串行接口、I^2C 串行总线的 ADC 越来越多，性能指标也不断提高。另外，很多 MCU 集成了 ADC 模块。下面以 STC15W4K 系列 MCU 中的 ADC 为例，进行介绍。

9.2.1 STC15W4K 系列 MCU 的 ADC

1. ADC 的内部结构

STC15W4K 系列微控制器内部集成了 8 路 10 位高速 A/D 转换器，最高转换速率为 300kHz，结构如图 9-4 所示。它由多路选择开关、比较器、逐次比较寄存器、10 位 DAC、A/D转换结果寄存器（ADC_RES 和 ADC_RESL）以及 ADC 控制寄存器（ADC_CONTR）构成。

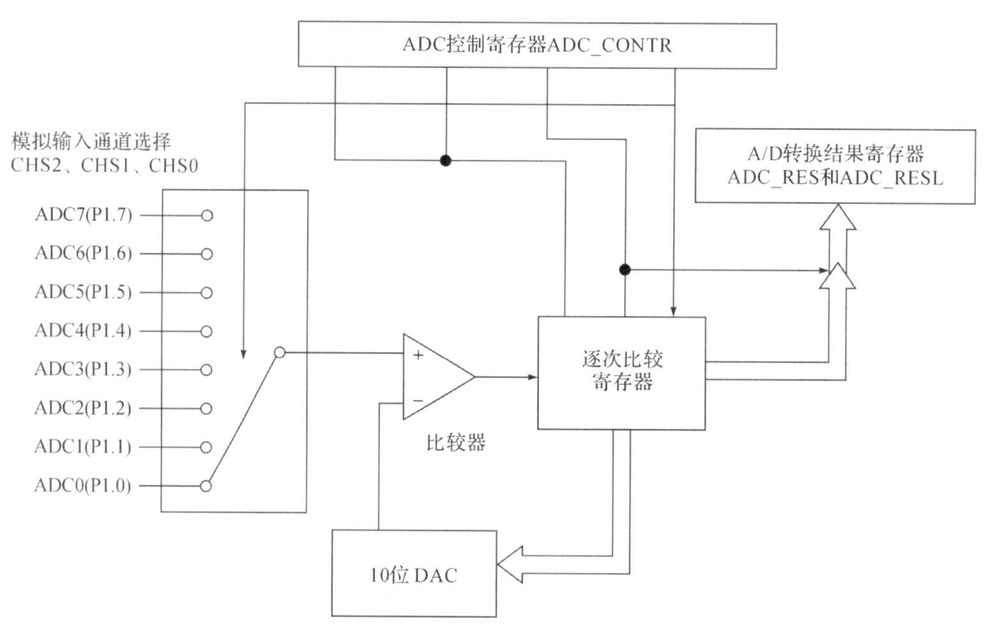

图 9-4 8 路 10 位高速 ADC 的结构

采用逐次逼近比较式 A/D 转换原理。比较器、10 位 DAC 和逐次比较寄存器构成 10 位 A/D 转换器，8 选 1 多路模拟开关使 ADC 具有 8 个通道。ADC 转换结束后，转换结果保存在寄存器 ADC_RES 和 ADC_RESL 中。同时，将 ADC 控制寄存器 ADC_CONTR 中的A/D转换结束标志 ADC_FLAG 置 1（表示一次转换结束），以供程序查询或发出中断申请。

2. ADC 相关的 SFR

与 ADC 有关的 SFR 有 7 个，其中中断允许控制寄存器 IE 和中断优先级控制寄存器 IP 不再介绍。

P1口模拟输入配置寄存器P1ASF,地址9DH

位	7	6	5	4	3	2	1	0
位符号	P17ASF	P16ASF	P15ASF	P14ASF	P13ASF	P12ASF	P11ASF	P10ASF

8个A/D输入端通过配置从P1口输入。上电复位后P1口为弱上拉,通过对P1ASF编程可将P1口任一引脚配置为A/D输入端,其他不作A/D输入端的P1口可继续作为I/O口使用。

P1ASF的位7～位0(P17ASF～P10ASF)依次是P1.7～P1.0的控制位。=1,将该口线配置为A/D输入端;=0,不配置为A/D输入端,作普通I/O端口。

ADC控制寄存器ADC_CONTR,地址BCH

位	7	6	5	4	3	2	1	0
位符号	ADC_POWER	SPEED1	SPEED0	ADC_FLAG	ADC_START	CHS2	CHS1	CHS0

①位7(ADC_POWER):ADC电源控制位。=1,打开ADC电源;=0,关闭ADC电源。启动A/D转换之前一定要将该位置1;A/D转换结束后关闭ADC电源,可降低功耗。初次打开电源,需适当延时,等内部模拟电源稳定后,再启动A/D转换。

②位6、位5(SPEED1、SPEED0):A/D转换器的转换速度选择位。

SPEED1	SPEED0	A/D转换时间
1	1	90个时钟周期转换一次,当CPU工作频率为27MHz时,A/D转换速度约为300kHz(=27MHz÷90)
1	0	180个时钟周期转换一次
0	1	360个时钟周期转换一次
0	0	540个时钟周期转换一次

③位4(ADC_FLAG):A/D转换结束标志位(A/D中断标志位)。当A/D转换结束时,ADC_FLAG=1,须软件清0。

④位3(ADC_START):A/D转换启动位。=1,启动转换,转换结束后自动变0。

⑤位2～位0(CHS2～CHS0):模拟输入通道选择位,具体功能如下。

CHS2	CHS1	CHS0	模拟输入通道选择
0	0	0	选择P1.0为ADC的输入通道(通道0)
0	0	1	选择P1.1为ADC的输入通道(通道1)
0	1	0	选择P1.2为ADC的输入通道(通道2)
0	1	1	选择P1.3为ADC的输入通道(通道3)
1	0	0	选择P1.4为ADC的输入通道(通道4)

续表

CHS2	CHS1	CHS0	模拟输入通道选择
1	0	1	选择 P1.5 为 ADC 的输入通道(通道 5)
1	1	0	选择 P1.6 为 ADC 的输入通道(通道 6)
1	1	1	选择 P1.7 为 ADC 的输入通道(通道 7)

ADC 转换结果寄存器 ADC_RES、ADC_RESL,地址分别为 BDH、BEH。

A/D 转换的 10 位结果存放在 ADC_RES、ADC_RESL 中,其存放方式与 A/D 转换结果调整位(ADRJ)有关。ADRJ 位于寄存器 CLK_DIV(PCON2)的第 5 位。

ADRJ=0,表示 ADC_RES[7～0]存放 ADC 结果的高 8 位,ADC_RESL[1、0]存放 ADC 结果的低 2 位;ADRJ=1,表示 ADC_RES[1、0]存放 ADC 结果的高 2 位,ADC_RESL[7～0]存放 ADC 结果的低 8 位。

3. ADC 的参考电压

STC15W4K 系列 MCU 中 ADC 的参考电压是工作电压(电源电压)V_{CC},即是电源稳压芯片(如 7805、LM1117)的标称值,而非准确值,且存在一定的波动。

为提高 ADC 的转换精度,可测出工作电压的实际值并转换成数字量保存到 EEPROM 中,用其对 ADC 转换结果进行校准计算。对于电源电压不稳定(有一定的波动)的情况,可在 8 个 ADC 通道的其中一个外接一个参考电压源 V_{ref}(如 TL431)作为 V_{in},通过该通道的转换结果计算出此时的电源电压 V_{CC};再以该电源电压为基准,计算出其他 A/D 转换通道的输入电压。

9.2.2 A/D 转换器的应用

ADC 常用于模拟信号数据采集系统,首先根据系统对测量精度、测量频率的要求,确定 ADC 的主要技术指标,并选择具体的 ADC。优先选用微控制器内部集成的 ADC 模块。

【例 9-1】 要求设计一个 8 路温度测量仪,温度范围为 0～100℃,温度传感器输出的电压为 0～100mV,要求每路温度的总测量误差≤±0.5℃,8 路温度的采样周期为 1s。已知温度传感器的测量误差≤±0.2℃。试设计该温度测量仪,并进行误差分析和器件选择。

【分析】 要设计出符合要求的温度测量仪,首先要进行系统的误差分析与分配,然后确定 ADC 的性能指标并进行器件选择。

(1)误差分析与分配:测量仪的总误差由传感器、信号调理电路、A/D 转换器三部分的误差组成。已知温度传感器误差≤±0.2℃;选用量程为 5V 的 ADC,则需要对传感器输出的 0～100mV 信号放大到 0～5V,假设放大电路的折合误差为≤±0.1℃;则 A/D 转换器的折合误差应≤±0.2℃,要根据该误差和采样周期等选择 A/D 转换器。

(2)ADC 选择原则:根据分配在 ADC 上的最大误差,确定 ADC 的分辨率(位数)和转换精度;根据被测信号变化速率和采样周期的要求,确定 ADC 的转换速率;根据环境条件选择 ADC 的环境参数,如工作温度、功耗、可靠性等。

(3)ADC 的参数选择:由上面分析可知,A/D 转换部分的最大折合误差为±0.2℃,对应的最大电压误差为5000mV×(±0.2)/100=±10mV,即所选ADC的量化误差必须小于10mV,因此不能选用8位ADC(因其电压分辨率为5V/256=19.5mV)。若选用10位ADC,其电压分辨率为4.88mV,则要求ADC的转换精度≤±1LSB,来保证A/D转换部分的精度;若选用12位ADC,其电压分辨率为1.22mV,此时可选择转换精度为±2LSB或更低的器件,就能满足测量精度要求。

由于温度是缓慢变化的信号,并且8路温度的采样周期是1s,所以可以选择转换速度较低的ADC芯片。环境参数可以根据温度测量仪的工作环境进行选择。

可以运用MCU内部的ADC。具体硬件连接和软件设计此处省略。

9.3 D/A转换器及应用

二维码9-3:D/A转换器及应用

独立的D/A转换器芯片以I²C、SPI串行总线/接口的为多。目前不少微控制器集成了DAC模块,另外也可以利用微控制器中的PWM模块,结合外围滤波电路及软件设计,来得到模拟信号的输出。

9.3.1 C8051F系列MCU的DAC

STC15系列MCU没有集成DAC模块,本节以常用的C8051F系列微控制器为例,介绍MCU内部的DAC模块及应用。

1. DAC模块的内部结构

C8051F02x微控制器集成了两个12位电压型DAC,其组成结构如图9-5所示。对于12位数字输入0x000到0xFFF,相应的输出电压为0V到(V_{REF}-1LSB)。

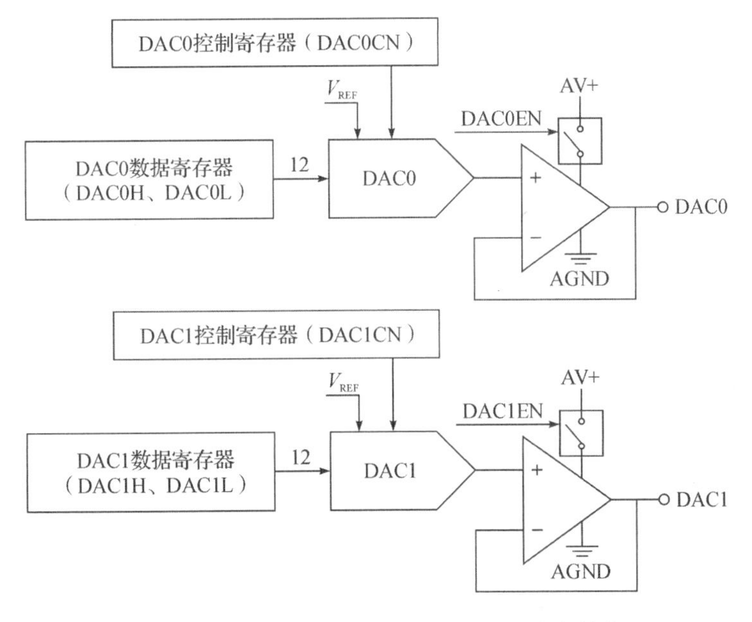

图9-5 C8051F02x系列MCU的DAC内部结构

通过对两个 DAC 控制寄存器 DAC0CN 和 DAC1CN 的初始化，可允许或禁止 DAC0 和 DAC1。禁止时，DAC 的输出为高阻态，DAC 的电流降到 1μA 以下。

C8051F 系列 MCU 具有电压基准电路，为控制 ADC 和 DAC 模块工作提供了灵活性。它有三个电压基准输入引脚，允许每个 ADC 和两个 DAC 使用外部电压基准或片内电压基准。DAC 的基准电压 V_{REF} 可选择由 VREFD 引脚提供或使用内部电压基准。若使用内部电压基准，则要令电压基准控制位 REF0CN.0＝1。

2. DAC 相关 SFR

与 DAC 模块有关的特殊功能寄存器有：DAC0CN 和 DAC1CN 分别是 DAC0 和 DAC1 的控制寄存器；DAC0H、DAC0L 和 DAC1H、DAC1L 分别是 DAC0 和 DAC1 输入数据的高、低字节数据寄存器。

（1）DAC 的控制寄存器

下面以 DAC0 控制寄存器 DAC0CN 为例说明其各位的作用。

DAC0 控制寄存器 DAC0CN，地址 0D4H

位	7	6	5	4	3	2	1	0
位符号	DAC0EN	—	—	DAC0MD1	DAC0MD0	DAC0DF2	DAC0DF1	DAC0DF0

①位 7（DAC0EN）：DAC0 使能位。＝1，DAC0 使能，DAC0 处于工作状态；＝0，DAC0 禁止，DAC0 处于低功耗关断状态。

②位 4、位 3（DAC0MD1、DAC0MD0）：DAC0 的输出更新（启动方式）选择位。

DAC0MD1	DAC0MD0	启动方式
0	0	写 DAC0H 时，启动 DAC 转换
0	1	定时器 3 溢出时，启动 DAC 转换
1	0	定时器 4 溢出时，启动 DAC 转换
1	1	定时器 2 溢出时，启动 DAC 转换

③位 2～位 0（DAC0DF2～DAC0DF0）：DAC 输入数据格式选择位。

<table>
<tr><th>位 2</th><th>位 1</th><th>位 0</th><th>输入数据格式</th></tr>
<tr><td>0</td><td>0</td><td>0</td><td>DAC0 数据的高 4 位在 DAC0H[3～0]，低字节在 DAC0L 中
<table>
<tr><td colspan="8">DAC0H</td><td colspan="8">DAC0L</td></tr>
<tr><td></td><td></td><td></td><td></td><td>MSB</td><td></td><td></td><td></td><td></td><td></td><td></td><td></td><td></td><td></td><td></td><td>LSB</td></tr>
</table></td></tr>
<tr><td>0</td><td>0</td><td>1</td><td>DAC0 数据的高 5 位在 DAC0H[4～0]，低 7 位在 DAC0L[7～1]
<table>
<tr><td colspan="8">DAC0H</td><td colspan="8">DAC0L</td></tr>
<tr><td></td><td></td><td></td><td>MSB</td><td></td><td></td><td></td><td></td><td></td><td></td><td></td><td></td><td></td><td></td><td>LSB</td><td></td></tr>
</table></td></tr>
</table>

续表

<table>
<tr><th>位2</th><th>位1</th><th>位0</th><th>输入数据格式</th></tr>
<tr><td>0</td><td>1</td><td>0</td><td>DAC0 数据的高 6 位在 DAC0H[5～0],低 6 位在 DAC0L[7～2]
<table><tr><td colspan="8">DAC0H</td><td colspan="8">DAC0L</td></tr><tr><td></td><td></td><td>MSB</td><td></td><td></td><td></td><td></td><td></td><td></td><td></td><td></td><td></td><td></td><td>LSB</td><td></td><td></td></tr></table></td></tr>
<tr><td>0</td><td>1</td><td>1</td><td>DAC0 数据的高 7 位在 DAC0H[6～0],低 5 位在 DAC0L[7～3]
<table><tr><td colspan="8">DAC0H</td><td colspan="8">DAC0L</td></tr><tr><td></td><td>MSB</td><td></td><td></td><td></td><td></td><td></td><td></td><td></td><td></td><td></td><td></td><td>LSB</td><td></td><td></td><td></td></tr></table></td></tr>
<tr><td>1</td><td>x</td><td>x</td><td>高有效字节在 DAC0H 中,低 4 位在 DAC0L[7～4]
<table><tr><td colspan="8">DAC0H</td><td colspan="8">DAC0L</td></tr><tr><td>MSB</td><td></td><td></td><td></td><td></td><td></td><td></td><td></td><td></td><td></td><td></td><td>LSB</td><td></td><td></td><td></td><td></td></tr></table></td></tr>
</table>

对 DAC0 进行写入操作前,应根据选择的数据格式,将待转换数据正确输入到 DAC 数据寄存器中。

(2)DAC 数据寄存器

DAC0 的数据寄存器是 DAC0H、DAC0L,分别表示高字节和低字节;DAC1 的数据寄存器是 DAC1H、DAC1L,分别表示高字节和低字节。

3. DAC 的启动方式

C8051F02x 系列 MCU 的每个 DAC 都具有灵活的输出更新(启动转换)方式,满足无缝的满度变化并支持无抖动输出更新,适合于用作波形发生器。

(1)软件命令启动

DAC0MD1、DAC0MD0＝00 时,DAC0 的输出在写 DAC0H(DAC0 数据寄存器高字节)时更新。写 DAC0L 时数据被保持,对 DAC0 输出没有影响,直到对 DAC0H 的写操作发生时才更新 DAC0 的输出。因此,如果需要 12 位分辨率,应先写 DAC0L 后写 DAC0H。DAC 可被用于 8 位方式,这种情况是将 DAC0L 初始化一个所希望的数值(通常为 0x00),将数据只写入 DAC0H。

(2)定时器溢出启动

DAC 的启动转换由定时器溢出事件触发。该方式在需要 DAC 输出固定频率波形时尤其有用,可以避免 CPU 反复进入中断对 DAC 输出时序的影响。当 DAC0MD1、DAC0MD0 设置为“01”“10”或“11”时,写入 DAC 数据寄存器的内容被保持,直到相应的定时器(分别 T3、T4 或 T2)溢出时,DAC 数据寄存器的内容才被输入到 DAC 锁存器,启动新一次的 DAC 转换。

4. DAC 模块编程举例

根据要求设置控制寄存器(即选择启动方式、输入数据格式),然后将要转换的数据写入 DAC 数据寄存器即可。

【例 9-2】 用 DAC0 产生阶梯波(阶梯变化量为 up)的程序。

【解】 程序如下:

```
#include<c8051f020.h>
sfr DAC0 = 0xd2;
void main(void)
{
    int i;
    config();                                   //SFR 配置与初始化函数
    for(i = 0;i< = 4095;i + up)                 //形成变化量为 up 的阶梯波形
    {
        DAC0 = i;                               //数据输入 DAC0 数据寄存器,启动转换
        Delay();                                //延时函数,略
    }
}
void config(void)                               //配置和初始化函数
{
    int n = 0;
    WDTCN = 0x07;                               //看门狗控制寄存器
    WDTCN = 0XDE;                               //禁止看门狗
    WDTCN = 0XAD;
    OSCXCN = 0X67;                              //外部振荡器寄存器
    for(n = 0;n<255;n + + )                     //等待振荡器启动
    While((OSCXCN&0x80) = = 0);                 //等待晶振稳定
    REF0CN = 0X02;                              //内部基准电压发生器工作
    DAC0CN = 0X80;                              //允许 DAC0,软件启动,数据右对齐
    DAC0L = 0x00;                               //DAC0 数据寄存器初值
    DAC0H = 0x00;
}
```

5. 基于 PWM 实现 D/A 转换

几乎所有的微控制器都可以利用定时器模块实现 PWM 输出。应用周期一定而占空比变化的 PWM 信号,实现基于 PWM 的 D/A 转换方法是:PWM 波经过模拟低通滤波器滤除其高频分量,即可得到类似 DAC 的模拟输出。此模拟 DAC 的带宽范围取决于低通滤波器的带宽,分辨率与 PWM 波一个周期的计数脉冲数有关,PWM 频率越高,输出波形越平滑。

在 10.4 将介绍 CTC15 系列 MCU 中的 PCA 模块与功能,以及输出 PWM 波的方法。

9.3.2 D/A 转换器的应用

D/A 转换器应用于许多领域,例如光学扫描器件的控制信号发生器、数字音视频信号发生器、手机通信的数字信号调制器等。这些应用的本质是用 DAC 作为信号发生器,如产生方波、锯齿波、三角波、正弦波或任意波形等。本小节波形发生器程序的设计,均采用

C8051F02x微控制器的片内DAC编程实现,采用软件命令启动转换(配置和初始化函数与例9-2相同)。

1. 方波

运用I/O口线能够输出不同占空比的方波,但是该方波的上、下限电平是固定的,即为输出口线的高、低电平。而运用DAC可以得到如图9-6所示占空比和上、下限电平均可变的方波。

根据上限电平 V_{max} 和下限电平 V_{min} 分别计算出DAC的输入数据 D_{max} 和 D_{min},根据高、低电平宽度,编写delayH、delayL两个延时子程序。改变延时时间就可以改变方波的频率和占空比。

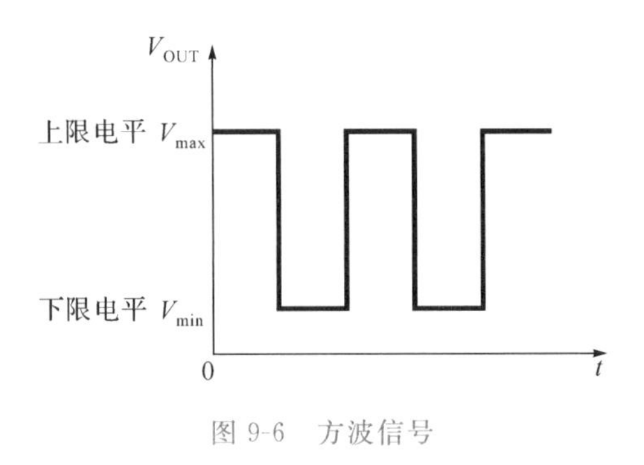

图9-6 方波信号

【例9-3】 方波产生程序。

【解】 程序如下:

```
#include<c8051f020.h>
#define Dmax MM
#define Dmin NN
Sfr DAC0 = 0xd2;
void main(void)
{
    config();                   //同例9-2
    While(1)
    {
        DAC0 = Dmax;            //上限电平送DAC0数据寄存器,启动转换
        DelayH();               //延时函数,略
        DAC0 = Dmin;            //下限电平送DAC0数据寄存器,启动转换
        DelayL();               //延时函数,略
    }
}
```

2. 三角波

三角波有正向、反向和双向三种,如图9-7所示。当 $V_{max}>V_{min}$、$V_{min}=0V$ 时,为正向三角波;当 $V_{max}<V_{min}$、$V_{min}=0V$ 时,为反向三角波;当 V_{max} 为正、V_{min} 为负时,则为双向三角波。

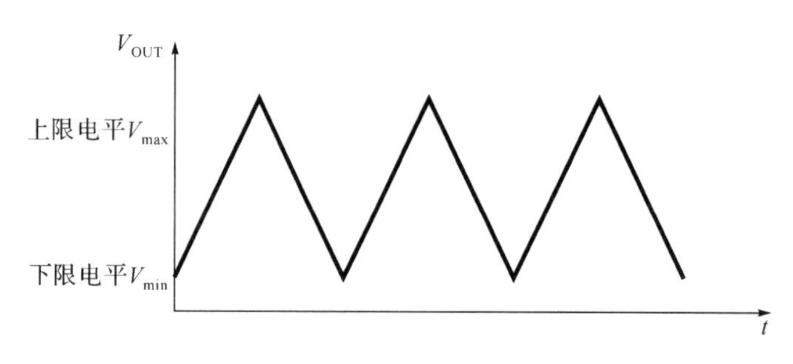

图 9-7　三角波信号

首先根据 V_{max} 和 V_{min}，计算出 DAC 的数据 D_{max} 和 D_{min}，先输出 D_{min} 进行 D/A 转换，然后每次将数字量加 1 后再输出，直到数字量达到 D_{max}，这段时间得到的是三角波的上升段；然后是从 D_{max} 开始每次将数字量减 1 后再输出，直到数字量达到 D_{min}，这是三角波的下降段；不断循环上述过程，就可得到连续的三角波。

若要降低输出波形的频率，则在每次输出后，加上 NOP 指令或延时程序。若要提高输出波形的频率，则每次将数字量加 2 或 3 后再输出，但波形的步进变大会使输出的波形毛刺变多。

【例 9-4】　三角波产生程序。

【解】　程序如下：

```
 #include<c8051f020.h>
 #define Dmax MM
 #define Dmin NN
Sfr DAC0 = 0xd2;
void main(void)
{
    Int iVol = Dmin;
    config();                               //同例 9-2
    While(1)
    {
        for(iVol = Dmin;iVol< = Dmax;iVol + + )
            DAC0 = iVol;                    //数据送 DAC0 数据寄存器,启动转换
        for(iVol = Dmax;iVol> = Dmin;iVol - - )
            DAC0 = iVol;                    //数据送 DAC0 数据寄存器,启动转换
    }
}
```

3. 正弦波

若运用汇编语言设计正弦波发生器，如一个周期输出 256 个电压值，则首先需要制作一张 256 个元素的表格，再用查表方法实现。而用 C51 设计正弦波发生器程序则要简单得多。

【例9-5】　正弦波产生程序。

【分析】　首先根据正弦波最大电平 V_{max} 和最小电平 V_{min} 计算出相应的DAC数据 D_{max} 和 D_{min}，假设一个周期输出256个电平值。

【解】　C51程序：

```
#include<c8051f020.h>
#define Dmax MM
#define Dmin NN
#define PI 3.141592
Sfr DAC0 = 0xd2;
/*******************正弦幅值计算函数*******************/
int CalcSinVol(int index)
{
    int resultVol = 0;
    resultVol = (Dmax - Dmin)/2.0 * sin(2 * pi * index/256) + (Dmax - Dmin)/2.0 + Dmin;
    return resultVol;
}
void main(void)
{
    int iIndex = 0;
    int resultVol = 0;
    config();                          //同例9-2
    while(1)
    {
        for(iIndex = 0;iIndex<256;iIndex++)
        {
            resultVol = CalSinVol(iIndex);
            DAC0 = resultVol;          //数据送DAC0数据寄存器,启动转换
        }
    }
}
```

4. 任意波形

将事先存储在内存中的一组数据(如用A/D转换器采集得到的语音数据，每个数据为8位)按顺序输出到D/A转换器，就可以得到语音信号的波形，经功率驱动后接播放器，就可实现语音的回放。其流程如图9-8所示，相应的程序如下所示(设数组长度LEN≤256，数据存放在AddR开始的外部RAM中)。改变其中的延时时间，可得到不同的语音播放速度。

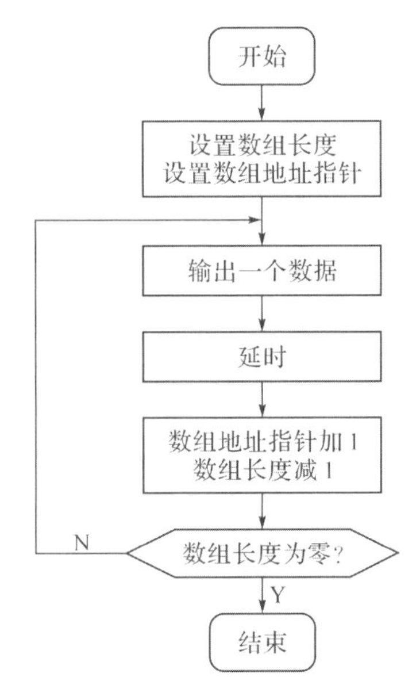

图 9-8 任意波形发生器的流程

【例 9-6】 任意波形发生器程序。

【解】 C51 程序：

```
#include<c8051f020.h>
#define uchar unsigned char
#define AddR 0x2000
#define LEN 0x40
sfr DAC0 = 0xd2;
void main(void)
{
  Uchar  * xData = AddR;
  Uchar len = LEN;
  Uchar i = 0;
  config();                          //同例 9-2
  for(i = 0;i<len;i + + )
  DAC0H = ( * (xdata + i));          //8 位数据送 DAC0 数据寄存器的高 8 位,启动转换
}
```

习题与思考题

1. 简述 ADC 分辨率、量化误差、转换时间和转换精度的含义。
2. 简述 STC15 系列 MCU 中 ADC 模块结构特点及相关特殊功能寄存器的作用。
3. 简述 C8051F 系列 MCU 中 DAC 模块的启动模式及特点。
4. 用 DAC 设计信号发生器时，如何修改其输出信号如方波、三角波、正弦波等的频率？
5. 请设计一个由 8051 MCU 和 I^2C 总线的 ADC 组成的数据采集系统，要求模数转换分辨率不小于 16 位，转换速率不低于 10Ksps。

6. 请设计一个由 8051 MCU 和 SPI 串行接口的 DAC 组成的任意波形发生器，要求数模转换分辨率不小于 12 位，转换速率不低于 100Ksps。

本章总结

二维码 9-4：
第 9 章总结

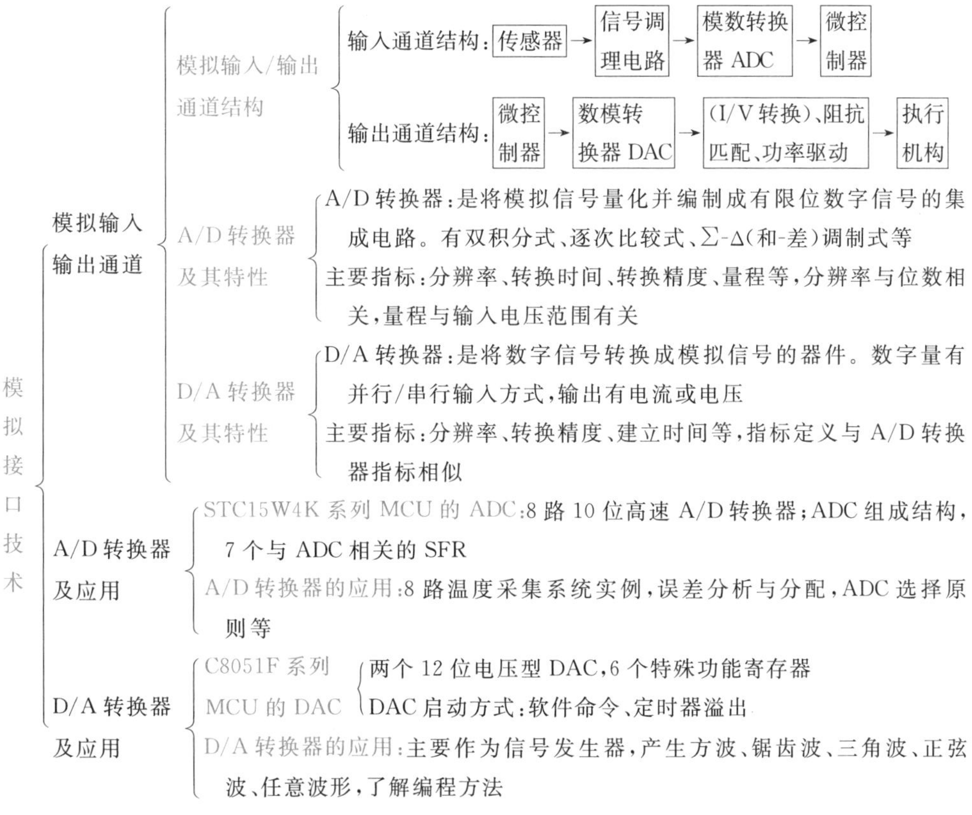

第 10 章

数字接口技术

数字量是微控制器系统中常见的信号，其表现形式为电平的高和低、指示灯的亮和灭、继电器的闭合和断开、马达的启动和停止、阀门的打开和关闭等。虽然微控制器能够连接数字信号，但仍需要考虑输入输出数字信号的电平、功率等匹配问题，要进行信号整形、电平转换、干扰隔离、功率驱动等处理。

本章介绍数字信号的光电隔离、电平转换等数字信号调理技术；数字信号的频率、周期测量技术；数字输出的功率驱动和步进电机、直流电机控制技术，以及 STC15 系列 MCU 的 CCP/PCA/PWM 模块与功能。

10.1 数字信号调理技术

二维码 10-1：数字信号调理技术

微机系统的输入信号来自现场传感器，输出信号需要控制现场的执行器。通常应用现场的电磁干扰会通过输入输出通道串入微机系统，因此需要采用通道隔离技术来防止或减少这种干扰；常用的方法有光电隔离技术、磁电隔离技术。对于现场传感器、执行器的电平与微控制器电平不一致的情况，需要采用电平变换技术实现匹配。

10.1.1 光电隔离技术

光电隔离是最常用的电气隔离方法，相应的器件称为光电耦合器（optical coupler，OC），亦称光电隔离器，简称光耦。

光耦是以光为媒介传输电信号的器件，通常把发光器（发光二极管 LED）与受光器（光敏二极管）封装在一个芯片内，如图 10-1 所示。当输入端电流使 LED 发光时，输出端光敏二极管导通并输出电流，实现了“电—光—电”转换。光耦的输入和输出通过光进行耦合，对输入、输出电信号有良好的隔离作用。

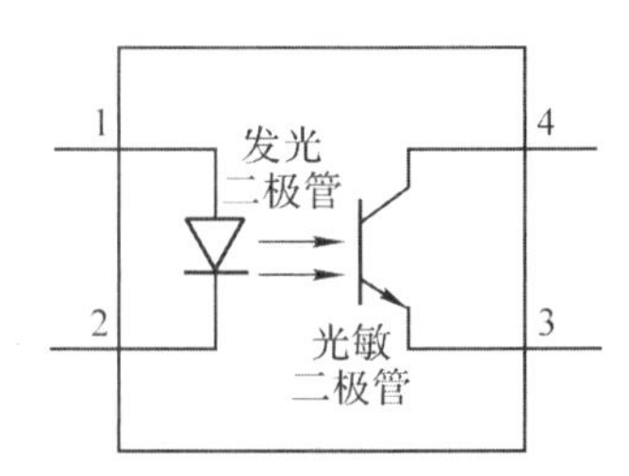

图 10-1　光耦内部结构

1. 光耦的隔离作用

光耦的优点是能有效地抑制尖峰脉冲及各种噪声干扰，从而提高传输通道的抗干扰能力。分析如下：

①光耦的输入阻抗在 100～1000Ω，而干扰源的内阻通常很大，为 10^5～10^8Ω，因此分压到光耦输入端的噪声很小。

②干扰虽有较大的幅度，但通常能量小，只能形成微弱电流，而LED是电流驱动器件，干扰噪声由于不能提供足够的电流而被抑制掉。

③光耦是器件内实现输入—输出回路的光耦合，不会受到外界光的干扰。

2. 光耦的特性参数

光耦的主要参数包括导通电流、频率响应和输出电流等。

①导通电流：设流过光耦LED的电流$\geqslant I_F$时，其输出端导通，反之输出端截止。I_F即为导通电流，典型值为5～10mA。

②频率响应：受发光二极管和光敏二极管响应时间的影响，光耦传输脉冲信号的频率有上限，即频率特性。因此有高频光耦和低频光耦。

③输出电流：流经光敏二极管的电流为输出电流。当该电流超过某个额定值时，会使输出端击穿而损坏光耦。光耦的输出电流在十几毫安(mA)内，因此不能直接驱动大功率外设。

光耦的种类很多，有通用型、高速型、开关型、线性型等，各种类型的光耦有不同特点和适用范围。另外，也有运用磁电隔离器(磁耦)的磁电隔离技术。

需要注意的是，为实现输入端与输出端的隔离，光耦的输入端和输出端不能共用电源和地，否则干扰源依然可以通过电源线或地线对另一端产生干扰，而达不到隔离目的。

3. 光耦传输脉冲信号

如图10-2所示，假设光耦输入是幅值为V_+的脉冲信号，微控制器的电源为V_{CC}，光耦双边采用不同的供电电源。高电平为V_+、带干扰的输入脉冲经光耦隔离后，由于尖峰毛刺的能量小，不足以转换为光信号而传输到输出端，所以在光耦的输出端得到的是无干扰、高电平为V_{CC}的脉冲信号，既起到隔离作用又有电平转换功能。

图10-2中R_1和R_2的电阻值，主要根据V_+、输入电流，V_{CC}和输出电流确定。

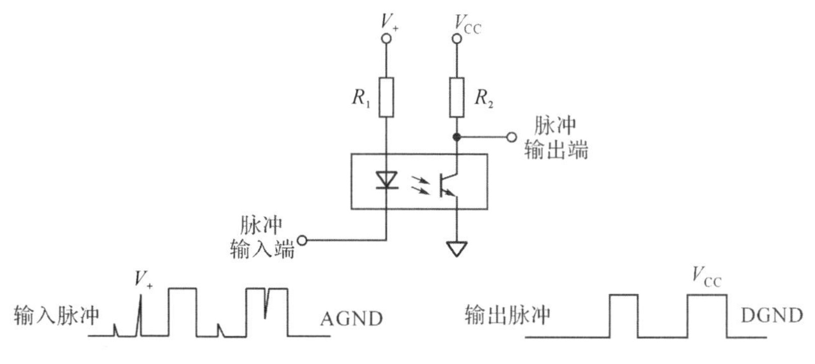

图10-2　光耦的隔离与抗干扰原理

10.1.2　电平转换技术

在实际微控制器系统中，通常由于外部输入输出设备的电平与MCU电平不匹配而不能直接连接，因此需要采用电平转换技术进行转换。常用的方法：

①利用专门的电平转换芯片。如74LVX3245可以实现3～5V器件间的双向转换。相

关内容请查阅芯片手册。

②利用光耦实现电平转换和信号传输。光耦隔离和电平转换电路有同相传输与反相传输两种。同相传输如图 10-3(a)所示，光耦输入正端通过限流电阻 R_1 接 V_{CC}，输入负端连接 I/O 口线；光耦输出正端(集电极)通过限流电阻 R_2 接外设电源 V_P，负端接地；耦合信号 P_{OUT} 从正端引出。该连接方式实现了数字信号的同相传输，以及隔离和电平转换。

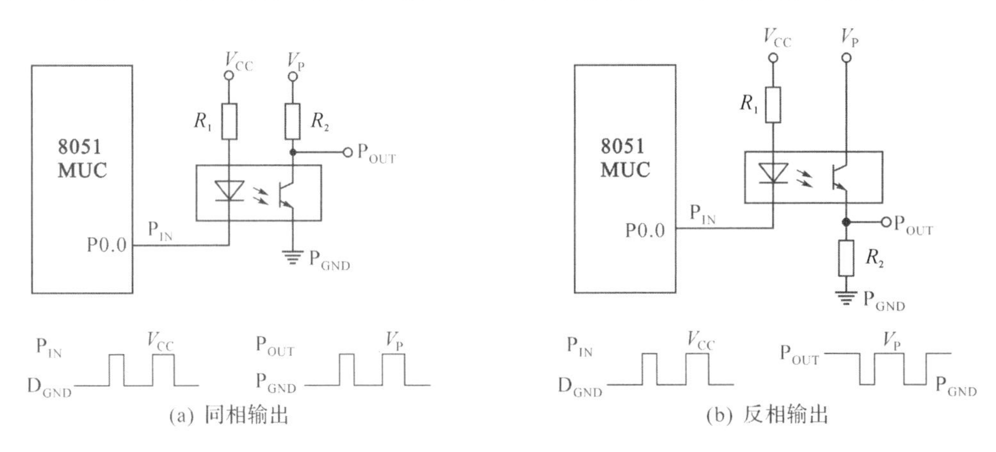

图 10-3　光耦的隔离和电平转换电路

光耦的反相传输如图 10-3(b)所示，光耦输入端连接方法同上；光耦输出正端接外设电源 V_P，负端通过限流电阻 R_2 接地；耦合信号 P_{OUT} 从负端引出。该连接方式实现了数字信号的反相传输，以及隔离和电平转换。

10.2　数字量测量技术

二维码 10-2：
数字量测量技术

数字量输入通道简称 DI 通道(digital input)，其作用是把数字信号、开关信号经整形、变换、隔离等处理后连接到 MCU。数字量输入通道的一般结构如图 10-4 所示。

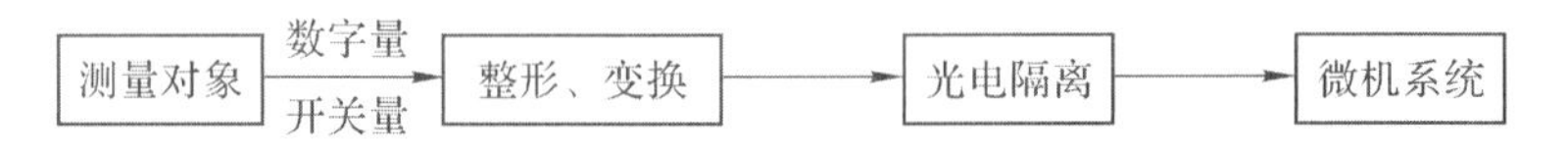

图 10-4　数字量输入通道的一般结构

相对于模拟输入通道，数字量输入通道具有如下特点：

①接口简单，占用硬件资源少，易采用光电/磁电隔离，提高输入通道的抗干扰性能。

②输入灵活，可输入到 MCU 的 I/O 引脚或外部中断引脚或定时器/计数器输入引脚。

③测量精度高，便于远距离传输，也可以调制到射频信号上，进行无线传输，实现遥测。

10.2.1　脉冲信号接口形式

在实际检测系统中，脉冲信号是最常见的一种数字输入形式。有些传感器本身输出的就是脉冲信号，对于 R、L、C 参数型传感器可以通过振荡电路转换为脉冲频率或脉宽，对于模拟信号也可以通过V/F转换器输出脉冲信号。

1. 数字传感器输入通道结构

数字传感器是能够直接把被测物理量变换成一定频率的脉冲信号的传感器，因此该信号经放大整形和光电隔离后，即可接入微机系统，如图10-5所示。

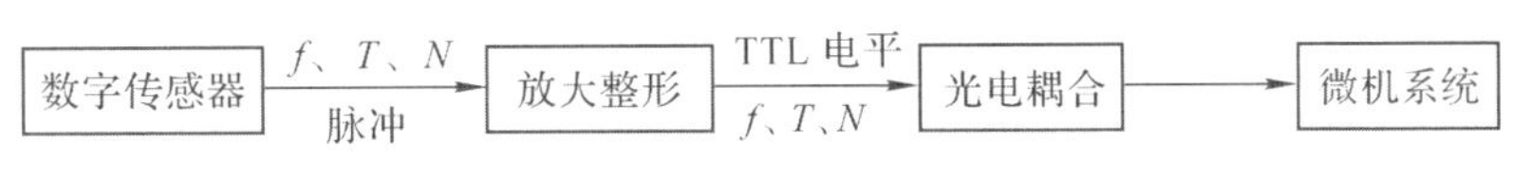

图10-5　频率输入通道

2. R、L、C/F转换输入通道结构

参量R、L、C变换器是指电阻型（如热敏电阻、光敏电阻、应变片等）、电感型和电容型传感器。这类传感器能够把被测物理量的变化转换成R、L、C的变化，将其接入R、L、C振荡电路或脉宽调制器，则振荡电路输出的频率f或脉宽调制器输出的周期与相应的R、L、C成比例。这种测量方式可以简化通道结构，如图10-6所示。

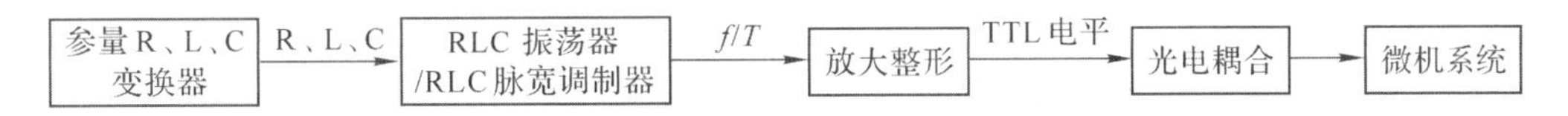

图10-6　R、L、C/F转换频率输入通道结构

3. V/F转换输入通道结构

这种输入通道结构与模拟量输入通道结构相似，只是用V/F转换器替代A/D转换器，如图10-7所示。传感器输出模拟信号经放大调理后，输入到V/F转换器，把模拟电压转换成与之成比例的频率信号，再经光电隔离后送入微机系统。

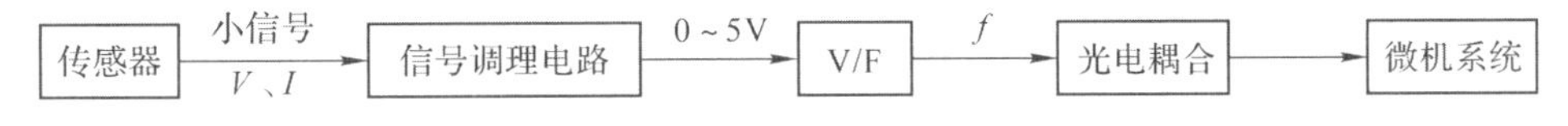

图10-7　V/F转换输入通道结构

V/F转换器是把电压信号转变成频率信号的器件。与采用A/D转换器的模拟信号输入通道结构相比，该输入通道结构具有两个特点：①V/F器件转换精度高、线性好、价格低，但转换速度较低，适合于采集速度要求不高的场合；②外接电路简单，只需接入几个电阻、电容就可方便地构成V/F变换电路，并能保证转换精度。

10.2.2　脉冲信号测量技术

为准确获得脉冲信号的频率或周期，需要根据被测量信号的频率大小来确定具体的测量方法。对于高频信号采用频率测量法，通过测量一定时间内的脉冲数来获得脉冲信号的频率；对于较低频信号采用周期测量法，通过测量被测脉冲的周期，计算获得脉冲信号的频率。

1. 高频脉冲的频率测量法

（1）测频原理

测频原理如图10-8所示，在定时时间T（计数闸门）内计数得到N个脉冲，则待测脉冲信号的频率为$f_x=N/T$。

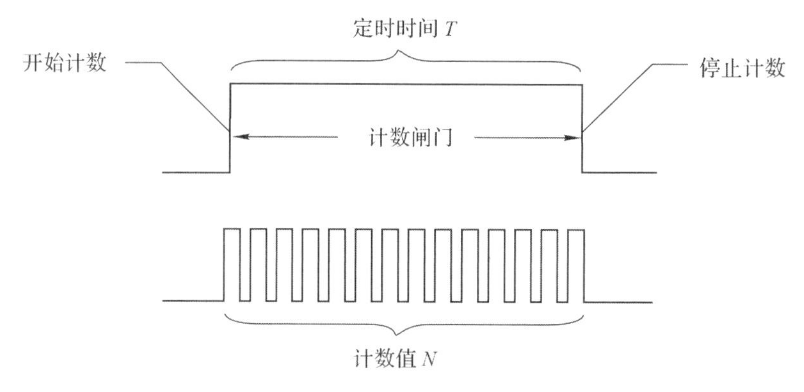

图 10-8 直接测频法

(2)测频误差分析

计数原理决定了计数器的最大计数误差是±1 个脉冲,即在定时时间 T 内,实际脉冲数为 N,计数器测得的脉冲个数可能为 N、$N+1$ 或 $N-1$。因此频率的相对测量误差为:

$$\Delta=\frac{f_{\text{测量}}-f_{\text{实际}}}{f_{\text{实际}}}=\frac{\dfrac{N\pm 1}{T}-\dfrac{N}{T}}{\dfrac{N}{T}}=\frac{\pm\dfrac{1}{T}}{\dfrac{N}{T}}=\pm\frac{1}{N} \tag{10-1}$$

由式(10-1)可知,相对误差与定时时间内的实际脉冲个数 N 有关,N 越大,则误差 Δ 越小。

假设定时时间 T 为 1s,由于计数误差为±1,即频率的绝对误差为±1Hz。当信号频率为 5kHz 时,相对测量误差为 $\pm\frac{1}{5000}=\pm 0.02\%$;当信号频率为 100Hz 时,相对测量误差为 $\pm\frac{1}{100}=\pm 1\%$;而当信号频率为 10Hz 时,相对测量误差变为 $\pm\frac{1}{10}=\pm 10\%$。可见,测频法适用于较高频率信号的测量,对于低频信号该方法的测量误差大。

(3)MCU 测频方法

将待测脉冲连接到定时器/计数器(如 T0)的输入端,用另一个定时器(如 T1)定时 50ms 并结合软件实现 1 秒定时,T0 记录 1 秒时间内的脉冲数,该脉冲数即为待测脉冲的频率。

2. 低频脉冲的周期测量法

(1)测周原理

通过测量外部脉冲信号相邻两个脉冲下降沿或上升沿之间的时间间隔,得到脉冲信号的周期设为 $T_{\text{测量}}$,则被测脉冲的频率为 $1/T_{\text{测量}}$。

(2)测周误差分析

测量周期时,$T_{\text{测量}}$ 用定时器/计数器的定时方式进行测量,计数器累加的是 MCU 的内部时钟脉冲(如机器周期),设时钟周期为 T_{CLK},即被测脉冲周期 $T_{\text{测量}}=T_{\text{实际}}\pm T_{\text{CLK}}$,周期误差为 $\pm T_{\text{CLK}}$。低频信号的频率测量误差为:

$$\Delta=\frac{f_{\text{测量}}-f_{\text{实际}}}{f_{\text{实际}}}=\frac{f_{\text{测量}}}{f_{\text{实际}}}-1=\frac{T_{\text{实际}}}{T_{\text{测量}}}-1=\frac{T_{\text{实际}}}{T_{\text{实际}}\pm T_{\text{CLK}}}-1=\frac{1}{1\pm\dfrac{T_{\text{CLK}}}{T_{\text{实际}}}}-1 \tag{10-2}$$

对于经典 8051 MCU 系统，T_{CLK} 为机器周期，对于 12MHz 外接晶振的 T_{CLK} 为 $1\mu s$。当被测周期较大时，如 $T_{实际}=12ms$，频率 $=\frac{1}{12ms}=83.3Hz$，周期测量误差为 $\pm\frac{1\mu s}{12\times10^3\mu s}$，可以忽略。当被测周期较小时，$\pm T_{CLK}$ 就不能忽略，如 $T_{实际}=12\mu s$，频率 $=1/T_{测量}=\frac{1}{12\mu s}=83.3kHz$，周期测量误差为 $\pm\frac{1\mu s}{12\mu s}=\pm8.33\%$，不可忽略。因此，测周法适用于测量频率较低的脉冲信号，对于高频脉冲其测量误差较大。

(3)MCU 测周方法

对于经典 8051 MCU 系统，测周方法如图 10-9 所示。将外部脉冲连接到 $\overline{INT0}$ 或 $\overline{INT1}$ 引脚，设置外部中断为下降沿触发方式，用一个定时器/计数器工作在定时方式，记录两个下降沿之间的定时器时长(第 1 个下降沿启动定时器工作，第 2 个下降沿关闭定时器工作)，该时间间隔即为外部脉冲的周期。

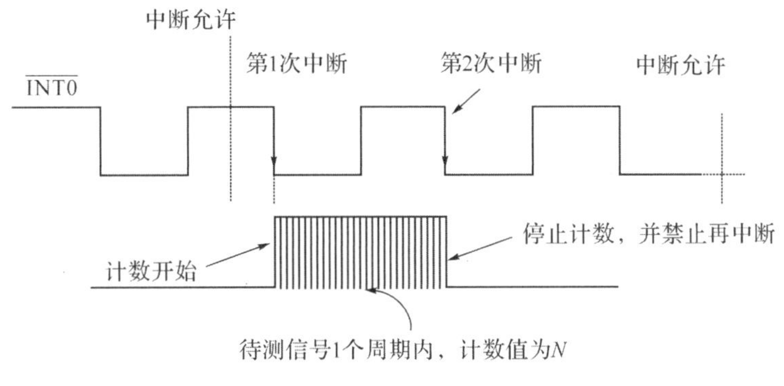

图 10-9　测周法(间接测频法)

3. 脉冲频率测量实例

对于实际应用系统，通常被测脉冲的频率范围较宽，为了保证在整个测量范围内，都能达到测量精度要求，需要确定一个测频/测周的交界频率 $f_{交界}$。低于 $f_{交界}$ 的低频段用测周法测量，而高于 $f_{交界}$ 的高频段则用测频法测量。

【例 10-1】　某一脉冲信号的频率范围为 10～5000Hz，要求整个频率范围内的测频精度≤±0.2%，请设计测量方法。

【解】　首先确定 $f_{交界}$。对于测频法来说，频率大于 $f_{交界}$ 的高频段，最大测频误差是 $\pm\frac{1}{f_{交界}}=\pm0.2\%$，由此可确定 $f_{交界}=\pm\frac{1}{0.2\%}=500Hz$；设 MCU 系统的时钟周期为 $1\mu s$，则对于测周法，最大测量误差为频率 500Hz 时的周期误差 $\pm\frac{1}{2000}=\pm0.05\%$，满足整个系统测量要求。所以脉冲频率大于 500Hz 的脉冲用测频法，小于 500Hz 的脉冲用测周法，就能在整个测量范围内满足测量精度要求。

10.3 数字量输出技术

二维码 10-3：数字量输出技术

数字量输出通道简称 DO 通道（digital output），其作用是把 MCU 输出的数字信号转换成能控制外部设备的数字驱动信号，如用 I/O 口线控制开关器件、继电器的通断，数字执行机构的运行等。数字量输出通道的一般结构如图 10-10 所示。

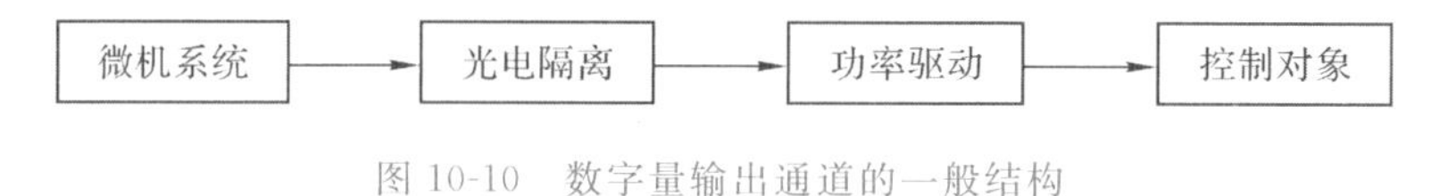

图 10-10 数字量输出通道的一般结构

在数字量输出通道中，因为 MCU 端口的驱动能力有限，所以要根据控制对象的负荷、功率要求，进行输出数字信号的驱动设计。常用的输出驱动有三极管驱动、继电器驱动、达林顿管驱动等。大功率输出驱动通常要配置光电耦合器进行 MCU 与外设的隔离。

10.3.1 功率驱动技术

1. 三极管驱动输出

当外设所需驱动电流为十几到几十 mA 时，可采用功率三极管构成驱动电路，如图 10-11 所示。当数字信号 D*i*＝“1”时，NPN 型三极管导通，集电极电流驱动 LED 发光。

当外设的驱动电流需要几百 mA 时，如要驱动中功率继电器、电磁开关等装置，通常采用达林顿管进行驱动，它具有高输入阻抗、高增益、输出功率大及保护措施完善等特点。图 10-12 为达林顿管驱动电路，当数字信号 D*i*＝“1”时，达林顿管导通，产生的几百 mA 集电极电流足以驱动大负荷负载线圈，二极管 D 形成负荷线圈断电时产生的反向电动势的泄流回路，起到保护作用。

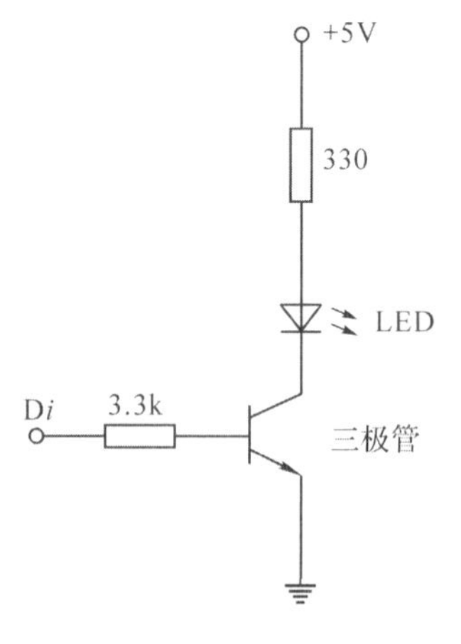

图 10-11 三极管驱动电路

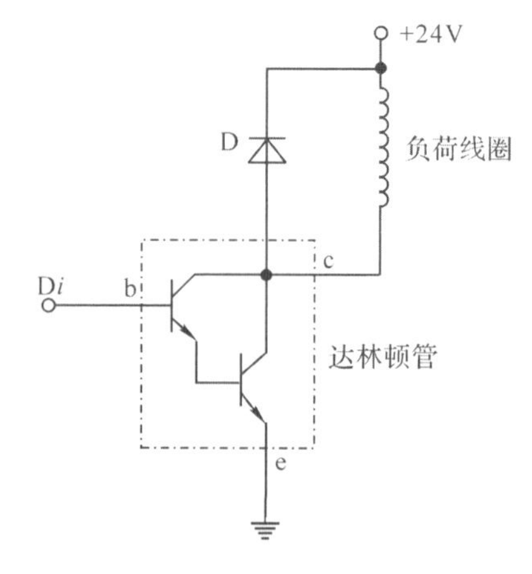

图 10-12 达林顿管驱动电路

2. 继电器驱动输出

继电器是一种常用的数字输出控制方式，可用于驱动大型设备，输入端与输出端有一定的隔离功能。通常驱动大功率外设时，继电器是微控制器输出驱动的第一级执行机构，完成从低压直流到高压交流的过渡。继电器的开关触点有常开和常闭两种，在实际应用中可以根据需要选用。

继电器的引脚结构和输出驱动电路如图 10-13 所示。在图 10-13(a)中，输入端为继电器的线圈，需要施加一定的吸合电压和控制电流才能使继电器的开关触点可靠地动作，所以 MCU 输出的数字量需要通过驱动才能可靠控制。图 10-13(b)为经光电隔离的继电器输出驱动电路，当数字信号 Di＝“0”时，光耦输出端导通，继电器线圈 KA 通电使触点 K 闭合，从而使交流 220V 驱动的负载 R_L 通电工作。继电器控制电流的大小可通过改变电阻 R_2 的阻值进行调整。晶闸管等更大功率部件的控制方式类似，这里不再赘述。

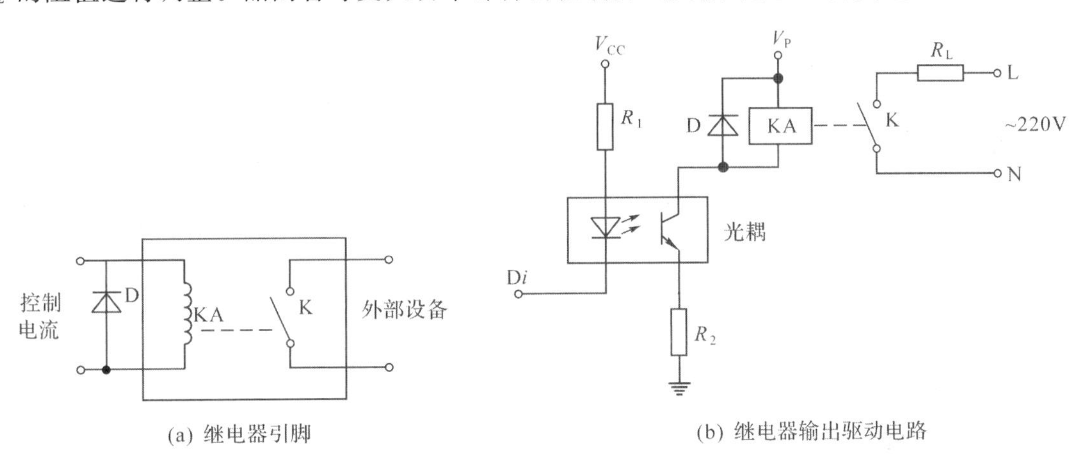

(a) 继电器引脚　　(b) 继电器输出驱动电路

图 10-13　继电器的引脚结构和输出驱动电路

由于继电器的驱动线圈有一定的电感，在关断瞬间可能会产生较大的感应电压，因此在继电器的驱动电路上常常反接一个保护二极管 D 用于反向放电。

10.3.2　步进电机驱动技术

步进电机是工业过程控制及仪器仪表中常用的控制元件之一。在负载能力范围内，它的角位移量或直线位移量不易因电源电压、负载、环境的变化而改变，具有控制精度高、运行稳定可靠等优点。通常步进电机的驱动电流比较大，所以微控制器与步进电机的连接需要设计专门的接口和驱动电路。

1. 步进电机的工作原理与励磁方法

步进电机实际上是一个数字/角度转换器，能够将输出的数字信号转换为转动的角度变化。步进电机的结构与其具有的相数有关，分为三相、四相、五相等类型。下面以四相步进电机为例进行介绍，其结构如图 10-14 所示。

四相步进电机的外圈电机定子上有八个凸齿，每个齿上绕有线圈，八个齿构成四对，故称为四相步进电机，即相数 $P=4$；中间为齿数为 N 的软铁芯转子(图 10-14 中 $N=6$)。但若 D 相被激励，如图 10-14(c)所示，则顺时针转过 15°。

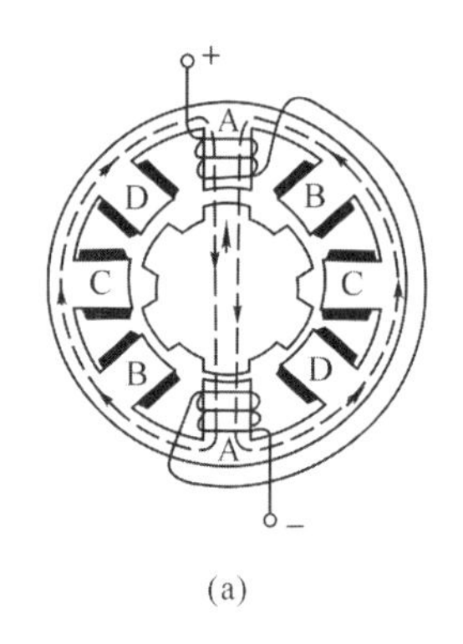

(a)

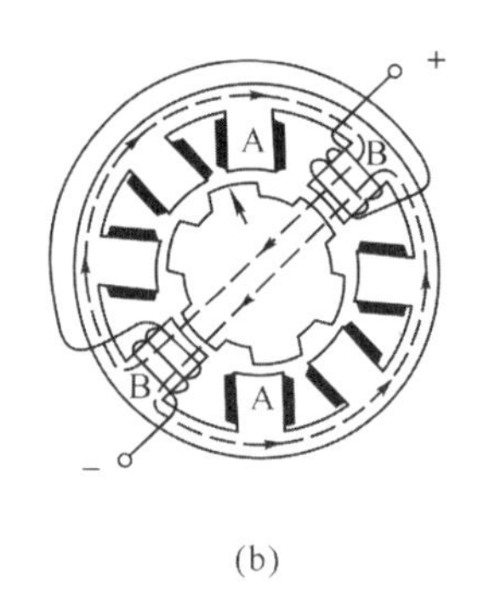

(b)

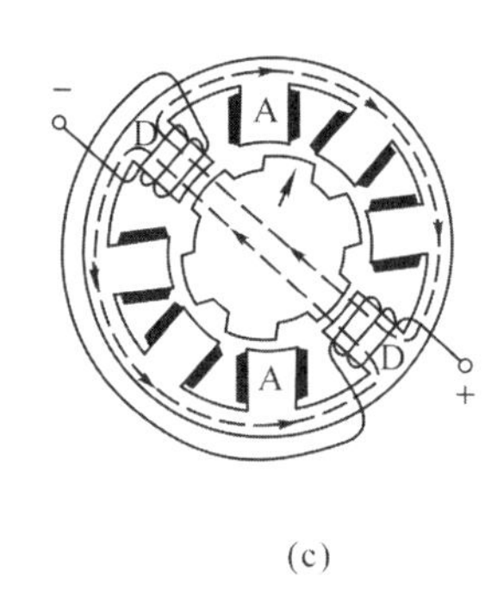

(c)

图 10-14　四相步进电机结构

步进电机的步长或称步距角 $L\theta$，是指施加一个励磁信号使步进电机转过的最小角度，与步进电机的相数和转子的齿数有关，如式(10-3)所示。

$$L\theta=\frac{360}{P\times N} \tag{10-3}$$

由以上过程可以看出，依次激励步进电机各相即可驱动步进电机转动。按照励磁方式不同，步进电机的励磁方式可分为：

(1)单 4 拍励磁法(1 相励磁法)

在每一瞬间只有 1 个相通电。这种方法消耗电能小、精确度良好，但转矩小、振动较大。当电机的 $N=50$ 时，步长为 1.8°。若欲以 1 相励磁法控制步进电机正转，其励磁顺序为 A→B→C→D→A；若励磁信号反向传送，则步进电机反转。其励磁信号序列见图 10-15(a)。

STEP	A	B	C	D
1	1	0	0	0
2	0	1	0	0
3	0	0	1	0
4	0	0	0	1

(a) 单4拍励磁信号序列

STEP	A	B	C	D
1	1	1	0	0
2	0	1	1	0
3	0	0	1	1
4	1	0	0	1

(b) 双4拍励磁信号序列

STEP	A	B	C	D
1	1	0	0	0
2	1	1	0	0
3	0	1	0	0
4	0	1	1	0
5	0	0	1	0
6	0	0	1	1
7	0	0	0	1
8	1	0	0	1

(c) 单双8拍励磁信号序列

图 10-15　四相步进电机的励磁信号序列

(2)双 4 拍励磁法(2 相励磁法)

在每一瞬间都有 2 个相通电。这种方法转矩大、振动小，步长与单 4 拍方式相同，是目前使用最多的励磁方式。若以 2 相励磁法控制步进电机正转，其励磁顺序为 AB→BC→CD→DA→AB；若励磁信号反向传送，则步进电机反转。其励磁信号序列见图 10-15(b)。

(3)单双 8 拍励磁法(1～2 相励磁法)

为 1 个相与 2 个相轮流交替通电。这种方法具有转矩大、分辨率高、运转平滑等特点，故被广泛采用。这种励磁方式的步长是前面两种励磁方式的一半，即为 0.9°。若以 1～2 相励磁法控制步进电机正转，其励磁信号顺序为 A→AB→B→BC→C→CD→D→DA→A；

若励磁信号反向传送，则步进电机反转。其励磁信号序列见图 10-15(c)。

电机的输出转矩与速度成反比，速度越快输出转矩越小，当速度快至其极限时，步进电机即不再运转。所以每输出一次励磁信号，程序必须延时一段时间。

对于前面几种励磁方式，励磁电流都是恒定的，设为 I_S。实际上，任一相的励磁电流由 0 突变到 I_S 或者由 I_S 突变到 0，都会造成电机运行的不平稳。因此就有了细分驱动的方法，其基本思想是逐渐增加或逐渐减小相中的励磁电流强度。常用的控制方法是采用脉宽调制(PWM)控制驱动方法。关于细分驱动和 PWM 控制请查阅相关资料，这里不展开叙述。

2. 步进电机的驱动

微控制器的 I/O 口经达林顿管驱动后连接步进电机，然后编写程序使 I/O 口输出相应时序的脉冲信号控制步进电机的转动。为简化驱动电路和控制程序，已有步进电机控制时序发生器如 L297 和功率驱动器如 L298。L297 只需要输入时钟、方向和模式信号，通过内部模块会产生步进电机的控制时序信号，从而减轻 MCU 和程序设计的负担。L298 由达林顿管构成，是一种高电压、大电流的功率驱动器。

步进电机的驱动控制硬件结构如图 10-16 所示。微控制器的 I/O 口经光电耦合器后连接到 L297，L297 产生的时序控制信号经 L298 驱动就构成了 MCU 系统中的步进电机控制电路。

图 10-16　四相步进电机驱动原理

10.3.3　直流电机驱动技术

1. 直流电机的工作原理

直流电机由永久磁铁、电枢、换相器等组成。如图 10-17 所示，两个固定的永久磁铁(定子)，上面是 N 极，下面是 S 极，磁力线从 N 到 S。两极之间可旋转的导体 *abcd* 称为电枢(转子)。电枢的 *ab* 段和 *cd* 段分别连接到两个互不接触的半圆形金属片 A、B 上，这两个金属片称为换相器。在换相器的 A、B 两端加上一个上正下负的直流电压，根据左手定则，电枢将逆时针旋转；反之，则顺时针旋转。

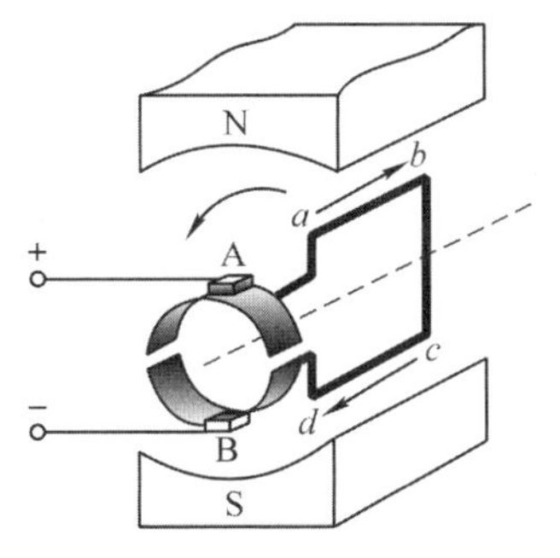

图 10-17　直流电机组成结构

2. 直流电机的 PWM 调速原理

对于小功率直流电机的调速系统,使用 MCU 控制非常方便。通过改变电枢施加电压时间与通电周期的比值(即占空比)就可控制电机速度,这种方法称为脉冲宽度调制法,简称 PWM(pulse width modulation)法。PWM 控制法是按固定周期接通和断开电源,并根据需要改变一个周期内“接通”和“断开”时间的长短。通过改变直流电机电枢上电压的“占空比”来改变平均电压的大小,从而实现对直流电机转速的控制。

图 10-18 为直流电机 PWM 调速原理示意图,当电源始终接通即 PWM 波的占空比为 1 时,电机转速最大,为 v_{max};当电源 V_P 在周期 T 内的导通时间为 t_1 时,电机两端的平均电压为 $V_{avg}=V_P\times(t_1/T)$,其中 t_1/T 就是 PWM 的占空比 D_C,此时电机的平均速度为:$v_{avg}=v_{max}\times D_C$。由于电机的转速与电机两端的电压成正比例,而电机两端电压与控制波形的占空比成正比,因此占空比越大,电机转速越高。改变占空比 D_C,就可以得到不同的电机平均速度 v_{avg},从而达到调速的目的。如果电机两端施加的直流电源反相,则电机就反向转动。

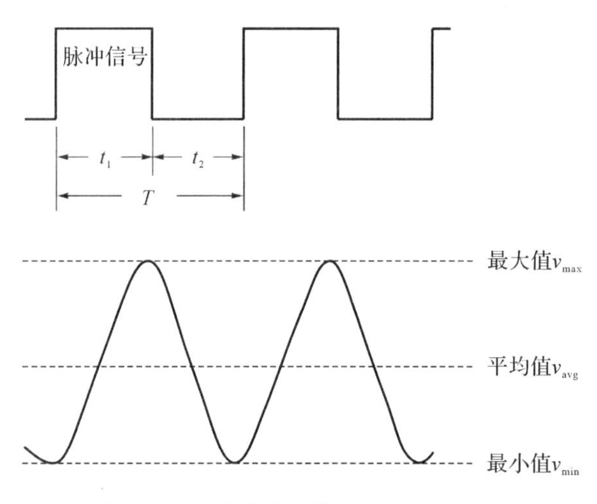

图 10-18 直流电机的 PWM 调速原理

3. 电流电机的驱动电路

最常用的直流电机 H 桥驱动电路如图 10-19 所示。控制电机时,必须使一条对角线上的两个功率管同时导通,而另一条对角线上的两个功率管同时截止。根据不同对角线上功率管的导通情况,使流过电机的电流从正端到负端或从负端到正端,从而控制电机正转或反转。当 A 和 D 两个功率管导通而 B 和 C 两个功率管截止时,V_P 通过 A 加至电机正端,而电机负端通过 D 接地,此时电机正转;当 A 和 D 功率管截止而 B 和 C 功率管导通时,V_P 通过 C 加至电机负端,而电机正端通过 B 接地,此时电机反转。用 PWM 信号控制一条对角线上两个功率管的导通与截止时间即可控制直流电机的转速。由于采用的三极管为 PNP 型,导通的条件是功率管基极为低电平。因此控制电机正反转的逻辑应为:

正转:PWM1=PWM4=0,PWM2=PWM3=1;

反转:PWM1=PWM4=1,PWM2=PWM3=0。

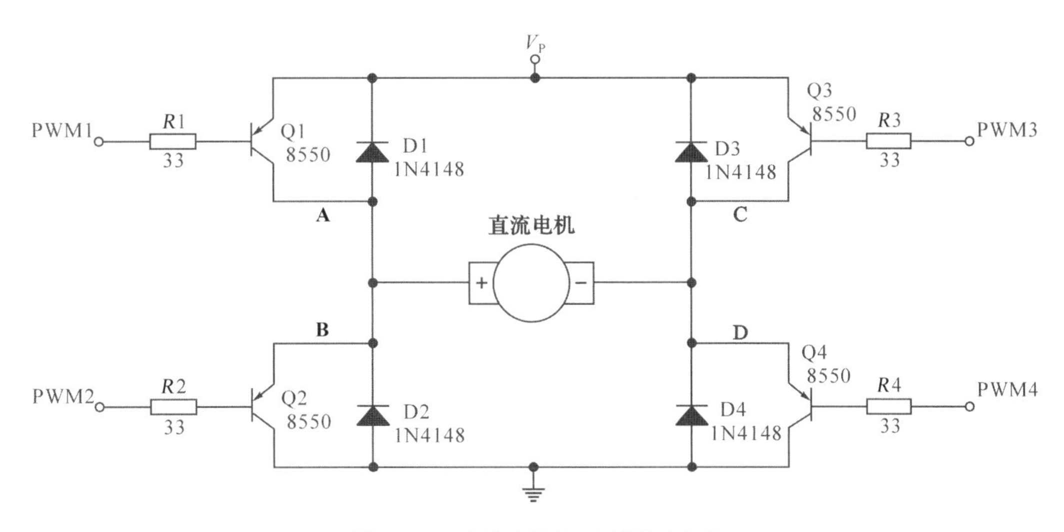

图 10-19　直流电机的 H 桥驱动电路

驱动电机时，应保证 H 桥上两个同侧的功率管不会同时导通。如果 A 端和 B 端的功率管同时导通，那么电流就会从电源正极通过两个功率管直接流到电源地，引起电源短路，并烧坏功率管。

当功率管关断时，电机中电流突然中断，会产生感应电势，其方向是力图保持电流不变。这个感应电势与电源电压叠加后加在功率管两端，容易使功率管击穿。所以在每个功率管的 c、e 端并接一个二极管（称为续流二极管），用于释放电机产生的感生电流，起到保护功率管的作用。

10.4　STC15 系列 MCU 的 CCP/PCA/PWM 模块

二维码 10-4：STC15 系列 MCU 的 CCP/PCA/PWM 模块

本节介绍 STC15 系列 MCU 中的比较捕获脉冲宽度调制（compare capture pulse width modulation，CCP）/可编程计数器阵列（programmable counter array，PCA）/脉冲宽度调制（pulse width modulation，PWM）模块，以及运用这些模块实现脉冲宽度、周期测量和 PWM 输出的方法。

STC15 系列部分 MCU 集成了 3 路 CCP/PCA/PWM 模块，可用于软件定时器、外部脉冲捕捉、高速脉冲输出和脉宽调制（PWM）输出等。

10.4.1　CCP/PCA/PWM 模块结构

1. 内部组成结构

PCA 有一个 16 位定时器/计数器，与 3 个 16 位的捕获/比较模块相连，因此具有 3 个可编程的 CCP/PCA/PWM 模块，如图 10-20 所示。3 个模块的引脚配置可通过 AUXR1 寄存器中 CCP_S1、CCP_S0 进行选择（在 7.5.2 已作介绍，这里不再赘述）。

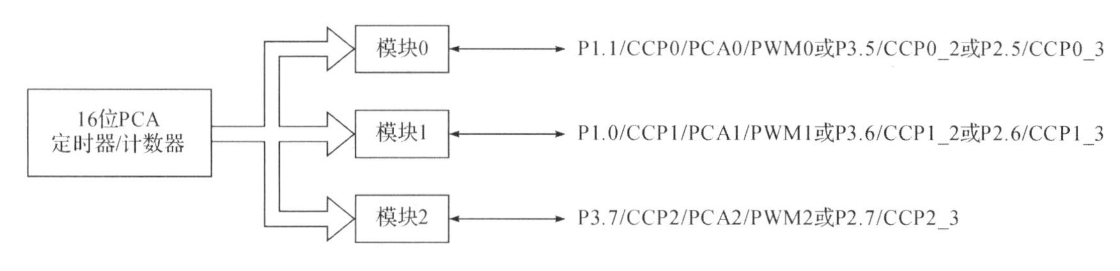

图 10-20 CCP/PCA/PWM 模块结构

16 位 PCA 定时器/计数器是 3 个模块共用的，其内部结构如图 10-21 所示。CH、CL 是 16 位加 1 计数器，其计数时钟源有 8 种(见图 10-22)，可通过 CMOD 寄存器的 CPS2、CPS1 和 CPS0 进行选择。

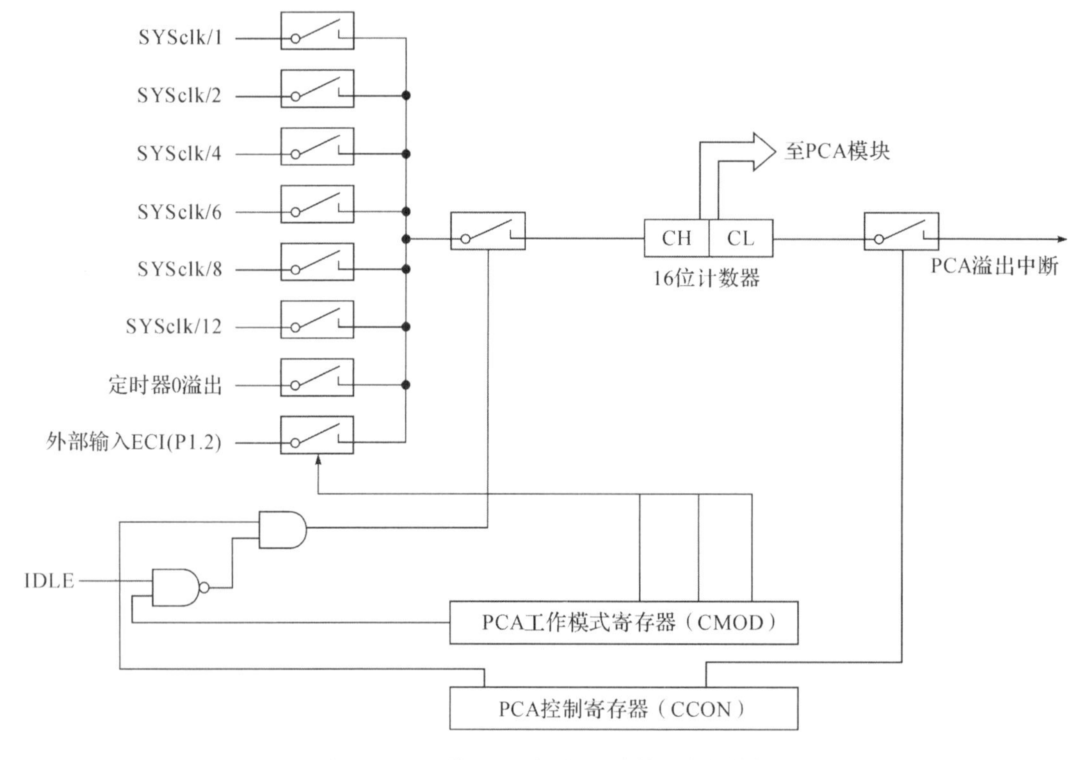

图 10-21 16 位 PCA 定时器/计数器内部结构

2. CCP/PCA/PWM 模块相关 SFR

CCP/PCA/PWM 模块相关的特殊功能寄存器有 17 个。

(1)PCA 工作模式寄存器 CMOD

PCA 工作模式寄存器 CMOD，地址 D9H

位	7	6	5	4	3	2	1	0
位符号	CIDL	—	—	—	CPS2	CPS1	CPS0	ECF

①位 7(CIDL)：空闲模式下 PCA 计数控制位。=0，空闲模式下 PCA 计数器继续工

作;=1,则停止工作。

②位3～位1(CPS2～CPS0):PCA计数时钟选择位,如下所示。

CPS2	CPS1	CPS0	CCP/PCA/PWM计数时钟
0	0	0	系统时钟的12分频,即SYSclk/12
0	0	1	系统时钟的2分频,即SYSclk/2
0	1	0	定时器0的溢出脉冲。由于定时器0可以工作在1T模式,所以可以达到计一个时钟就溢出,从而达到最高频率CPU工作时钟SYSclk。通过改变定时器0的溢出率,可以实现可调频率的PWM输出
0	1	1	ECI/P1.2(或P3.4或P2.4)引脚输入的外部时钟(最大速率=SYSclk/2)
1	0	0	系统时钟,即SYSclk
1	0	1	系统时钟的4分频,即SYSclk/4
1	1	0	系统时钟的6分频,即SYSclk/6
1	1	1	系统时钟的8分频,即SYSclk/8

③位0(ECF):PCA计数器溢出中断允许位。=1,允许PCA计数器溢出中断;=0,禁止中断。

(2)PCA控制寄存器CCON

PCA控制寄存器CCON,地址D8H

位	7	6	5	4	3	2	1	0
位符号	CF	CR	—	—	—	CCF2	CCF1	CCF0

①位7(CF):PCA计数器溢出标志位。PCA计数器溢出时,CF由硬件置位,请求中断。须用软件清0。

②位6(CR):PCA计数器运行控制位。=1,启动PCA工作;=0,关闭PCA计数器。

③位2～位0(CCF2～CCF0):分别是PCA模块2～模块0的中断标志位。当模块出现比较匹配或捕获到跳变沿时,相应中断标志位置为1,须用软件清0。

(3)PCA比较/捕获控制寄存器CCAPM0～CCAPM2

CCAPM0～CCAPM2分别是PCA模块0～模块2的比较/捕获控制寄存器,地址分别为DAH、DBH、DCH。以模块0的CCAPM0为例,介绍各位定义。

位	7	6	5	4	3	2	1	0
位符号	—	ECOM0	CAPP0	CAPN0	MAT0	TOG0	PWM0	ECCF0

①位6(ECOM0):比较允许控制位。=1,允许比较功能;=0,禁止比较功能。

②位 5(CAPP0):上升沿捕获控制位。=1,捕获上升沿;=0,禁止上升沿捕获。

③位 4(CAPN0):下降沿捕获控制位。=1,捕获下降沿;=0,禁止下降沿捕获。

④位 3(MAT0):匹配功能控制位。=1,允许比较匹配功能;=0,禁止该功能。

⑤位 2(TOG0):翻转控制位。=1,PCA 计数器与模块 0 比较寄存器的值匹配时,模块输出引脚 CCP0 翻转;=0,禁止该功能。

⑥位 1(PWM0):脉宽调制模式。=1,允许引脚 CCP0 输出 PWM 波;=0,禁止引脚 CCP0 输出 PWM 波。

⑦位 0(ECCF0):模块中断允许位。=1,允许模块 0 中断;=0,禁止中断。

(4)PCA 模块 PWM 控制寄存器 PCA_PWM0~PCA_PWM2

PCA_PWM0~PCA_PWM2 分别是模块 0~模块 2 的 PWM 控制寄存器,地址分别为 F2H、F3H、F4H。以模块 0 的 PCA_PWM0 寄存器为例,介绍各位定义。

位	7	6	5	4	3	2	1	0
位符号	EBS0_1	EBS0_0	—	—	—	—	EPC0H	EPC0L

①位 7、位 6(EBS0_1、EBS0_0):模块 0 的 PWM 模式选择位。

EBS0_1	EBS0_0	PCA 模块 0 的 PMW 模式
0	0	8 位 PMW 模式
0	1	7 位 PMW 模式
1	0	6 位 PMW 模式
1	1	无效,PCA 模块 0 仍工作于 8 位 PMW 模式

②位 1(EPC0H):PWM 模式时,与 CCAP0H 组成 9 位数。

③位 0(EPC0L):PWM 模式时,与 CCAP0L 组成 9 位数。

(5)PCA 引脚控制寄存器 AUXR1(P_SW1)

PCA 引脚控制寄存器 AUXR1(P_SW1),地址 A2H

位	7	6	5	4	3	2	1	0
位符号	S1_S1	S1_S0	CCP_S1	CCP_S0	SPI_S1	SPI_S0	—	DPS

位 5、位 4(CCP_S1、CCP_S0):PCA 外部时钟输入引脚 ECI 和 3 个模块输出引脚 CCP0/CCP1/CCP2 的选择位。

CCP_S1	CCP_S0	CCP 引脚配置
0	0	P1.2 为 ECI,P1.1 为 CCP0,P1.0 为 CCP1,P3.7 为 CCP2

续表

CCP_S1	CCP_S0	CCP 引脚配置
0	1	P3.4 为 ECI_2,P3.5 为 CCP0_2,P3.6 为 CCP1_2,P3.7 为 CCP2_2
1	0	P2.4 为 ECI_3,P2.5 为 CCP0_3,P2.6 为 CCP1_3,P2.7 为 CCP2_3
1	1	无效

(6)PCA 计数器的数据寄存器 CH、CL

CH、CL:PCA 定时计数模块中 16 位加 1 计数器的高 8 位和低 8 位,地址分别为 F9H、E9H。

(7)PCA 捕获/比较模块寄存器

CCAP0H、CCAP0L:模块 0 捕获/比较寄存器的高 8 位和低 8 位,地址分别为 FAH、EAH。CCAP1H 和 CCAP1L、CCAP2H 和 CCAP2L 是捕获/比较模块 1、模块 2 的捕获/比较寄存器的高 8 位和低 8 位,地址分别为 FBH 和 EBH、FCH 和 ECH。

当模块 0～2 用于输入捕获时,各模块的两个寄存器作为 16 位的捕获寄存器;当模块 0～2 用于输出比较时,各模块的两个寄存器则作为 16 位的比较寄存器。

10.4.2　CCP/PCA/PWM 模块工作模式与应用

CCP/PCA/PWM 模块有外部脉冲捕获、软件定时器、高速脉冲输出和脉宽调制(PWM)输出等四种工作模式。

1. 外部脉冲捕获模式

当 CCAPMn(n=0～2)寄存器的 CAPNn 和 CAPPn 两位或其中一位为 1 时,则对应 PCA 模块工作在捕获模式,其结构如图 10-22 所示,PCA 模块对引脚 CCPn 输入的跳变沿进行采样。当采样到有效跳变沿时,硬件自动将 PCA 计数器 CH、CL 的值装载到模块的捕获/比较寄存器 CCAPnH 和 CCAPnL 中;若模块允许中断(ECCFn=1),则相应的中断标志位(CCFn)置位,请求中断。由于三个模块共用一个中断源,所以需在中断程序中进一步判断哪一个模块发生了中断。

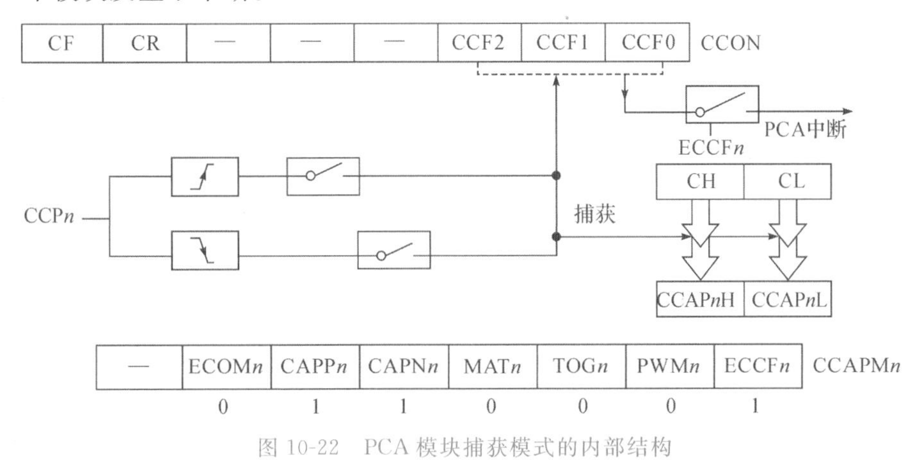

图 10-22　PCA 模块捕获模式的内部结构

2. 软件定时器模式

令 CCAPMn(n=0～2)寄存器的 ECOMn 和 MATn 为 1 时,PCA 模块工作于软件定时器模式,其内部结构如图 10-23 所示。PCA 计数器对所选择的时钟源不断加 1,当 PCA 计数器 CH、CL 的值累加到与模块捕获/比较寄存器 CCAPnH、CCAPnL 的值相等时,若模块中断允许(ECCFn=1),则中断标志位(CCFn)置位,请求中断。

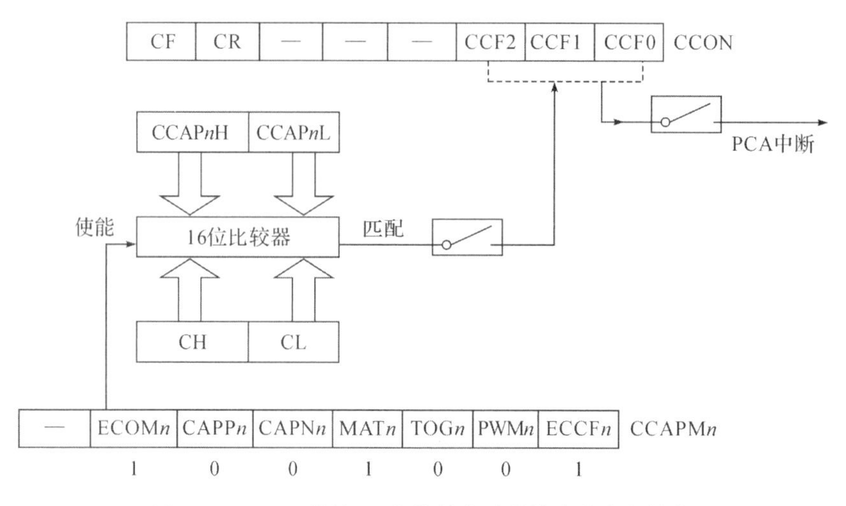

图 10-23　PCA 模块 16 位软件定时器模式的内部结构

在中断服务程序中,给 CCAPnH 和 CCAPnL 增加一个计数常数,则当 PCA 计数器再累加计数常数个脉冲时,PCA 计数器的值与模块捕获/比较寄存器的值又一次相等时(表示相同的定时时间到)向 CPU 请求中断。例如,系统时钟频率 SYSclk 为 18.432MHz,选择 PCA 时钟源为 SYSclk/12,定时时间为 5ms,则 PCA 计数器的计数常数为 0.005/((1/18432000)×12)=7680=1E00H。那么每次需要给 CCAPnH 和 CCAPnL 增加的数值是 1E00H。

3. 高速脉冲输出模式

将 CCAPMn(n=0～2)寄存器的 TOGn、MATn 和 ECOMn 置为 1,PCA 模块为高速脉冲输出模式,其内部结构如图 10-24 所示,仅比 16 位软件定时器模式多了一个输出引脚

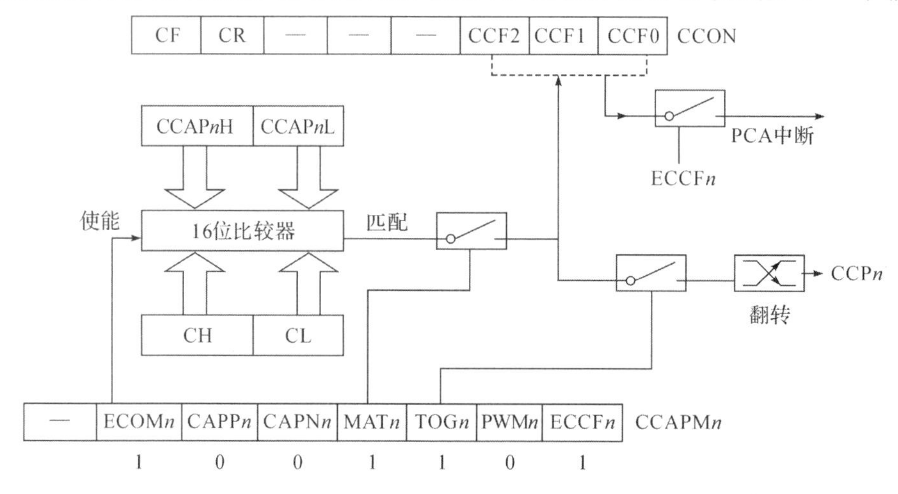

图 10-24　PCA 模块的高速脉冲输出模式的内部结构

CCP*n*。当 PCA 计数器 CH、CL 的值与模块捕获/比较寄存器 CCAP*n*H、CCAP*n*L 的值相匹配时，PCA 模块输出引脚 CCP*n* 翻转，为了得到需要频率的脉冲输出，需要 PCA 模块反复中断。在中断函数中将 CH、CL 清 0，使其从 0 开始重新计数。每当匹配发生时，引脚电平自动翻转，从而从引脚上输出脉冲信号。

CCAP*n*L 的值决定了 PCA 模块的输出脉冲频率。当 PCA 时钟源是 SYSclk/2 时，输出脉冲的频率 f 为：

$$f = \text{SYSclk}/(4 \times \text{CCAP}n\text{L})$$

假设 SYSclk＝20MHz，要求 PCA 输出 125kHz 的方波，则 CCAP*n*L 的值为：

$$\text{CCAP}n\text{L} = 20000000/(4 \times 125000) = 40 = 28\text{H}$$

若结果不是整数，则需要进行四舍五入取整。

4. 脉冲宽度调制模式

令 CCAPM*n* 寄存器的 PWM*n* 和 ECOM*n* 为 1 时，PCA 模块工作于脉冲宽度调制模式。此时通过设定 PCA_PWM*n* 寄存器的 EBS*n*_1 和 EBS*n*_0，可选择 PCA 模块的 8 位、7 位、6 位 PWM 模式，从而应用于三相电机驱动、D/A 转换等场合。下面以 8 位 PWM 模式为例进行介绍。

PCA 模块 8 位 PWM 模式的内部结构如图 10-25 所示。此时，[0，CL]计数器的值与[EPC*n*L，CCAP*n*L]的值进行比较，并且在下面两种情况下，输出不同的电平。

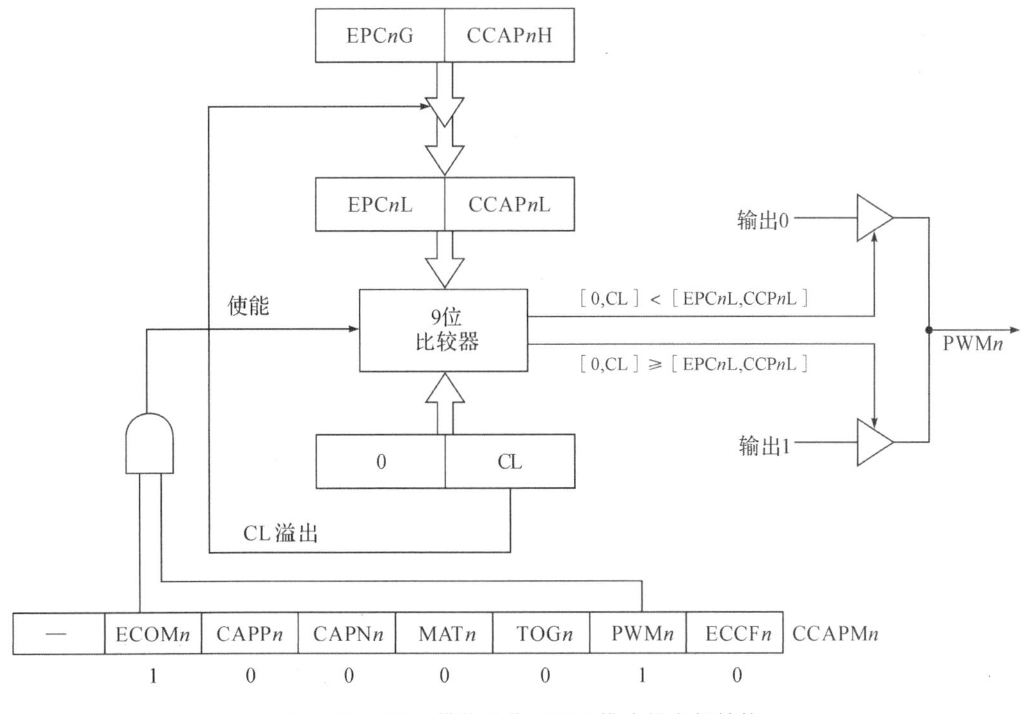

图 10-25　PCA 模块 8 位 PWM 模式的内部结构

①当[0，CL]计数器的值＜[EPC*n*L，CCAP*n*L]时，输出为低电平；

②当[0，CL]计数器的值≥[EPC*n*L，CCAP*n*L]时，输出为高电平。

当 CL 的值由 FF 变为 00H 溢出时，[EPC*n*H，CCAP*n*H]的值自动重装载到[EPC*n*L，

CCAPnL]中，因此可实现连续 PWM 波的输出，要修改 PWM 的占空比时，只要修改[EPCnH，CCAPnH]的值即可。

当 PCA 模块工作在 PWM 模式时，由于所有模块共用 PCA 计数器，所以各模块的输出频率相同。但是各模块 PWM 的占空比可以独立设置，与该模块的[EPCnL，CCAPnL]的值有关。

在 8 位 PWM 模式下，其输出频率为：

f_{PWM}＝PCA 计数时钟源频率/256

如果要实现可调频率的 PWM 输出，可以选择定时器 0 的溢出率或者 ECI 引脚输入脉冲作为 PCA/PWM 的时钟源。

5. 模块的应用举例

(1)利用 PCA 模块的外部脉冲捕获模式，测量 P1.1 引脚上的脉冲宽度

分析：设微控制器的工作频率为 18.432MHz。

①设置 CCP_S0 和 CCP_S1 为 0，捕获/比较 3 个模块的输出引脚选择为 P1.1/CCP0、P1.0/CCP1、P3.7/CCP2。

②初始化 PCA 控制寄存器 CCON，PCA 计数器和模块 0 捕获寄存器清 0。通过 CMOD 设置 PCA 时钟源为系统时钟，允许 PCA 溢出中断。

③模块 0 设置为 16 位捕获模式，上升沿/下降沿捕获，可以测量从高电平到低电平的宽度，且产生捕获中断。

④启动 PCA 定时器，等待中断。在中断服务程序中，通过 CF 标志位判断 PCA 计数溢出次数。当 CCF0＝1 时，表示产生捕获中断，从 CCAP0L 和 CCAP0H 中获取捕获值，两次捕获值的差即为脉冲宽度。

(2)利用 PCA 模块输出高速脉冲信号，脉冲翻转时控制 2 个 LED 亮灭

分析：假设微控制器的工作频率为 18.432MHz。

①设置 CCP_S0 和 CCP_S1 为 0，选择 3 个模块的输出引脚为 P1.1/CCP0，P1.0/CCP1，P3.7/CCP2。

②初始化 PCA 控制寄存器 CCON，PCA 计数器清 0。

③通过 COMD 设置 PCA 时钟源为系统时钟 12 分频。

④根据设置值 value(脉冲翻转值)计算 CCAP0H、CCAP0L 的值。

⑤启动 PCA 定时器，P1.1 输出高速脉冲信号。

(3)利用 PCA 模块，在 P1.1 引脚输出 8 位 PWM

分析：设微控制器的工作频率为 18.432MHz。

①设置 CCP_S0 和 CCP_S1 为 0，捕获/比较 3 个模块的输出引脚选择为 P1.1/CCP0、P1.0/CCP1、P3.7/CCP2。

②初始化 PCA 控制寄存器 CCON，PCA 计数器清 0。通过 CMOD 设置 PCA 时钟源为系统时钟 2 分频，禁止 PCA 溢出中断。

③模块 0 设置为 8 位 PWM 模式，根据占空比的大小设置 CCAP0L 和 CCAO0H 的值。

④启动 PCA 定时器，P1.1 输出 PWM 波。

习题与思考题

1. 简述光电隔离器(光耦)的作用及应用。
2. 已知某型号光耦的输入电流范围为 5～15mA,输出电流范围为 1～10mA,输入端电压为 5V,输出端电压为 3.3V,请设计同相输出电路,并给出电阻的阻值。
3. 脉冲信号测量技术有哪两种? 简述它们的测量过程,分析测量误差。
4. 对于频率范围较宽的脉冲信号,为了保证整个范围内的测量精度,应如何选择测量方法。
5. 假如待测频率范围为 10Hz～100kHz,要求测量精度≤±0.1%。设微控制器的机器周期为 0.5μs,请分析其测量方法并给出测量程序的流程图。
6. 简述常用的功率驱动技术,以及各自的特点。
7. 简述直流电机的 PWM 调速原理,以及设计 H 桥调速电路的注意点。
8. 简述 CCP/PCA/PWM 模块的 4 种工作模式。

本章总结

二维码 10-5:
第 10 章总结

数字接口技术

- 数字信号调理技术
  - 光电隔离技术:光耦的隔离作用:能有效抑制尖峰脉冲及各种噪声干扰;光耦的特性参数:导通电流、频率响应、输出电流等;光耦传输脉冲信号的原理和电路
  - 电平转换技术:运用专用的电平转换芯片(较少用);利用光耦实现脉冲传输和电平转换,脉冲有同相传递与反相传递两种
- 数字量测量技术
  - 脉冲信号接口形式
    - 数字传感器输入通道结构:利用数字式传感器将被测物理量变换成频率信号、周期信号
    - R、L、C/F 转换输入通道结构:利用 R/L/C 传感器构建振荡器或脉宽调制器,将被测物理量转换成频率或周期或脉宽
    - V/F 转换输入通道结构:传感器输出的信号,经调理后输入 V/F 转换器,把模拟电压转换成频率信号
  - 脉冲信号测量技术
    - 高频脉冲的频率测量法
      - 测频原理:在定时时间 T(计数闸门)内,对输入脉冲信号进行计数设为 N,则 $f=N/T$
      - 测频误差:测量误差与定时时间内的实际脉冲个数 N 有关,$\Delta=\pm 1/N$
      - 测频方法:将待测脉冲连接到一个定时器/计数器的输入端,用另一个定时器/计数器定时。记录 1 秒时间内的脉冲数
    - 低频脉冲的周期测量法
      - 测周原理:通过中断检测相邻两个脉冲下降沿之间的时间间隔,获得脉冲信号的周期
      - 测周误差:系统的测量误差与被测周期 T 有关,$\Delta=\pm 1$ 计数脉冲(如一个机器周期)
      - 测周方法:外部脉冲连接到$\overline{\text{INT0}}$或$\overline{\text{INT1}}$,下降沿触发,用定时器记录两个下降沿之间的时间间隔
    - 大范围频率脉冲的测量:需要分段测量来保证测量精度,根据精度确定测频、测周的分界频率
- 数字量输出技术
  - 功率驱动技术
    - 三极管驱动输出:当驱动电流为几十 mA 以内时,采用功率三极管;达到几百 mA 时,采用达林顿管
    - 继电器驱动输出:作为微控制器输出到最后驱动级的第一级执行机构,完成从低压直流到高压交流的过渡
  - 步进电机驱动技术
    - 工作原理及励磁方式:是一种数字/角度转换器,将数字信号转换为转动角度。单 4 拍,双 4 拍,单双 8 拍
    - 步进电机的驱动:常用步进电机控制时序发生器如 L297,结合功率驱动器如 L298 进行驱动
  - 直流电机驱动技术
    - 工作原理:在换相器的 A、B 两端加上一个上正下负的直流电压,电枢逆时针旋转,反之则顺时针旋转
    - PWM 调速原理:电机的平均速度为:$v_{avg}=v_{max}\cdot D_C$,D_C 为 PWM 的占空比
    - 驱动电路:采用 H 桥控制直流电机工作,MCU 输出不同占空比的 PWM 波可调节电机转速。通过控制 H 桥路不同对角功率管的导通,可控制电机的运转方向
- STC15W4K 系列 MCU 的 CCP/PCA/PWM 模块:3 个模块,17 个 SFR,4 种模式;了解这些模块实现脉冲宽度、周期测量和 PWM 输出的方法

第三部分

微机系统设计

第11章

微控制器系统的可靠性设计

微控制器系统通常应用于实际测量和控制场合，其工作环境比较恶劣和复杂，多种干扰会进入系统而影响其正常工作，因此微控制器系统的可靠性设计至关重要，没有良好可靠性的系统是无法实际应用的。

本章介绍系统可靠性和干扰（包括可靠性和干扰的定义、干扰的耦合与抑制方法，以及微控制器系统受干扰的主要途径等），硬件可靠性设计方法（包括元器件选择、电源抗干扰、低功耗设计、输入输出硬件抗干扰等），以及软件可靠性设计方法（包括输入输出软件抗干扰、程序设计可靠性和数字滤波技术等）。

11.1 可靠性与干扰

二维码 11-1：可靠性与干扰

系统的可靠性即系统正常工作的能力。可靠的微控制器系统应具有以下功能：①在干扰信号出现时，能有效抑制其带来的影响；②在数据受到破坏时，能及时发现并纠正；③在程序脱离正常运行或进入“死循环”时，能及时发现并使其恢复正常。

本节分析影响系统正常工作的主要干扰因素，干扰的耦合方式和引入途径，以及消除或抑制方法。

11.1.1 基本概念

1. 可靠性定义

微控制器系统的可靠性通常是指在一定条件下，在规定时间内完成规定功能的能力。“一定条件”包括环境条件（如温度、湿度、粉尘、气体、振动、电磁干扰等）、工作条件（如电源电压、频率允许波动的范围、负载阻抗、允许连接的用户终端数等）、操作和维护条件（如开机/关机过程、正常操作步骤、维修时间和次数等）。“规定时间”是可靠性的重要特征，常用平均无故障时间（mean time between failures，MTBF）或平均维护时间（mean time to repair，MTTR）表示。“规定功能”是指微机系统能够完成的各项性能指标。对于不同的系统，规定功能是不同的，如对温度控制系统，规定的功能有温度控制范围、控制精度和响应时间等。

目前，常采用平均无故障时间（MTBF）来作为系统可靠性的指标。系统可靠性受到各种干扰因素的影响,要提高可靠性就要了解系统可能受到的干扰情况,从而采取措施加以抑制或消除,使系统在“一定条件”下可靠工作。

2. 噪声与干扰

噪声是一种明显不传递有效信息并且无法消除的信号,存在于任何场所、任何时间。当噪声信号与有用信号叠加或组合,并使有用信号发生畸变或淹没时,此时的噪声称为干扰。干扰信号可引起设备、系统、电路性能的降低,甚至不能正常工作。

因此,干扰是具有一定能量并会影响周围系统、电路正常工作的信号,其主要表现特征是单位时间内电压或电流的变化量很大,即$\frac{du}{dt}$或$\frac{di}{dt}$大。

3. 干扰源与受扰体

干扰源就是产生干扰的主体,可分为内部干扰和外部干扰。内部干扰包括系统内部元器件工作时产生的热噪声,继电器、大功率开关触点等工作时产生的电磁感应,以及开关电源、高频时钟等产生的高频振荡噪声等。外部干扰包括雷电、周围大功率电气设备的通断,以及电源的工频干扰和环境的射频干扰等。受扰体就是受到干扰危害的设备、系统或电路,如微控制器、微弱信号放大器或传感器、微机系统等。

4. 干扰的分类

①按干扰的传导模式(进入系统的模式),可分为差模干扰和共模干扰。

②按干扰的波形特征,可分为持续正弦波干扰和多种形式的脉冲波干扰。

11.1.2 干扰的耦合与抑制方法

1. 静电耦合(电容性耦合)

静电耦合也称电容性耦合,是由于导线之间、电路之间存在寄生电容(杂散电容),使一个电路的电压变化通过该寄生电容耦合到另一个电路,由此产生的干扰称为静电干扰,如图 11-1 所示。

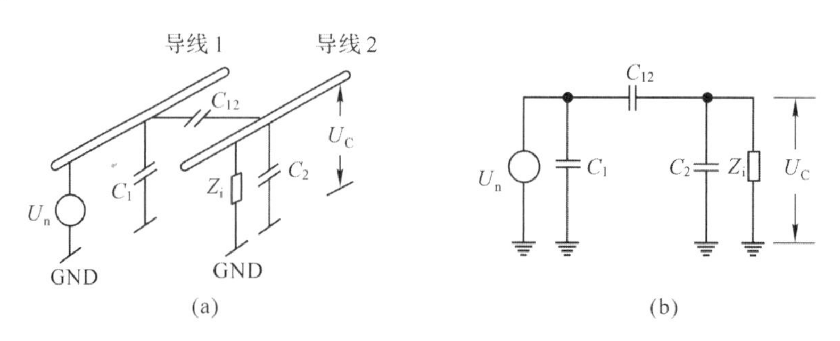

图 11-1　静电耦合与等效电路

根据电路原理分析可得,静电干扰电压 U_C 与干扰源电压 U_n、干扰源频率 ω、接收电路等效输入阻抗 Z_i 和两者之间的寄生电容 C_{12} 成正比,即 $U_C \approx \omega C_{12} Z_i U_n$。小电流、高电压对系统的干扰主要是通过电容耦合产生的。

抑制电容性干扰电压的方法如下:

①U_C 干扰电压正比于干扰源电压 U_n，降低 U_n 能够减少干扰。但大部分情况下，干扰源是周围工作的设备、系统产生的，无法改变。

②U_C 干扰电压正比于测量系统的输入阻抗 Z_i，因此对于放大微弱信号的前置放大器，其输入阻抗应尽可能小。但降低 Z_i 也会降低测量灵敏度。

③U_C 干扰电压正比于干扰源的频率 ω，即干扰源频率愈高，通过静电耦合形式的干扰愈严重。对于微弱信号放大电路，即使是低频噪声，静电耦合干扰也不容忽视。

④U_C 干扰电压正比于干扰源与测量电路之间的寄生电容，通过合理布线、隔离等措施，可以尽量减少寄生电容，这是最基本、最有效的抑制方法。另一个有效的方法是通过静电屏蔽来切断电容性耦合，如给微弱信号放大电路安装一个金属屏蔽罩。

2. 电磁耦合(电感性耦合)

电磁耦合也称电感性耦合，是由于两个电路间存在互感，使一个电路的电流变化通过该互感耦合到另一个电路，由此产生的干扰称为电磁干扰，如图 11-2 所示。

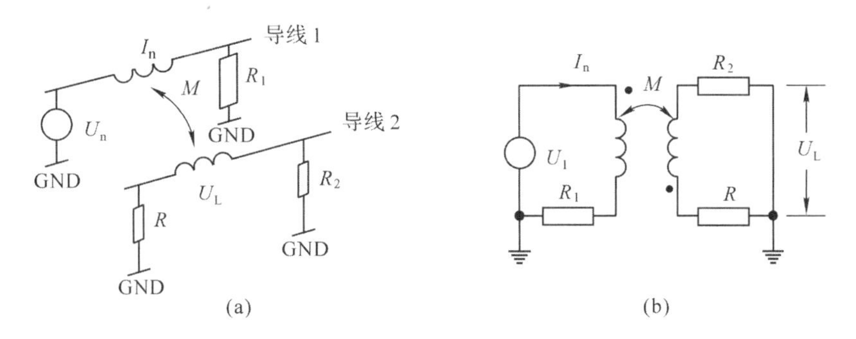

图 11-2 电磁耦合方式

根据电路理论，电磁干扰电压 U_L 与干扰源频率 ω、两个电路之间互感系数 M 和干扰源电流 I_n 成正比，即 $U_L=j\omega MI_n$。大电流、低电压干扰源主要为电感性耦合。抑制电磁干扰的主要措施是减少两个电路间的互感。

3. 漏电流耦合(电阻性耦合)

漏电流耦合是电阻性耦合方式。漏电流耦合是指相邻的导线或设备间绝缘不良，通过绝缘电阻 R_r 对测量系统引入的干扰。如图 11-3 所示，图中 U_n 为干扰源电压，R_r 为干扰源与测量系统之间的绝缘电阻，R_i 为测量系统的输入电阻。根据电路分析可知：$U_R=\dfrac{R_i}{R_r+R_i}U_n$。

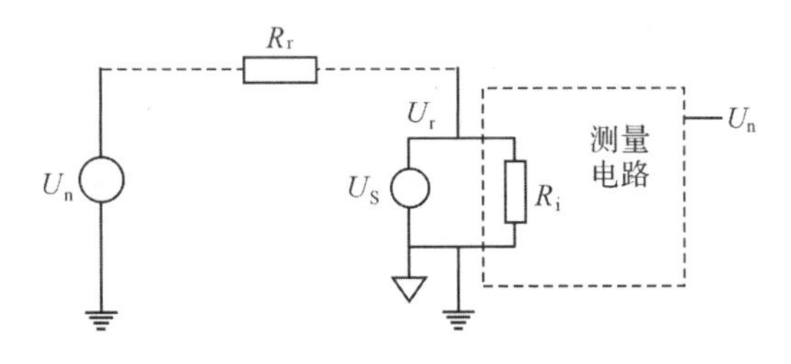

图 11-3 漏电流耦合方式

当测量系统的绝缘性良好即 $R_r \gg R_i$ 时，U_R 可以忽略或影响很小；但当电路绝缘性能下降即 R_r 变小时，则会引入较大的漏电流干扰。如当 $U_n = 15V$、$R_i = 10^8 \Omega$、$R_r = 10^{10} \Omega$ 时，则 $U_R = \frac{10^8}{10^{10} + 10^8} \times 15 = 149(mV)$。

显然这个漏电流干扰是不能忽视的。由此也可以看到，信号电路的高输入电阻对于电阻性干扰是不利的；而提高系统的绝缘电阻是抑制漏电流的有效方法。

4. 公共阻抗耦合

公共阻抗耦合是指两个或两个以上电路存在公共阻抗时，一个电路电流的变化在公共阻抗上产生的电压会影响与公共阻抗相连的其他电路，成为其他电路的干扰电压。公共阻抗耦合主要有以下两种形式。

(1)电源内阻抗的耦合

当用一个电源同时给几个电路供电时，电源内阻 R_0 和线路电阻 R 就成了几个电路的公共阻抗。某一电路电流的变化，在公共阻抗上产生的电压就会通过电源线对其他电路形成干扰，如图 11-4 所示。

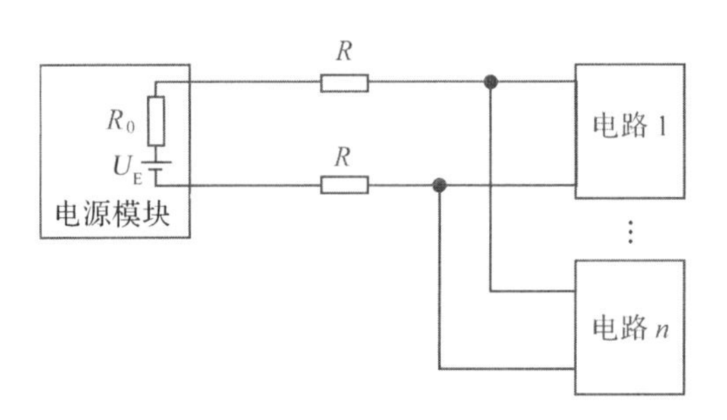

图 11-4 电源共阻抗耦合

抑制电源内阻抗的耦合干扰，可采取如下几项措施：①减小电源的内阻和线路公共电阻；②在各电路中，增加电源去耦滤波电路；③对于大功率的电路，采用不同的供电电源。

(2)公共地线耦合

由于地线本身具有一定的电阻，当有电流通过时，在地线电阻上就会产生电压，该电压就是公共地线耦合干扰，如图 11-5 所示。在图 11-5(a)中，R_1、R_2、R_3 为地线电阻，其中 R_3 为三个电路的公共电阻，设 A_1、A_2 为前置电压放大器，A_3 为功率放大器，A_3 的电流 I_3 较大，其在 R_3 上的压降 $U_3 = I_3 R_3$ 就会对 A_1、A_2 产生干扰，即电路 3 的电流变化会影响电路 1、2 的地电位。消除的方法是各电路分别接地，如图 11-5(b)所示。

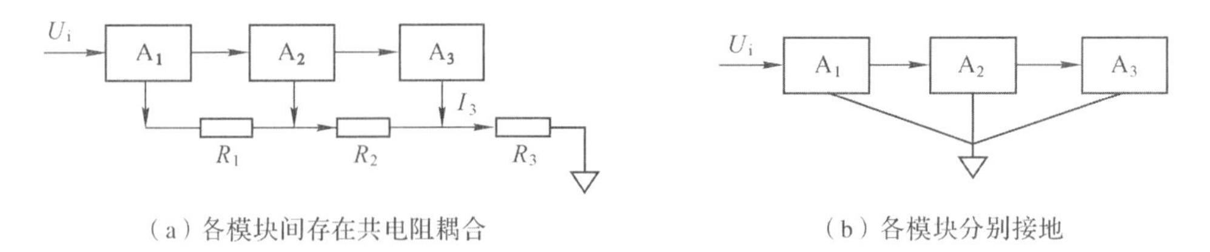

(a) 各模块间存在共电阻耦合 (b) 各模块分别接地

图 11-5 公共地线耦合干扰

11.1.3　干扰的引入途径

1. 形成干扰的三要素

任何一个仪器/系统会受到外界干扰，是因为存在形成干扰的三要素：①无时不在、无处不在的干扰源；②对干扰敏感的仪器/系统；③干扰源到仪器/系统的耦合途径，如图 11-6 所示。由于干扰源是客观存在的，仪器/系统需要接收被测信号故一定具有敏感性，因此抑制或切断干扰进入测量系统的耦合通道，是消除干扰、提高可靠性最常用和最有效的方法。

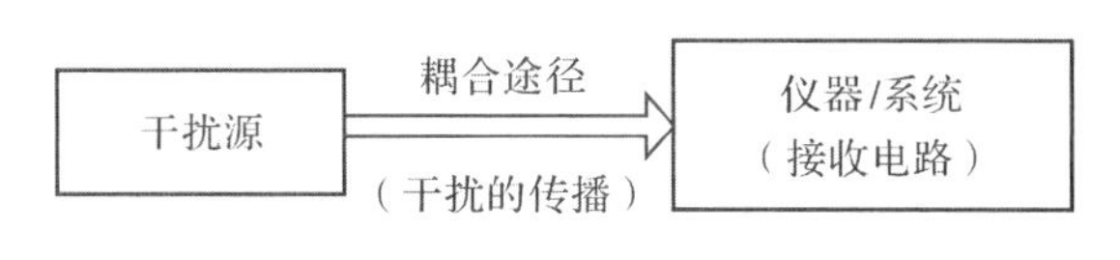

图 11-6　电磁干扰的三要素

2. 干扰引入的主要途径

多数外部干扰是通过空间电磁辐射、输入输出通道和供电电源这三种途径进入仪器/系统，并对仪器/系统产生干扰而降低其工作可靠性。空间电磁干扰通过电磁波辐射进入微机系统，多种外部干扰通过和微控制器相连接的输入输出通道进入微机系统，电网电源干扰主要通过系统的供电电源进入微机系统，如图 11-7 所示。

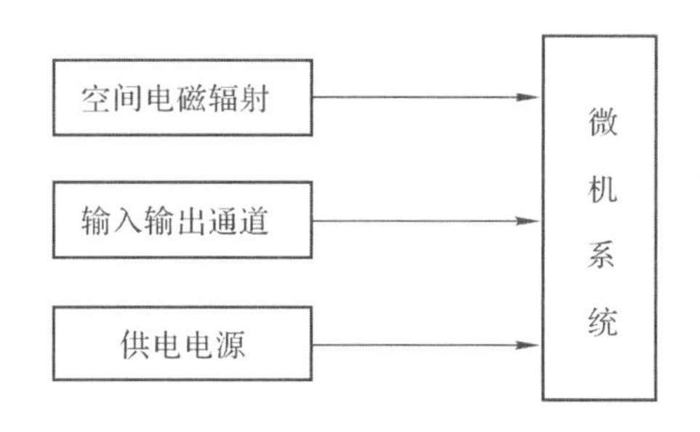

图 11-7　微机系统干扰的引入途径

针对微机系统的主要干扰途径，可采取相应措施予以抑制，从而提高系统的可靠性。一般环境下，空间干扰在强度上远小于其他两种渠道进入微机系统的干扰，且该干扰可采用良好的屏蔽和正确的接地，或采用加高频滤波器的方法进行有效抑制。对于供电电源和 I/O 通道引起的干扰，则要综合运用硬件可靠性设计和软件可靠性设计中的多种方法予以有效抑制。

二维码 11-2：硬件可靠性设计

11.2　硬件可靠性设计

硬件可靠性设计是微机系统可靠性设计的重要内容，也是提高系统可靠性的有效方法。实践表明，通过合理有效的硬件可靠性设计，能削弱或抑制系统的绝大部分干扰。

11.2.1 元器件选择原则

元器件的正确选用是硬件可靠性设计中的重要环节。选用的元器件是否合理、优质，将直接影响整个微机系统的性能与可靠性水平。

1. MCU 的选择

MCU 选择要满足最大系统集成要求。即选择包含所需外围电路的微控制器芯片，以减少 MCU 的外部扩展，降低硬件电路的失误概率。

2. 满足性能要求

根据系统的工作环境(温度、湿度、振动等)条件，选用技术与性能参数满足要求的元器件，如抗干扰性能、电压等级、驱动能力、频率特性等。

3. 降额设计

元器件的寿命试验表明，失效率将随着工作电压、环境温度的提高而成倍地增加，因此降额设计可有效提高微机系统的可靠性。降额设计就是使元器件在低于其额定参数条件下工作。

11.2.2 电源抗干扰技术

微机系统中的直流供电电源，通常是由交流电网经过变压、整流、滤波、稳压获得，因此电网电源的波动、谐波分量、大功率设备启/停产生的尖峰脉冲等会通过供电电源引入微机系统。根据统计分析和经验，实际应用系统的大部分干扰来自电源，因此抑制电源干扰是微机系统可靠性设计的最基本要求。主要措施包括以下几个方面。

1. 隔离变压器

电网上的高频噪声主要是通过变压器初、次级之间的寄生电容耦合到次级，从而引入微机系统。隔离变压器是在变压器的初、次级之间插入铜箔或铝箔屏蔽层，并将其与变压器初级绕组的交流零线相连。这相当于将初、次级隔离起来，使初级的高频干扰无法进入次级，即切断初、次级之间通过寄生电容耦合的静电干扰。屏蔽层对变压器的能量传输并无不良影响，但消除了绕组间的寄生电容。因此，隔离变压器具有良好的静电屏蔽和抗电磁干扰能力。

2. 不同电路模块独立供电

在微机系统中，通常有数字电路、模拟电路和功率电路。一般说来，数字电路的逻辑电平变换频率高，功率电路通常工作电流较大，而模拟电路对噪声的敏感度强。因此，对于较大的系统可设计三组电源分别为各模块独立供电，避免一个模块电路的负载变化对其他电路造成影响，如图 11-8(a)所示。若用一个电源向几个模块供电，则从稳压电源的输出端用磁性元件(如磁珠)隔离引出各模块的电源，模拟地、数字地、功率地也通过磁珠互相分开，从而避免电源公共电阻的干扰。同时在不同模块的电源端并接一个 100μF 左右的电容(用于滤除低频干扰)和 0.01～0.1μF 的去耦电容(用来滤除电源的高频干扰)，起到稳压和滤波作用，为模块提供良好的工作电源，如图 11-8(b)所示。

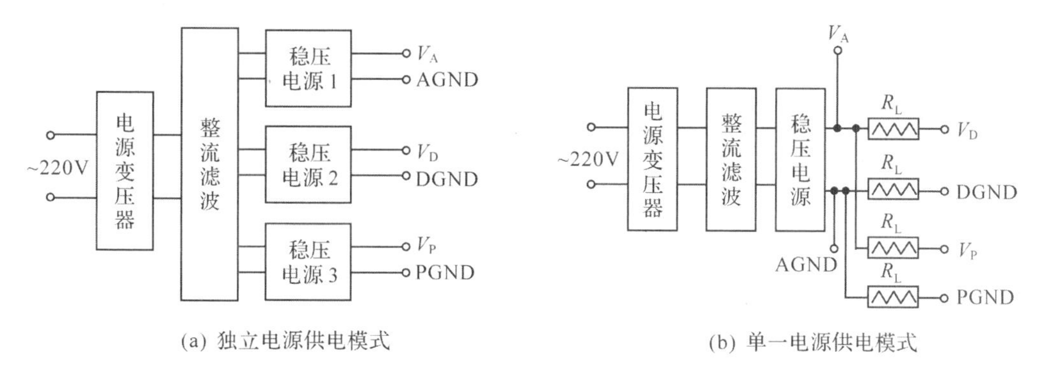

(a) 独立电源供电模式　　(b) 单一电源供电模式

图 11-8　MCU 供电电路

3. 芯片去耦电容的配置

逻辑电路在工作时(伴随着逻辑状态的翻转),其工作电流变化是很大的。对于有些逻辑电路,在状态转换时会产生宽度和幅值分别为 15ns 和 30mA 的三角波冲击电流,它会在导线阻抗上产生尖峰噪声电压。随着制板密度和电路集成度的提高,一个芯片或一块电路板上可能会有几十个门电路同时翻转,如图 11-9(a)所示。其中 $i_1, i_2, \cdots, i_n$ 是各集成芯片工作时的电流,包含了低频工作电流和高频冲击电流;流经电源回路的总电流 I 是各芯片工作电流 $I_{工作}$ 和高频冲击电流 $I_{干扰}$ 之和。由于 $I_{干扰}$ 频率高、变化大,而一般电源稳压块的稳压响应特性(取决于内部误差放大器的性能)只有 10kHz,因此这种冲击电流会引起电源电压的不稳定。

抑制这种冲击电流的方法是在集成芯片电路附近加接旁路去耦电容,如图 11-9(b)所示。在每个集成芯片的 V_{CC} 与 GND 引脚之间接入 0.1μF 左右的去耦电容,这样每个芯片产生的高频冲击电流被去耦电容旁路,因此流经电源回路的总电流只有低频的工作电流,高频冲击电流对整个地线回路的影响大大减弱。因此集成芯片电源的去耦电容能有效滤除逻辑电路工作产生的干扰电流脉冲。

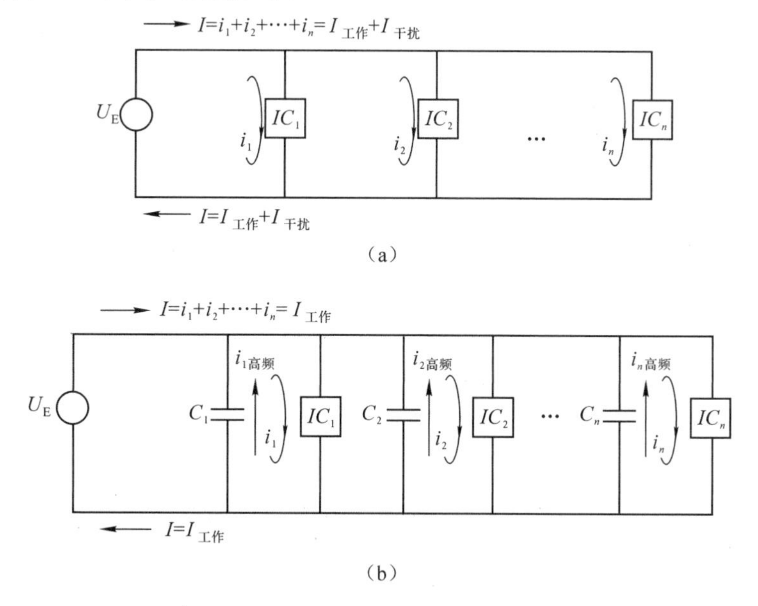

图 11-9　集成电路的干扰与抑制

4. 使用压敏电阻等吸波器件

压敏电阻是一种非线性电阻性元件，它的电阻值会随外加电压而变化。在阈值电压以下呈现高阻抗，而一旦超过阈值电压，则阻抗急剧下降，因此对尖峰电压有一定的抑制作用，可用于交流电路的过压保护。

11.2.3 低功耗设计技术

低功耗设计不仅可以省电，并会使系统具有更高的可靠性。系统工作电流的降低可以减少电磁辐射和热噪声干扰，延长器件寿命等，因此低功耗设计是可靠性设计的一个重要内容。对于由电池供电的系统，尤其要重视低功耗设计。与可靠性设计相同，低功耗设计也贯穿于系统设计的整个过程，并包括硬件和软件两个方面。

1. 硬件的低功耗设计

尽可能选择低功耗的 MCU 以及相关外围器件；选用低电压工作器件，降低器件的工作电压能够明显降低器件的耗电，目前已有 1.8～6V 的宽电压 MCU 和器件；尽量降低器件的工作频率；要根据实际情况，正确使用上拉或下拉以及阻值的选取；不使用的引脚设置为输入方式。

2. 软件的低功耗设计

关闭 MCU 内部不使用的功能模块；使用的内部模块或外围器件不工作时，应及时通过软件编程令它们进入低功耗方式；主程序执行一次循环后，在下一次循环开始前，令 MCU 进入休闲或掉电等低功耗模式（通过中断或复位进行唤醒），从而大大降低 MCU 的工作电流，提高系统可靠性。

11.2.4 输入输出的硬件可靠性

开关量和模拟量的输入输出通道都是引入外部干扰的渠道。输入输出通道的抗干扰措施主要包括屏蔽技术、隔离技术和长线传输技术等。

1. 屏蔽技术

高频电源、交流电源、工作着的强电设备等都会产生电磁波，都是微机系统的电磁干扰源。当距离较近时，电磁波会通过寄生电容和电感耦合到系统形成电磁干扰；当距离较远时，电磁波则以辐射形式构成干扰。

屏蔽是减小分布电容、抑制辐射与磁感应干扰的有效方法。通常利用低电阻的导电材料或高导磁率的铁磁材料制成屏蔽体，对易受干扰的电路如微弱信号放大器等进行屏蔽，屏蔽体同时要接地。这样可以消除屏蔽体与内部电路的寄生电容，达到阻断或抑制电磁干扰的目的。

2. 隔离技术

隔离是指切断干扰源与微机系统之间的电气传输通道，其特点是将两部分电路的供电系统分隔开来，切断阻抗耦合的可能。微机系统中常用的隔离方式有光电隔离、磁电隔离。有关隔离技术的详细内容请参考本教材 10.1.1。

3. 长线传输技术

(1)双绞线传输

在长线传输中,为了抑制电磁场对信号线的干扰,应避免使用平行电缆,而要采用双绞线。因为双绞线能使各个小环路的电磁互感干扰相互抵消,从而可有效地抑制电磁干扰。

(2)电流传输

在长线传输时,用电流传输代替电压传输,可获得较好的抗干扰效果。电流的传输可以避免信号在传输线上产生压降,提高传输的可靠性。因此,很多现场传感器为电流输出型(输出电流为 0～10mA 或 4～20mA),在接收端通过 500Ω 的精密电阻将电流转换为电压接入微机系统。

11.3　软件可靠性设计

二维码 11-3:
软件可靠性设计

硬件可靠性设计是尽可能切断外部干扰进入微机系统,但由于干扰存在的复杂性和随机性,硬件的可靠性设计并不能保证将各种干扰拒之门外。因此,要同时运用软件可靠性设计技术,两者结合以进一步提高微机系统的可靠性。

软件可靠性设计是当系统受干扰后使系统恢复正常运行或输入/输出信号受干扰后去伪求真的一种方法。尽管是一种被动措施,但软件设计具有灵活方便、节省硬件资源等特点,是提高微机系统可靠性的有效措施。

11.3.1　输入输出的软件可靠性

1. 输入通道的软件可靠性

对于开关量或数字量输入信号,以一定的时间间隔(如 1～10ms)连续多次检测,若检测结果完全一致,则结果有效;若检测结果不完全一致,表示存在干扰,此时可以采取少数服从多数的方法,取多数次结果为真实值,从而提高结果的可信度。对于模拟输入信号中的随机干扰,首先进行多次重复采样,然后对多次采样结果进行多种数字滤波处理,最后得到一个可信度较高的结果值。数字滤波技术详见 11.3.3。

2. 输出通道的软件可靠性

对于微机系统的数字输出通道,通常是用于驱动各种报警装置、继电器和步进电机等执行机构的控制信号。提高数字输出抗干扰性能的有效方法是重复输出法,即在尽量短的周期内重复输出正确信息,使得外部执行机构即使接收到受干扰的错误信息,在其还来不及做出有效反应的时候,又立刻收到正确的输出信息,这可以及时防止错误动作的发生。

11.3.2　程序设计的可靠性

当 CPU 受到干扰而导致程序计数器 PC 指针“跑飞”时,微机系统就不能正常工作了;为了使“跑飞”的程序恢复正常,可以采用软件陷阱技术。程序进入死循环或系统死机时,可以使用“开门狗”将系统复位而重启。另外,数据的备份和检错纠错,以及低功耗工作方式也是提高软件可靠性的常用方法。

1. 软件陷阱

软件陷阱就是用引导指令捕获“跑飞”的程序并引导到指定地址进行出错处理，或将程序重新拉回到主程序的起始位置从头执行程序，从而使程序纳入正轨。MAIN 为主程序的首址，ERROR 为出错处理程序的首址。

引导程序 1：	引导程序 2：
NOP	NOP
NOP	NOP
LJMP　ERROR	LJMP　MAIN

软件陷阱一般安排在以下四类程序区：

①未使用的中断向量区。这里安排“软件陷阱”，以便能捕获到干扰引起的错误中断请求和响应。

②未使用的大片 ROM 区。未用的 ROM 空间，其内容通常为 FFH(未写内容)，是“MOV　R7,A”的操作码。程序“飞”到这个区域将不断向下执行而无法逆转，故在这些区域每隔一段地址设一个陷阱，这样就能捕捉到“跑飞”到这里的程序。

③ROM 的数据表格区。通常在数据表格的最后安排一个陷阱。

④程序区。在微机系统的监控程序中有一些程序断裂点，就是 SJMP、LJMP、RET、RETI 指令后，CPU 正常执行到此便不会继续往下执行。在这些指令后设置软件陷阱以捕获“跑飞”到这里的程序。

2. 程序运行监视技术

当 CPU 受到干扰并使程序进入临时构建的“死循环”而导致系统死机时，软件陷阱就无能为力了。此时只有对 CPU 进行复位，重启系统来恢复正常。因此就有了“程序运行监视器”，它能够自动监视 CPU 执行程序的工作是否正常，并在程序运行不正常时自动使系统复位。

程序运行监视器也称程序监视定时器 WDT(watch dog timer)，俗称“看门狗”。WDT 可保证程序非正常运行(“死机”)时，能及时产生复位信号而使微机系统“复活”。WDT 的核心是定时器，其工作原理为：设置定时器定时时间 T_w，并使 T_w 大于程序正常运行的循环时间。程序正常运行时，主程序每隔一定时间(小于 T_w)复位一次定时器(即喂一次“看门狗”)，使其不发生溢出而复位微控制器。如果程序运行不正常，无法定时复位定时器(不能按时喂“看门狗”)，则定时器在 T_w 后溢出而强制复位 CPU，使得程序从头开始运行。

目前，增强型 MCU 均自带 WDT 功能模块，通过对该功能模块的编程和定时写入命令，可使 WDT 正常运行；而当微机系统“死机”时，WDT 就会产生复位信号，使 MCU 复位。

11.3.3　数字滤波技术

数字滤波技术是一种能够有效消除随机误差的方法。所谓数字滤波，是运用一定的算法，对采集的数据进行某种滤波处理，来消除或减弱干扰对微机系统的影响，提高测量结果的精度。数字滤波具有如下优点：

①节省硬件成本。数字滤波就是运行一个滤波程序，无须添加硬件，节省硬件成本。

②可靠稳定。软件滤波不像硬件滤波需要阻抗匹配，并减少硬件器件的使用和故障产生。

③功能强。数字滤波可以对频率很高或很低的信号进行滤波，这是模拟滤波器难以实现的。另外，还可以同时采用多种数字滤波方法。

④方便灵活。只要适当改变软件滤波程序的参数，即可方便地改变滤波功能。

常用的数字滤波方法主要有以下几种。

1. 限幅滤波法

随机脉冲干扰可能造成测量信号的严重失真。限幅滤波法是消除这种随机干扰的有效方法。其基本方法是求出相邻两个采样值 y_n 和 y_{n-1} 的偏差 Δy 并与允许的最大偏差 Δy_{max} 比较，若 $\Delta y < \Delta y_{max}$，则认为本次采样值有效；若 $\Delta y > \Delta y_{max}$，则为无效采样值，并用 y_{n-1} 代替 y_n 作为本次测量结果。

这种方法的关键是最大允许偏差 Δy_{max} 的确定。通常按照被测信号可能的最大变化速度 v_{max} 及采样周期 T 决定 Δy_{max} 值。

$$\Delta y_{max} = v_{max} T \tag{11-1}$$

设 $\Delta y_{max} = p$，y_1、y_2 分别为前后相邻的两个采样值，限幅滤波程序如下：

```
/********************限幅滤波函数********************/
int filter(int y1,int y2)
{
    if(y2 - y1 > p)
        return y1;
    else
        return y2;
}
```

2. 中位值滤波法

中位值滤波法是对某一被测参数连续采样 n 次（一般 n 取奇数），然后把 n 次采样值按大到小排序，取中间值为本次采样值，因此也称“中值法”。中位值滤波能有效克服随机脉冲干扰，对温度、液位等缓慢参数有良好的滤波效果，但对于流量、压力等快速变化的参数一般不宜采用中位值滤波。

以下各程序中，规定各次采样值为 $y_0, y_1, \cdots, y_{n-1}$，并且数字越小表示测量值越新，如 y_0 是最近一个测量值，y_{out} 为滤波输出结果，作为本次测量的真实结果。采样 3 次的中值法滤波程序如下：

```
/********************中位值滤波函数********************/
float filter_1(float y0,float y1,float y2)
{
    float yout;
    if (y0>y1)
        yout = (y1>y2)? y1:((y2>y0)? y0 : y2);
```

```
    else
        yout = (y2>y1)? y1:((y0>y2)? y0 : y2);
    return(yout);
}
```

3. 算术平均滤波法

算术平均滤波法对测量信号的 n 个采样数据 $y_i(i=0,1,2,\cdots,n-1)$求算术平均，并将其作为本次测量的实际值 y_{out}，其数学表达式为：

$$y_{out}=\frac{1}{n}\sum_{i=0}^{n=1}y_i \tag{11-2}$$

算术平均滤波法适用于滤除白噪声，其滤波效果与 n 有关。n 越大滤波效果越好，但对于时变信号，会降低系统的响应灵敏度；反之，滤波效果变差但响应灵敏度会提高。通常对于缓变信号，n 适当大一些，如取 12；对于时变信号，n 要小一些，如取 4。

下面是 $n=4$ 时的算术平均滤波算法，其中 $y_0\sim y_3$ 为当前输入，y_{out}为输出值：

```
/*******************算术平均滤波函数********************/
float filter_2(float y0,float y1,float y2,float y3)
{
    float yout;
    yout = (y0 + y1 + y2 + y3)/4.0;              //计算输出
    return(yout);
}
```

4. 去极值平均滤波法

算术平均滤波法对抑制随机干扰效果较好，但对脉冲干扰的抑制能力弱，明显的脉冲干扰会使平均值远离实际值。而中位值滤波法对脉冲干扰的抑制很有效，两者的结合即是去极值平均滤波法。其算法是：连续采样 n 次，去掉最大值和最小值（当数据量较大时，可去掉几个最大值和几个最小值），然后求余下数据的平均值，作为本次采样的结果。

采样 5 次的去极值平均滤波源程序如下：

```
/*******************去极值平均滤波函数********************/
float filter_3(float *y)
{
    float yout,max,min;
    max = min = y[0];
    for (i = 0;i<4;i++)
    {
        if(y[i+1]>max) max = y[i+1];
        if(y[i+1]<min) min = y[i+1];
    }
    yout = (y[0] + y[1] + y[2] + y[3] + y[4] - max - min)/3;
    return(yout);
}
```

5. 递推平均滤波法

算术平均滤波法需要连续采样若干个数据后，再进行运算得到本次测量结果，相当于降低了采样频率，如每采样5次取平均，则会使实际采样频率降低5倍。为了克服这一缺点，可采用递推平均滤波法。其方法是：设递推滤波数据个数为n，每个采样测量得到1个数据，与之前的$n-1$个构成n个数据，计算n个数据的平均值。这样每个测量周期采集一个数据就计算平均值作为本次测量结果，不会降低采样频率。

递推平均滤波法对周期性和白噪声干扰有良好的抑制作用，平滑度高，但对随机脉冲干扰的抑制作用差，因此不适用于脉冲干扰比较严重的场合。

下面是$n=4$时的递推平均滤波算法，其中y_0为当前输入，$y_1 \sim y_3$为前3次测量值，y_{out}为当前输出：

```
/*******************递推平均滤波函数********************/
float filter_4(float y0)
{
    static float y1,y2,y3;
    float yout;
    yout = (y0 + y1 + y2 + y3)/4.0;          //计算输出
    y3 = y2,y2 = y1,y1 = y0;                 //数据前移
    return(yout);
}
```

6. 递推加权平均滤波法

在算术平均滤波法和递推平均滤波法中，n次采样值的权重是均等的，即$1/n$。用这样的滤波算法，对于时变信号会引入滞后。n越大，滞后越严重。为了增加新采样值在平均值中的权重，可采用递推加权平均滤波法。其方法是：不同时刻的数据加以不同的权，通常越接近现时刻的数据，权取得越大。其数学表达式为：

$$y_{out} = \frac{1}{n}\sum_{i=0}^{n-1} C_i y_{n-i} \tag{11-3}$$

其中，$C_0, C_1, \cdots, C_{n-1}$为加权系数，且满足：$C_0+C_1+\cdots+C_{n-1}=1, C_0>C_1>\cdots>C_{n-1}>0$。

下面是$n=4$时，递推加权平均滤波法的程序，其中y_0为当前输入，$y_1 \sim y_3$为前3次的测量值，y_{out}为当前输出：

```
/*****************递推加权平均滤波函数*******************/
float filter_5(float y0)
{
    static float y1,y2,y3;
    static float c0 = 0.4,c1 = 0.3,c2 = 0.2,c3 = 0.1;
    float yout;
    yout = (y0 * c0 + y1 * c1 + y2 * c2 + y3 * c3);      //计算输出
    y3 = y2,y2 = y1,y1 = y0;                             //调整状态
    return(yout);
}
```

7. 基于模拟滤波器的方法

上述基于程序逻辑判断的方法可以抑制和消除一些特定的随机干扰。下面介绍在硬件电路中最常用的低通滤波器的数字滤波法，该方法对周期性高频干扰具有良好的抑制作用。最简单的一阶 RC 低通滤波器电路如图 11-10 所示。

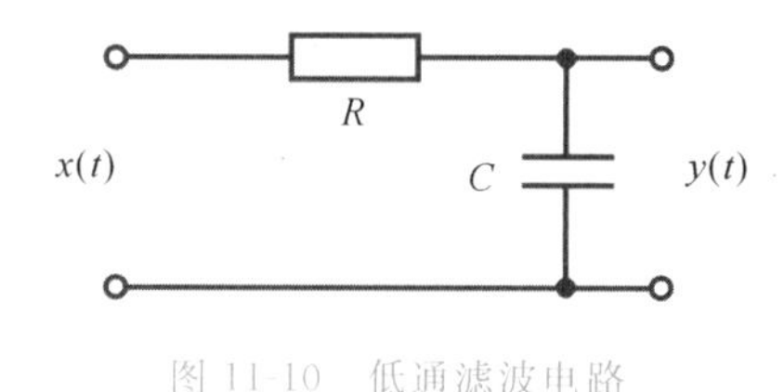

图 11-10 低通滤波电路

输入 $x(t)$ 与输出 $y(t)$ 的微分方程为：

$$RC\times\frac{\mathrm{d}y(t)}{\mathrm{d}t}+y(t)=x(t) \tag{11-4}$$

对应的差分方程为：

$$y_n=ax_n+by_{n-1} \tag{11-5}$$

其中，x_n 为未经滤波的第 n 次采样值；y_{n-1} 为第 $n-1$ 次输出；y_n 为第 n 次采样值经滤波后的输出。取不同的 a、b，即可得到不同的滤波特性。

在实际应用中，微机系统所经受的随机干扰往往不是单一的，既有随机脉冲干扰，又有低频或高频的周期性干扰以及白噪声干扰等。因此，通常把多种数字滤波方法结合起来使用，形成复合滤波，以提高系统的可靠性。

习题与思考题

1. 请描述干扰的主要耦合方式和抑制方法。
2. 简述微机系统引入干扰的三种主要途径以及可采取的抑制措施。
3. 电源抗干扰有哪些主要措施？
4. 低功耗设计技术主要包括哪些内容？
5. 在输入输出的硬件可靠性设计中，可采用哪些措施？
6. 在输入输出的软件可靠性设计中，可采用哪些措施？
7. 简述软件可靠性设计的主要方法。
8. 简述微控制器系统中常用的数字滤波方法。

本章总结

二维码 11-4：
第 11 章总结

- 微控制器系统的可靠性
  - 可靠性与干扰
    - 基本概念
      - 系统可靠性：在一定条件下，在规定时间内完成规定功能的能力，采用平均无故障时间作为指标；系统受各种干扰因素影响
      - 噪声与干扰：噪声不传递有效信息，能量较小；干扰具有一定能量，使有效信号畸变或被淹没，会影响周围系统正常工作
      - 干扰源与受扰体：干扰源分为内部干扰和外部干扰；受扰体就是受到干扰危害的设备、放大电路、ADC、DAC等
      - 干扰分类：差模干扰与共模干扰；持续正弦波干扰与脉冲波干扰
    - 干扰的耦合与抑制方法
      - 静电耦合：即电容性耦合，电压变化通过电路、导线之间的寄生电容耦合到另一个电路；抑制方法：尽量减少寄生电容
      - 电磁耦合：即电感性耦合，电流变化通过电路间的互感耦合到另一个电路；抑制方法：减少电路间的互感
      - 漏电流耦合：即电阻性耦合，相邻导线或设备间由于绝缘不良而使漏电流形成干扰；抑制方法：提高系统的绝缘电阻
      - 公共阻抗耦合：电源内阻和公共地线干扰，可分别采用去耦电容、多个供电电源、各功能模块分别接地等方法抑制干扰
    - 干扰的引入途径
      - 形成干扰的三要素：无时不在、无处不在的干扰源，对干扰敏感的仪器/系统，以及干扰源到仪器/系统的耦合途径
      - 干扰引入的主要途径：空间电磁辐射、输入输出通道和供电电源三种途径，要采用多种不同方法予以抑制
  - 硬件可靠性设计
    - 元器件选择原则：选用高性能MCU，器件性能高于应用要求和环境要求的降额设计
    - 电源抗干扰技术：采用隔离变压器隔离初、次级寄生电容的耦合，不同模块独立供电防止模块间的干扰，集成芯片去耦电容的配置等
    - 低功耗设计
      - 硬件的低功耗设计：选用低功耗、低电压芯片，降低芯片工作频率，正确上拉或下拉及阻值选择
      - 软件的低功耗设计：关闭MCU内部不用的模块，模块或器件不工作时，及时进入低功耗模式（或关断），MCU及时进入低功耗工作模式等
    - 输入输出的硬件可靠性
      - 屏蔽技术：利用低电阻的导电材料或高导磁率的铁磁材料作屏蔽体，并接大地，可抑制电磁波干扰
      - 隔离技术：采用光电隔离器、磁电隔离器等切断干扰源与微控制器系统之间的电气传输通道
      - 长线传输技术：双绞线传输可抵消电磁互感；电流传输可避免信号在传输线上产生压降，提高传输的可靠性
  - 软件可靠性设计
    - 输入输出的软件可靠性
      - 输入通道的软件可靠性：重复多次检测输入信号，结合滤波获得准确值
      - 输出通道的软件可靠性：重复输出正确信息，并且重复周期尽量短，防止产生错误动作
    - 程序设计的可靠性
      - 软件陷阱：能够引导“跑飞”到软件陷阱的程序，重新开始程序的运行；软件陷阱一般安排在4类程序区
      - 程序运行监视技术：“看门狗”技术能够在MCU发生“死机”时，使系统自动复位；增强型MCU均自带WDT功能模块
    - 数字滤波技术：限幅、中位值、算术平均、去极值平均、递推平均、递推加权平均以及RC滤波器等滤波法

第12章 微控制器系统设计

微控制器已经广泛应用于仪器仪表、工业测控、家电产品以及日常生活的各个领域，基于微控制器的家电产品、通信设备等几乎遍布我们工作、生活的每一个角落。同时微控制器系统设计也成为相关专业学生必备的能力。微控制器系统是指以微控制器为核心，配置一定的外围电路，设计相应的监控软件，实现某些功能的应用系统。

由于微控制器系统的种类繁多，因而设计所涉及的问题也是各式各样的。本章根据实验和开发实践的体会，就一些共用的基本方法加以论述，主要包括系统的总体设计流程、硬件/软件设计原则和步骤等。最后介绍一个具体设计实例。

12.1 设计过程

二维码 12-1：微机系统设计过程

微控制器系统包括硬件和软件两大部分。硬件是基础，软件是指挥硬件各模块有序工作的指令序列，从而实现应用系统的功能。微机系统的设计首先应明确功能需求、性能指标、应用场合等，然后选择构建系统硬件的核心芯片和功能模块，以及实现系统功能的软件流程和功能模块。微机系统的设计过程一般包括总体设计、硬件设计、软件设计、仿真调试、文档编制等阶段。

12.1.1 总体设计

系统的总体设计就是根据设计任务，在调研的基础上进行多种可能方案的分析比较，确定合理可行的技术方案，编写详细的设计方案。设计方案应包括系统名称、设计目的、功能要求、性能指标、设计周期、设计费用、主要器件选型、MCU 资源分配、人机交互形式、通信协议等，对所选用器件的生产商、精度要求、使用环境要求等也要在技术方案中加以说明。

1. 明确功能需求

明确系统必须具有哪些功能是总体设计的依据和出发点，它贯穿于系统设计的全过程。例如，需要测量哪些参数，使用何种传感器，这些参数的幅值、频率、噪声等特性如何，对这些参数的测量精度要求等；明确控制对象的特点、控制精度、控制周期，分析可能选择的控制方法等。这样就可以对整个设计过程有一个总体的把握，有的放矢地进行设计并采取相应措施，达到预期的设计要求。

2. 综合软、硬件因素确定方案

在明确系统功能和技术指标后，应综合考虑系统的先进性、可靠性、可维护性以及成本等，并确定系统硬件、软件的总体设计方案。由于在微机系统中，软件和硬件具有一定的互换性，设计中需要不断分析权衡软件、硬件之间的配合和分工，从设计要求、实现途径、开发周期、系统成本、设计可靠性诸方面全面地考虑软硬件设置。

一个好的设计方案往往要经过反复推敲和论证，最终达成共识，它的好坏直接影响整个设计开发，关系到系统性能的优劣和研制周期的长短。实践证明，设计人员如能在总体设计阶段制订详细、可靠的设计方案，为接下来的硬件设计和软件设计提供明确的方向，将有利于设计人员在开发系统的过程中，把握软硬件设计的方法和质量，并尽早完成系统开发任务。

12.1.2 硬件设计步骤

硬件设计的主要任务是确定硬件结构和核心器件，设计原则是要充分利用微控制器的片内资源，当最小系统不能满足要求时，再进行外部模块的扩展；因此，MCU 的选择很重要。目前可供选择的 MCU 种类、型号非常多，有普通型、增强型的 8 位微控制器，ARM 内核的 32 位微控制器，以及具有强大数据处理能力的数字信号处理 DSP 芯片等。其生产厂家也很多，如多个公司生产的 8051 系列 MCU、Motorola 公司的 MCU、Microchip 公司的 PIC 系列 MCU 以及 AVR 系列 MCU 等。

1. 选择 MCU 要考虑的两个方面

(1)适用性原则

根据应用系统的需求，在满足字长、速度、功耗、可靠性等主要指标的条件下，应优先选择内部功能模块多的 MCU，以减少外围器件的扩展，简化系统电路。例如，内部集成有 I^2C 总线和/或 SPI 接口模块，则可方便外扩 I^2C 和/或 SPI 器件并简化接口软件的设计。另外，使用者对 MCU 的熟悉程度和是否有使用经验也是考虑的一个重要因素。

(2)软、硬件支持

选择微控制器时，应考虑其是否有足够的软、硬件支持。从硬件来说，是否方便外围芯片的扩展从而构成满足功能需求的 MCU 应用系统，外扩功能芯片的购买是否便利等。另外，软件和系统调试开发环境是否具备或方便获得。

2. 具体电路设计的注意点

关于具体电路设计，除元器件选择、输入输出接口设计、系统接地等内容(请参考 11.2 章节内容)外，还要考虑和注意以下几点。

①可以通过软件实现的功能尽可能由软件来实现，以简化硬件电路、降低系统功耗、节省成本。但必须注意，用软件来实现硬件功能时，需要消耗 CPU 的时间资源，会影响系统的响应速度。因此，微机系统的软硬件设计需要通盘考虑和权衡利弊。

②为减少电源种类，尽可能选用单电源供电的组件，避免选用供电要求特殊的组件。对于采用电池供电的系统，必须选用低功耗器件。

③微机系统的扩展与外围配置的容量和能力，应充分考虑整个系统的功能需求，并留有适当的余量，以便二次开发。

④电路各模块互相连接时，要注意是否能直接连接。如模拟电路连接时是否要加电压跟随器进行阻抗隔离，数字电路和MCU接口电路连接时，是否要电平转换，连接外设时，是否要加驱动器、锁存器和缓冲器等。

12.1.3 软件设计步骤

软件设计的任务是结合设计的硬件系统，划分软件功能模块和编写程序。设计开发一个微机系统，软件设计的工作量往往大于硬件设计工作量，因此，要尽可能采用结构化和模块化方法设计应用程序，这对程序的编写、查错、调试、增删等都十分有利。对于同一硬件电路，配以不同的监控应用软件，将实现不同的功能。因此，设计人员必须掌握软件设计的基本方法。软件设计通常包括软件需求分析、确定程序流程和功能模块、程序编写等。

1. 软件需求分析

在着手软件设计之前，必须先进行软件需求分析。所谓软件需求分析，就是根据系统功能分析软件任务，并结合硬件结构，明确软件任务的具体内容以及相应的功能模块，并细化每个模块的任务。主要包括以下几点。

①分配输入/输出端口的使用，明确系统要使用的中断、中断入口以及中断程序的功能；系统不使用的中断源的可靠性处理等。

②MCU程序存储空间的利用；合理分配MCU的内存空间，包括堆栈区、系统数据区、过程缓冲区等等。

③列出系统接口电路、确定相应的软件功能模块，并进行定义和说明。如按键接口程序、显示程序、通信程序等等。

④对运行状态进行标志化管理。对各个功能程序的运行状态、运行结果及运行需求都设置状态标志，以便查询和控制。

2. 确定程序功能模块

根据软件需求分析和划分的功能模块，以及它们之间的联系和逻辑关系，确定软件总体流程，尽量做到结构清晰、流程合理；然后，明确各功能模块及主要函数；基于这样的设计，程序的编写、调试、修改以及移植、继承都比较方便。

一般来说，系统程序主要分为三大部分。

①接口驱动程序。如EEPROM的读写驱动、A/D转换器采集驱动、I/O控制继电器等。

②数据分析处理程序。对采集的数据进行转换、滤波等运算与处理，对控制参数进行控制方法计算并输出等。

③显示/通信程序。完成微控制器系统与其他设备的数据通信，将结果显示在LED或LCD显示设备上等。

为提高软件的总体设计效率，划分好模块后，应以简明、直观的方法对模块任务进行描述，做好模块的入口和出口函数封装，明确输入输出参数，以便模块间联调。

3. 程序编写

在确定程序流程和功能模块后，就可以编写程序了。

(1)程序编写一般过程

根据功能模块中的函数定义，描述出函数的输入变量和输出变量及相互关系，然后给出程序的简单功能流程框图，再对其具体化，即对存储器、寄存器、标志位等做出具体的分配和说明。

(2)程序编写的注意点

①微机系统的监控程序尽量采用高级语言编写，保证其可读性和可维护性，并采用模块化、函数化的程序架构。

②在开始设计软件时，就应考虑到维护和再设计的便利，使它具有较好的可扩充性和可移植性。

③程序设计过程中必须精益求精，要优化完善，即仔细推敲、合理安排，使编出的程序逻辑清晰、结构合理，所占内存空间小、执行时间短。

12.1.4 仿真调试与文档编制

1. 仿真调试

仿真是在设计印刷电路板图前，应用 EDA(electronic design automation，电子设计自动化)技术及相应软件进行电路功能和软件功能的仿真调试，这是降低软硬件设计错误率、缩短开发周期、提高设计效率的有效方法。通过仿真调试确认电路逻辑正确无误后，即可进行电路印刷板图的设计与制作，然后对实际电路板进行硬件调试、软硬件联调和系统性能测试。

对于微控制器系统软硬件的仿真调试，最常用的软件有 Proteus 软件和 Keil μVision 软件。详细内容本书不赘述。

2. 文档编制

系统设计完成后，需要进行设计文档的整理和编制。设计文档对于将来系统功能的修改、扩展以及程序的移植非常重要。一个完整的设计文档，应包括以下内容。

①系统任务和功能需求、设计技术方案和软件功能需求等。

②软件文档：包含总流程图、各功能模块程序的功能说明(包括函数说明、出入口参数、参量定义清单等)、程序清单和注释。

③硬件文档：包含电路原理图、元器件布置图、线路板图、注意事项以及主要芯片的 data sheet。

④测试文档：包含功能测试方法说明、测试结果和报告。

实际上，文档编制工作贯穿于微机系统设计和调试的全过程。各个阶段都应注意收集和整理文档资料，最后的编制工作只是把各个阶段的文件连贯起来，并加以完善而已。

12.2 设计实例

二维码 12-2：设计实例

本节以网络式 LED 照明控制系统（由多个 LED 控制器通过总线构成网络）设计为例，来阐述微机系统的设计方法、设计步骤和具体的实现过程。这是一个简单又典型的微机系统，期望给读者提供一个设计范例，使读者能够体会微机系统设计的规范过程，每个过程中应设计和考虑的内容以及注意的问题；期望读者从中领悟设计方法要领并受到启发，从而培养和提高系统分析能力、软硬件设计能力等；并养成良好的系统设计习惯，包括按规范进行总体流程设计，进行硬件、软件的模块化设计，记录分析调试过程和问题，编写完整的设计文档等。

12.2.1 设计要求

LED 照明控制系统是利用微控制器驱动和控制大功率白光 LED 光源的电流，实现 LED 亮度的控制；同时，实时监测和控制 LED 的温度，来提高 LED 的使用寿命。LED 属于直流驱动器件（AC-LED 除外），其光学参数随驱动电流的变化而变化，因此，可以方便地采用微控制器系统中常用的 PWM 方式控制 LED 的亮度和温度，实现 LED 智能化控制。具体要求如下。

①LED 驱动。利用 MCU 实现 PWM 信号控制恒流芯片来实现 LED 的驱动，MCU 只要向该芯片输出不同占空比的 PWM 波，就可以改变其输出电流，从而实现 LED 的恒流驱动和亮度控制。

②监控 LED 发出的光通量。在正常范围内，LED 发出的光通量与驱动电流呈线性关系，所以实时测量 LED 驱动电流的平均值，以该平均值来衡量 LED 光通量的大小，从而简化光通量的测量方法。

③监控 LED 工作温度。LED 的寿命与工作温度（也称结点温度）直接相关，因此需实时监控 LED 的工作温度。当工作温度高于某阈值时，通过减小 PWM 占空比，降低光通量使温度降下来。

④LED 亮度（光通量）设定。亮度下限即为 LED 的光通量下限；而亮度上限，实际上是受限于 LED 的工作温度，所以温度上限间接决定了 LED 的亮度上限。因此，需要设置的系统参数是：LED 亮度下限和 LED 温度上限。可通过键盘本地设置，也可以通过 RS485 通信接口进行远程设置。

⑤结果显示与通信。LED 的光通量、工作温度等实际结果数据，可在本地液晶屏上显示或通过 RS485 上传到主控机，进行分析、处理和显示。

12.2.2 总体设计

根据系统要求，网络式 LED 照明控制系统的总体结构如图 12-1 所示，由主控机（可以是 PC 机或一个微机系统）通过 RS485 总线连接多个 LED 控制器，每个 LED 控制器是 RS485 总线上的一个节点。主控机通过寻址总线上的各节点，可以对相应控制器上的 LED

进行开启、关闭、调光、参数设置等远程操作，以及读取各节点LED的光通量、工作温度等数据，并在主控机上进行数据分析、处理和显示等。每个LED控制器控制4个LED，每个LED独立工作，任何一个LED发生故障，不会影响其他LED的正常工作。下面主要介绍单个LED照明控制系统（LED控制器）的设计。

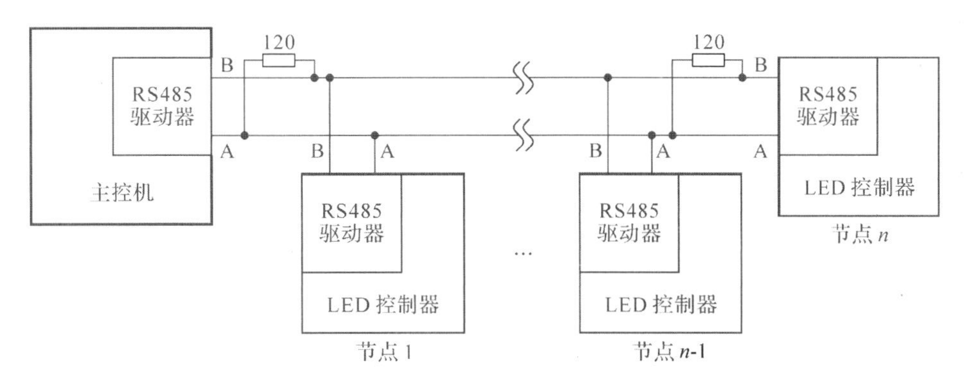

图12-1 网络式LED照明控制系统总体结构

12.2.3 硬件设计

根据LED控制器要实现的功能，硬件设计包括LED选择、驱动方式、亮度调节方式，LED工作电流、LED温度测量方法，以及按键、显示器、通信总线的确定和连接等，其组成结构如图12-2所示。其中，EEPROM用于保存系统参数，包括工作温度上限、LED亮度下限、节点地址等；通过按键，可以本地操控LED灯，包括复位、开启、关闭、亮度调节，以及设置LED控制器的系统参数；温度测量传感器紧贴LED，以尽可能真实地反映LED的结点温度。

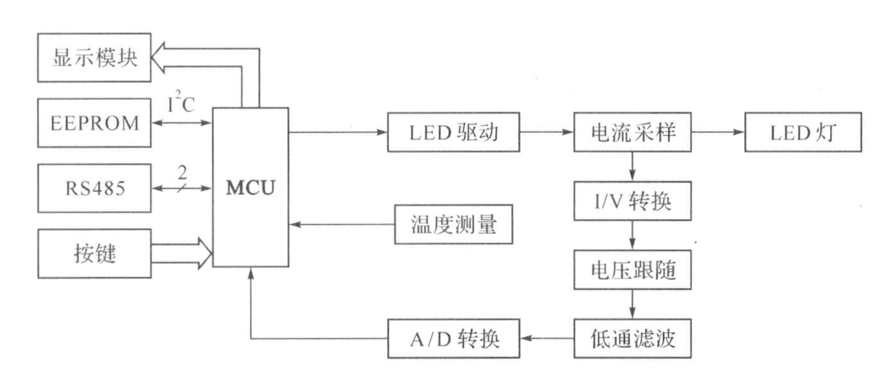

图12-2 LED控制器硬件组成结构

1. 按键设置

系统需要设置LED的亮度下限、工作温度上限，以及本地操控LED，所以设置6个按键：启停键、亮度设置键、温度设置键、增1键、减1键、确认键。“启停键”交替选择LED的启动和关闭；按下“亮度设置键”，表示将进行亮度下限的设置，此时“增1键”“减1键”用于修改设置的亮度值，按“确认键”将设置值保存到EEPROM；按下“温度设置键”，表示将进行温度上限的设置，此时“增1键”“减1键”用于修改设置的温度值，按“确认键”将设置值保存到 EEPROM。不进行参数设置时,"增 1 键""减 1 键"用于 LED 亮度增加、降低的操作。

2. 显示模块

用 LCD 作为显示设备。参数设置时,用于显示参数设置过程;正常工作时,用于显示测量的光通量、工作温度等。

3. LED 的选择

根据设计要求选择 LED,在满足技术指标的前提下,优先选择市场上最常见、性价比高、易于采购的器件。本例中选用的白光 LED 为德国 OSRAM 公司生产的 OSTAR-LE CW E3B,特别适用于要求高亮度照明的场合。这款 LED 在一个封装内集成有 6 个 LED 芯片,输出光为白色冷光源,色温为 2700K。当输入电流 700mA 时(功率约 15W)时,LED 输出的光通量大于 500lm。

4. LED 的驱动

LED 的恒流驱动采用 MAX16820 芯片,其最大工作电流为 700mA,工作电源是 +24V,因此需要一个~220~+24V 的开关电源,相关电路如图 12-3 所示。MAX16820 是一个采用脉冲宽度调制(PWM)信号控制的恒流驱动输出芯片,占空比固定时,芯片输出的驱动电流恒定,LED 的光学参数也保持恒定。把 MAX16820 芯片的 PWM 频率设定在 500Hz,因此人眼观察不到 LED 的闪烁。LED 控制器逻辑电路需要的低压电源,运用一个 DC-DC 模块将 +24V 转换为 3.3V 或 5V。

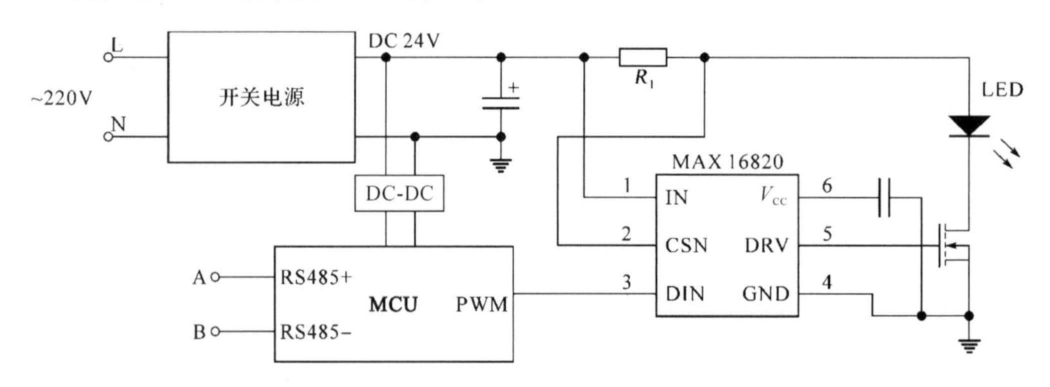

图 12-3 LED 恒流驱动电路

5. LED 光通量的反馈

MCU 通过监控取样电阻 R_1 上的平均电流,来间接获得 LED 的光通量。监控电路如图 12-4 所示。R_1 两端的电压通过运放 A_1 和 A_2 后(已转换为单端电压)输入到 A/D 转换器 ADS7822(SPI 串行接口的 ADC)的输入端,由 A/D 转换结果计算得到 LED 的平均电流,从而获得 LED 的光通量。将该光通量与系统设定的亮度下限进行比较,若低于下限,则要增加 PWM 的占空比来提高 LED 驱动电流,即提高 LED 的光通量,实现 LED 光通量(即亮度)的控制。

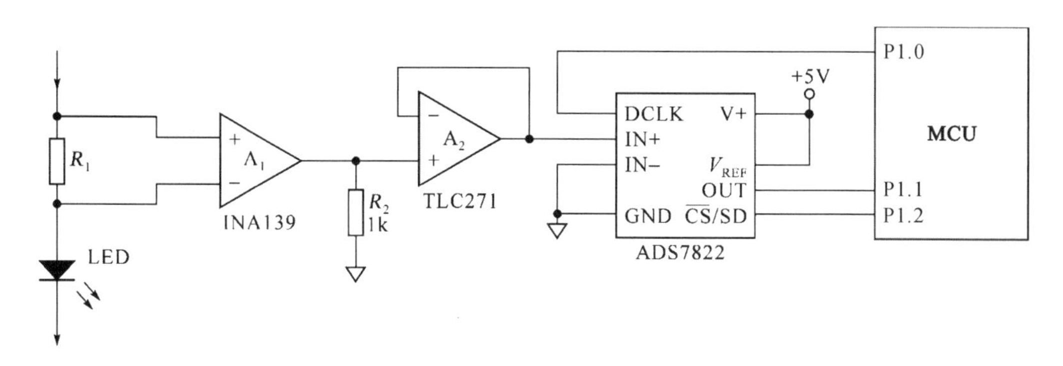

图 12-4　LED 灯的光通量监控电路

6. LED 工作温度的监控

LED 的工作温度采用数字温度传感器 DS18B20 进行测量，电路连接如图 12-5 所示。DS18B20 的温度测量范围为－55～＋125℃，在－10～＋85℃范围内，精度为±0.5℃。用导热硅胶将 DS18B20 粘贴在 LED 金属芯板铝散热器的表面，则 LED 管芯温度与测量表面的温度之差大约在 0.2℃之内。MCU 获得温度值后与设定的温度上限比较，当超出设定的阈值时，通过减小输出 PWM 的占空比，即减小 LED 的驱动电流，实现温度的控制。

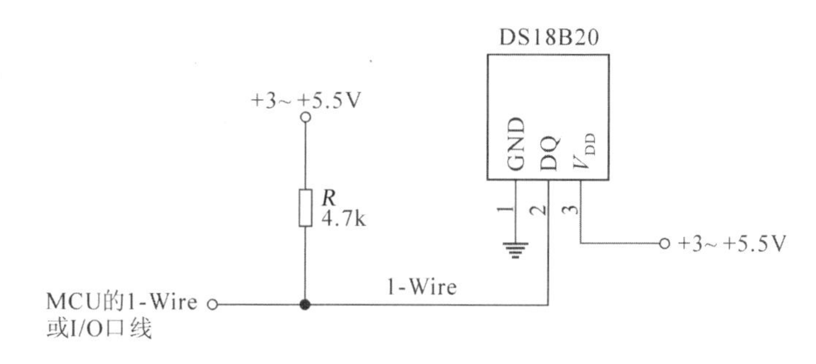

图 12-5　LED 灯的工作温度监控

7. 主控机与 LED 控制器的通信

各 LED 控制器与主控机通过现场总线 RS485 进行通信。主控机通过寻址与各 LED 控制器(从机)进行信息交互，包括主控机向从机设置上、下限等系统参数，以及获取各从机的 LED 光通量、工作温度、工作电流等。

12.2.4　软件设计

根据 LED 控制器的功能要求和硬件设计，软件要实现的功能包括：系统初始化、LED 光通量(工作电流)监控、LED 工作温度监控、LED 驱动控制、测量结果显示、RS485 通信、按键响应和处理、系统参数读写等，根据它们之间的联系和时间顺序上的关系，设计的软件流程如图 12-6 所示。由于系统的实时性要求不高，所以测量控制周期设置为 1s。

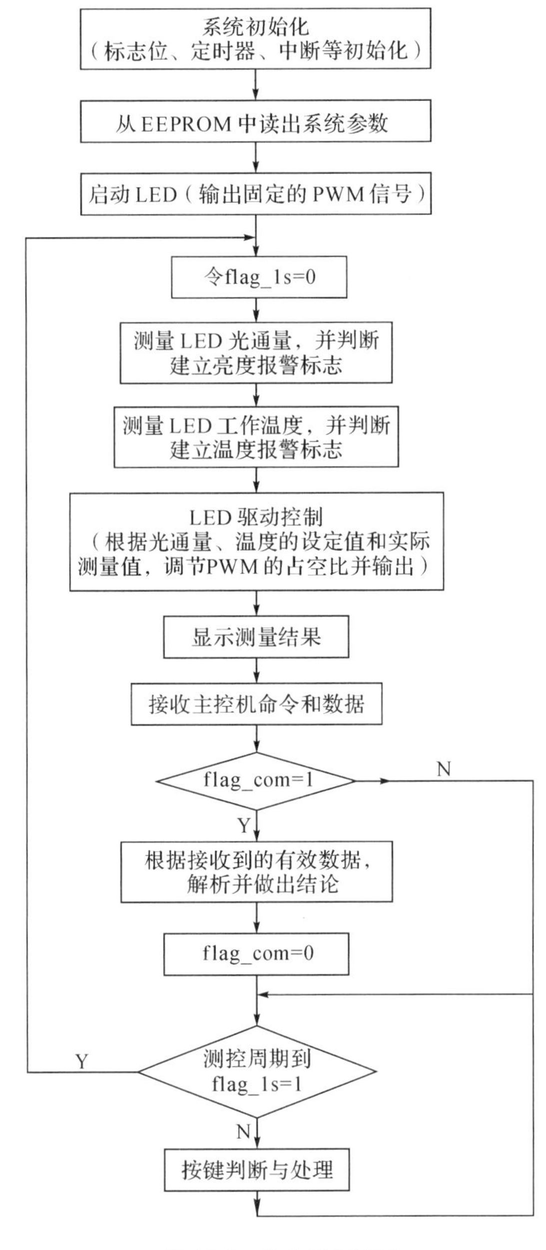

图 12-6 软件工作流程

1. 功能模块的确定

采用模块化设计方法，将以上软件功能分为 5 个模块：主模块、LED 工作温度测量模块、LED 光通量测量模块、RS485 通信模块和系统参数读写模块。

①LED 工作温度测量模块。主要运用 DS18B20 进行温度测量，为主模块提供读取温度接口函数。与该模块相关的文件是 18B20.c 和 18B20.h 文件。

②LED光通量测量模块。通过测量流经LED的工作电流予以实现，为主模块提供读取光通量接口函数。与该模块相关的文件是LED.c和LED.h文件。

③RS485通信模块。主要包括串口初始化函数、接收主控机命令/数据函数、向主控机上传数据等。主控机是主机，其余为从机；每次通信均由主控机发起，主机首先发送从机地址来寻址要通信的从机。与该模块相关的文件是UART.c和UART.h文件。

④系统参数读写模块。运用I^2C总线将系统参数写入EEPROM或从EEPROM中读出，系统参数包括LED亮度下限、工作温度上限、节点地址等。与该模块相关的文件是I2C.c和I2C.h文件。

⑤主模块。软件流程中的其他功能合并到主模块中，主要包括系统初始化(Initial)、启动LED(Start_LED)、LED驱动控制(Control_LED)、测量结果显示(Display)、按键判断与处理(Key_process)以及通信命令解析和执行(Command_function)，其中Command_function是根据RS485通信模块提供的通信命令标志flag_com的值来判断是否要执行的，flag_com=1表示命令有效，则执行该函数，否则不执行。此外，主模块还要启动定时器T0，设置为50ms定时中断，中断20次即到1s时，建立测控周期到标志(令flag_1s=1)。与该模块相关的文件是main.c文件。

模块化的好处是系统软件可以由几个人一起共同完成，如主模块由一个设计人员完成，另四个模块程序非常明确，可以由1～2个设计人员完成，各模块设计人员只需留出接口函数供主模块调用即可。总体功能划分和各模块主要函数见图12-7。

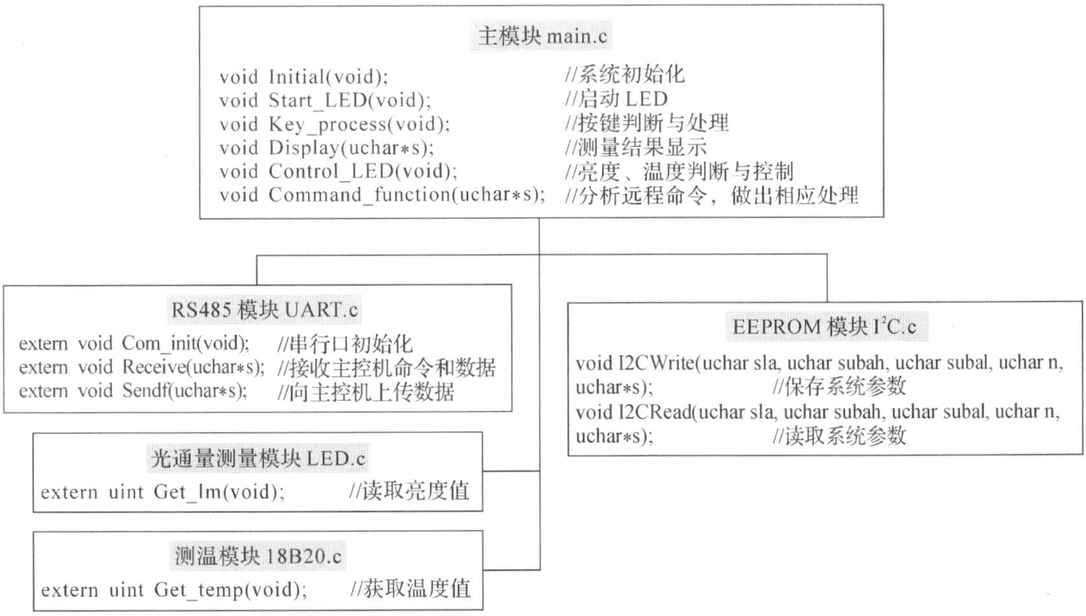

主模块 main.c

```
void Initial(void);                    //系统初始化
void Start_LED(void);                  //启动LED
void Key_process(void);                //按键判断与处理
void Display(uchar*s);                 //测量结果显示
void Control_LED(void);                //亮度、温度判断与控制
void Command_function(uchar*s);        //分析远程命令，做出相应处理
```

RS485模块 UART.c

```
extern void Com_init(void);        //串行口初始化
extern void Receive(uchar*s);      //接收主控机命令和数据
extern void Sendf(uchar*s);        //向主控机上传数据
```

光通量测量模块 LED.c

```
extern uint Get_lm(void);          //读取亮度值
```

测温模块 18B20.c

```
extern uint Get_temp(void);        //获取温度值
```

EEPROM模块 I^2C.c

```
void I2CWrite(uchar sla, uchar subah, uchar subal, uchar n,
uchar*s);                          //保存系统参数
void I2CRead(uchar sla, uchar subah, uchar subal, uchar n,
uchar*s);                          //读取系统参数
```

图12-7　软件的总体功能划分和各模块的主要函数

2. 主要函数流程与分析

(1)通信命令解析和执行函数

Command_function 完成通信命令的解析与执行，从而实现 LED 照明系统的远程控制，其流程如图 12-8 所示。通信内容主要包括：①启动 LED、关闭 LED、增加亮度、降低亮度，这四项内容可以进行广播通信(广播地址为 0xFF)，即网络上全部节点都接收并做出响应；②设置系统参数，读取 LED 工作数据；③读取测量数据和系统数据。

LED 控制器根据命令做出相应处理：对 LED 进行控制，或将系统参数写入 EEPROM，或向主控机发送数据(系统参数和测量结果)。

对于任何通信系统，都需要建立通信双方(或多方)要遵循的通信协议，即规定通信的具体内容，包括数据帧格式、通信波特率、命令和数值的含义和解析方法等。通信时，各方均按照协议进行数据的发送、接收和解析，这样才能保证通信的有效性和可靠性。

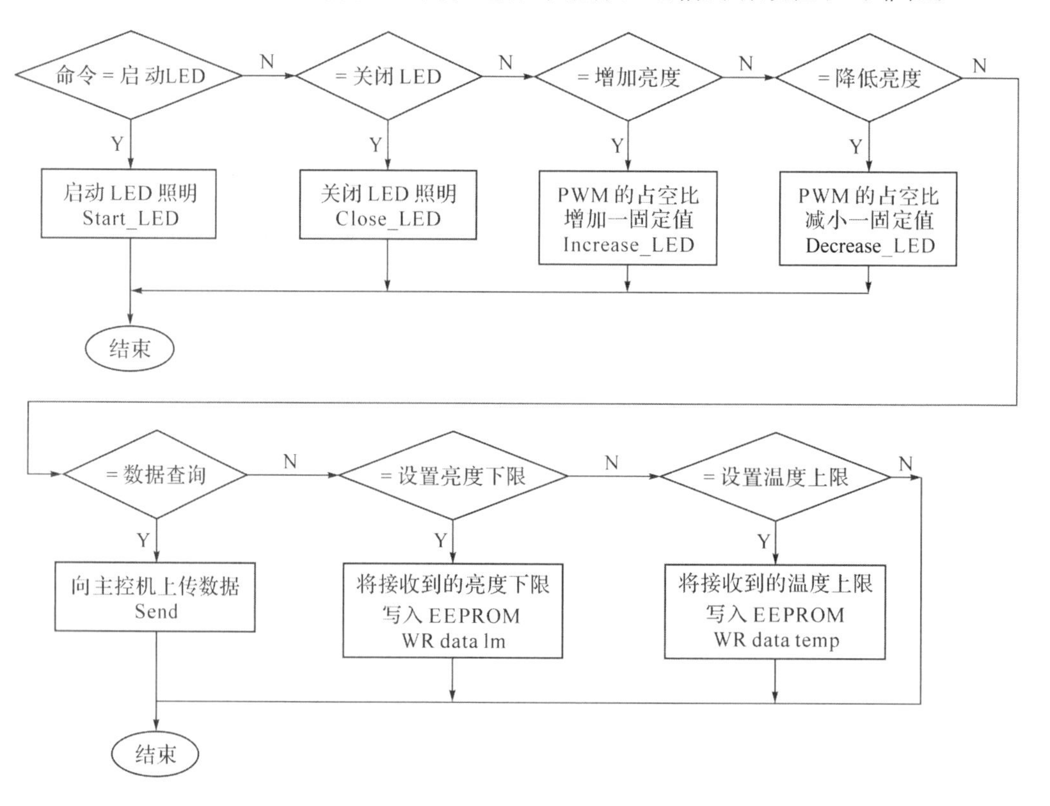

图 12-8　Command_function 程序流程

(2)RS485 接收函数

Receive 接收主控机发送的命令和数据。当主机发送的是广播地址，表示要对全部子节点进行远程操控；若是某个节点地址，则各节点在接收从机地址后，首先比较是否与本机地址相符，若相符表示本机被寻址应继续接收后续数据，其流程如图 12-9 所示。接收命令和数据后，再判断其有效性，若有效则令标志 flag_com＝1，否则令 flag_com＝0。该标志供主函数查询，以此决定是否要进行通信命令的解析和执行。

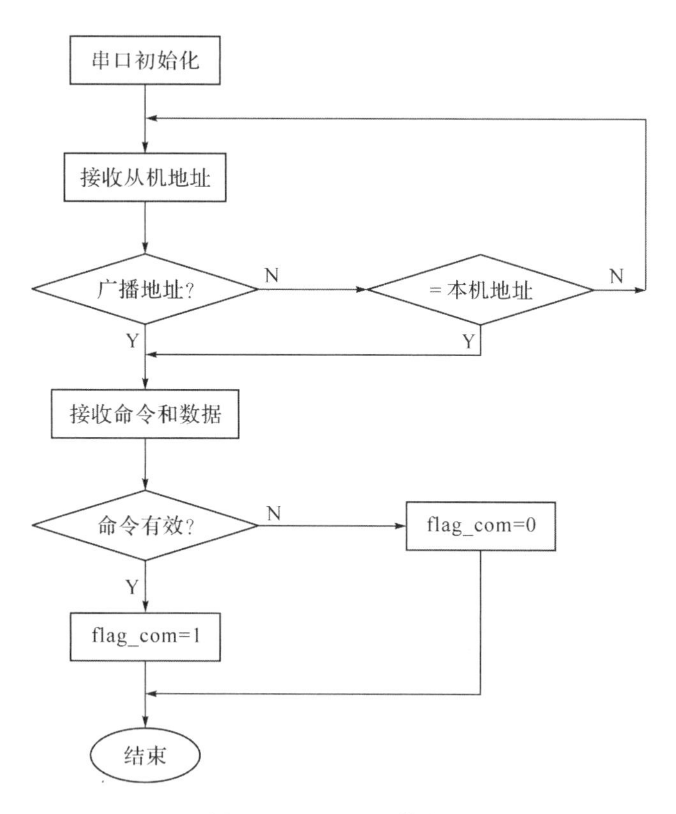

图12-9　RS485通信流程

(3)按键判断与处理函数

Key_process实现LED控制器的本地按键操作与控制功能,包括LED的启动和关闭,LED亮度增加、降低控制,光通量下限、温度上限的设定,其程序流程如图12-10所示。在按键判断时,应增加去抖动处理,流程中未给出。

3. 程序结构与模块设计

相关设计人员完成各模块设计并调试正确后,即可将各个模块整合在一起,进行组合调试。根据以上的程序功能及模块划分,除主模块外,各模块均有对应的".c"和".h"文件,对应的文件关系如下。

主模块:main.c;

光通量测量模块:LED.c和LED.h;

温度测量模块:18B20.c和18B20.h;

RS485通信模块:UART.c和UART.h;

系统参数读写模块:I2C.c和I2C.h。

(1)光通量测量模块程序设计

该模块的主要函数是光通量测量函数Get_lm。由于在主模块中需要循环测量LED的光通量,因此在LED.h文件里对该函数进行外部声明,以方便主模块调用。

```
/**********************LED.h************************/
#ifndef_LED_H_
#define_LED_H_
```

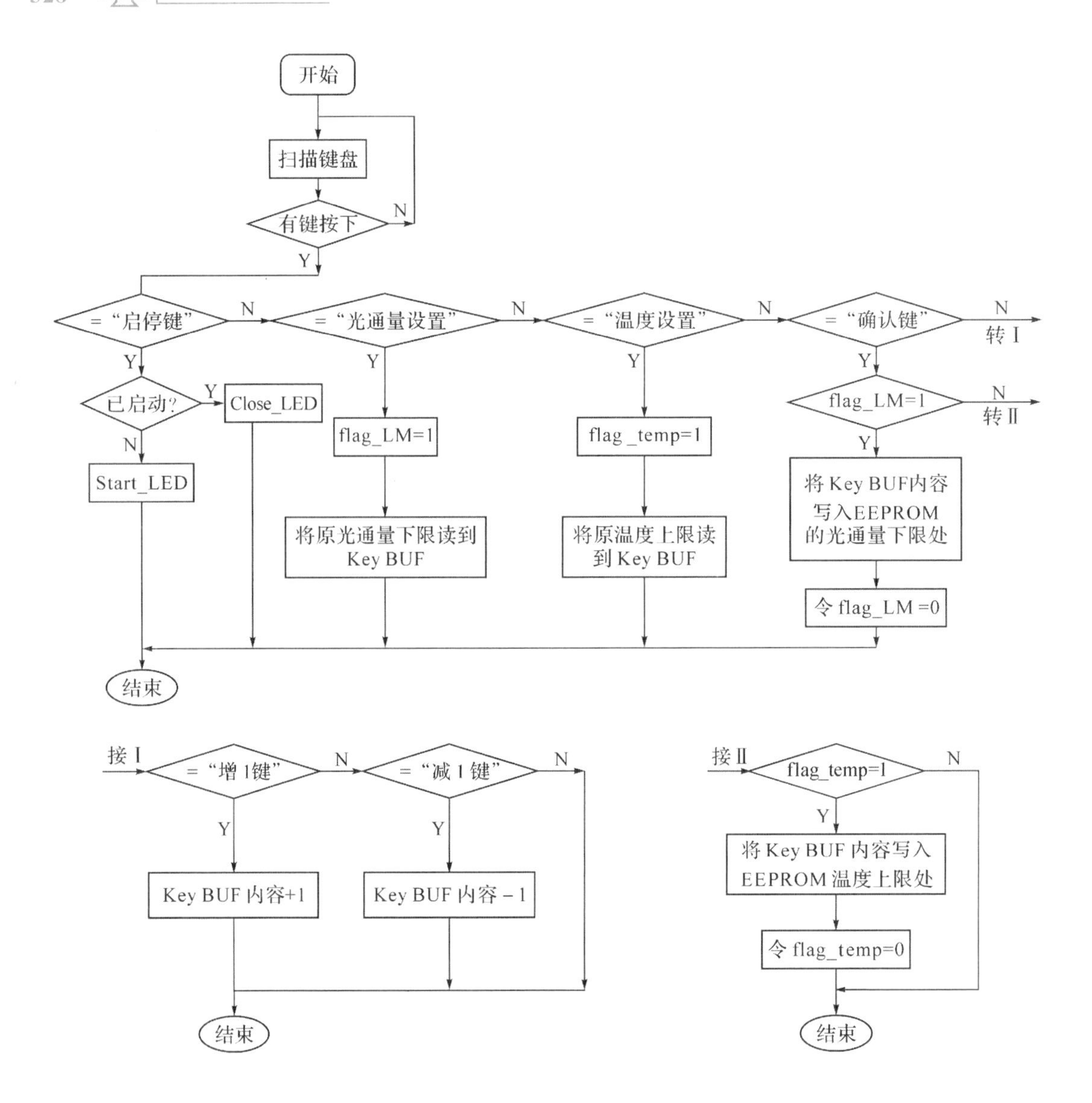

图 12-10　Key_process 程序流程

```
    extern uint Get_lm(void);
#endif
```

(2)温度测量模块程序设计

该模块的 18B20.c 文件包括 18B20 初始化函数、18B20 读字节函数、写字节函数和读取温度函数。在主模块中只需要调用读取温度函数,所以在 18B20.h 文件中只需要对该函数进行外部声明。

```
/**********************18B20.h************************/
#ifndef _18B20_H_
#define _18B20_H_
    extern uint Get_temp(void);
```

```
#endif
```

(3)RS485 通信模块程序设计

该模块的 UART.c 文件包括串口初始化函数、接收函数和发送函数等。在主模块中需要调用接收函数，根据接收的数据做出相应的动作；当主控机要求查询数据时，还需要调用发送函数，所以在 UART.h 文件中需要对这两个函数进行外部声明。

```
/* * * * * * * * * * * * * * * * * * * * UART.h * * * * * * * * * * * * * * * * * * * * * */
#ifndef _UART_H_
#define _UART_H_
    extern void Receive (uchar *s);                //接收函数(接收主控机命令)
    extern void Send (uchar *s);                   //发送函数(向主控机上传数据)
#endif
```

(4)系统参数读写模块程序设计

该模块的 I2C.c 文件包括 I^2C 总线启动、停止函数，I^2C 总线读函数、写函数。在主模块中需要调用读、写函数，所以在 I2C.h 文件中需要对这两个函数进行外部声明。

```
/* * * * * * * * * * * * * * * * * * * * * I2C.h * * * * * * * * * * * * * * * * * * * * */
#ifndef _I2C_H_
#define _I2C_H_
    void I2CWrite(uchar sla,uchar subah,uchar subal,uchar n,uchar *s);
    void I2CRead (uchar sla,uchar subah,uchar subal,uchar n,uchar *s);
#endif
```

(5)主函数模块程序设计

主模块除了调用其他模块提供的接口函数外，还包括系统初始化函数(Initial)、启动 LED 函数(Start_LED)、LED 驱动控制函数(Control_LED)、测量结果显示函数(Display)、按键判断与处理函数(Key_process)以及通信命令解析和执行函数(Command_function)等，这些函数的声明如下。

```
/* * * * * * * * * * * * * * * * * * * * * main.c * * * * * * * * * * * * * * * * * * * * * */
void Initial(void);                         //系统初始化
void Start_LED(void);                       //启动 LED
void Key_process(void);                     //按键判断与处理
void Display(uchar *s);                     //测量结果显示
void Control_LED(void);                     //亮度、温度判断与控制
void Command_function(uchar *s);            //分析远程命令，做出相应处理
```

本例介绍各模块“.h”文件时，只给出模块需要提供的主要接口函数，以便了解其与主模块之间的联系。在具体程序设计中，根据实际编写情况可能需要增加其他供外部调用的函数；另外，模块间需要传递的变量，也应该在“.h”文件中予以声明。

软硬件设计完成后，可以运用仿真软件进行各个函数的调试，检查系统软硬件的正确性，及时发现并修改存在的问题和错误；仿真完成后，制作系统硬件电路板，加工焊接后，就可以对实际硬件进行调试，并测试系统的功能、指标和可靠性，以达到设计要求；系统硬件、

软件调试通过后，就可以把最终程序固化到MCU的ROM中，可以脱机运行；再接下来，要在真实环境或模拟真实环境下进行较长时间的性能测试和可靠性测试运行，所有步骤都正常后，开发过程即可告结束。这时的系统只能作为样机系统，给样机系统加上外壳、面板，再配上完整的文档资料，就可生成正式的系统（或产品）。

习题与思考题

1. 微机应用系统的设计过程，通常包括哪些环节？
2. 简述硬件设计的一般步骤，以及需要考虑的因素。
3. 简述软件设计的一般步骤，以及主要内容。
4. 请找出生活中一个复杂的微机系统，并分析其系统需求和软件功能模块。

本章总结

二维码 12-3：
第12章总结

- 微控制器系统设计
  - 设计过程
    - 总体设计
      - 明确功能需求：明确要测量的参数、测量精度要求，明确控制对象的特点、控制精度、控制周期等
      - 综合软、硬件因素确定方案：分析权衡软、硬件之间的配合和分工，从开发要求、实现途径、开发周期等方面综合考虑
    - 硬件设计步骤
      - MCU的选择要注意适用性原则，优先考虑内部功能模块多的MCU
      - 具体电路设计包括元器件选择、输入输出接口设计、系统接地等，以及软、硬件的权衡考虑
    - 软件设计步骤
      - 软件需求分析：明确系统功能，进行存储空间分配、中断合理使用，确定系统接口模块及相应软件功能
      - 确定功能模块：根据软件需求分析确定功能模块及各模块的主要函数，确定软件总体流程；程序一般分为三大部分：接口驱动、数据分析和通信/显示程序等
      - 程序编写：明确函数功能与输入输出变量及相互关系，再编写程序；尽可能采用结构化、模块化的程序架构
    - 仿真调试与文档编制
      - 仿真调试：采用EDA技术等软件，进行电路功能和软件功能的仿真与调试，并进行修改和完善
      - 文档编制：包含系统任务和功能需求文档、硬件设计文档、软件设计文档和测试文档
  - 设计实例（LED照明控制系统）
    - 设计要求：LED恒流驱动，亮度可控；实时监控LED光通量和工作温度，与远程主控机通信等
    - 总体设计：用RS485构建一主多从的网络式LED照明控制系统总体结构，明确主控机和节点从机的功能
    - 硬件设计：硬件组成结构和功能模块，器件选择和电路连接：按键设置、显示模块、LED的选择、LED的驱动、LED光通量的反馈、LED工作温度的监控等
    - 软件设计
      - 功能模块确定：根据总体工作流程划分为5大功能模块（光通量测量模块、温度测量模块、RS485通信模块、系统参数读写模块、主函数模块），各自设计对应的“.c”和“.h”文件
      - 主要函数流程与分析：通信命令解析与执行、RS485数据接收、按键判断与处理等
      - 程序结构：各模块提供接口函数及与主模块间的联系，进行各模块的整合与调试，从而完成系统软件的设计

参考文献

[1]鲍可进. SoC 单片机原理与应用[M]. 2 版. 北京:清华大学出版社,2017.

[2]何宾. STC 单片机 C 语言程序设计(立体化教程)[M]. 北京:清华大学出版社,2016.

[3]何宾. STC 单片机原理及应用——从器件、汇编、C 到操作系统的分析和设计(立体化教程)[M]. 2 版. 北京:清华大学出版社,2018.

[4]刘海成,张俊谟. 单片机中级教程——原理与应用[M]. 3 版. 北京:北京航空航天大学出版社,2019.

[5]麦肯齐,法恩. 8051 微控制器:第 4 版[M]. 张瑞峰,等译. 北京:人民邮电出版社,2008.

[6]张迎新,王盛军,等. 单片机初级教程——单片机基础[M]. 3 版. 北京:北京航空航天大学出版社,2015.

[7]周小方,陈育群. STC15 单片机 C 语言项目开发[M]. 北京:清华大学出版社,2021.

[8]8051 单片机外部引脚英文全称[EB/OL]. (2013-01-25)[2021-08-01]. http://www.21ic.com/jichuzhishi/mcu/questions/2013-01-25/157440.html.

[9]8051 单片机指令系统助记符英文全称[EB/OL]. [2021-08-01]. http://www.docim.com.com/p-264974809.html.

[10]8051 单片机专用寄存器中英文对照[EB/OL]. (2011-01-22)[2021-08-01]. http://www.360doc.com/content/11/0122/23/507289_88405282.shtml.

附录 1

8051 微控制器引脚中英文名称一览表

引　脚	英文注释	中文注释
P0.7～P0.0	bit 7～bit 0 of port 0	并行口 P0 的 D7～D0
P1.7～P1.0	bit 7～bit 0 of port 1	并行口 P1 的 D7～D0
P2.7～P2.0	bit 7～bit 0 of port 2	并行口 P2 的 D7～D0
P3.7～P3.0	bit 7～bit 0 of port 3	并行口 P3 的 D7～D0
XTAL1～2	external crystal oscillator	外部晶振引脚
ALE	address latch enable	地址锁存允许信号输出端
$\overline{PSEN}$	program (memory) store enable	外部程序存储器读选通信号输出端
RST	reset	复位信号输入端
$\overline{EA}$	external access (enable)	外部程序存储器访问允许输入端
RXD(P3.0)	receive external data	接收数据输入端
TXD(P3.1)	transmit external data	发送数据输出端
$\overline{INT0}$(P3.2)	interrupt 0	外中断 0 输入端
$\overline{INT1}$(P3.3)	interrupt 1	外中断 1 输入端
T0(P3.4)	timer 0	定时器/计数器 0 输入端
T1(P3.5)	timer 1	定时器/计数器 1 输入端
$\overline{WR}$(P3.6)	write	写控制输出端
$\overline{RD}$(P3.7)	read	读控制输出端
AD7～AD0	address and data	低 8 位地址线/8 位数据线
A15～A8	address	高 8 位地址线

附录 2

特殊功能寄存器中英文名称一览表

地　址	符　号	英文名称	中文名称
F0H	B	—	辅助寄存器 B
E0H	ACC	accumulator	累加器 A
D0H	PSW	program status word	程序状态字
B8H	IP	interrupt priority	中断优先级控制寄存器
B0H	P3	port 3	并行口 P3
A8H	IE	interrupt enable	中断允许控制寄存器
A0H	P2	port 2	并行口 P2
99H	SBUF	serial data buffer	串行口数据寄存器
98H	SCON	serial control	串行口控制寄存器
90H	P1	port 1	并行口 P1
8DH	TH1	timer 1 high byte	定时器 1 高 8 位
8CH	TH0	timer 0 high byte	定时器 0 高 8 位
8BH	TL1	timer 1 low byte	定时器 1 低 8 位
8AH	TL0	timer 0 low byte	定时器 0 低 8 位
89H	TMOD	timer mode	定时器/计数器方式寄存器
88H	TCON	timer control	定时器/计数器控制寄存器
87H	PCON	power control	电源控制寄存器
83H	DPH	data pointer high byte	数据指针 DPTR 高 8 位
82H	DPL	data pointer low byte	数据指针 DPTR 低 8 位
81H	SP	stack pointer	堆栈指针
80H	P0	port 0	并行口 P0

PSW(program ptatus word):程序状态字

位	7	6	5	4	3	2	1	0
位符号	Cy	AC	F0	RS1	RS0	OV	F1	P
英文注释	carry	assistant carry	flag 0	register bank selector bit 1	register bank selector bit 0	overflow	flag 1	parity flag

IE(interrupt enable):中断允许控制寄存器

位	7	6	5	4	3	2	1	0
位符号	EA	—	—	ES	ET1	EX1	ET0	EX0
英文注释	enable all interrupts	—	—	enable serial interrupt	enable timer 1 interrupt	enable external 1 interrupt	enable timer 0 interrupt	enable external 0 interrupt

IP(interrupt priority):中断优先级控制寄存器

位	7	6	5	4	3	2	1	0
位符号	—	—	—	PS	PT1	PX1	PT0	PX0
英文注释	—	—	—	serial interrupt priority	timer 1 interrupt priority	external 1 interrupt priority	timer 0 interrupt priority	external 0 interrupt priority

TCON(timer control):定时器/计数器控制寄存器

位	7	6	5	4	3	2	1	0
位符号	TF1	TR1	TF0	TR0	IE1	IT1	IE0	IT0
英文注释	timer 1 overflow	timer 1 run	timer 0 overflow	timer 0 run	interrupt external 1 flag	interrupt 1 type control bit	interrupt external 0 flag	interrupt 0 type control bit

TMOD(timer mode):定时器/计数器方式寄存器

位	7	6	5	4	3	2	1	0
位符号	GATE	$C/\overline{T}$	M1	M0	GATE	$C/\overline{T}$	M1	M0
英文注释	gate	counter/timer	mode bit 1	mode bit 0	gate	counter/timer	mode bit 1	mode bit 0

for Timer 1　　　　for Timer 0

SCON(serial control):串行口控制寄存器

位	7	6	5	4	3	2	1	0
位符号	SM0	SM1	SM2	REN	TB8	RB8	TI	RI
英文注释	serial mode bit 0	serial mode bit 1	serial mode bit 2	receive enable	transmit bit 8	receive bit 8	transmit interrupt flag	receive interrupt flag

PCON(power control):电源控制寄存器

位	7	6	5	4	3	2	1	0
位符号	SMOD	—	—	—	GF1	GF0	PD	IDL
英文注释	serial mode	—	—	—	general flag 1	general flag 0	power down bit	idle mode bit

附录3

助记符缩写与全称一览表

助记符	英文全称	助记符	英文全称	助记符	英文全称
ACALL	absolute subroutine call	JBC	jump if bit is set and clear bit	POP	pop byte from stack
ADD	add byte to accumulator	JC	jump if carry is set	PUSH	push byte into stack
ADDC	add byte to accumulator with carry	JNB	jump if bit is not set	RET	return from subroutine
AJMP	absolute jump	JNC	jump if carry is not set	RETI	return from interrupt subroutine
ANL	AND logical	JNZ	jump if accumulator is not zero	RLC	rotate accumulator left with carry
CJNE	compare and jump if not equal	JZ	jump if accumulator is zero	RR	rotate accumulator right
CLR	clear	LCALL	long subroutine call	RRC	rotate accumulator right with carry
CPL	complement	LJMP	long jump	SETB	set bit
DA A	decimal adjust accumulator for addition	MOV	move	SJMP	short jump
DEC	decrement	MOVC	move code	SUBB	subtract byte with borrow from accumulator
DIV	divide	MOVX	move external byte variable	SWAP	swap nibbles within the accumulator
DJNZ	decrement and jump if not zero	MUL	multiply	XCH	exchange accumulator with byte variable
INC	increment	NOP	no operation	XCHD	exchange low-order digit
JB	jump if bit is set	ORL	OR logical	XRL	exclusive OR Logical
JMP	jump	RL	rotate accumulator left		

附录 4

8051 微控制器指令表

指令操作码	指令助记符	指令功能	字节数	周期数
数据传送类指令				
E8～EF	MOV　A,Rn	(A)←(Rn)	1	1
E5	MOV　A,direct	(A)←(direct)	2	1
E6,E7	MOV　A,@Ri	(A)←((Ri))	1	1
74	MOV　A,#data	(A)←data	2	1
F8～FF	MOV　Rn,A	(Rn)←(A)	1	1
A8～AF	MOV　Rn,direct	(Rn)←(direct)	2	2
78～7F	MOV　Rn,#data	(Rn)←data	2	1
F5	MOV　direct,A	(direct)←(A)	2	1
88～8F	MOV　direct,Rn	(direct)←(Rn)	2	2
85	MOV　direct2,direct1	(direct2)←(direct1)	3	2
86,87	MOV　direct,@Ri	(direct)←((Ri))	2	2
75	MOV　direct,#data	(direct)←data	3	2
F6,F7	MOV　@Ri,A	((Ri))←(A)	1	1
A6,A7	MOV　@Ri,direct	((Ri))←(direct)	2	2
76,77	MOV　@Ri,#data	((Ri))←data	2	1
90	MOV　DPTP,#data16	(DPTP)←data16	3	2
93	MOVC　A,@A+DPTR	(A)←((A)+(DPTR))	1	2
83	MOVC　A,@A+PC	(PC)←(PC)+1,(A)←((A)+(PC))	1	2
E2,E3	MOVX　A,@Ri	(A)←((Ri))	1	2
E0	MOVX　A,@DPTR	(A)←((DPTR))	1	2
F2,F3	MOVX　@Ri,A	((Ri))←(A)	1	2
F0	MOVX　@DPTR,A	((DPTR))←(A)	1	2
C0	PUSH　direct	(SP)←(SP)+1,((SP))←(direct)	2	2
D0	POP　direct	(direct)←((SP)),(SP)←(SP)－1	2	2
C8～CF	XCH　A,Rn	(Rn)↔(A)	1	1

续表

指令操作码	指令助记符		指令功能	字节数	周期数
C5	XCH	A,direct	(direct)↔(A)	2	1
C6,C7	XCH	A,@Ri	((Ri))↔(A)	1	1
D6,D7	XCHD	A,@Ri	((Ri))3～0↔(A)3～0	1	1
C4	SWAP	A	(A)7～4↔(A)3～0	1	1
算术运算类指令					
28～2F	ADD	A,Rn	(A)←(A)+(Rn)	1	1
25	ADD	A,direct	(A)←(A)+(direct)	2	1
26,27	ADD	A,@Ri	(A)←(A)+((Ri))	1	1
24	ADD	A,#data	(A)←(A)+data	2	1
38～3F	ADDC	A,Rn	(A)←(A)+(Rn)+Cy	1	1
35	ADDC	A,direct	(A)←(A)+(direct)+Cy	2	1
36,37	ADDC	A,@Ri	(A)←(A)+((Ri))+Cy	1	1
34	ADDC	A,#data	(A)←(A)+data+Cy	2	1
98～9F	SUBB	A,Rn	(A)←(A)−(Rn)−Cy	1	1
95	SUBB	A,direct	(A)←(A)−(direct)−Cy	2	1
96,97	SUBB	A,@Ri	(A)←(A)−((Ri))−Cy	1	1
94	SUBB	A,#data	(A)←(A)−data−Cy	2	1
04	INC	A	(A)←(A)+1	1	1
08～0F	INC	Rn	(Rn)←(Rn)+1	1	1
05	INC	direct	(direct)←(direct)+1	2	1
06,07	INC	@Ri	((Ri))←((Ri))+1	1	1
A3	INC	DPTR	(DPTR)←(DPTR)+1	1	2
14	DEC	A	(A)←(A)−1	1	1
18～1F	DEC	Rn	(Rn)←(Rn)−1	1	1
15	DEC	direct	(direct)←(direct)−1	2	1
16,17	DEC	@Ri	((Ri))←((Ri))−1	1	1
A4	MUL	AB	(BA)←(A)·(B)	1	4
84	DIV	AB	(A)←(A)/(B)的商,(B)←余数	1	4
D4	DA	A	对(A)进行十进制调整	1	1

续表

指令操作码	指令助记符	指令功能	字节数	周期数
逻辑操作类指令				
58～5F	ANL A,Rn	(A)←(A)∧(Rn)	1	1
55	ANL A,direct	(A)←(A)∧(direct)	2	1
56,57	ANL A,@Ri	(A)←(A)∧((Ri))	1	1
54	ANL A,#data	(A)←(A)∧data	2	1
52	ANL direct,A	(direct)←(direct)∧(A)	2	1
53	ANL direct,#data	(direct)←(direct)∧data	3	2
48～4F	ORL A,Rn	(A)←(A)∨(Rn)	1	1
45	ORL A,direct	(A)←(A)∨(direct)	2	1
46,47	ORL A,@Ri	(A)←(A)∨((Ri))	1	1
44	ORL A,#data	(A)←(A)∨data	2	1
42	ORL direct,A	(direct)←(direct)∨(A)	2	1
43	ORL direct,#data	(direct)←(direct)∨data	3	2
68～6F	XRL A,Rn	(A)←(A)⊕(Rn)	1	1
65	XRL A,direct	(A)←(A)⊕(direct)	2	1
66,67	XRL A,@Ri	(A)←(A)⊕((Ri))	1	1
64	XRL A,#data	(A)←(A)⊕data	2	1
62	XRL direct,A	(direct)←(direct)⊕(A)	2	1
63	XRL direct,#data	(direct)←(direct)⊕data	3	2
E4	CLR A	(A)←0	1	1
F4	CPL A	(A)←($\overline{A}$)	1	1
23	RL A	(A)循环左移1位	1	1
33	RLC A	(A)带进位标志C的循环左移1位	1	1
03	RR A	(A)循环右移1位	1	1
13	RRC A	(A)带进位标志C的循环右移1位	1	1

续表

指令操作码	指令助记符	指令功能	字节数	周期数
控制转移类指令				
02	LJMP　addr16	(PC)←addr16	3	2
*1	AJMP　addr11	(PC)←(PC)+2 $(PC_{10\sim0})$←addr11	2	2
80	SJMP　rel	(PC)←(PC)+2,(PC)←(PC)+rel	2	2
73	JMP　@A+DPTR	(PC)←(A)+(DPTR)	1	2
60	JZ　rel	(A)=0,则(PC)←(PC)+2+rel (A)≠0,则(PC)←(PC)+2	2	2
70	JNZ　rel	(A)≠0,则(PC)←(PC)+2+rel (A)=0,则(PC)←(PC)+2	2	2
B5	CJNE　A,direct,rel	(A)=(direct),则(PC)←(PC)+3 (A)>(direct),则(PC)←(PC)+3+rel,(Cy)←0 (A)<(direct),则(PC)←(PC)+3+rel,(Cy)←1	3	2
B4	CJNE　A,#data,rel	(A)=data,则(PC)←(PC)+3 (A)>data,则(PC)←(PC)+3+rel,(Cy)←0 (A)<data,则(PC)←(PC)+3+rel,(Cy)←1	3	2
B8～BF	CJNE　Rn,#data,rel	(Rn)=data,则(PC)←(PC)+3 (Rn)>data,则(PC)←(PC)+3+rel,(Cy)←0 (Rn)<data,则(PC)←(PC)+3+rel,(Cy)←1	3	2
B6～B7	CJNE　@Ri,#data,rel	((Ri))=data,则(PC)←(PC)+3 ((Ri))>data,则(PC)←(PC)+3+rel,(Cy)←0 ((Ri))<data,则(PC)←(PC)+3+rel,(Cy)←1	3	2
D8～DF	DJNZ　Rn,rel	(Rn)←(Rn)−1 (Rn)≠0,则(PC)←(PC)+2+rel (Rn)=0,则(PC)←(PC)+2	2	2
D5	DJNZ　direct,rel	(direct)←(direct)−1 (direct)≠0,则(PC)←(PC)+3+rel (direct)=0,则(PC)←(PC)+3	3	2
12	LCALL　addr16	(PC)←(PC)+3 (SP)←(SP)+1,((SP))←(PCL) (SP)←(SP)+1,((SP))←(PCH) (PC)←addr16;实现子程序调用	3	2
*1	ACALL　addr11	(PC)←(PC)+2 (SP)←(SP)+1,((SP))←(PCL) (SP)←(SP)+1,((SP))←(PCH) $(PC_{10\sim0})$←addr11;实现子程序调用	2	2

续表

指令操作码	指令助记符	指令功能	字节数	周期数
22	RET	(PCH)←((SP)),(SP)←(SP)－1, (PCL)←((SP)),(SP)←(SP)－1, 从子程序返回	1	2
32	RETI	(PCH)←((SP)),(SP)←(SP)－1, (PCL)←((SP)),(SP)←(SP)－1, 从中断程序返回	1	2
00	NOP	空操作	1	1
		位操作类指令		
A2	MOV　C,bit	(Cy)←(bit)	2	1
92	MOV　bit,C	(bit)←(Cy)	2	2
C3	CLR　C	(Cy)←0	1	1
C2	CLR　bit	(bit)←0	2	1
D3	SETB　C	(Cy)←1	1	1
D2	SETB　bit	(bit)←1	2	1
B3	CPL　C	(Cy)←($\overline{Cy}$)	1	1
B2	CPL　bit	(bit)←($\overline{bit}$)	2	1
82	ANL　C,bit	(Cy)←(bit) ∧ (Cy)	2	2
B0	ANL　C,/bit	(Cy)←(Cy) ∧ ($\overline{bit}$)	2	2
72	ORL　C,bit	(Cy)←(Cy) ∨ (bit)	2	2
A0	ORL　C,/bit	(Cy)←(Cy) ∨ ($\overline{bit}$)	2	2
40	JC　rel	(C)＝1,则(PC)←(PC)＋2＋rel (C)＝0,则(PC)←(PC)＋2	2	2
50	JNC　rel	(C)＝0,则(PC)←(PC)＋2＋rel (C)＝1,则(PC)←(PC)＋2	2	2
20	JB　bit,rel	(bit)＝1,则 PC←(PC)＋3＋rel (bit)＝0,则 PC←(PC)＋3	3	2
30	JNB　bit,rel	(bit)＝0,则 PC←(PC)＋3＋rel (bit)＝1,则 PC←(PC)＋3	3	2
10	JBC　bit,rel	(bit)＝1,则 PC←(PC)＋3＋rel,(bit)←0 (bit)＝0,则 PC←(PC)＋3	3	2

附录 5

汇编指令操作码速查表

高半字节	低半字节							
	0	1	2	3	4	5	6,7*	8～F**
0	NOP	AJMP0	LJMP addr 16	RR A	INC A	INC dir	INC @Ri	INC Rn
1	JBC bit,rel	ACALL0	LCALL addr 16	RRC A	DEC A	DEC dir	DEC @Ri	DEC Rn
2	JB bit,rel	AJMP1	RET	RL A	ADD A,#da	ADD A,dir	ADD A,@Ri	ADD A,Rn
3	JNB bit,rel	ACALL1	RETI	RLC A	ADDC A,#da	ADDC A,dir	ADDC A,@Ri	ADDC A,Rn
4	JC rel	AJMP2	ORL dir,A	ORL dir,#da	ORL A,#da	ORL A,dir	ORL A,@Ri	ORL A,Rn
5	JNC rel	ACALL2	ANL dir,A	ANL dir,#da	ANL A,#da	ANL A,dir	ANL A,@Ri	ANL A,Rn
6	JZ rel	AJMP3	XRL dir,A	XRL dir,#da	XRL A,#da	XRL A,dir	XRL A,@Ri	XRL A,Rn
7	JNZ rel	ACALL3	ORL C,bit	JMP @A+DPTR	MOV A,#da	MOV dir,#da	MOV @Ri,#da	MOV Rn,#da
8	SJMP rel	AJMP4	ANL C,bit	MOVC A,@A+PC	DIV AB	MOV dir,dir	MOV dir,@Ri	MOV dir,Rn
9	MOV DPTR,#da	ACALL4	MOV bit,C	MOVC A,@A+DPTR	SUBB A,#da	SUBB A,dir	SUBB A,@Ri	SUBB A,Rn
A	ORL C,/bit	AJMP5	MOV C,bit	INC DPTR	MUL AB		MOV @Ri,dir	MOV Rn,dir
B	ANL C,/bit	ACALL5	CPL bit	CLR C	CJNE A,#da,rel	CJNE A,dit,rel	CJNE @Ri,#da,rel	CJNE Rn,#da,rel
C	PUSH dir	AJMP6	CLR bit	CLR C	SWAP A	XCB A,dir	XCH A,@Ri	XCH A,Rn
D	POP dir	ACALL6	SETB bit	SETB C	DA A	DJNZ dir,rel	XCHD A,@Ri	DJNZ Rn,rel
E	MOVX A,@DPTR	AJMP7	MOVX A,@R0	MOVX A,@R1	CLR A	MOV A,dir	MOV A,@Ri	MOV A,Rn
F	MOVX @DPTR,A	ACALL7	MOVX @R0,A	MOVX @R1,A	CPL A	MOV dir,A	MOV @Ri,A	MOV Rn,A

注：* 6,7 对应的寄存器为 R0 或 R1。

** 8～F 对应的寄存器为 R0～R7。

表中：dir=direct；da=data。

附录6

微控制器系统设计题

项目1　篮球计时计分器系统

1. 项目简介

优秀课程设计作品展示-1

篮球比赛是风靡全球的体育运动之一。智能的计时计分系统取代传统的翻牌器，使篮球比赛的计时计分工作变得更为简单、有效、可靠。计时精确性、比赛成绩记录正确性等是衡量计时计分系统的重要指标。本项目要求基于微控制器设计一个可进行赛程时间设置、赛程时间启/停、比分交换控制、比分刷新控制的计时计分器系统，应用于篮球等体育比赛和一些智力竞赛中。

2. 系统功能

1）基本功能：

A. 比赛时间设置。根据采用不同比赛规则的场合，灵活设置比赛时间。

B. 比赛时间记录及显示。对整个篮球赛程的比赛时间进行倒计时，在数码管或 LCD 显示屏上显示，并能随时暂停和继续。

C. 比分记录及显示。能随时刷新甲、乙两队在整个赛程中的比分，显示在数码管或 LCD 屏上；中场交换比赛场地时，能自动交换甲、乙两队比分位置。

2）拓展功能：

A. 数据断电保护。若系统意外断电，再次上电后可恢复断电前状态。（有关数据要定时保存到 EEPROM 中）

B. 相关提示。比赛中场和结束时，通过蜂鸣器发出声音报警。

C. 有关显示。LCD 屏界面可以实现文字滚动提示、环境温度显示等。

3. 设计提示

1）硬件设计：以矩阵式按键作为输入，数码管或 12864LCD 显示屏作为输出设备构成基本的计时计分器。其他外设包含蜂鸣器（进行比赛启停提示）、EEPROM（存储数据）；DS18B20（测量温度）。

2）软件设计：通过定时器实现倒计时，每秒刷新计时显示器；通过外部中断响应按键操作，并根据不同的按键功能执行相应的模块程序，包含比赛时间设置、比赛启停、中场休息和比赛结束等；通过 EEPROM 进行数据存储与查询（比赛比分、比赛剩余时间等数据的保存，实现断电保护）；LCD 显示程序、温度测量模块等。

项目 2　智能交通灯控制系统

1. 项目简介

优秀课程设计作品展示-2

人们的出行离不开交通，随着人口的快速增长和交通工具的迅速发展，有限道路资源的高效有序利用，成为城市智慧交通研究的重要课题，各种交通控制系统应运而生。交通信号灯是保持道路畅通、交通工具有序运行的最常见的工具。本项目要求以微控制器为核心，设计一款智能交通灯控制系统。该系统可以实现红绿灯的稳定循环及倒计时显示，并根据实际车流量实时调整红绿灯周期和时长，减少不必要的堵车现象。

2. 功能要求

1)基本功能：

A. 红绿灯和时间显示。按照一定时间周期实现红、黄、绿三色信号灯的稳定交替循环显示，并用数码管显示每种状态下的剩余时间。

B. 车流量监测。实时检测车流量(可用某个按键的输入代替车流量)，并能够根据监测结果对信号灯的时间周期按一定的规则做出调整。

C. 周期调整。能够运用按键调整每种信号灯的显示时间长度(秒)。

2)拓展功能：

A. 声音辅助。设置蜂鸣器音乐，黄色信号灯点亮后，蜂鸣器播放音乐。

B. 箭头指示。用 LED 点阵的动态箭头表示左转、右转的方向指示。

3. 设计提示：

1)硬件设计：采用 LED 作为信号灯，数码管显示信号灯倒计时秒数(10 秒内)，LED 点阵显示箭头作为方向指示；按键用于时间设置以及模拟车流量(也可以用光电开关等)控制；蜂鸣器电路用于音乐播放。

2)软件设计：主要包含按键扫描程序，定时器中断程序、多种定时时间产生模块(控制各个方向信号灯)，数码管显示程序、LED 点阵显示程序、蜂鸣器音乐播放程序等。

项目 3　多功能实时时钟

1. 项目简介

优秀课程设计作品展示-3

古人依靠日晷、漏刻记录时间，随着科技的发展，电子万年历时钟、多功能实时时钟已经成为日常计时工具。本项目要求基于微控制器及其内部定时器/计数器模块，结合 LCD 屏、键盘、蜂鸣器等模块，设计一个多功能实时时钟。

2. 功能要求

1)基本功能：

A. 时间输入。通过按键输入实时时间(时分秒)，ms 数默认从 0 开始；并在数码管或 LCD 屏上予以显示。

B. 实时时钟。在数码管上显示时分秒；若采用 LCD 屏，则同时显示 ms 数(每 200ms 更新数值)。

C. 蜂鸣器发声。每到 1 分钟,蜂鸣器发出“嘟嘟”声音;没到 5 分钟,蜂鸣器播放一段音乐。

D. 断电保护。断电后恢复工作后,要能够继续断电前的时分秒继续工作,即要进行时间的保护。

2)拓展功能:

A. 闹钟功能。能设置闹钟时间(时、分),通过蜂鸣器实现闹铃或播放音乐;闹钟响后,可取消闹钟,也可贪睡,延时闹钟。

B. 秒表功能。能够进行倒计时秒数的设置,以及倒计时及显示功能。

C. 温度测量。在 LCD 屏上显示环境温度。

3. 设计提示

1)硬件设计:所需外设包括矩阵式键盘、12864LCD 显示屏、蜂鸣器电路、DS18B20 模块等。

2)软件设计:主要包括键盘扫描程序、LCD 显示基本函数、利用定时器实现时钟程序、闹钟功能程序、倒计时功能与显示程序、温度测量与显示程序、蜂鸣器音乐播放程序等。

项目 4 多功能电子琴

1. 项目简介

电子琴作为科技与音乐的产物,在信息化和电子化时代,为音乐的大众化做出了重要贡献。现代歌曲的制作,很多都需要电子琴才能完成,然后才通过媒介流传开来。目前,电子琴广泛用于音乐普及教育和音乐素质培养。本项目要求以微控制器为核心,制作一款具有弹奏、播放、录音等功能的简易电子琴。

优秀课程设计作品展示-4

2. 功能要求

1)基本功能:

A. 播放(音乐盒)模式。播放已存储的乐曲,在点阵式 LED 或 LCD 上用柱状图显示相应的音调,具有暂停播放和继续播放等功能。

B. 弹奏模式。利用按键作为音符键发出该音符相应的音调,利用按键按下的时间长度控制发音长短,弹奏乐曲。

C. 音调显示。将按键弹奏的音符,同时显示在 LCD 相应位置,类似记录弹奏的音乐。

2)拓展功能:

A. 录音模式。记录弹奏时琴键按下的音调与时长,并进行存储,实现录音功能;弹奏完毕,可用播放功能将录音的乐曲进行回放。

B. 音域扩展。定义不同音域切换的功能键,使音调可升降 8 度,扩展到高、中、低音,实现更好更准确的播音效果。

C. 学习模式。同时播放音乐和显示音符,使用户可以学习弹奏;当按下音符与播放音符相同时,正确个数加一,最终给出正确弹奏的百分比,帮助初学者学习电子琴的弹奏。

3. 设计提示

1)硬件设计:通过微控制器控制蜂鸣器发出不同的音符和音调,4 * 4 矩阵键盘作为弹奏音符的输入途径,七个按键用于 7 个标准音,两个按键用于高音、低音切换,其他的可用于播放、弹奏、录音等功能的切换。12864 LCD显示屏作为音符的显示媒介，也可显示系统菜单，提高人机界面的交互性。

2）软件设计：主要模块包括按键扫描程序、定时中断程序、LCD显示控制程序、蜂鸣器控制程序。通过扫描按键判断弹奏的音符，并根据该音符的音频，控制蜂鸣器发出相应的音调。

项目5 智能电能表设计

1. 项目简介

优秀课程设计作品展示-5

随着国民经济的不断发展，各地对于电能需求量也随之急剧增加，电力已经成为国家最重要的能源，智能电网的概念也应运而生。而电表作为智能电网建设的重要基础设备，其智能化、信息化对于电网供电、用电信息的自动化、网络化管理具有重要的支撑作用。本项目要求以微控制器为核心设计一个智能数字电表，可以实时测量不同时段的用电量、用户日最大功率、电费，以及信息存储及处理等功能。

2. 功能要求

1）基本功能：

A. 参数设置。可以设置峰、谷、平时段的起至时间，最大功率、电价等信息并保存到EEPROM中。

B. 电能测量。实时测量并累计每天峰、谷、平时段的电量，在LCD屏上显示。累计并保存各时段的日、月总电量。

C. 功率测量。计算获得并记录每天、每月的最大功率及发生时间；功率超限的声光报警。

2）拓展功能：

A. 报警功能。设置日、月用电量阈值，当用电量超过时进行声光预警。

B. 电费计算。可根据峰谷平不同时段的电价，计算相应的电费，通过LCD屏显示。

C. 信息查询。可以通过键盘和显示屏，查询用电量、电费（或剩余电费）等信息。

3. 设计提示

1）硬件设计：电表输出的脉冲（可用口线产生的脉冲代替）的频率反映用电量情况和用电功率的大小。设计电表输出脉冲的测量方法（不管脉冲的频率为多少，均应保证一个不漏地记录下来）。外设包括键盘、LCD显示屏、蜂鸣器/LED（声光预警）、EEPROM存储电路等。

2）软件设计：主要包含脉冲测量程序、电能计算及累计程序、功率计算比较判断程序、电能计费程序、键盘扫描程序、LCD显示程序、EEPROM读写程序等。

项目6 温度测控系统

1. 项目简介

优秀课程设计作品展示-6

现代工业生产中，温度是非常普遍和重要的一个工艺参数。很多生产、反应等需要在恒温环境下进行，因此温度控制系统是工业自动化、仪器仪表中的重要组成部分。本项目要求以微控制器为核心设计一个恒温控制系统，实现对系统温度的测量与控制，使之稳定在某一预设温度范围内(通过键盘输入),并在 LCD 屏上实时显示实际温度以及变化曲线。

2. 功能要求

1)基本功能:

A. 温度预设。温度的恒定范围(上下限)可通过键盘输入,有相应的设定和显示界面。

B. 温度测量。实时温度测量,在 LCD 屏上以数值方式显示实际测量得到的温度值,并绘出温度曲线。

C. 温度控制。根据设定温度与实际温度的差,通过一定运算,控制系统加热(有条件可以增加制冷)部件工作或不工作,使温度稳定在设定的温度范围内。

2)拓展功能:

A. 数据存储。可以根据需要,以一定时间间隔(如每 5 分钟)存储温度数据和是否报警信息。

B. 报警提示。当实际温度超出设定的温度上下限时,给出声光报警。

3. 设计提示

1)硬件设计:独立式键盘输入温度报警限;DS18B20 测量温度;LCD 显示屏显示实际温度和变化曲线;微控制器 I/O 接口或 PCA 模块通过光耦隔离和三极管驱动后控制加热电路,实现温度调控;蜂鸣器/LED 声光报警。

2)软件设计:采用外部中断实时响应按键,进行温度上下限的设置;采用定时器定时,并运用 DS18B20 定时测量温度(如每秒);根据温度差计算加热信号的占空比并输出。主要模块包括按键扫描程序、定时器定时程序、LCD 显示程序、温度测量程序、温度控制算法程序、声光报警程序等。

附录 7

习题参考答案

序　号	二维码	序　号	二维码
第 1 章		第 7 章	
第 2 章		第 8 章	
第 3 章		第 9 章	
第 4 章		第 10 章	
第 5 章		第 11 章	
第 6 章		第 12 章	